A Falsa Medida
do Homem

CB053510

A Falsa Medida
do Homem
Stephen Jay Gould

Tradução
VALTER LELLIS SIQUEIRA

wmf **martinsfontes**

SÃO PAULO 2018

Esta obra foi publicada originalmente em inglês com o título
THE MISMEASURE OF MAN
por W. W. Norton, Nova York.
Copyright © 1981 by Stephen Jay Gould.
Copyright © 1991, Livraria Martins Fontes Editora Ltda.,
Copyright © 2014, Editora WMF Martins Fontes Ltda.,
São Paulo, para a presente edição.

1ª edição *1991*
3ª edição *2014*
2ª tiragem *2018*

Tradução
Valter Lellis Siqueira
Revisão da tradução
Carlos Camargo Alberts
Revisões gráficas
Maria de Fátima Cavallaro
Flora Maria de Campos Fernandes
Produção gráfica
Geraldo Alves
Composição
Artel – Artes Gráficas
Arte-final
Moacir Katsumi Matsusaki

Dados Internacionais de Catalogação na Publicação (CIP)
(Câmara Brasileira do Livro, SP, Brasil)

Gould, Stephen Jay, 1941-2002
    A falsa medida do homem / Stephen Jay Gould ; [tradu-
ção de Valter Lellis Siqueira. – 3ª ed. – São Paulo : Editora
WMF Martins Fontes, 2014.

    Título original: The Mismeasure of Man.
    Bibliografia.
    ISBN 978-85-7827-763-5

    1. Capacidade – Testes – História 2. Craniometria – His-
tória 3. Inteligência – Testes – História 4. Personalidade –
Testes – História I. Título.

13-11189   CDD-153.9309

Índices para catálogo sistemático:
1. Inteligência : Testes : História : Psicologia   153.9309

Todos os direitos desta edição reservados à
Editora WMF Martins Fontes Ltda.
Rua Prof. Laerte Ramos de Carvalho, 133 01325-030 São Paulo SP Brasil
Tel. (11) 3293-8150 Fax (11) 3101-1042
e-mail: info@wmfmartinsfontes.com.br http://www.wmfmartinsfontes.com.br

Se a miséria de nossos pobres não é causada pelas leis da natureza, mas por nossas instituições, grande é a nossa culpa.

CHARLES DARWIN, *A Viagem do Beagle*

À memória de Grammy e Papa Joe,
que vieram, lutaram e prosperaram,
apesar de Mr. Goddard

Sumário

Agradecimentos XIII

1. Introdução 1

2. A poligenia americana e a craniometria antes
   de Darwin 15
   Negros e índios como espécies separadas e inferiores 17
   Um contexto cultural compartilhado 18
   Estilos pré-revolucionários do racismo científico:
      o monogenismo e o poligenismo 26
   Louis Agassiz — o teórico americano da poligenia 29
   Samuel George Morton — o empírico da poligenia 39
      O caso da inferioridade dos índios: Crania Americana   45
      O caso das catacumbas egípcias: Crania Aegyptiaca 50
      O caso da variação da média negra 54
      A tabulação final de 1849 55
      Conclusões 58
   A escola americana e a escravidão 59

3. Medindo cabeças 63
   Paul Broca e o apogeu da craniologia 65
   A fascinação pelos números 65
      Introdução 65
      Francis Galton — apóstolo da quantificação 66
      Prelúdio moralista: os números não garantem
         a verdade 69
   Mestres da craniometria: Paul Broca e sua escola 75
      O grande itinerário circular 75
      A seleção das características 78
      Como evitar as anomalias 84

O CÉREBRO GRANDE DOS ALEMÃES 84
HOMENS EMINENTES DE CÉREBRO PEQUENO 85
CRIMINOSOS DE CÉREBRO GRANDE 88
DEFEITOS NO RITMO DE CRESCIMENTO ATRAVÉS
    DO TEMPO 89
As partes anterior e posterior do crânio 91
   O ÍNDICE CRANIANO 93
   O ARGUMENTO DO FORAMEN MAGNUM 94
Cérebros femininos 97
Pós-escrito 103

4. Medindo corpos 109

Dois estudos sobre o caráter simiesco dos indesejáveis 111

O macaco em todos nós: a recapitulação 111
O macaco em alguns de nós: a antropologia criminal 121
  Atavismo e criminalidade 121
  Os animais e os selvagens: criminosos natos 123
  Os estigmas anatômicos, fisiológicos e sociais 127
  A retirada de Lombroso 133
  A influência da antropologia criminal 135
  Coda 143
Epílogo 144

5. A teoria do QI hereditário 147

Uma invenção americana 149

Alfred Binet e os objetivos originais da escala de Binet 149
  Os flertes de Binet com a craniometria 149
  A escala de Binet e o nascimento do QI 151
  O desmantelamento das intenções de Binet na América 158
H. H. Goddard e a ameaça dos débeis mentais 162
  A inteligência como gene mendeliano 162
    GODDARD IDENTIFICA O DÉBIL MENTAL 162
    UMA ESCALA UNILINEAR DE INTELIGÊNCIA 163
    A DIVISÃO DA ESCALA EM COMPARTIMENTOS
      MENDELIANOS 166
    OS CUIDADOS NECESSÁRIOS E A ALIMENTAÇÃO (MAS NÃO
      A REPRODUÇÃO) DOS DEFICIENTES MENTAIS 168
  Medidas para evitar a imigração e a propagação
   dos débeis mentais 169

A retratação de Goddard 177
Lewis M. Terman e a comercialização em grande escala
    do QI inato 180
    A aplicação generalizada dos testes e a escala
      de Stanford-Binet 180
    Terman e a tecnocracia do inato 186
    O QI fóssil de gênios do passado 190
    As diferenças grupais segundo Terman 195
    A retratação de Terman 199
R. M. Yerkes e os testes mentais do exército: a maioridade
    do QI 200
    O grande passo adiante da psicologia 200
    Os resultados dos testes do exército 204
    Crítica aos testes mentais do exército 207
      O CONTEÚDO DOS TESTES 207
      CONDIÇÕES INADEQUADAS 209
      PROCEDIMENTOS DUVIDOSOS E VICIADOS:
        UM TESTEMUNHO PESSOAL 213
      A FALSIFICAÇÃO DOS RESUMOS ESTATÍSTICOS:
        O PROBLEMA DOS VALORES ZERO 223
      A FALSIFICAÇÃO DOS RESUMOS ESTATÍSTICOS:
        COMO SE ESCAMOTEIAM AS CORRELAÇÕES ÓBVIAS
        COM O MEIO AMBIENTE 226
    A repercussão política dos dados do exército 232
      A DEMOCRACIA PODE SOBREVIVER COM UMA IDADE
        MENTAL MÉDIA DE TREZE ANOS? 232
      OS TESTES DO EXÉRCITO E A AGITAÇÃO EM DEFESA DAS
        RESTRIÇÕES À IMIGRAÇÃO: A MONOGRAFIA DE
        BRIGHAM SOBRE A INTELIGÊNCIA AMERICANA 234
      O TRIUNFO DAS RESTRIÇÕES À IMIGRAÇÃO 241
      A RETRATAÇÃO DE BRIGHAM 243

6. O verdadeiro erro de Cyril Burt 245

A análise fatorial e a reificação da inteligência 247

O caso de Sir Cyril Burt 247
Correlação, causa e análise fatorial 252
    Correlação e causa 252
    Correlação em mais de duas dimensões 256
    A análise fatorial e seus objetivos 259
    O erro da reificação 264
    A rotação e a não necessidade dos componentes
      principais 266

Charles Spearman e a inteligência geral 270
A teoria bifatorial 270
O método das diferenças tetrádicas 272
O g *de Spearman e a grande renovação da psicologia* 275
O g *de Spearman e a justificativa teórica do QI* 277
Spearman e a reificação de g 280
Spearman e a herança de g 285
Cyril Burt e a síntese hereditarista 288
A origem do hereditarismo intransigente de Burt 288
   BURT E A PRIMEIRA "DEMONSTRAÇÃO" DO INATISMO 289
   ARGUMENTOS POSTERIORES 295
   A CEGUEIRA DE BURT 297
   BURT E O USO POLÍTICO DO INATISMO 300
Burt e a ampliação da teoria de Spearman 301
Burt e a reificação dos fatores 305
Burt e os empregos políticos do fator g 309
L. L. Thurstone e os vetores da mente 313
A crítica e a reformulação de Thurstone 313
A interpretação igualitária das PMAs 320
A reação de Spearman e Burt 324
Os eixos oblíquos e o fator g *de segunda ordem* 329
Thurstone e os empregos da análise fatorial 334
Epílogo: Arthur Jensen e a ressurreição do *g* de Spearman 335
Uma reflexão final 339

7. Uma conclusão positiva 341

A desmitificação como ciência positiva........................... 343
A aprendizagem pela desmitificação............................... 344
A biologia e a natureza humana..................................... 346

Epílogo 359

Bibliografia 361

Agradecimentos

Ainda que num sentido metafórico limitado os genes possam ser egoístas, o gene do egoísmo certamente não existe, já que tantos amigos e colegas se prontificaram a me oferecer sua ajuda. Agradeço a Ashley Montagu, não apenas pelas suas sugestões específicas, mas também por ter comandado a luta contra o racismo científico por tantos anos sem se deixar dominar pelo ceticismo quanto às possibilidades do gênero humano. Vários colegas que escreveram, ou que estão escrevendo, sobre o determinismo biológico compartilharam de bom grado informações de que dispunham e até permitiram que eu usasse suas descobertas, por vezes antes mesmo que eles as publicassem: G. Allen, A. Chase, S. Chorover, L. Kamin, R. Lewontin. Outros ouviram falar de meus esforços e, sem que eu lhes pedisse, enviaram-me material e sugestões que enriqueceram em muito este livro: M. Leitenberg, S. Selden. L. Meszoly preparou as ilustrações originais do capítulo 6. Apesar de tudo, talvez Kropotkin tivesse razão; eu ainda fico com os esperançosos.

Uma explicação sobre as referências: em lugar das notas de rodapé convencionais, usei o sistema de referências comumente empregado na literatura científica — o nome do autor e o ano de publicação citados entre parênteses logo após o trecho pertinente. (Assim, a bibliografia contém a lista das obras de cada autor, ordenadas segundo a data de publicação.) Sei que a princípio muitos leitores ficarão desconcertados; a muitos o texto parecerá confuso. Entretanto, estou seguro de que, após algumas páginas, todos passarão a ler correntemente as citações, e descobrirão que elas não interrompem a fluência da prosa. Para mim, as vantagens deste sistema compensam qualquer deficiência estética — não é preciso interromper a leitura para consultar as notas no final da obra (nenhum editor as coloca mais no rodapé da página) só para descobrir que um aborrecido numerozinho não oferece nenhuma informação substanciosa, mas apenas uma árida referência bibliográfica*; o leitor tem acesso imediato a dois dados essenciais a qualquer informação histórica — quem e quando. Acredito que este sistema de referência é uma das poucas contribuições

---

* O número relativamente pequeno de notas realmente informativas pode, assim, ser colocado no seu devido lugar, ao pé da página.

A FALSA MEDIDA DO HOMEM

potenciais que os cientistas, normalmente detentores de poucos dotes literários, podem oferecer a outros campos do saber escrito.

Uma observação quanto ao título: espero que se entenda o sentido aparentemente machista do título, que não apenas se vale do famoso aforismo de Pitágoras, mas também implica um comentário sobre os procedimentos dos deterministas biológicos discutidos no livro. Eles, com efeito, estudaram o "homem" (ou seja, o europeu branco de sexo masculino), considerando esse grupo como padrão de medida que consagrava a inferioridade de qualquer outro grupo humano. O fato de haverem medido o "homem" incorretamente evidencia a dupla falácia em que incorreram.

1

Introdução

Os cidadãos da República, aconselhava Sócrates, deveriam ser educados e depois classificados, de acordo com o seu mérito, em três classes: governantes, auxiliares e artesãos. Uma sociedade estável exige que essa divisão seja respeitada e que os cidadãos aceitem a condição social que lhes é conferida. Mas como é possível assegurar essa aceitação? Sócrates, incapaz de elaborar um argumento lógico, forja um mito. Com um certo constrangimento, ele diz a Glauco:

> Falarei, embora realmente não saiba como te olhar diretamente nos olhos, ou com que palavras expressar a audaz ficção... Deve-se dizer a eles [os cidadãos] que a sua juventude foi um sonho, e que a educação e o treinamento que de nós receberam foi apenas uma aparência; na realidade, durante todo aquele tempo, eles estavam se formando e nutrindo no seio da terra...

Glauco, surpreso, exclama: "Tinhas boa razão para te envergonhares da mentira que ias contar." "É verdade", responde Sócrates, "mas ainda há mais; só te contei a metade."

> Cidadãos, dir-lhes-emos em nossa história, sois todos irmãos, mas Deus vos deu formas diferentes. Alguns de vós possuís a capacidade de comando e em vossa composição entrou o ouro, e por isso sois os merecedores das maiores honras; outros foram feitos de prata para serem auxiliares; outros, finalmente, Deus os fez de latão e ferro para que fossem lavradores e artesãos; e as espécies em geral serão perpetuadas através de seus filhos... Um oráculo diz que, quando um homem de latão ou ferro recebe a custódia do Estado, este será destruído. Esta é a minha fábula; haverá alguma possibilidade de fazer com que nossos cidadãos acreditem nela?

Glauco responde: "Não na atual geração; não existe maneira de se consegui-lo; mas é possível fazer com que seus filhos creiam nela, e os filhos de seus filhos, e, depois deles, a sua descendência."

Glauco formulou uma profecia. A mesma história, com diferentes versões, foi propagada e recebeu crédito desde então. As justificativas para se estabelecer uma hierarquia entre os grupos sociais de acordo com seus valores inatos têm variado segundo os fluxos e refluxos da história do Ocidente. Platão apoiou-se na dialética; a igreja

A FALSA MEDIDA DO HOMEM

valeu-se do dogma. Nos dois últimos séculos, as afirmativas científicas converteram-se na principal justificativa do mito platônico. Este livro discute a versão científica da fábula de Platão. O argumento geral em que ela se apóia pode ser denominado *determinismo biológico*. Este sustenta que as normas comportamentais compartilhadas, bem como as diferenças sociais e econômicas existentes entre os grupos humanos — principalmente de raça, classe e sexo — derivam de distinções herdadas e inatas, e que, nesse sentido, a sociedade é um reflexo fiel da biologia. Este livro discute, numa perspectiva histórica, um dos principais aspectos do determinismo biológico: a tese de que o valor dos indivíduos e dos grupos sociais pode ser determinado *através da medida da inteligência como quantidade isolada*. Esta tese se apóia em dados provenientes de duas fontes principais: a craniometria (ou medida do crânio) e certos tipos de testes psicológicos.

Os metais cederam lugar aos genes (embora ainda conservemos um vestígio etimológico da fábula de Platão ao nos referirmos à dignidade de uma pessoa como a sua "têmpera"). Mas a argumentação básica não sofreu alteração: os papéis sociais e econômicos refletem fielmente a constituição inata das pessoas. Entretanto, um aspecto da estratégia intelectual sofreu alterações. Sócrates sabia que estava contando uma mentira.

Os deterministas muitas vezes invocam o tradicional prestígio da ciência como conhecimento objetivo, livre de qualquer tipo de corrupção social e política. Eles pintam a si mesmos como os detentores da verdade nua e crua e a seus oponentes como sentimentais, ideólogos e sonhadores. Louis Agassiz (1850, p. 111), ao defender sua tese de que os negros pertenciam a uma espécie à parte, escreveu: "Os naturalistas têm o direito de tratar as questões suscitadas pelas relações físicas dos homens como questões meramente científicas, e de investigá-las sem levar em consideração a política ou a religião." Carl C. Brigham (1923), ao defender a exclusão dos imigrantes oriundos do sul e do leste da Europa que haviam se saído mal em supostas avaliações de inteligência inata, declarou: "As medidas a serem tomadas para preservar ou incrementar a nossa atual capacidade intelectual precisam evidentemente ser ditadas pela ciência, e não pela conveniência política." E Cyril Burt, ao invocar dados falsos compilados pela inexistente Srta. Conway, queixou-se de que as dúvidas quanto à base genética do QI "parecem basear-se mais nos ideais sociais ou nas preferências subjetivas dos críticos que em qualquer exame direto dos dados que comprovam a visão oposta" (*in* Conway, 1959, p. 15).

INTRODUÇÃO

Como o determinismo biológico é de evidente utilidade para os grupos detentores do poder, seria lícito suspeitar que, apesar das negativas citadas acima, ele também se origina de um contexto político. Porque, se o *status quo* é uma extensão da natureza, então qualquer mudança importante — supondo que ela seja possível — destinada a impor às pessoas uma organização antinatural implicaria um elevado custo psicológico para os indivíduos e econômico para a sociedade. Em seu memorável livro *An American Dilema* (1944), o sociólogo sueco Gunnar Myrdal discutiu a movimentação das argumentações biológicas e médicas acerca da natureza humana: "Tanto nos Estados Unidos quanto no resto do mundo, elas se têm associado a ideologias conservadoras e até mesmo reacionárias. Durante sua longa hegemonia, a tendência tem sido aceitar a inquestionável causalidade biológica e admitir as explicações sociais somente nos casos em que as provas eram tão fortes que não havia outra saída. Em questões políticas, esta tendência favoreceu uma atitude imobilista." Ou, como há muito disse Condorcet de maneira mais sucinta : elas "fazem da própria natureza um cúmplice do crime da desigualdade política".

Este livro procura demonstrar a debilidade científica e os contextos políticos dos argumentos deterministas. Contudo, não pretendo estabelecer um contraste entre deterministas perversos, que se afastam do caminho da objetividade científica, e antideterministas esclarecidos, que abordam os dados com mente aberta e, portanto, enxergam a verdade. Em vez disso, critico o mito que diz ser a ciência uma empresa objetiva, que se realiza adequadamente apenas quando os cientistas conseguem libertar-se dos condicionamentos da sua cultura e encarar o mundo como ele realmente é.

Entre os cientistas, foram poucos os ideólogos conscientes que tomaram partido nessa disputa. Os cientistas não têm necessidade de se tornar apologistas explícitos de sua classe ou cultura para refletir esses insidiosos aspectos da vida. Não é minha intenção afirmar que os deterministas biológicos eram maus cientistas ou que estavam sempre errados, mas, antes, a crença de que a ciência deve ser entendida como um fenômeno social, como uma empresa corajosa, humana, e não como o trabalho de robôs programados para recolher a informação pura. Além disso, apresento esta concepção como uma nota de advertência para a ciência, não como um lúgubre epitáfio para uma nobre esperança sacrificada sobre o altar das limitações humanas.

A ciência, uma vez que deve ser executada por seres humanos, é uma atividade de cunho social. Seu progresso se faz por meio do pressentimento, da visão e da intuição. Boa parte das transformações

A FALSA MEDIDA DO HOMEM

que sofre ao longo do tempo não corresponde a uma aproximação da verdade absoluta, mas antes a uma alteração das circunstâncias culturais, que tanta influência exercem sobre ela. Os fatos não são fragmentos de informação puros e imaculados; a cultura também influencia o que vemos e o modo como vemos. Além disso, as teorias não são induções inexoráveis obtidas a partir dos fatos. As teorias mais criativas com freqüência são visões imaginativas aplicadas aos fatos, e a imaginação também deriva de uma fonte marcadamente cultural.

Acho que este argumento, embora ainda constitua um anátema para muitas pessoas dedicadas à atividade científica, seria aceito de bom grado pela maior parte dos historiadores da ciência. Ao propô-lo, contudo, não me coloco ao lado de uma extrapolação hoje bastante difundida em determinados círculos de historiadores: a tese puramente relativista de que a modificação científica apenas reflete a modificação dos contextos sociais, de que a verdade é uma noção vazia de significado quando considerada fora de uma dada premissa cultural, e de que a ciência, portanto, não é capaz de fornecer respostas duradouras. Na condição de cientista praticante, compartilho o credo de meus colegas: acredito que existe uma realidade concreta e que a ciência pode nos fornecer informações sobre essa realidade, embora o faça muitas vezes de maneira obtusa e irregular. Não foi durante um debate abstrato sobre o movimento lunar que mostraram a Galileu os instrumentos de tortura. As suas idéias ameaçaram o argumento convencional invocado pela Igreja para justificar a estabilidade social e doutrinária: a ordem estática do mundo, com os planetas girando em torno da Terra, os sacerdotes subordinados ao Papa e os servos ao seu senhor. Mas a Igreja não tardou em fazer as pazes com a cosmologia de Galileu. Não havia outra escolha; a Terra realmente gira em torno do Sol.

Entretanto, graças a dois importantes fatores, a história de muitos temas científicos está virtualmente livre desse tipo de restrições imposta pela realidade concreta. Isso ocorre, em primeiro lugar, porque alguns tópicos são investidos de uma enorme importância social, mas dispõem de pouquíssimos dados confiáveis. Quando a razão entre dados e impacto social é tão baixa, o histórico das atitudes científicas pode vir a ser pouco mais que um registro indireto da transformação social. A história das concepções científicas a respeito da raça, por exemplo, serve como espelho dos movimentos sociais (Provine, 1973), um espelho que reflete tanto os bons quanto os maus tempos, tanto os períodos de crença na igualdade racial quanto os de racismo desenfreado. O toque de finados da eugenia norte-americana foi pro-

INTRODUÇÃO

vocado mais pelo uso particular que Hitler fez dos argumentos então empregados para justificar a esterilização e a purificação racial, que por avanços no conhecimento genético. Em segundo lugar, muitas questões são formuladas pelos cientistas de maneira tão restrita que qualquer resposta legítima só pode confirmar uma preferência social. Boa parte do debate sobre as diferenças raciais no que diz respeito à capacidade mental, por exemplo, baseava-se na premissa de que a inteligência é uma coisa que existe na cabeça. Enquanto essa crença não foi eliminada, nenhuma acumulação de dados foi capaz de abalar a firme tradição ocidental de ordenar elementos relacionados na forma de uma cadeia do ser de caráter hierárquico. A ciência não consegue escapar à sua curiosa dialética. Apesar de estar inserida numa cultura, ela pode se tornar um agente poderoso no questionamento e até mesmo na subversão das premissas que a sustentam. A ciência pode oferecer informações para reduzir o desequilíbrio entre dados e importância social. Os cientistas podem esforçar-se por identificar os pressupostos culturais do seu ofício e indagar como as respostas seriam formuladas a partir de premissas diferentes. Os cientistas podem propor teorias criativas capazes de forçar seus atônitos colegas a rever procedimentos até então inquestionáveis. Mas o potencial da ciência como instrumento para a identificação dos condicionamentos culturais que a determinam só poderá ser completamente desenvolvido quando os cientistas abrirem mão do duplo mito da objetividade e do avanço inexorável rumo à verdade. Na realidade, é preciso que conheçamos bem nossos próprios defeitos antes de apontarmos os de outrem. Uma vez reconhecidos, esses defeitos deixam de ser impedimentos e tornam-se instrumentos do saber.

Gunnar Myrdal (1944) expressou muito bem os dois aspectos dessa dialética ao escrever:

> Durante os últimos cinqüenta anos, um punhado de cientistas dedicados à investigação social e biológica conseguiu fazer com que o público culto abrisse mão de alguns dos nossos erros biológicos mais flagrantes. Mas ainda devem existir inúmeros erros desse tipo que ninguém conseguiu até agora deter, devido ao véu com que a cultura ocidental nos envolve. As influências culturais estabeleceram nossas idéias básicas a respeito da mente, do corpo e do universo; elas determinam as perguntas que fazemos, os fatos que buscamos, a interpretação que damos a fatos, e a nossa reação a essas interpretações e conclusões.

O determinismo biológico é um tema por demais amplo para ser abordado por um único homem e um único livro, pois incide

A FALSA MEDIDA DO HOMEM

virtualmente em todos os aspectos da interação entre a biologia e a sociedade desde a aurora da ciência moderna. Portanto, limitei-me a um argumento central e flexível dentro da estrutura do determinismo biológico — um argumento desdobrado em dois capítulos históricos, a pretexto de dois graves equívocos e, em ambos os casos, desenvolvidos num mesmo estilo.

O argumento parte de um desses dois equívocos: a *reificação*, ou seja, a nossa tendência a converter conceitos abstratos em entidades (do latim *res*, "coisa"). Reconhecemos a importância da atividade mental em nossas vidas e desejamos caracterizá-la, em parte para poder estabelecer as divisões e distinções entre as pessoas ditadas pelos nossos sistemas cultural e político. Portanto, designamos pela palavra "inteligência" esse maravilhoso conjunto de capacidades humanas prodigiosamente complexo e multifacetado. Esse símbolo taquigráfico é logo reificado e, assim, a inteligência adquire a sua duvidosa condição de coisa unitária.

Tão logo a inteligência é transformada numa entidade, procedimentos padronizados da ciência virtualmente exigem que se lhe atribua uma localização e um substrato físico. Como o cérebro é a fonte da atividade mental, a inteligência deve residir lá.

Agora, o segundo equívoco: a *graduação*, ou nossa tendência a ordenarmos a variação complexa em uma escala ascendente gradual. As metáforas do progresso e do desenvolvimento gradual figuram entre as mais recorrentes do pensamento ocidental: veja-se o clássico ensaio de Lovejoy (1936) sobre a grande cadeia do ser, ou o famoso estudo de Bury (1920) sobre a idéia de progresso. A utilidade social dessas metáforas fica evidente no seguinte conselho do Booker T. Washington (1904, p. 245) aos negros dos Estados Unidos:

> Um dos perigos que corre minha raça é o de poder impacientar-se e achar que pode reerguer-se através de esforços artificiais e superficiais em vez de seguir o processo mais lento, porém mais seguro, que leva passo a passo através de todos os graus do desenvolvimento industrial, mental, moral e social que todas as raças tiveram de empreender para se tornarem independentes e fortes.

Mas a graduação requer um critério que permita indicar a cada indivíduo a sua respectiva posição dentro da escala única. E que melhor critério que um número objetivo? Assim, o estilo comum através do qual se expressam esses dois equívocos de pensamento

INTRODUÇÃO

foi o da quantificação, ou medição da inteligência como número único para cada pessoa[1].

Assim, este livro analisa a abstração da inteligência como entidade única, localizada no cérebro, quantificada na forma de um número único para cada indivíduo, e o uso desses números na hierarquização das pessoas numa escala única de méritos, que indica invariavelmente que os grupos oprimidos e em desvantagem — raças, classes ou sexos — são inatamente inferiores e merecem ocupar essa posição. Em suma, este é um livro sobre a Falsa Medida do Homem[2]. Os dois últimos séculos caracterizaram-se por uma variedade de argumentos que procuraram justificar a graduação. A craniometria, no século XIX, foi a ciência numérica em que se apoiou o determinismo biológico. No capítulo 2, analiso os dados mais amplos compilados antes de Darwin com o propósito de hierarquizar as raças pelo tamanho do cérebro, ou seja, a coleção de crânios de Samuel George Morton, médico da Filadélfia. O capítulo 3 trata do florescimento da craniometria como ciência rigorosa e respeitável no final do século XIX na Europa, ou seja, a escola de Paul Broca. Em seguida, o capítulo 4 destaca a repercussão das abordagens quantificadas da anatomia humana empregadas pelo determinismo biológico. Este capítulo apresenta o estudo de dois casos típicos: a teoria da recapitulação como critério evolutivo fundamental para a graduação unilinear dos grupos humanos, e a tentativa de explicar o comportamento dos criminosos como um atavismo biológico que se reflete na morfologia simiesca dos assassinos e outros delinqüentes.

Os testes de inteligência, no século XX, têm a mesma função que a craniometria desempenhou no século XIX, ao pressupor que a inteligência (ou, pelo menos, uma parte dominante dela) é uma

---

1. Peter Medawar (1977, p. 13) apresentou outros exemplos interessantes da "ilusão corporificada na pretensão de associar valores numéricos simples a quantidades complexas" — por exemplo, as tentativas dos demógrafos de localizar as causas das tendências demográficas em uma medida simples da "habilidade reprodutiva", ou o desejo dos que se dedicam à edafologia de abstrair a "qualidade" de um solo mediante um número único.

2. Como me atenho estritamente à análise do argumento que acabo de apresentar, não levo em consideração todas as teorias da craniometria (por exemplo, omito a frenologia, pois esta não reificou a inteligência como entidade única, mas procurou localizar uma série de órgãos no cérebro). Da mesma forma, excluo todas as referências a certos tipos de determinismo, importantes e com freqüência quantificados, que não tentam medir a inteligência como uma propriedade do cérebro — a maior parte da eugenia, por exemplo.

A FALSA MEDIDA DO HOMEM

coisa única, inata, hereditária e mensurável. Discuto os dois componentes dessa abordagem errônea dos testes de capacidade mental no capítulo 5 (a versão hereditária da escala do QI como um produto norte-americano) e no capítulo 6 (a argumentação em favor da reificação da inteligência como entidade única pela técnica matemática da análise fatorial). A análise fatorial é um tema matemático bastante árduo, invariavelmente omitido dos escritos destinados ao público leigo. Entretanto, acredito que ela pode se tornar acessível e clara se for explicada através de gráficos e não de números. Ainda assim, o conteúdo do capítulo 6 não é de "leitura fácil", mas não pude eliminá-lo, pois a história dos testes de inteligência não pode ser entendida sem a compreensão do raciocínio baseado na análise fatorial e o profundo equívoco conceitual que ele representa. O grande debate a respeito do QI não faz qualquer sentido quando não se leva em conta este tema tradicionalmente omitido.

Tentei tratar esses temas de maneira original, utilizando um método que se afasta totalmente daqueles tradicionalmente empregados pelo historiador ou cientista que trabalha sozinho. Os historiadores raramente analisam os detalhes quantitativos contidos nos conjuntos de dados primários. Seus trabalhos versam sobre o contexto social, a biografia, ou a história geral do intelecto, elementos que sou incapaz de abordar de maneira satisfatória. Os cientistas estão acostumados a analisar os dados obtidos pelos colegas, mas poucos dentre eles interessam-se o bastante por história para aplicar os métodos de seus predecessores. Assim, muitos estudiosos têm escrito sobre a repercussão de Broca, mas nenhum deles reviu seus cálculos.

Concentrei-me na revisão dos conjuntos de dados clássicos da craniometria e dos testes de inteligência por duas razões, pois sinto-me incapaz de adotar qualquer outro enfoque de maneira frutífera, e desejo fazer algo um pouco diferente. Em primeiro lugar, creio que Satã também está com Deus no que se refere aos detalhes. Se as influências culturais sobre a ciência pudessem ser detectadas nas minúcias mais insignificantes de uma quantificação supostamente objetiva e quase automática, então ficaria demonstrado que o determinismo biológico é um preconceito social refletido pelos cientistas em sua esfera específica de ação.

A segunda razão para analisar os dados quantitativos advém da posição privilegiada de que gozam os números. A mística da ciência afirma que os números constituem a prova máxima da objetividade. É claro que podemos pesar um cérebro ou registrar os dados fornecidos por um teste de inteligência, sem termos de indicar nossas preferências sociais. Se as diferenças de nível se expressam através

INTRODUÇÃO

de números inquestionáveis, obtidos através de procedimentos rigorosos e normalizados, então eles devem refletir a realidade, mesmo quando confirmam aquilo em que desejávamos acreditar desde o início. Os antideterministas conscientizaram-se do prestígio especial dos números e das dificuldades inerentes à sua refutação. Léonce Manouvrier (1903, p. 406), a ovelha negra não determinista do rebanho de Broca, além de excelente estatístico, escreveu a respeito dos dados de Broca referentes à pequenez dos cérebros femininos:

Elas exibiram seus talentos e seus diplomas. Também invocaram autoridades filosóficas. Mas tiveram de se defrontar com certos *números* desconhecidos por Condorcet ou por John Stuart Mill. Esses números caíram como um malho sobre as pobres mulheres, acompanhados por comentários e sarcasmos mais ferozes que as mais misóginas imprecações de certos representantes da Igreja. Os teólogos haviam-se perguntado se as mulheres tinham alma. Vários séculos mais tarde, alguns cientistas estavam dispostos a negar-lhes uma inteligência humana.

Se, como acredito ter demonstrado, os dados quantitativos encontram-se tão sujeitos ao condicionamento cultural quanto qualquer outro aspecto da ciência, então eles não ostentam nenhum título especial que garanta a sua veracidade absoluta.

Ao voltar a analisar esses dados utilizados nos estudos clássicos sobre o tema, pude detectar continuamente a incidência de certos preconceitos *a priori* que levaram os cientistas a extrair conclusões errôneas de dados adequados, ou que distorceram o próprio levantamento dos dados. Em uns poucos casos — o de Cyril Burt, que, como foi comprovado, forjou dados sobre o QI de gêmeos idênticos, e o de Goddard, que, como eu próprio descobri, alterou fotografias para fazer com que os membros da família Kallikak parecessem retardados mentais —, podemos afirmar que a incidência dos preconceitos sociais foi produto de uma fraude deliberada. Mas a fraude não é interessante do ponto de vista histórico, a não ser como anedota, pois seus autores sabem o que estão fazendo e, portanto, ela não constitui um exemplo adequado dos preconceitos *inconscientes* que refletem os sutis e inevitáveis condicionamentos de origem cultural. Na maior parte dos casos discutidos neste livro, podemos estar bastante seguros de que os preconceitos — embora muitas vezes expressados de forma tão acintosa, como nos casos de fraude deliberada — exerceram uma influência inconsciente, e de que os cientistas acreditaram estar buscando a verdade pura.

Uma vez que, segundo os critérios atuais, muitos dos casos aqui apresentados são tão patentes, e até risíveis, quero enfatizar que não selecionei figuras marginais e alvos fáceis (com as possíveis exce-

A FALSA MEDIDA DO HOMEM

ções de Bean, no capítulo 3, que usei como prelúdio para ilustrar um tema geral, e Cartwright, no capítulo 2, cujas afirmações são preciosas demais para não as citarmos). O catálogo dos alvos fáceis é muito mais extenso: de um eugenista chamado W. D. McKim, Ph.D. (1900), segundo o qual o dióxido de carbono era a arma ideal para liquidar os ladrões noturnos, até um certo professor inglês que percorreu os Estados Unidos no final do século XIX, oferecendo, sem que lhe pedissem, a solução para os nossos problemas raciais: cada irlandês mataria um negro e depois seria enforcado pelo crime[3]. Os alvos fáceis têm valor anedótico, não histórico; apesar de divertidos, são efêmeros e de mínima influência. Neste livro, concentrei-me nos cientistas mais importantes e influentes de cada época, e analisei suas obras mais importantes.

Gostei de bancar o detetive na maioria dos estudos de casos que integram este livro: descobrindo trechos que foram expurgados sem justificação de cartas publicadas, refazendo cálculos para localizar os erros que permitiram a obtenção de conclusões esperadas, descobrindo como os dados adequados podem ser distorcidos pelos preconceitos e fornecer resultados predeterminados, e até mesmo aplicando o Teste de Inteligência utilizado pelo Exército em meus próprios estudantes, com resultados bastante interessantes. Mas tenho a confiança de que o empenho dedicado à investigação dos detalhes não fez com que se perdesse de vista a tese fundamental: os argumentos deterministas para classificar as pessoas segundo uma única escala de inteligência, por mais refinados que fossem numericamente, limitaram-se praticamente a reproduzir um preconceito social; também espero que dessa análise possamos apreender algum resultado esperançoso acerca da natureza do trabalho científico.

Se este tema fosse meramente um interesse abstrato do erudito, eu poderia abordá-lo num tom mais comedido. Mas poucos temas biológicos exerceram uma influência mais direta sobre milhões de

---

3. Entre as afirmações por demais preciosas para deixarem de ser mencionadas, está a de Bill Lee, o autodenominado filósofo do beisebol, justificando o lançamento dirigido à cabeça do batedor (*New York Times*, 24 de julho de 1976): "Na universidade, li um livro chamado 'O Imperativo Territorial'. Numa rua, o que um cara tem mais que defender é sua própria casa. Meu território se estende até onde os batedores podem chegar. Se não quero que eles saiam para pegar a bola, tenho que lançá-la o mais próximo possível do batedor." Este é o meu exemplo favorito do emprego do determinismo biológico para justificar um comportamento de honestidade duvidosa.

INTRODUÇÃO

vidas. O determinismo biológico é, na essência, uma *teoria dos limites*. Segundo ela, a posição que cada grupo ocupa na sociedade constitui uma medida do que esse grupo poderia e deveria ser (se bem que permita que alguns raros indivíduos ascendam devido à sua constituição biológica privilegiada).

Fiz poucas referências ao atual ressurgimento do determinismo biológico porque suas teses geralmente são tão efêmeras que podem ser refutadas nas páginas de uma revista ou de um periódico. Quem ainda se lembra dos inflamados tópicos de dez anos atrás, como as propostas de Shockley no sentido de indenizar os indivíduos com QI abaixo de 100 dispostos a se submeterem voluntariamente à esterilização, o grande debate sobre a combinação cromossômica XYY, ou a tentativa de explicar os distúrbios urbanos como sendo a conseqüência de distúrbios neurológicos de seus participantes? Achei que seria mais útil e interessante examinar as fontes originais dos argumentos que ainda pululam em nosso redor. Elas, pelo menos, podem revelar erros esclarecedores. Mas o que me inspirou a escrever este livro foi o fato de o determinismo biológico estar crescendo em popularidade, como sempre acontece em tempos de retrocesso político. Com a habitual profundidade, começam a circular de festa em festa os comentários sobre a agressividade inata, as funções específicas de cada sexo, e o macaco nu. Milhões de pessoas estão começando a suspeitar que seus preconceitos sociais são, afinal de contas, fatos científicos. Entretanto, esse ressurgimento do interesse pelo tema não deriva da existência de novos dados, mas da sobrevivência desses preconceitos latentes.

Passamos por este mundo apenas uma vez. Poucas tragédias podem ser maiores que a atrofia da vida; poucas injustiças podem ser mais profundas do que ser privado da oportunidade de competir, ou mesmo de ter esperança, por causa da imposição de um limite externo, mas que se tenta fazer passar por interno. Cícero conta a história de Zópiro*, que afirmou possuir Sócrates alguns vícios inatos, evidenciados por seus traços fisionômicos. Os discípulos rechaçaram essa afirmativa, mas Sócrates defendeu Zópiro e afirmou que realmente possuía seus vícios, mas que havia anulado seus efeitos através do exercício da razão. Vivemos num mundo de diferenças e predileções humanas, mas extrapolar esses fatos para transformá-los em teorias de limites rígidos constitui ideologia.

---

* Célebre fisionomista (especialista na arte de conhecer o caráter das pessoas pelos traços fisionômicos) do tempo de Sócrates (Cíc. Tusc. 4.80). (N. T.)

A FALSA MEDIDA DO HOMEM

George Eliot soube apreciar a singular tragédia decorrente da imposição de um rótulo biológico aos membros de grupos menos favorecidos socialmente. Ela expressou o que essa tragédia representava para pessoas como ela: mulheres de extraordinário talento. Eu, de minha parte, gostaria de expressá-la de forma mais ampla: não só o que ela representa para os que são privados de seus sonhos, mas também para os que jamais percebem que podem sonhar. Mas não sou capaz de igualar sua prosa (da introdução a *Middlemarch*):

> Alguns acharam que essas vidas cheias de desatinos são resultado da conveniente indefinição que o Poder supremo conferiu à natureza das mulheres: se o nível de incompetência feminina pudesse ser determinado por um critério tão nítido como saber contar até três, o destino social das mulheres poderia ser definido com uma certeza científica. Na verdade, os limites das variações são muito mais amplos do que se pode supor a partir da uniformidade do penteado feminino e das suas histórias de amor favoritas em prosa e em verso. Aqui e ali, um pequeno cisne cresce, perdido entre os patos na lagoa barrenta, incapaz de encontrar a corrente viva na fraternidade de seus pares. Aqui e ali, nasce uma Santa Teresa, fundadora do nada, cujas palpitações amorosas e soluços, clamando por uma bondade não alcançada, deixam por fim de vibrar e se extinguem em meio a uma multidão de obstáculos, em vez de se concentrarem em uma obra duradoura.

2

A poligenia americana e a craniometria antes de Darwin

Negros e índios como espécies separadas e inferiores

A ordem é a primeira lei do Céu; e, isto admitido, alguns são, e devem ser, maiores que os outros.

ALEXANDER POPE, *Essay on Man* (1733)

A razão e a natureza do universo têm sido invocadas ao longo da história para consagrar as hierarquias sociais existentes como justas e inevitáveis. As hierarquias sociais raramente duram mais que algumas gerações, mas os argumentos, retocados para a justificação de cada novo rol de instituições sociais, circulam indefinidamente. O catálogo de justificações baseadas na natureza abarca uma série de possibilidades: elaboradas analogias entre a relação dos governantes com hierarquia de classes a eles subordinadas e a relação da Terra, na astronomia de Ptolomeu, com a ordem hierárquica dos corpos celestes que girava ao seu redor; ou referências à ordem universal de uma "grande cadeia do ser" em que, desde as amebas até Deus, tudo se ordena numa única seqüência que, perto de seu ponto culminante, inclui uma série hierárquica das diferentes raças e classes humanas. Citemos Alexander Pope novamente:

> Sem essa justa graduação, poderiam estar
> Sujeitos estes àqueles, ou todos a ti?
> ....
> Sejam dez ou dez mil os elos que retirares
> Da cadeia da Natureza, ela se romperá igualmente.

Tanto os mais humildes quanto os mais importantes desempenham seu papel na preservação da continuidade da ordem universal; todos ocupam o lugar que lhes foi destinado.

Este livro examina um argumento que, para a surpresa de muitos, parece ter chegado com atraso: o determinismo biológico, ou seja, a noção de que as pessoas das classes mais baixas são construídas de um material intrinsicamente inferior (cérebros mais pobres, genes de má qualidade, ou o que quer que seja). Platão, como vimos, lançou esta proposta com muita cautela em *A República*, mas por fim acabou por rotulá-la de mentira.

A FALSA MEDIDA DO HOMEM

O preconceito racial pode ser tão antigo quanto o registro da história humana, mas a sua justificação biológica impôs o fardo adicional da inferioridade intrínseca aos grupos menos favorecidos e descartou a sua possibilidade de se redimir através da conversão ou da assimilação. O argumento científico foi uma arma de ataque de primeira linha por mais de um século. Ao discutir a primeira teoria biológica baseada em amplos dados quantitativos — a craniometria do início do século XIX — devo começar por propor uma questão de causalidade: a introdução da ciência indutiva acrescentou dados legítimos capazes de modificar ou fortalecer um argumento nascente em favor da hierarquização racial? Ou a opção *a priori* em favor dessa hierarquização determinou as questões "científicas" então formuladas e até mesmo os dados reunidos para sustentar uma conclusão preestabelecida?

Um contexto cultural compartilhado

Ao avaliarmos o alcance da influência exercida pela ciência nas idéias sobre raça dos séculos XVIII e XIX, devemos, em primeiro lugar, reconhecer o contexto cultural de uma sociedade cujos líderes e intelectuais não duvidavam da pertinência da hierarquização social, com os índios abaixo dos brancos, e os negros abaixo de todos os outros (Fig. 2.1). Os argumentos não contrastavam igualdade com desigualdade. Um grupo — que poderíamos chamar de "linha dura" — afirmava que os negros eram inferiores e que a sua condição biológica justificava a escravidão e a colonização. Outro grupo — os de "linha branda", por assim dizer — concordava que os negros eram inferiores, mas afirmava que o direito de uma pessoa à liberdade não dependia do seu nível de inteligência. "Qualquer que seja o grau dos seus talentos", escreveu Thomas Jefferson, "ele não é a medida dos seus direitos."

Os de linha branda tinham opiniões diversas quanto à natureza da inferioridade dos negros. Alguns argumentavam que uma educação e um padrão de vida adequado poderiam "elevar" os negros ao nível dos brancos; outros advogavam a incapacidade permanente dos negros. Tampouco estavam todos de acordo quanto às raízes biológicas ou culturais da inferioridade dos negros. Entretanto, no conjunto da tradição igualitária do Iluminismo europeu e da Revolução Americana, não consigo discernir nenhuma posição popular comparável, ainda que remotamente, ao "relativismo cultural" que predomina (pelo menos da boca para fora) nos círculos liberais de

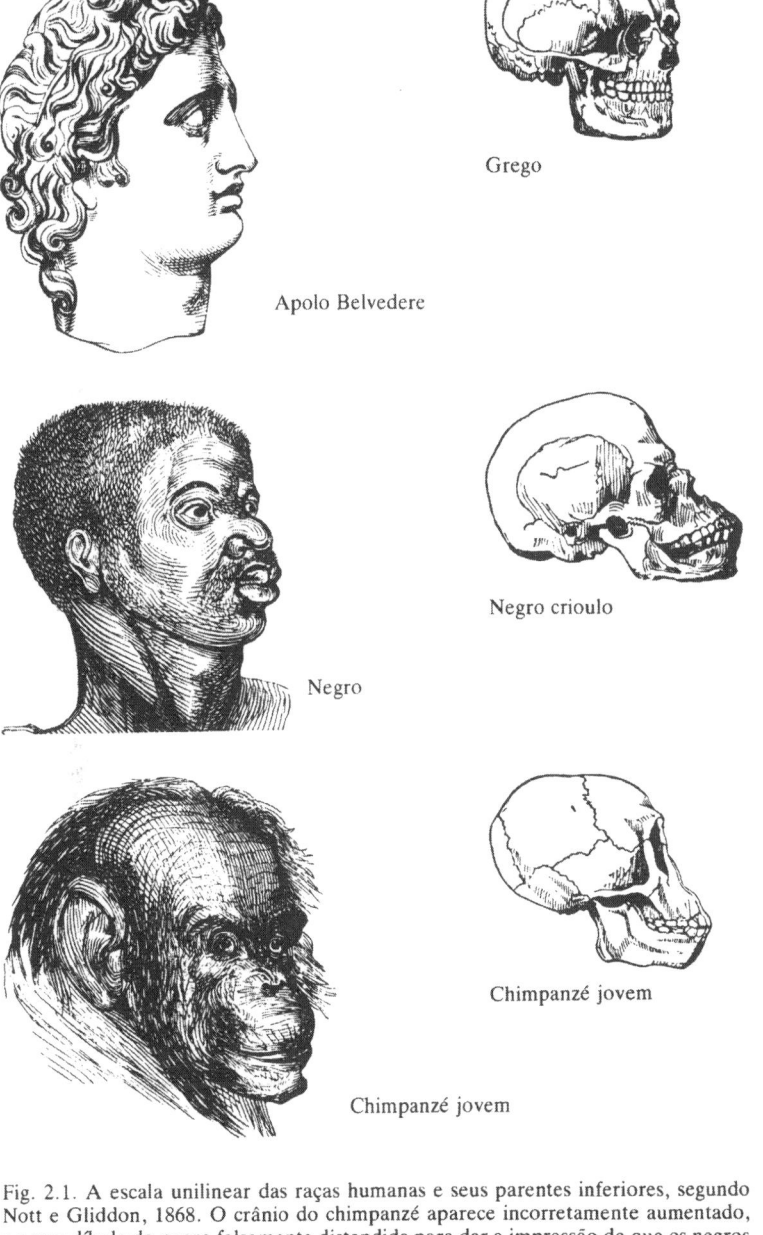

Fig. 2.1. A escala unilinear das raças humanas e seus parentes inferiores, segundo Nott e Gliddon, 1868. O crânio do chimpanzé aparece incorretamente aumentado, e a mandíbula do negro falsamente distendida para dar a impressão de que os negros poderiam se situar até mesmo abaixo dos símios.

A FALSA MEDIDA DO HOMEM

hoje. O argumento que mais se aproxima era a tese de que a inferioridade dos negros seria puramente cultural e que uma educação adequada poderia erradicá-la por completo, permitindo-lhes alcançar o nível do tipo caucasiano.

Todos os heróis da cultura norte-americana adotaram atitudes radicais que poderiam causar embaraço aos fabricantes de mitos escolares. Benjamin Franklin, embora considerando a inferioridade dos negros como puramente cultural e absolutamente remediável, expressou sua esperança de que a América viesse a se tornar um domínio de brancos, livre de mescla com cores menos agradáveis.

> Desejaria que aumentassem em números. E visto que, por assim dizer, estamos limpando nosso planeta, livrando de florestas a América e, com isto, fazendo com que este lado do globo reflita uma luz mais brilhante para quem o contempla de Marte ou Vênus, por que deveríamos... escurecer seu povo? Por que incrementar o número dos Filhos da África transportando-os para a América, onde nos é oferecida uma oportunidade tão boa de excluir todos os negros e escuros, e de favorecer a multiplicação dos formosos brancos e vermelhos? (*Observations Concerning the Increase of Mankind*, 1751)[1].

Outros heróis de nossa nação argumentaram em favor da tese da inferioridade biológica. Thomas Jefferson escreveu, se bem que a título de mera hipótese: "Sugiro, portanto, apenas como conjetura, que os negros, quer constituindo originalmente uma raça distinta, quer diferenciados pelo tempo e pelas circunstâncias, são inferiores aos brancos tanto física como mentalmente" (*in* Gossett, 1965, p. 44). A satisfação de Lincoln pelo desempenho de soldados negros no exército da União elevou em muito o seu respeito por libertos e antigos escravos. Mas a liberdade não implica igualdade biológica, e Lincoln nunca abandonou uma postura básica, tão energicamente exposta durante os debates com Douglas (1958).

---

1. Notei com surpresa a freqüência deste tipo de juízo estético quando se trata de justificar determinadas preferências raciais. Embora J. F. Blumenbach, o fundador da antropologia, houvesse afirmado que para os sapos seus congêneres provavelmente lhes parecem o modelo de beleza, muitos intelectuais sagazes não puseram em dúvida a equação entre pele branca e perfeição. Franklin pelo menos teve a honradez de incluir os habitantes originais na sua América do futuro; entretanto, um século mais tarde, Oliver Wendell Holmes comprazia-se com a idéia de eliminação dos índios por razões estéticas: "... assim, apaga-se o esboço traçado em vermelho, e a tela está preparada para receber o retrato de uma humanidade um pouco mais semelhante à imagem de Deus" (*in* Gossett, 1965, p. 243).

A POLIGENIA AMERICANA E A CRANIOMETRIA ANTES DE DARWIN

Existe uma diferença física entre as raças branca e negra que, em minha opinião, sempre impedirá que as duas raças vivam juntas em condições de igualdade social e política. E, na medida em que não podem viver dessa maneira, enquanto permanecerem juntas deverá existir uma posição de superioridade e uma de inferioridade, e eu, tanto quanto qualquer outro homem, sou a favor de que essa posição de superioridade seja conferida à raça branca.

Para que esta afirmação não seja atribuída à mera retórica eleitoral, transcrevo a seguinte nota privada, escrita às pressas em um pedaço de papel em 1859:

Igualdade para os negros! Bobagem! Até quando, no reino de um Deus suficientemente grande para criar e governar o universo, continuarão a existir aventureiros para vender, e tolos para divulgar, uma demagogia barata como esta? (*in* Sinkler, 1972, p. 47).

Não cito estas declarações para tirar esqueletos de velhos armários. Se menciono homens que mereceram justamente o nosso maior respeito, é para mostrar que os líderes brancos das nações ocidentais não questionaram a validade da hierarquização racial durante os séculos XVIII e XIX. Nesse contexto, a aprovação concedida pelos cientistas em geral às hierarquias estabelecidas não foi o resultado de um estudo de dados objetivos colhidos com o intuito de submeter a prova um problema aberto à discussão, mas de uma crença socialmente compartilhada. Entretanto, num curioso exemplo de casualidade invertida, esses pronunciamentos eram interpretados como uma justificação independente do contexto político.

Todos os cientistas mais importantes ativeram-se às convenções sociais estabelecidas (Figs. 2.2 e 2.3). Na primeira definição formal das raças humanas, em termos taxonômicos modernos, Lineu mesclou traços do caráter com anatomia (*Systema naturae*, 1758). O *Homo sapiens afer* (o negro africano), afirmava ele, é "comandado pelo capricho"; o *Homo sapiens europaeus* é "comandado pelos costumes". Sobre as mulheres africanas, escreveu ele: *Feminis sine pudoris; mammae lactantes prolixae* — mulheres sem pudor, seios que segregam leite em profusão. Os homens, acrescentava, são indolentes e untam-se com sebo.

Os três maiores naturalistas do século XIX não tinham o negro em alta estima. Georges Cuvier, unanimemente aclamado na França como o Aristóteles de sua época, um dos fundadores da geologia, da paleontologia e da moderna anatomia comparativa, referia-se aos nativos africanos como "a mais degenerada das raças humanas, cuja

A FALSA MEDIDA DO HOMEM

Negro argelino   Negro saariano

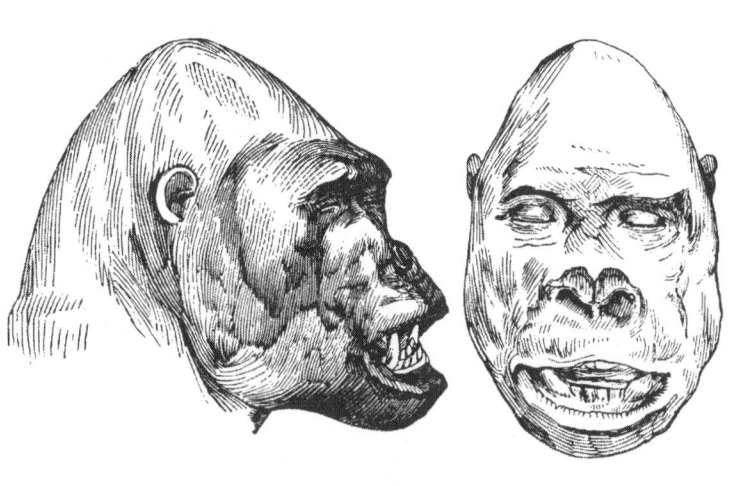

Gorila

Fig. 2.2. Uma tentativa pouco sutil de sugerir uma forte afinidade entre os negros e os gorilas. Fonte: Nott e Gliddon, *Types of Mankind*, 1854. Nott e Gliddon comentam a respeito desta ilustração: "As evidentes analogias e diferenças entre um tipo inferior de humanidade e um tipo superior de macaco dispensam qualquer comentário."

A POLIGENIA AMERICANA E A CRANIOMETRIA ANTES DE DARWIN

Orangotango

Carroceiro hotentote

Chimpanzé

Hotentote de Somerset

Fig. 2.3. Mais duas comparações entre negros e símios extraídas da obra de Nott e Gliddon, 1854. Este livro não era um documento secundário, mas o principal texto norte-americano sobre as diferenças raciais.

A FALSA MEDIDA DO HOMEM

forma se aproxima da do animal e cuja inteligência nunca é suficientemente grande para chegar a estabelecer um governo regular" (Cuvier, 1812, p. 105). Charles Lyell, considerado o fundador da moderna geologia, escreveu:

O cérebro do bosquímano... remete ao dos Simiadae [macacos]. Isto implica uma ligação entre a falta de inteligência e a assimilação estrutural. Cada raça do Homem tem seu lugar próprio, como acontece entre os animais inferiores (*in* Wilson, 1970, p. 347).

Charles Darwin, o liberal bondoso e abolicionista apaixonado[2], escreveu sobre um futuro em que o hiato entre o ser humano e o símio será ampliado pela previsível extinção de espécies intermediárias como o chimpanzé e o hotentote.

O hiato será então mais amplo, porque compreenderá a distância entre o homem, que terá alcançado, como podemos esperar, um estágio de civilização superior ao do caucásico, e um símio como o babuíno, e não como acontece atualmente, a distância entre o negro, ou o australiano, e o gorila (*Descent of Man*, 1871, p. 201).

Ainda mais ilustrativas são as crenças daqueles poucos cientistas muitas vezes citados retrospectivamente como relativistas culturais e defensores da igualdade. J. F. Blumenbach atribuiu as diferenças raciais às influências do clima. Ele rechaçou as hierarquias baseadas na beleza ou na suposta capacidade mental, e reuniu uma coleção de livros escritos por negros. Não obstante, não tinha dúvidas de que o homem branco constitui a norma, sendo as demais raças apenas desvios dela:

---

2. Por exemplo, em *A Viagem do Beagle*, Darwin escreve: "Perto do Rio de Janeiro, minha vizinha de frente era uma velha senhora que tinha umas tarraxas com que esmagava os dedos de suas escravas. Em uma casa onde estive antes, um jovem criado mulato era, todos os dias e a todo momento, insultado, golpeado e perseguido com um furor capaz de desencorajar até o mais inferior dos animais. Vi como um garotinho de seis ou sete anos de idade foi golpeado na cabeça com um chicote (antes que eu pudesse intervir) porque me havia servido um copo de água um pouco turva... E essas são coisas feitas por homens que afirmam amar ao próximo como a si mesmos, que acreditam em Deus, e que rezam para que Sua vontade seja feita na terra! O sangue ferve em nossas veias e nosso coração bate mais forte, ao pensarmos que nós, ingleses, e nossos descendentes americanos, com seu jactancioso grito em favor da liberdade, fomos e somos culpados desse enorme crime."

A POLIGENIA AMERICANA E A CRANIOMETRIA ANTES DE DARWIN

A raça caucasiana, levando-se em consideração todos os princípios fisiológicos, deve ser considerada como fundamental, ou central, dentre estas cinco principais raças. Os dois extremos para os quais se desviou são, de um lado, a raça mongólica e, de outro lado, a raça etíope [os negros africanos] (1825, p. 37).

Alexander von Humboldt, viajante incansável, estadista e divulgador maior da ciência do século XIX, poderia ser o herói de todos os igualitários modernos em busca de antecedentes históricos. Ele, mais que qualquer outro cientista de seu tempo, sempre questionou incansavelmente a hierarquização fundamentada na capacidade mental ou na estética. Também extraiu uma série de conseqüências políticas de suas convicções, e investiu contra toda forma de escravidão e subjugação, considerando-as como impedimentos à tendência natural das pessoas de lutar para conseguir atingir um nível mental mais elevado. Na passagem mais famosa dos cinco volumes de *Cosmos*, ele escreveu:

> Enquanto afirmamos a unidade da espécie humana, rechaçamos a desalentadora crença de que existiriam raças humanas superiores e inferiores. Existem nações mais suscetíveis ao aperfeiçoamento cultural que outras, mas nenhuma é em si mesma mais nobre que as outras. Todas estão igualmente destinadas à liberdade (1849, p. 368).

No entanto, até Humboldt invocou uma diferença intelectual inata para resolver alguns dilemas da história humana. Por que, pergunta ele no segundo volume de *Cosmos*, os árabes conheceram um florescimento cultural e científico logo após o surgimento do Islão, enquanto as tribos citas do Sudeste da Europa mantiveram seus velhos costumes, sendo que ambos os povos eram nômades e compartilhavam o mesmo clima e o mesmo meio ambiente? Humboldt menciona algumas diferenças culturais, como o maior contato dos árabes com as culturas urbanas circunvizinhas, por exemplo. Mas, no final, rotulou os árabes como uma "raça mais bem dotada", com maior "adaptabilidade natural para o aperfeiçoamento intelectual" (1849, p. 578).

Alfred Russel Wallace, descobridor, junto com Darwin, do mecanismo de seleção natural, é justamente saudado como um anti-racista. Realmente, ele afirmou a quase-igualdade da capacidade intelectual de todos os povos. Entretanto, curiosamente, foi essa mesma crença que o levou a abandonar a seleção natural e voltar-se para a criação divina como explicação para a mente humana, para grande

A FALSA MEDIDA DO HOMEM

desgosto de Darwin. A seleção natural, afirmava Wallace, só é capaz de construir estruturas de utilidade imediata para os animais que as possuem. O cérebro dos selvagens é, potencialmente, tão bom quanto o nosso. Mas eles não o usam em sua totalidade, como indica o primitivismo de sua cultura. Uma vez que os modernos selvagens são muito semelhantes aos nossos ancestrais, nosso cérebro deve ter desenvolvido suas capacidades superiores muito antes que fizéssemos uso delas.

Estilos pré-revolucionários do racismo científico: o monogenismo e o poligenismo

As justificações pré-revolucionárias da hierarquia racial adotaram duas modalidades. O argumento "mais brando" — retomando definições impróprias de um ponto de vista moderno — sustentava a unidade de todos os povos através da criação única de Adão e Eva. Esta concepção foi denominada *monogenismo*, ou origem a partir de uma única fonte. As raças humanas são produtos da degeneração da perfeição do Paraíso. A degeneração atingiu diversos níveis, menor no caso dos brancos e maior no caso dos negros. O clima foi o fator invocado com mais freqüência como principal causa da distinção racial. Quanto à possibilidade de remediar os defeitos apresentados por certas raças modernas, as opiniões dos degeneracionistas estavam divididas. Alguns afirmavam que, embora gradualmente geradas sob a influência do clima, as diferenças já estavam definidas e eram irreversíveis. Outros argumentavam que o fato de ter sido gradual esse desenvolvimento tornava possível a reversão em um meio ambiente adequado. Samuel Stanhope Smith, presidente do College of New Jersey (mais tarde Princeton), expressou suas esperanças de que os negros norte-americanos, submetidos a um clima mais propício aos temperamentos caucásicos, logo se tornassem brancos. Mas outros degeneracionistas achavam que os resultados benéficos do clima não se manifestariam com rapidez suficiente para provocar algum tipo de repercussão na história humana.

O argumento "duro" prescindiu da versão bíblica por considerá-la alegórica, e afirmou que as raças humanas eram espécies biológicas separadas e descendiam de mais de um Adão. Como os negros constituíam uma outra forma de vida, não participavam da "igualdade do homem". Os proponentes deste argumento foram chamados "poligenistas".

A POLIGENIA AMERICANA E A CRANIOMETRIA ANTES DE DARWIN

O degeneracionismo foi provavelmente o argumento mais popular, se não por outro motivo, porque as Sagradas Escrituras não podiam ser rejeitadas levianamente. Além disso, a possibilidade de cruzamento entre todas as raças humanas parecia confirmar a tese da espécie única segundo o critério de Buffon, ou seja, a possibilidade de o cruzamento existir apenas entre membros da mesma espécie, e nunca entre membros de espécies diferentes. O próprio Buffon, o maior naturalista francês do século XVIII, era um apaixonado abolicionista e estava convencido de que o aprimoramento das raças inferiores era possível em ambientes apropriados. Mas ele nunca duvidou do valor intrínseco do padrão branco:

> O clima mais temperado localiza-se entre os 40 e 50 graus de latitude, e produz os homens mais harmoniosos e belos. É desse clima que se devem inferir as idéias sobre a genuína cor da humanidade, e sobre os vários graus de beleza.

Alguns degeneracionistas declaravam-se partidários da fraternidade entre os homens. Etinne Serres, famoso anatomista francês, escreveu em 1860 que a perfectibilidade das raças inferiores era uma demonstração de que a espécie humana era a única capaz de se aprimorar através de seus próprios esforços. Ele atacou a poligenia por ser uma "teoria selvagem" que "parece proporcionar uma base científica à escravidão das raças menos civilizadas que a caucásica":

> Concluem que a diferença entre o negro e o homem branco não é menor que a existente entre um asno e um cavalo ou uma zebra — teoria posta em prática nos Estados Unidos da América, para vergonha da civilização (1860, pp. 407-408).

Não obstante, Serres tratou de provar a existência de sinais de inferioridade entre as raças primitivas. Como anatomista, procurou essas provas no domínio de sua especialidade e confessou que não era fácil especificar critérios e dados. Ele se contentou com a teoria da recapitulação, segundo a qual as criaturas superiores passam, durante seu processo de crescimento, por estágios que correspondem aos dos animais inferiores (ver Capítulo 4). Os negros adultos, afirmava ele, corresponderiam às crianças brancas, e os mongólicos adultos aos adolescentes brancos. Apesar de todo seu empenho, não conseguiu estabelecer nada melhor que a distância entre o umbigo e o pênis — "esse indelével sinal da vida embrionária exibido pelo homem". Essa distância é pequena em comparação com o resto do corpo, em bebês de todas as raças. O umbigo se distancia do pênis

A FALSA MEDIDA DO HOMEM

durante o crescimento, mas essa distância é maior nos brancos que nos amarelos, e nunca chega a ser muito significativa nos negros. Os negros são sempre como crianças brancas, o que evidencia sua inferioridade.

A poligenia, embora menos popular, também teve seus defensores ilustres. David Hume não dedicou toda a sua vida ao pensamento puro. Ele desempenhou várias funções políticas, entre as quais a de Administrador do Ministério Colonial Inglês em 1766. Hume advogava tanto a criação em separado quanto a inferioridade inata das raças não brancas:

> Inclino-me a suspeitar que os negros, e em geral todas as outras espécies de homens (pois existem quatro ou cinco delas), são naturalmente inferiores aos brancos. Nunca houve uma nação civilizada cuja tez não fosse branca, como tampouco houve qualquer indivíduo que se destacasse em ação ou especulação[3]. Entre eles, não existem manufaturadores engenhosos, nem arte, nem ciência... Uma diferença tão uniforme e constante não poderia acontecer em tantos países e épocas se a natureza não houvesse estabelecido uma distinção original entre essas raças de homens. Para não mencionar nossas colônias, há escravos negros em toda a Europa, e ninguém conseguiu descobrir neles qualquer sintoma de gênio, embora entre nós haja pessoas de baixa condição e sem cultura que chegam a se destacar em todas as profissões. De fato, na Jamaica fala-se de um negro que possui talento e cultura; mas é possível que essa admiração se refira a uma habilidade sem importância, como a de um papagaio que é capaz de dizer com clareza umas poucas palavras (*in* Popkin, 1974, p. 143; veja-se o excelente artigo em que Popkin analisa em detalhes o poligenismo de Hume).

Charles White, um cirurgião inglês, escreveu a mais veemente defesa da poligenia em 1799 — *Account of the Regular Gradation in Man*. White abandonou o critério da impossibilidade de cruzamento entre espécies proposto por Buffon, e citou exemplos de hibridação bem-sucedida entre membros de grupos tradicionalmente dis-

---

3. Este movimento "indutivo", baseado nas culturas humanas, está longe de ter desaparecido como instrumento de defesa do racismo. Em seu *Study of History* (edição de 1934), Arnold Toynbee escreveu: "Quando classificamos a humanidade pela cor, a única das raças primárias, segundo essa classificação, que não ofereceu qualquer contribuição criativa para as nossas vinte e uma civilizações foi a Raça Negra" (*in* Newby, 1969, p. 217).

A POLIGENIA AMERICANA E A CRANIOMETRIA ANTES DE DARWIN

tintos, tais como as raposas, os lobos e os chacais[4]. Refutou a idéia de que o clima pudesse provocar diferenças raciais, argumentando que isso poderia levar à "degradante idéia" de uma evolução dentro das diferentes espécies. Declarou que seu propósito era alheio a qualquer motivação política, e que lhe interessava apenas "investigar uma tese de história natural". Rejeitou explicitamente qualquer extensão da poligenia destinada a "sancionar a perniciosa prática de escravizar a humanidade". O critério da hierarquização empregado por White era de ordem estética, e sua argumentação incluía a seguinte pérola, freqüentemente citada. Onde mais, senão entre os caucásicos — argumentava ele — podemos encontrar

> ... essa fronte de arcada tão nobre, capaz de conter tanta quantidade de cérebro...? Onde podemos encontrar essa variedade de traços fisionômicos, essa plenitude de expressão, essas madeixas bastas, graciosas e abundantes, essas barbas majestosas, essas faces coradas e esses lábios de coral? Onde... esse andar tão nobre? Em que outra parte do globo haveremos de encontrar o rubor que cobre os delicados traços das belas mulheres européias, esse emblema de modéstia, de delicados sentimentos... onde, senão no peito da mulher européia, encontraremos dois hemisférios tão plenos e tão níveos, coroados de carmin (*in* Stanton, 1960, p. 17).

Louis Agassiz — o teórico americano da poligenia

Ralph Waldo Emerson afirmava que a emancipação intelectual deveria se seguir à independência política. Os eruditos americanos

---

4. A moderna teoria evolucionista realmente considera que a impossibilidade de cruzamento constitui o critério básico para se reconhecer a existência da espécie. Esta é a definição normal: "As espécies constituem, real ou potencialmente, populações que podem se cruzar entre si, compartilhando de um mesmo patrimônio genético, e, do ponto de vista reprodutivo, estão isoladas de todos os outros grupos." Entretanto, esse isolamento reprodutivo não significa que não possam surgir híbridos, mas apenas que, no contato natural entre duas espécies, cada uma mantém sua própria integridade. Os híbridos podem ser estéreis (mulas). Os híbridos férteis podem surgir com bastante freqüência, mas, se a seleção natural atuar preferencialmente contra eles (como resultado de sua estrutura, de sua não aceitação como companheiros sexuais por parte dos membros plenos de uma outra espécie, etc.), sua freqüência não aumentará e as duas espécies permanecerão separadas. Freqüentemente, híbridos férteis podem ser produzidos em laboratório através da imposição de situações não encontradas na natureza (o cruzamento forçado entre espécies que normalmente maturam em diferentes épocas do ano pode ser um eficiente meio de se obter o isolamento reprodutivo).

A FALSA MEDIDA DO HOMEM

deveriam abandonar sua subserviência às teorias e aos estilos europeus. "Por um tempo demasiadamente longo", escreveu Emerson, "escutamos as lisonjeiras musas da Europa." "Vamos caminhar sobre nossos próprios pés, vamos trabalhar com nossas próprias mãos e vamos pensar com nossas próprias mentes" (*in* Stanton, 1960, p. 84).

No início da segunda metade do século XIX, os incipientes cultores da ciência americana organizaram-se para seguir o conselho de Emerson. Um eclético conjunto de amadores que até então havia reverenciado o prestígio dos teóricos europeus tornou-se um grupo de profissionais com idéias autóctones e uma dinâmica interna que não precisava ser constantemente alimentada pela Europa. A doutrina da poligenia desempenhou um importante papel nessa transformação, pois foi uma das primeiras teorias de origem quase totalmente americana a receber a atenção e o respeito dos cientistas europeus, e de tal forma que estes se referiam à poligenia como a "escola antropológica americana". Como acabamos de ver, a poligenia tinha antecedentes europeus, mas os americanos ampliaram os dados que podiam ser citados em seu favor e realizaram um vasto conjunto de investigações que se baseavam em seus princípios. Vou me concentrar em dois dos mais famosos defensores da poligenia: Agassiz, o teórico, e Morton, o analista de dados; e tentarei pôr a descoberto tanto os motivos ocultos quanto a manipulação dos dados, tão importantes para sua justificação[5]. Para começar, obviamente não é acidental que uma nação que ainda praticava a escravidão e expulsava os aborígenes de suas terras tenha favorecido o estabelecimento de teorias que sustentavam que os negros e os índios eram espécies à parte, inferiores aos brancos.

Louis Agassiz (1807-1873), o grande naturalista suíço, conquistou sua reputação na Europa principalmente por ter sido discípulo de Cuvier e pelo seu trabalho como estudioso de peixes fósseis. Na década de 1840, emigrou para os Estados Unidos e isso imediatamente elevou o prestígio da história natural americana. Pela primeira vez, um grande teórico europeu se interessava tanto pelas possibilidades oferecidas pelos Estados Unidos a ponto de se estabelecer no país. Agassiz tornou-se professor de Harvard, onde fundou e dirigiu o Museu de Zoologia Comparada, cargo que ocupou até sua morte em 1873 (meu escritório fica na ala original de seu edifício). Agassiz era um sedutor; os círculos sociais e intelectuais acolheram-no com entusiasmo de Boston a Charlestown, com o mesmo entu-

---

5. Uma excelente história da "escola americana" pode ser encontrada em *The Leopard's Spots*, de W. Stanton.

A POLIGENIA AMERICANA E A CRANIOMETRIA ANTES DE DARWIN

siasmo ilimitado com que defendia a ciência, recolhia dinheiro para manter seus edifícios, coleções e publicações. Ninguém fez mais para consolidar e incrementar o prestígio da biologia americana no século XIX. Agassiz também se tornou o principal porta-voz da poligenia nos Estados Unidos. Sua teoria não foi trazida com ele da Europa. Depois de seus primeiros contatos com os negros americanos, converteu-se à teoria de que as raças humanas constituíam espécies definidas. Agassiz não abraçou a poligenia como uma doutrina política consciente. Ele nunca duvidou da pertinência da hierarquia racial, mas colocava-se entre os que se opunham à escravidão. Sua adesão à poligenia foi uma conseqüência direta de procedimentos de investigação biológica desenvolvidos por ele em contextos anteriores. Antes de mais nada, ele era um devotado criacionista e viveu o suficiente para se tornar o único cientista importante a se opor à teoria da evolução. Mas, até 1859, quase todos os cientistas eram criacionistas, e a maioria deles não aderiu à poligenia (a diferenciação racial dentro de uma mesma espécie não constituía ameaça à doutrina da criação especial — bastava considerar os cruzamentos entre as diferentes raças de cães ou gado). A predisposição de Agassiz à poligenia deviase basicamente a dois aspectos de suas teorias e métodos pessoais:

1. Ao estudar a distribuição geográfica dos animais e das plantas, Agassiz desenvolveu uma teoria sobre os "centros de criação". Ele acreditava que as espécies foram criadas em seus devidos lugares e, via de regra, não migraram desses centros. Outros biogeógrafos defendiam a tese da criação em um único local, à qual se seguiu uma migração extensiva. Assim, quando Agassiz estudou o que hoje consideramos uma única espécie difundida, dividida em uma série de raças geográficas bastante distintas, ele tendia a falar em várias espécies em separado, cada uma criada em seu próprio centro de origem. O *Homo sapiens* é um exemplo básico de uma espécie cosmopolita e variável.

2. Agassiz era um taxonomista propenso a levar em conta o máximo de distinções. Os taxonomistas tendem a se dividir em dois grupos: os "aglutinadores", que se concentram nas similaridades e aglutinam os grupos que apresentam pequenas diferenças em espécies únicas, e os "separacionistas", que se concentram nas mínimas diferenciações e criam espécies baseados em minúsculos detalhes de composição. Agassiz era um separacionista por excelência. Certa vez, ele chegou a distinguir três gêneros de peixes fósseis a partir de alguns dentes que um paleontólogo posterior reconheceria como

31

A FALSA MEDIDA DO HOMEM

pertencentes à dentição variável de um único indivíduo. Apontou centenas de espécies incorretas de peixes de água doce, baseando-se em indivíduos peculiares que correspondiam a variações de uma mesma espécie. Um campeão do separacionismo, que acreditava que os organismos haviam sido criados em toda sua gama, podia muito bem se sentir tentado a considerar as raças humanas como criações em separado. Não obstante, antes de vir para a América, Agassiz defendia a doutrina da unidade humana, se bem que sua variação lhe parecesse excepcional. Em 1845, ele escreveu:

> Isto revela, mais uma vez, a superioridade do gênero humano e sua grande independência no contexto da natureza. Enquanto os animais constituem espécies distintas nas diferentes províncias zoológicas a que pertencem, o homem, a despeito da diversidade de suas raças, constitui uma única e mesma espécie em toda a superfície do globo (*in* Stanton, 1960, p. 101).

Suas convicções biológicas podem ter predisposto Agassiz a aderir à poligenia, mas duvido que esse homem piedoso teria abandonado a ortodoxia bíblica de um único Adão, se não houvesse conhecido os negros americanos e as pressões de seus colegas poligenistas. Agassiz jamais produziu dados em favor da poligenia. Sua conversão foi produto de um juízo visceral imediato e de uma insistente campanha persuasiva por parte de seus amigos. Sua adesão jamais chegou a se basear em um conhecimento biológico mais profundo.

Agassiz jamais vira um negro na Europa. Quando, pela primeira vez, viu-se diante dos camareiros negros de seu hotel de Filadélfia, sentiu uma aversão intensa e profunda. Essa experiência desagradável, somada a seus temores sexuais com relação à miscigenação, aparentemente despertou-lhe a convicção de que os negros constituem uma espécie em separado. Numa passagem de notável franqueza, de uma carta que enviou da América à mãe, ele escreve o seguinte:

Foi em Filadélfia que tive pela primeira vez um contato prolongado com os negros; todos os empregados de meu hotel eram homens de cor. Mal posso lhe expressar a dolorosa impressão que experimentei, particularmente porque a sensação que eles me inspiraram vai contra todas nossas idéias a respeito da confraternização de todo tipo [*genre*] de homens e da origem única de nossa espécie. Mas a verdade deve estar acima de tudo. Não obstante, senti piedade à vista dessa raça degradada e degenerada, e tive compaixão por seu destino ao pensar que se tratava realmente de homens. Contudo, é-me impossível repri-

32

A POLIGENIA AMERICANA E A CRANIOMETRIA ANTES DE DARWIN

mir a impressão de que eles não são feitos do mesmo sangue que nós. Ao ver suas faces negras com lábios grossos e dentes disformes, a carapinha de suas cabeças, seus joelhos torcidos, suas mãos alongadas, suas grandes unhas curvas, e principalmente a cor lívida da palma de suas mãos, não pude deixar de cravar meus olhos em seus rostos para mandá-los se conservarem à distância. E, quando estendiam aquelas mãos horrendas em direção a meu prato a fim de me servir, desejei ter a coragem de me levantar e sair à procura de um pedaço de pão em qualquer outro lugar, em vez de jantar servido por gente como essa. Que desgraça para a raça branca ter ligado sua existência tão intimamente à dos negros em certos países! Que Deus nos livre desse contato! (Carta de Agassiz à sua mãe, datada de dezembro de 1846.) (A esposa de Agassiz compilou sua correspondência — *Life and Letters* —, apresentando uma versão expurgada desta famosa carta, omitindo as linhas acima. Outros historiadores parafrasearam-nas ou passaram por elas superficialmente. Consegui resgatar este trecho e traduzi-lo a partir do manuscrito original, que está na Biblioteca Houghton de Harvard, e esta é a primeira vez, ao que me consta, que se publica uma tradução literal.)

Agassiz publicou sua principal exposição sobre as raças humanas no *Christian Examiner* de 1850. Ele começa por rechaçar, chamando de demagogos, tanto os teólogos que o acusam de infiel (por pregar a doutrina do Adão múltiplo) quanto os abolicionistas que o rotulam de escravagista:

As idéias aqui apresentadas foram acusadas de tender ao apoio da escravidão... Essa é uma objeção válida no caso de uma investigação filosófica? A única coisa que aqui nos interessa é a origem do homem; deixemos que os políticos, aqueles que se sentem convocados a ordenar a sociedade humana, imaginem o que podem fazer com os resultados... Negamos, entretanto, que exista alguma ligação entre ela e quaisquer questões políticas. Foi apenas com referência à possibilidade de avaliar as diferenças existentes entre os diversos homens, e de finalmente determinar se eles tiveram origem em todas as partes do mundo, e em que circunstâncias, que aqui tentamos traçar alguns fatos referentes às raças humanas (1850, p. 113).

Em seguida, Agassiz apresenta o seguinte argumento: a teoria da poligenia não constitui um ataque contra a doutrina bíblica da unidade humana. Os homens estão unidos por uma estrutura comum e um vínculo de afinidade, ainda que as raças tenham sido criadas como espécies em separado. A Bíblia não fala de partes do mundo desconhecidas pelos antigos; o relato de Adão refere-se apenas à origem dos caucásicos. Os negros e os caucásicos ainda apresentam

A FALSA MEDIDA DO HOMEM

as mesmas diferenças que podem ser constatadas nos restos egípcios mumificados. Se as raças humanas fossem o produto da influência climática, então o decorrer de três mil anos teria engendrado transformações consideráveis (Agassiz não tinha a menor idéia da verdadeira antigüidade do homem; ele acreditava que três mil anos constituíssem parte substancial da nossa história). As raças modernas ocupam áreas geográficas definidas e não sobrepostas entre si, embora os fenômenos migratórios tenham confundido ou esmaecido os limites de alguns territórios. Sendo distintas fisicamente, invariáveis no tempo e dotadas de territórios geográficos separados, as raças humanas satisfaziam todos os critérios biológicos propostos por Agassiz no que se refere à existência de espécies em separado.

> Essas raças devem ter-se originado... nas mesmas proporções numéricas e nas mesmas áreas em que hoje ocorrem... Elas não podem ter-se originado a partir de indivíduos únicos, mas devem ter sido criadas nessa harmonia numérica que é característica de cada espécie; os homens devem ter-se originado em nações, como as abelhas devem ter-se originado em enxames (pp. 128-129).

Então, já por volta do fim de seu artigo, Agassiz muda abruptamente de atitude e proclama uma exigência moral, embora tenha justificado explicitamente sua proposta ao apresentá-la como uma investigação objetiva da história natural.

> Na Terra, existem diferentes raças de homens, habitando diferentes partes de sua superfície e apresentando diferentes características físicas; e este fato... impõe-nos a obrigação de determinarmos a hierarquia relativa entre essas raças, o valor relativo do caráter próprio a cada uma delas, de um ponto de vista científico... Como filósofos, é nosso dever encarar de frente esta questão (p. 142).

A título de prova em favor da valoração das diferenças inatas, Agassiz não se arrisca a propor nada que exceda o habitual conjunto de estereótipos culturais caucásicos:

> Como é diferente o indomável, corajoso e orgulhoso índio se comparado ao submisso, obsequioso e imitativo negro, ou ao manhoso, ardiloso e covarde mongólico! Estes fatos não são indicações de que as diferentes raças não ocupam o mesmo nível na natureza? (p. 144).

Os negros, afirma Agassiz, devem ocupar o último escalão de qualquer hierarquia objetiva que se estabeleça:

A POLIGENIA AMERICANA E A CRANIOMETRIA ANTES DE DARWIN

Parece-nos uma paródia filantrópica e filosófica afirmar que todas as raças possuem as mesmas capacidades, gozam dos mesmos poderes e mostram as mesmas disposições naturais, e que, como resultado dessa suposta igualdade, têm direito a ocupar a mesma posição na sociedade humana. Neste caso, a história fala por si mesma... O compacto continente africano exibe uma população que tem estado em constante contato com a raça branca, que gozou do benefício do exemplo da civilização egípcia, da civilização fenícia, da civilização romana, da civilização árabe... e, no entanto, nesse continente jamais existiu uma sociedade organizada de homens negros. Isto não indica a existência de uma peculiar apatia por parte dessa raça, uma peculiar indiferença pelas vantagens conferidas pela sociedade civilizada? (pp. 143-144).

Como se sua mensagem política não estivesse suficientemente clara, Agassiz conclui defendendo uma política social específica. A educação, afirma ele, deve adaptar-se às habilidades inatas; os negros devem ser treinados para o trabalho manual, os brancos para o trabalho intelectual:

Qual deveria ser o melhor tipo de educação a ser ministrado às diferentes raças, considerando-se suas diferenças primordiais...? Não temos a menor dúvida de que as atividades humanas vinculadas às raças de cor seriam dirigidas com muito maior sensatez se, em nosso contato com elas, tivéssemos plena consciência das diferenças reais que existem entre elas e nós, e tratássemos de fomentar as disposições que mais se sobressaem nelas, em lugar de tratá-las em pé de igualdade (p. 145).

Uma vez que as disposições "que mais se sobressaem" são a submissão, a obsequiosidade e a imitação, podemos bem imaginar o que Agassiz tinha em mente. Analisei este artigo em detalhe porque é muito característico de seu gênero — ele promove uma determinada política social aparentando tratar-se de uma investigação desinteressada de certos fatos científicos, uma estratégia que ainda hoje é posta em prática.

Em cartas posteriores, escritas em plena Guerra Civil, Agassiz expressou suas idéias políticas de forma mais abrangente e com maior energia. (Na correspondência publicada por sua esposa, estas cartas também foram expurgadas sem a devida explicação. Portanto, mais uma vez tive de recorrer às cartas originais da Biblioteca Houghton de Harvard.) S. G. Howe, membro da Comissão de Inquérito de Lincoln, perguntou a opinião de Agassiz quanto ao papel dos negros

A FALSA MEDIDA DO HOMEM

em uma nação reunificada. (Howe, mais conhecido por seu trabalho na reforma das prisões e na educação dos cegos, era marido de Julia Ward Howe, autora do "Battle Hymn of the Republic".) Em quatro extensas e apaixonadas cartas, Agassiz defendeu seu ponto de vista. A persistência de uma grande e permanente população negra na América deve ser reconhecida como uma desagradável realidade. Os índios, impulsionados por seu valoroso orgulho, poderão morrer lutando, mas "o negro exibe, por natureza, uma docilidade, uma disposição a se acomodar às circunstâncias, bem como uma tendência a imitar aqueles entre os quais vive" (9 de agosto de 1863).

Embora a igualdade jurídica deva ser assegurada a todos, aos negros não se deveria outorgar a igualdade social sob pena de comprometer e debilitar a raça branca. "Considero que a igualdade social nunca deve ser praticada. Trata-se de uma impossibilidade natural que deriva do próprio caráter da raça negra" (10 de agosto de 1863); uma vez que os negros são "indolentes, traquinas, sensuais, imitativos, subservientes, afáveis, versáteis, inconsistentes em seus propósitos, devotados, carinhosos, num grau que não é observado em nenhuma outra raça, eles só podem ser comparados a crianças, pois, se bem que sua estatura seja de adulto, conservam uma mentalidade infantil... Afirmo, portanto, que eles são incapazes de viver em pé de igualdade social com os brancos, no seio de uma única e idêntica comunidade, sem se converter num elemento de desordem social" (10 de agosto de 1863). Os negros devem ser controlados e sujeitos a certas limitações, porque a imprudente decisão de lhes conceder determinados privilégios sociais provocaria discórdias posteriores:

> Nenhum homem tem direito àquilo que não é capaz de usar... Se cometermos a imprudência de conceder, de início, demasiadas regalias aos negros, logo teremos de lhes tirar violentamente alguns dos privilégios que podem utilizar tanto em detrimento de nós quanto em prejuízo de si mesmos (10 de agosto de 1863).

Para Agassiz, nada inspirava mais temor que a perspectiva de uma miscigenação racial através de casamentos mistos. O vigor da raça branca depende de seu isolamento: "A produção de mestiços constitui um pecado contra a natureza, comparável ao incesto, que, em uma comunidade civilizada, representa um pecado contra a pureza de caráter... Longe de considerá-la uma solução natural para nossas dificuldades, a idéia de uma miscigenação causa repulsa à minha

A POLIGENIA AMERICANA E A CRANIOMETRIA ANTES DE DARWIN

sensibilidade, e considero-a uma perversão completa do sentimento natural... Não se deve poupar nenhum esforço para impedir semelhante abominação contra a nossa melhor natureza, e contra o desenvolvimento de uma civilização mais elevada e de uma moralidade mais pura" (9 de agosto de 1863).

Agassiz percebe então que seu argumento afundou-o num atoleiro. Se o cruzamento entre raças (segundo Agassiz, entre espécies em separado) é antinatural e repugnante, então por que existem tantos mestiços nos Estados Unidos? Agassiz atribui esse lamentável fato à receptividade sexual das criadas e à ingenuidade dos jovens cavalheiros sulistas. Parece que as criadas já são mestiças (se bem que não se diga como seus pais conseguiram superar uma repugnância natural mútua); diante de uma mulher de sua própria raça, os rapazes brancos reagem esteticamente; por outro lado, essa natural inibição dos membros de uma raça superior diminui quando existe certo grau de herança negra. Uma vez habituados, os pobres jovens já não conseguem se libertar e desenvolvem o gosto pelas negras puras:

> Assim que o desejo sexual começa a despertar nos jovens sulistas, é-lhes fácil satisfazê-lo devido à prontidão com que lhes brindam as criadas de cor [mestiças]... Isto embota seus melhores instintos, distorcendo-os nessa direção, e leva-os gradualmente a buscar presas mais saborosas, como ouvi certos jovens dissolutos afirmarem, para se referir às mulheres totalmente negras (9 de agosto de 1863).

Por fim, Agassiz combina imagem vívida e metáfora para advertir quanto ao perigo extremo de um povo misto e debilitado:

> Imagine-se por um momento a diferença que faria em épocas vindouras, para o porvir das instituições republicanas e de nossa civilização em geral, o fato de, em lugar de contar com a população viril, descendente de nações consangüíneas, que hoje possuem, os Estados Unidos serem habitados pela efeminada prole de uma mistura racial, metade índia e metade negra, com alguns salpicos de sangue branco... Estremeço só em pensar nas conseqüências. Temos de lutar já, para não deter nosso progresso contra a influência da igualdade universal, uma vez que é difícil preservar as aquisições da superioridade dos indivíduos e o caudal de cultura e refinamento produzidos pelas associações entre pessoas seletas. Em que condições estaríamos se, a essas dificuldades se acrescentassem as influências muito mais tenazes da incapacidade

A FALSA MEDIDA DO HOMEM

física...? Como erradicaremos o estigma de uma raça inferior depois de ter permitido que seu sangue flua livremente para o de nossos filhos? (10 de agosto de 1863)[6].

Agassiz conclui que a liberdade jurídica concedida aos escravos emancipados deve impulsionar a instauração de uma rígida separação social entre as raças. Felizmente, a natureza colaborará com a virtude moral, pois as pessoas, quando têm liberdade de escolha, tendem naturalmente a se deslocar para regiões que apresentam um clima similar ao de seus países de origem. A espécie negra, criada para viver em condições de calor e umidade, prevalecerá nas terras baixas do Sul, enquanto que os brancos manterão o domínio sobre as costas e as terras altas. O novo Sul conterá alguns estados negros. Deveríamos aceitar essa situação e admiti-los no seio da União; afinal de contas, já reconhecemos "o Haiti e a Libéria"[7]. Mas o vigoroso Norte não é uma terra adequada para gente despreocupada e apática, criada para viver em regiões mais quentes. Os negros puros migrarão para o Sul, deixando no Norte um resíduo obstinado que se irá reduzindo até se extinguir: "Espero que se vá extinguindo gradualmente no Norte, onde sua implantação é totalmente artificial" (11 de agosto de 1863). E quanto aos mulatos, "seu físico doentio e sua fecundidade debilitada" deveriam assegurar seu desaparecimento tão logo os grilhões da escravatura deixassem de oferecer-lhes a oportunidade de participar de cruzamentos antinaturais.

---

6. E. D. Cope, um dos principais paleontólogos e biólogos evolucionistas americanos, reiterou este mesmo tema, em 1890, em termos ainda mais enérgicos (p. 2054): "A raça humana superior não pode arriscar-se a perder ou mesmo a comprometer as vantagens que adquiriu através de séculos de esforço e fadiga, mesclando seu sangue com o da raça inferior... Não podemos turvar ou extinguir a fina sensibilidade nervosa e a força mental que a cultura produziu na constituição dos indo-europeus, mesclando-os com os instintos carnais e a obscuridade mental dos africanos. Isso não supõe apenas uma estagnação mental e a instauração de um tipo de vida meramente vegetativa, mas também a impossibilidade ou improbabilidade de uma eventual ressurreição."

7. Nem todos os detratores dos negros eram tão generosos. E. D. Cope, que temia que a mestiçagem obstruísse o caminho para o céu (ver a nota anterior), propunha o regresso de todos os negros à África (1890, p. 2053): "Já não nos é carga suficiente termos de suportar os camponeses europeus que a cada ano somos obrigados a receber e assimilar? Por acaso nossa própria raça alcançou um nível tão alto para que possamos introduzir impunemente oito milhões de matéria morta no próprio centro de nosso organismo vital?"

A POLIGENIA AMERICANA E A CRANIOMETRIA ANTES DE DARWIN

Durante a última década de sua vida, o mundo de Agassiz entrou em colapso. Seus discípulos se rebelaram; seus partidários deixaram-no sozinho. Para o público, ele continuava a ser um ídolo, mas os cientistas começaram a vê-lo como um dogmático rígido e envelhecido, agarrando-se com firmeza a crenças que a maré darwiniana havia tornado antiquadas. Mas suas idéias sociais em favor da segregação racial prevaleceram — na mesma medida em que se frustraram as suas extravagantes esperanças de uma separação geográfica voluntária.

Samuel George Morton — o empírico da poligenia

Agassiz não passou todo o seu tempo em Filadélfia injuriando camareiros negros. Na mesma carta à mãe, descreveu em termos entusiásticos sua visita à coleção anatômica do famoso médico e cientista da Filadélfia Samuel George Morton: "Imagine uma série de 600 crânios, a maioria pertencentes a índios de todas as tribos que habitam ou habitaram a América. Em nenhum outro local existe algo parecido. Só essa coleção já vale uma viagem à América" (Agassiz escrevendo à sua mãe, dezembro de 1846, traduzido da carta original, que se encontra na Biblioteca Houghton da Universidade de Harvard).

Agassiz especulou livre e amplamente, mas não recolheu qualquer dado que justificasse a sua teoria poligenista. Morton, um aristocrata da Filadélfia, duas vezes graduado em medicina — uma delas pela Universidade de Edimburgo, então muito em moda —, estabeleceu os "fatos" que grangearam para a "escola americana" de poligenia o respeito mundial. Morton iniciou sua coleção de crânios humanos na década de 1820; ao morrer em 1851, tinha mais de mil deles. Seus amigos (e inimigos) referiam-se ao seu grande ossário como "o Gólgota americano".

Morton foi aclamado como o grande objetivista e coletor de dados da ciência americana: o homem que ergueria uma empresa ainda imatura do atoleiro da especulação fantasiosa. Oliver Wendell Holmes elogiou Morton pelo "caráter severo e cauteloso" de suas obras, que, "devido à sua própria natureza constituem dados permanentes para todos os futuros estudantes de etnologia" (*in* Stanton, 1960, p. 96). O próprio Humboldt, que havia afirmado a igualdade inerente de todas as raças, escreveu:

> Os tesouros craniológicos que o senhor teve a sorte de reunir em sua coleção encontram em sua pessoa um digno intérprete. Sua obra é igualmente notável pela profundidade das idéias anatômicas que pro-

A FALSA MEDIDA DO HOMEM

põe, pelo detalhe numérico das relações apresentadas pela conformação orgânica, bem como pela ausência daqueles devaneios poéticos que constituem os mitos da moderna psicologia (*in* Meigs, 1851, p. 48).

Quando Morton morreu, em 1851, o *New York Tribune* escreveu que, "provavelmente, nenhum outro cientista americano gozou de maior reputação entre os estudiosos de todo o mundo que o Dr. Morton" (*in* Stanton, 1960, p. 144).

Entretanto, Morton não juntou crânios movido pelo interesse abstrato do diletante, nem tampouco pelo empenho taxonômico em obter a representação mais completa possível. O que lhe importava era comprovar uma hipótese: a de que uma hierarquia racial poderia ser estabelecida objetivamente através das características físicas do cérebro, particularmente no que se refere ao seu tamanho. Morton interessou-se particularmente pelos indígenas americanos. Como escreveu George Combe, seu fervoroso amigo e defensor:

> Uma das características mais singulares da história deste continente é que as raças aborígenes, com poucas exceções, pereceram ou retrocederam permanentemente diante da raça anglo-saxônica, e em nenhum caso mesclaram-se com ela em pé de igualdade, nem adotaram seus hábitos e sua civilização. Esses fenômenos devem ter uma causa; e nenhuma investigação pode ser mais interessante e, ao mesmo tempo, mais filosófica que a que procura averiguar se essa causa se relaciona com uma diferença cerebral entre a raça indígena americana e os invasores que empreenderam sua conquista (Combe e Coates, resenha do livro *Crania Americana* de Morton, 1840, p. 352).

Além disso, Combe afirmava que a coleção de Morton adquiriria um verdadeiro valor científico apenas *se* o valor mental e moral pudesse ser deduzido a partir das características do cérebro: "Se esta doutrina se revelar infundada, esses crânios seriam apenas fatos da História Natural, não apresentando qualquer informação específica quanto às qualidades mentais das pessoas" (do apêndice de Combe ao já mencionado *Crania Americana* de Morton, 1839, p. 275).

Embora tenha vacilado no início de sua carreira, Morton em breve se tornou o líder dos poligenistas americanos. Escreveu vários artigos para defender o caráter particular das raças humanas como espécies criadas em separado. Investiu por dois flancos distintos contra a tese mais rigorosa defendida por seus oponentes: a interfertilidade de todas as raças humanas. Baseou-se nos relatos de viajantes para afirmar que o cruzamento de algumas raças humanas — particularmente aborígenes australianos e caucásicos — raramente produ-

A POLIGENIA AMERICANA E A CRANIOMETRIA ANTES DE DARWIN

zem descendentes férteis (Morton, 1851). Atribuiu essa falência à "disparidade da organização primordial". Além disso, insistia ele, o critério de infertilidade proposto por Buffon deve ser abandonado de qualquer forma pois a hibridação é comum na natureza, até mesmo entre espécies pertencentes a gêneros diversos (Morton, 1847, 1850). A espécie deve ser redefinida como sendo uma "forma orgânica primordial" (1850, p. 82). "Bravo, meu caro Senhor!", escreveu Agassiz em uma carta, "o senhor finalmente forneceu à ciência uma definição de espécie verdadeiramente filosófica" (*in* Stanton, 1960, p. 141). Mas como reconhecer uma forma primordial? Respondia Morton: "Se certos tipos orgânicos existentes podem nos remeter à 'noite dos tempos', por mais diferentes que sejam hoje, não é mais razoável considerá-los originais, em vez de supor que não passam de meras derivações acidentais de um tronco patriarcal isolado sobre o qual nada sabemos?" (1850, p. 82). Assim, Morton considerou que várias raças de cães constituíam espécies destintas, uma vez que os esqueletos encontrados nas tumbas egípcias eram tão reconhecíveis e tão distintos dos de outras raças como o são atualmente. Nessas tumbas, também havia esqueletos de negros e de caucásicos. Segundo Morton, a arca de Noé havia chegado ao monte Ararat 4.179 anos antes, e as tumbas egípcias haviam sido construídas apenas 1.000 anos depois desse acontecimento, ou seja, um lapso de tempo por demais breve para que os filhos de Noé se diferenciassem em várias raças. (Como, indagava ele, podemos acreditar que as raças tenham-se transformado tão rapidamente num período de 1.000 anos, se em nada mudaram nos 3.000 anos seguintes?) As raças humanas deviam estar separadas desde o início (Morton, 1839, p. 88).

No entanto, como declarou certa vez o Supremo Tribunal, separado não significa desigual. Morton, portanto, tratou de demonstrar "objetivamente" a existência de uma hierarquia entre as raças. Examinando os desenhos do Antigo Egito, descobriu que neles os negros eram sempre representados como servidores: sinal inequívoco de que sempre desempenharam um papel biologicamente adequado: "Os negros eram numerosos no Egito, mas sua posição social nos tempos antigos era a mesma que hoje ocupam, ou seja, a de servos e escravos" (Morton, 1844, p. 158). (Sem dúvida, um curioso argumento, pois esses negros haviam sido capturados na guerra; as sociedades do baixo Saara representavam os negros como governantes.)

Mas a fama de Morton como cientista apoiava-se na sua coleção de crânios e na importância destes para a hierarquização das raças. Uma vez que a cavidade craniana fornece uma medida fidedigna

A FALSA MEDIDA DO HOMEM

do cérebro que nela se alojava, Morton estabeleceu a hierarquia entre as raças a partir do tamanho médio de seus cérebros. Ele enchia a cavidade craniana com sementes de mostarda branca peneirada, depois despejava essas sementes em um cilindro graduado e obtinha o volume do cérebro em polegadas cúbicas. Posteriormente, não se satisfez com as sementes de mostarda pois com elas não conseguia obter resultados uniformes. As sementes não compunham um volume compacto porque eram muito leves e variavam demais em tamanho, apesar de peneiradas. Assim, em crânios com uma capacidade média de cerca de 80 polegadas cúbicas, podia haver uma variação de 4 polegadas cúbicas, ou seja, mais de 5% entre uma medição e outra do mesmo espécime. Conseqüentemente, ele substituiu as sementes por balas de chumbo com um oitavo de polegada de diâmetro, "do tamanho denominado BB", obtendo assim resultados uniformes que nunca variavam em mais de uma polegada cúbica de uma medição para outra do mesmo crânio.

Morton publicou três importantes obras sobre o tamanho dos crânios humanos: *Crania Americana*, 1839, um esplêndido e ricamente ilustrado volume sobre os índios americanos; seus estudos sobre os crânios provenientes das tumbas egípcias, *Crania Aegyptiaca*, 1844; e o epítome de toda a sua coleção, 1849. Cada uma dessas obras apresentava um quadro que resumia seus resultados acerca dos diferentes volumes cranianos, distribuídos segundo a raça. Reproduzi aqui os três quadros (Quadros 2.1 a 2.3). Eles representam a maior contribuição da poligenia americana aos debates sobre a hierarquia social, e sobreviveram à teoria das criações em separado, tendo sido reimpressos em várias ocasiões, durante o século XIX, considerando-se os dados nele apresentados como "sólidas" e irrefutáveis provas do diferente valor mental das raças humanas (ver p. 77). É desnecessário dizer que esses dados coincidiam com os preconceitos de todo bom ianque: os brancos acima, os índios no meio, e os negros abaixo; e, entre os brancos, os teutônicos e os anglo-saxões acima, os judeus no meio, e os indianos abaixo. Além disso, essa ordem não se havia modificado durante toda a história conhecida, pois os brancos estavam na mesma situação de vantagem no Antigo Egito. A posição social e a possibilidade de acesso ao poder presentes nos Estados Unidos da época de Morton refletiam fielmente os méritos biológicos dessas raças. Como os sentimentais e os igualitários poderiam opor-se aos ditames da natureza? Morton havia fornecido dados límpidos e objetivos, baseados na maior coleção de crânios do mundo.

A POLIGENIA AMERICANA E A CRANIOMETRIA ANTES DE DARWIN

Durante o verão de 1977, passei várias semanas reavaliando os dados de Morton. (Morton, que se declarava objetivista, publicou todos os seus dados brutos; portanto, podemos inferir com bastante segurança os passos que empreendeu para chegar aos resultados exibidos pelos quadros). Em poucas palavras, e para dizê-lo sem rodeios, os dados resumidos dos quadros formam uma colcha de retalhos de falsificações e acomodações evidentemente destinadas a verificar determinadas crenças *a priori*. Contudo — e este é o aspecto mais curioso do caso — não consigo encontrar provas de fraude deliberada; de fato, se Morton fosse um falsificador intencional, não teria publicado seus dados tão abertamente.

A fraude consciente provavelmente é rara na ciência. Também não é muito interessante, pois nos diz pouco acerca da natureza da atividade científica. Se descobertos, os mentirosos são excomungados; os cientistas declaram que a corporação se autopoliciou adequadamente, e retomam o seu trabalho, com a mitologia incólume e objetivamente justificada. O predomínio da acomodação *inconsciente* dos dados, por outro lado, sugere uma conclusão geral a respeito do contexto social da ciência. Porque, se os cientistas podem iludir a si mesmos em níveis como o de Morton, então o condicionamento dos preconceitos deverá incidir em todas as partes, inclusive nos procedimentos elementares para a medição dos ossos e a soma dos dados.

Quadro 2.1. *Quadro resumido da capacidade craniana por raça, segundo Morton*

Raça		Capacidade interna (polegadas cúbicas)		
	N?	Média	Maior	Menor
Caucásica	52	87	109	75
Mongólica	10	83	93	69
Malaia	18	81	89	64
Americana	144	82	100	60
Etíope	29	78	94	65

Quadro 2.2. *Capacidades cranianas de exemplares encontrados em tumbas egípcias*

Povo	Capacidade média (polegadas cúbicas)	N?
Caucásico		
Pelásgico	88	21
Semítico	82	5
Egípcio	80	39
Negróide	79	6
Negro	73	1

A FALSA MEDIDA DO HOMEM

Quadro 2.3. Resumo final dos dados sobre as capacidades cranianas por raça, segundo Morton

Raças e famílias	Capacidade craniana (polegadas cúbicas)				
	N?	Maior	Menor	Média	Média
GRUPO CAUCÁSICO MODERNO					
Família teutônica					
Alemães	18	114	70	90 ⎫	
Ingleses	5	105	91	96 ⎬	92
Anglo-americanos	7	97	82	90 ⎭	
Família pelásgica	10	94	75	84	
Família céltica	6	97	78	87	
Família Industânica	32	91	67	80	
Família semítica	3	98	84	89	
Família nilótica	17	96	66	80	
GRUPO CAUCÁSICO ANTIGO					
Família pelásgica	18	97	74	88	
Família nilótica	55	96	68	80	
GRUPO MONGÓLICO					
Família chinesa	6	91	70	82	
GRUPO MALAIO					
Família malaia	20	97	68	86 ⎫	85
Família polinésia	3	84	82	83 ⎭	
GRUPO AMERICANO					
Família tolteca					
Peruanos	155	101	58	75 ⎫	79
Mexicanos	22	92	67	79 ⎭	
Tribos bárbaras	161	104	70	84	
GRUPO NEGRO					
Família africana nativa	62	99	65	83 ⎫	83
Negros nascidos na América	12	89	73	82 ⎭	
Família hotentote	3	83	68	75	
Australianos	8	83	63	75	

A POLIGENIA AMERICANA E A CRANIOMETRIA ANTES DE DARWIN

O caso da inferioridade dos índios: Crania Americana[8]

Morton iniciou *Crania Americana*, sua primeira e maior obra, datada de 1839, com um discurso sobre o caráter essencial das raças humanas. Suas afirmativas deixam transparecer imediatamente seus preconceitos. Sobre os "esquimós da Groenlândia", escreve ele: "São astutos, sensuais, ingratos, obstinados e insensíveis, e grande parte de seu afeto pelos filhos deve-se a motivos puramente egoístas. Devoram os alimentos mais repugnantes, sem cozinhá-los ou lavá-los, e parecem pensar apenas na satisfação das necessidades do momento... Suas faculdades mentais, da infância à velhice, caracterizam-se por uma constante infantilidade. ... Talvez não exista nenhuma outra nação que se lhes iguale em voracidade, egoísmo e ingratidão" (1839, p. 54). Suas opiniões sobre outros mongólicos não eram muito melhores, pois escreveu a respeito dos chineses (p. 50): "Seus sentimentos e seus atos são tão inconstantes que foram comparados aos dos macacos, cuja atenção é permanentemente desviada de um objeto para outro." Quanto aos hotentotes, afirmou ele que eram (p. 90) "os que mais se aproximavam dos animais inferiores... Sua tez é de uma cor pardo-amarelenta, e foi comparada por viajantes ao tom peculiar que adquire a pele dos europeus no último estágio da icterícia... Dizem que a aparência das mulheres é ainda mais repulsiva que a dos homens". Contudo, quando Morton teve de descrever uma tribo caucásica como "uma simples horda de ferozes bandidos" (p. 9), apressou-se em acrescentar que "suas percepções morais sem dúvida assumiriam um caráter muito mais favorável sob a influência de um governo justo".

No quadro resumido (quadro 2.1) podemos observar qual é o argumento "duro" de Morton em *Crania Americana*. Ele mediu a capacidade de 144 crânios indígenas e calculou uma média de 82 polegadas cúbicas, ou seja, um volume inferior em 5 polegadas cúbicas com relação à norma caucásica (Figs. 2.4 e 2.5). Além disso, Morton acrescentou uma tabela de medições frenológicas que indicava uma deficiência das faculdades mentais "superiores" entre os índios. "Os espíritos benevolentes", concluía Morton (p. 82) "podem lamentar a incapacidade do índio com relação à civilização", mas o sentimentalismo deve render-se à evidência dos fatos. "Sua estrutura mental parece ser diferente da do homem branco, e só em escala

---

8. Esta exposição omite muitos dados estatísticos de minha análise. O informe completo aparece em Gould, 1978. Algumas passagens incluídas entre as páginas 45-59 procedem do citado artigo.

A FALSA MEDIDA DO HOMEM

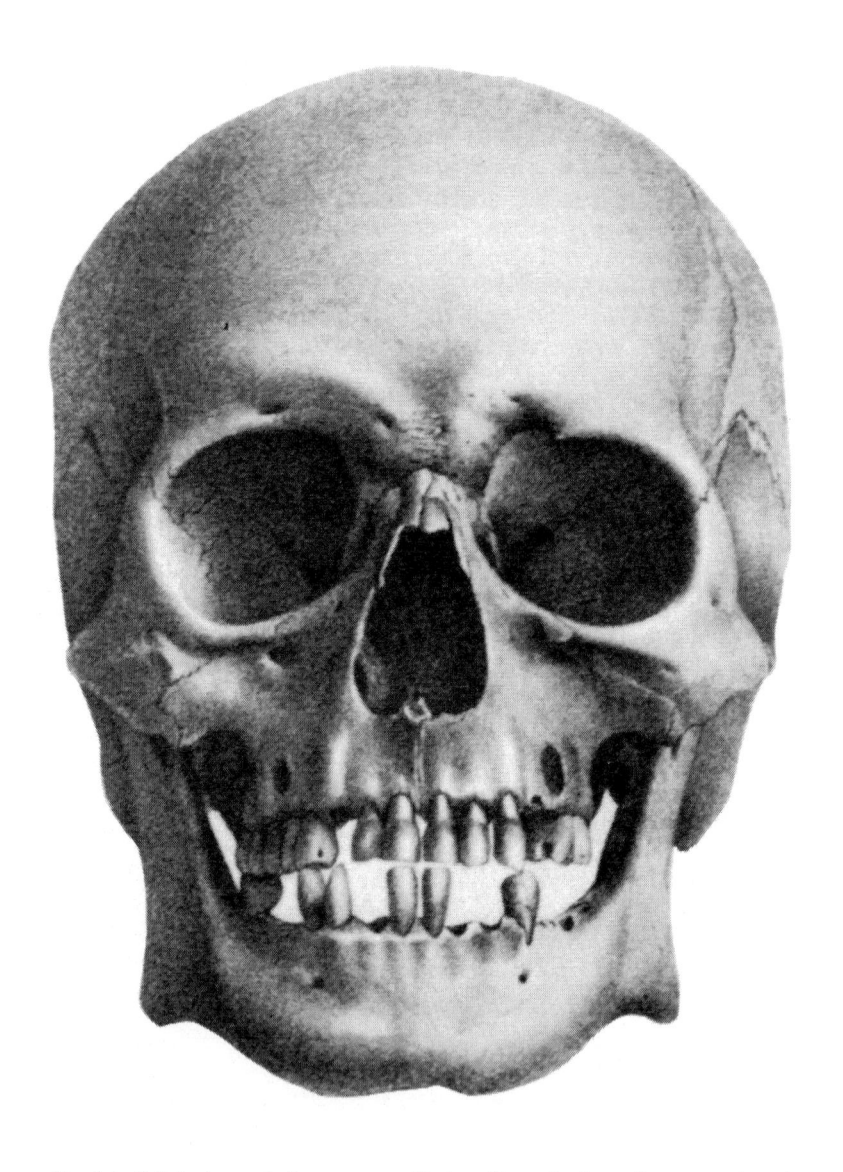

Fig. 2.4. Crânio de um índio araucano. Tanto a litografia dessa figura quanto a da próxima são da autoria de John Collins, destacado artista científico, hoje infelizmente esquecido. Ambas as ilustrações aparecem em *Crania Americana*, de Morton (1839).

A POLIGENIA AMERICANA E A CRANIOMETRIA ANTES DE DARWIN

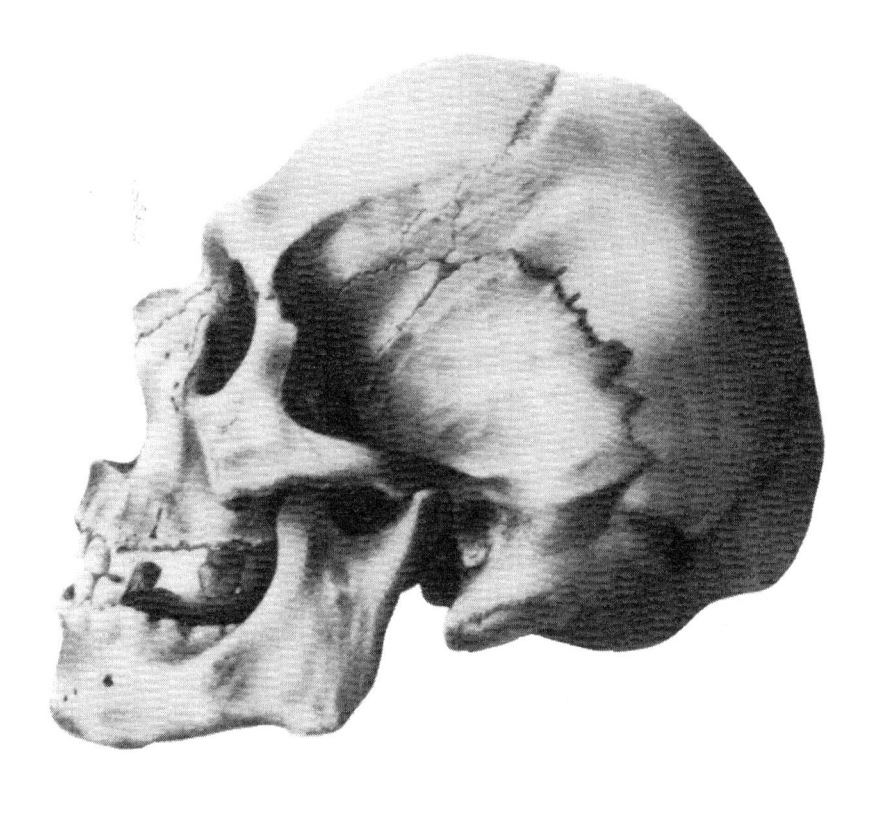

Fig. 2.5. Crânio de um índio huron. Litografia de John Collins para *Crania Americana* de Morton (1839).

A FALSA MEDIDA DO HOMEM

muito limitada pode haver harmonia nas relações sociais entre ambos." Os índios "não só resistem a adaptar-se às limitações impostas pela educação, mas também são incapazes, em sua maior parte, de raciocinar de forma contínua sobre temas abstratos" (p. 81).

Uma vez que *Crania Americana* é basicamente um tratado sobre a inferioridade qualitativa do intelecto indígena, quero observar, antes de mais nada, que a já citada média de 82 polegadas cúbicas atribuída por Morton aos crânios indígenas não é correta. Morton dividiu os índios em dois grupos: os "toltecas", do México e da América do Sul, e as "tribos bárbaras", da América do Norte. Oitenta e dois é a média atribuída a este último grupo; a amostragem total de 144 crânios fornece uma média de 80,2 polegadas cúbicas, ou seja, uma diferença de quase 7 polegadas cúbicas entre as médias indígena e caucásica. (Não sei como Morton pôde cometer esse erro elementar. De qualquer forma, isso permitiu-lhe manter a escala hierárquica tradicional: os brancos acima, os índios no meio e os negros abaixo.)

Mas o valor "correto" de 80,2 é excessivamente baixo, pois resulta de um procedimento inadequado. Os 144 crânios de Morton pertencem a índios de muitos grupos diferentes, entre os quais existem diferenças significativas com relação à capacidade craniana. A medição dos diferentes grupos deveria ajustar-se a um critério de igualdade para que a média final não fosse distorcida pelo tamanho desigual das amostras parciais. Suponhamos, por exemplo, que, para estimular a altura média do ser humano, considerássemos uma amostragem formada por dois jóqueis, pelo autor deste livro (cuja estatura é estritamente mediana) e por todos os jogadores componentes da Associação Nacional de Basquetebol. Estes últimos, que se contam às centenas, suplantariam os três primeiros, e a média obtida seria de quase dois metros, ou seja, superior à normal. Entretanto, se calculássemos a média das médias de cada grupo (o dos jóqueis, o integrado por mim, e o dos jogadores de basquetebol), a cifra obtida estaria muito mais perto do valor real. A amostragem de Morton apresenta-se distorcida devido à presença majoritária de crânios pertencentes a um grupo extremo: o dos incas peruanos, cujo cérebro é pequeno. (Eles constituem 25% da amostragem, e sua capacidade craniana média é de 74,36 polegadas cúbicas.) Por outro lado, os iroqueses, cujo cérebro é grande, estão representados apenas por 3 crânios (ou seja, 2% da amostragem). Se, devido às casualidades da coleção, a amostragem de Morton contivesse 25% de iroqueses e apenas uns poucos incas, sua média teria sido significativamente superior. Conseqüentemente, corrigi no que foi possível essa distor-

A POLIGENIA AMERICANA E A CRANIOMETRIA ANTES DE DARWIN

ção estabelecendo a média dos valores médios das diferentes tribos representadas por 4 ou mais crânios. Este procedimento forneceu uma média de 83,79 polegadas cúbicas para a capacidade craniana dos índios. Esta cifra corrigida ainda está a mais de 3 polegadas cúbicas da média caucásica. Entretanto, quando examinamos o procedimento empregado por Morton para computar a média caucásica, descobrimos uma surpreendente incongruência. Uma vez que a técnica estatística é em grande parte um produto dos últimos cem anos, poderíamos desculpar Morton dizendo que ele ignorava as distorções provocadas por diferenças de tamanho entre amostras parciais. Mas agora sabemos que ele conhecia perfeitamente esse fenômeno: para calcular a elevada média caucásica, ele eliminou deliberadamente da sua amostragem os indianos, cujo cérebro é pequeno. Diz ele o seguinte (p. 261): "Convém, entretanto, mencionar que apenas 3 indianos foram incluídos no conjunto total, porque os crânios desse povo são provavelmente menores que os de qualquer outra nação existente. Por exemplo, 17 cabeças indianas dão uma média de apenas 75 polegadas cúbicas, e as três que incluímos em nosso quadro correspondem a essa média." Assim, Morton incluiu uma grande amostragem parcial de membros de um grupo de cérebro pequeno (os incas) para fazer baixar a média dos índios, mas excluiu outros tantos crânios caucásicos pequenos para elevar a média de seu próprio grupo. Como ele nos expõe seu procedimento de maneira tão franca, devemos supor que não o considerava incorreto. Mas, como justificar a inclusão dos incas e a exclusão dos indianos a não ser através da convicção *a priori* da superioridade da média caucásica? Munidos dessa convicção, poderíamos descartar a amostragem indiana como realmente anômala, mas manter a inca (cuja média, diga-se de passagem, é a mesma que a indiana) por constituir ela o extremo inferior do valor normal do seu grupo desfavorecido mais numeroso.

Reintroduzi os crânios indianos na amostragem de Morton, empregando o mesmo procedimento de equiparação do tamanho dos diferentes grupos. A amostragem caucásica que ele utiliza para seu cálculo contém crânios de quatro subgrupos; assim, os indianos deveriam constituir uma quarta parte da amostragem. Se reintroduzimos os crânios indianos excluídos e consideramos os dezessete juntados por Morton, estes constituem 26% da amostragem total, composta por sessenta e seis crânios. Então, a média caucásica desce para 84,45 polegadas cúbicas, ou seja, não existem diferenças dignas de menção entre os índios e os caucásicos. (Os esquimós, a despeito da pobre opinião que Morton tinha deles, fornecem uma média de 86,8, oculta

A FALSA MEDIDA DO HOMEM

por seu amálgama com outros subgrupos da raça mongólica, cuja média global é de 83.) Não é preciso que acrescentemos mais nada ao tema da inferioridade dos índios.

O caso das catacumbas egípcias: Crania Aegyptiaca

George Gliddon, amigo de Morton e partidário da teoria poligenista, foi cônsul dos Estados Unidos no Cairo. Enviou a Filadélfia mais de uma centena de crânios procedentes das tumbas do Antigo Egito. A resposta de Morton foi seu segundo grande tratado: *Crania Aegyptiaca*, de 1844. Ele já havia demonstrado, ou acreditava tê-lo feito, que a capacidade mental dos brancos ultrapassava a dos índios. Agora, coroaria sua demonstração provando que a discrepância entre os brancos e os negros era ainda maior, e que essa diferença havia se mantido estável por mais de três mil anos.

Morton acreditou poder identificar tanto as raças quanto os diferentes subgrupos que as compunham, baseando-se nas características cranianas (a maioria dos antropólogos de hoje nega que essa atribuição possa ser realizada de forma inequívoca). Dividiu seus crânios caucásicos em pelásgicos (helenos, ou antepassados dos gregos antigos), judeus e egípcios: nessa ordem, novamente confirmando suas preferências anglo-saxônicas (quadro 2.2). Os crânios não caucásicos foram por ele identificados como "negróides" (híbridos de negro e caucásico com maior proporção de sangue negro) ou como negros puros.

É evidente que a divisão subjetiva dos crânios caucásicos feita por Morton carece de qualquer justificação, pois ele simplesmente se limitou a atribuir os crânios mais bulbosos a seu grupo preferido, ou seja, os pelásgicos, e os mais achatados aos egípcios; nenhum outro critério de subdivisão é por ele mencionado. Ignorando a sua separação tríplice e amalgamando os sessenta e cinco crânios caucásicos em uma única amostragem, obtemos uma capacidade média de 82,15 polegadas cúbicas. (Se concedermos a Morton o benefício da dúvida e ordenarmos suas questionáveis amostragens parciais segundo um critério de igualdade — como fizemos ao calcular as médias índias e caucásicas no caso de *Crania Americana* —, obteremos uma média de 83,3 polegadas cúbicas.)

Ambos esses valores ainda superam de forma considerável as médias negróides e negra. Morton supôs que havia medido uma diferença inata de inteligência. Nunca levou em consideração qualquer outra explicação dessa disparidade entre as médias de capacidade craniana, embora tivesse diante dele uma outra explicação tão simples quanto óbvia.

A POLIGENIA AMERICANA E A CRANIOMETRIA ANTES DE DARWIN

O tamanho do cérebro está relacionado com o tamanho do corpo a que pertence: as pessoas altas tendem a possuir cérebros maiores que as pequenas. Este fato não implica que as pessoas altas sejam mais inteligentes — assim como o fato de possuírem cérebro maiores que os dos seres humanos não implica que os elefantes sejam mais inteligentes que estes. Considerando-se as diferenças de tamanho do corpo, as correções adequadas devem ser introduzidas. Os homens tendem a ser mais altos que as mulheres; conseqüentemente, seus cérebros são maiores. Uma vez introduzidas as correções baseadas no tamanho do corpo, os homens e as mulheres passam a ter cérebros aproximadamente iguais. Morton não só deixou de corrigir as diferenças relacionadas com o sexo ou o tamanho do corpo, como também não reconheceu a existência dessa relação, embora seus dados a proclamassem com toda clareza. (Só posso conjeturar que Morton nunca separou seus crânios por sexo ou estatura — embora seus quadros registrem esses dados — porque a única coisa que lhe interessava era interpretar diretamente as diferenças do tamanho do cérebro como diferenças de inteligência.)

Muitos dos crânios egípcios chegaram com restos mumificados das pessoas a quem haviam pertencido (Fig. 2.6), de modo que Morton pôde registrar o sexo destas últimas com toda clareza. Se utilizarmos as atribuições do próprio Morton e calcularmos médias em separado para homens e mulheres (coisa que Morton nunca fez), obteremos este resultado surpreendente: a capacidade média de vinte e quatro crânios caucásicos masculinos é de 86,5 polegadas cúbicas; a média de vinte e dois crânios femininos é de 77,2 (os dezenove crânios restantes nunca puderam ser identificados no que se refere ao sexo). Dos seis crânios negróides, Morton identificou dois femininos (de 71 e 77 polegadas cúbicas) e não conseguiu identificar nenhum dos quatro restantes (de 77, 77, 87 e 88 polegadas cúbicas)[9]. Se fizermos o cálculo razoável de que os crânios menores (77 e 77) são femininos, e os dois maiores (87 e 88) são masculinos, obteremos uma média negróide masculina de 87,5 — ligeiramente superior à média

_____

9. Em seu catálogo final de 1849, Morton fez conjeturas a respeito do sexo (e da idade, com uma aproximação de cinco anos!) de todos os crânios. Nesta última obra, indica que os crânios de 77, 87 e 88 polegadas cúbicas correspondiam a indivíduos masculinos, enquanto que o outro, de 77, pertencia a uma mulher. Essas atribuições não passavam de conjeturas; minha própria hipótese alternativa também não é mais que uma suposição verossímil. Em *Crania Aegyptiaca*, Morton foi mais cauteloso e só identificou o sexo dos espécimens provenientes dos restos mumificados.

51

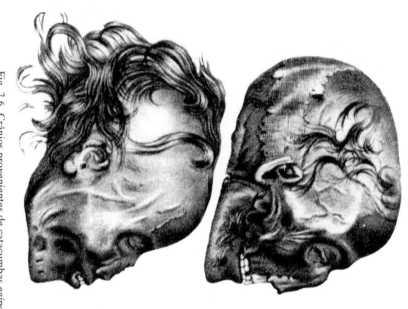
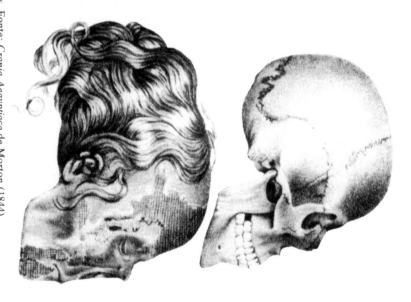

Fig. 2.6. Crânios provenientes de catacumbas egípcias. Fonte: *Crania Aegyptiaca* de Morton (1844).

A POLIGENIA AMERICANA E A CRANIOMETRIA ANTES DE DARWIN

caucásica masculina de 86,5 — e uma média negróide feminina de 75,5 — ligeiramente inferior à média caucásica feminina de 77,2.

É provável que a aparente diferença de 4 polegadas cúbicas entre as amostras caucásica e negróide de Morton devam-se ao fato de cerca da metade de sua amostragem caucásica ser masculina, enquanto que apenas um terço da amostragem negróide poderia ser masculina. (A diferença aparente é ampliada, já que Morton arredonda incorretamente a média negróide, fazendo-a baixar para 79 em vez de levá-la para 80. Como voltaremos a constatar, todos os erros numéricos de pouca monta que comete Morton tendem a confirmar seus preconceitos.) As diferenças de capacidade mental média entre caucásicos e negróides provenientes das tumbas egípcias só refletem as diferenças devidas à variação sexual de estatura, e não a uma variação de "inteligência". O leitor não ficará surpreso ao saber que o único crânio negro puro (73 polegadas cúbicas) pertence a uma mulher.

A correlação entre o cérebro e o corpo também permite resolver uma questão que deixamos pendente quando examinamos os dados de *Crania Americana*: De que dependem as diferenças de capacidade cerebral média entre os povos indígenas? (Essas diferenças perturbaram Morton em muito, pois ele não entendia como os incas, cujo cérebro era pequeno, haviam sido capazes de construir uma civilização tão elaborada, embora se consolasse pensando na rapidez com

Quadro 2.4. Capacidades cranianas de diferentes grupos indígenas ordenados segundo as estaturas calculadas por Morton

Estatura e Grupo	Capacidade Craniana (polegadas cúbicas)	N?
GRANDE		
Semínola-Muskogee	88,3	8
Chippeway e grupos correlatos	88,8	4
Dacota e Osage	84,4	7
MÉDIA		
Mexicanos	80,2	13
Menominee	80,5	8
Mounds	81,7	9
PEQUENA		
Cabeças-chatas do Rio Colúmbia	78,8	10
Peruanos	74,4	33

A FALSA MEDIDA DO HOMEM

que foram dominados pelos conquistadores.) Mais uma vez, a resposta estava diante de seus olhos, mas Morton nunca conseguiu enxergá-la. Em suas descrições das diferentes tribos, Morton apresenta dados subjetivos quanto à estatura de seus membros; quanto a mim, apresento no Quadro 2.4 essas avaliações, juntamente com as capacidades cranianas médias. A correlação entre o cérebro e o corpo é assim confirmada sem qualquer exceção. A baixa média indiana dentro do grupo caucásico também corresponde a uma diferença de estatura, e de nenhuma forma constitui mais uma prova da sua estupidez.

O caso da variação da média negra

Em *Crania Americana*, Morton indicava que a capacidade craniana média dos negros era de 78 polegadas cúbicas. Cinco anos mais tarde, em *Crania Aegyptiaca*, acrescentou a seguinte nota de rodapé ao seu quadro de medições: "Tenho em meu poder 79 crânios de negros nascidos na África... Desse total, 58 são adultos... e seus cérebros apresentam um tamanho médio de 85 polegadas cúbicas." (1844, p. 113)

Uma vez que, entre 1839 e 1844, Morton havia substituído em suas medições as sementes de mostarda por balas de chumbo, imaginei que essa alteração fosse a causa da elevação da média negra. Felizmente, Morton voltou a medir pessoalmente a maioria de seus crânios, e seus diferentes catálogos apresentam tabulações referentes aos mesmos crânios e obtidas tanto através das sementes de mostarda quanto através das balas de chumbo (ver Gould, 1978, para maiores detalhes).

Presumi que as medições feitas com sementes forneceriam resultados mais baixos. As sementes são leves e variam de tamanho, mesmo depois de peneiradas. Portanto, não se agregavam de maneira uniforme. Se o crânio for agitado energicamente ou se o *foramen magnum* (o orifício situado na base do crânio) for pressionado com o polegar, as sementes podem ser melhor assentadas, deixando espaço livre para serem colocadas em maior quantidade. As medições realizadas com sementes eram muito variáveis; Morton registra diferenças de várias polegadas cúbicas entre calibragens do mesmo crânio. Por fim, sentiu-se desanimado, dispensou seus ajudantes e se encarregou pessoalmente de tornar a medir todos os crânios com balas de chumbo. Esses novos resultados nunca apresentavam variações maiores que uma polegada cúbica; assim, podemos aceitar sua afirmação de que os dados obtidos com este método eram objetivos,

A POLIGENIA AMERICANA E A CRANIOMETRIA ANTES DE DARWIN

precisos e constantes, enquanto que os anteriores, obtidos através do método das sementes, eram muito subjetivos e variáveis. Portanto, calculei para cada raça as discrepâncias entre os dados obtidos por meio de cada um dos métodos. As balas de chumbo, como eu suspeitava, sempre produziam dados mais elevados que as sementes de mostarda. Em 111 crânios de índios, medidos pelos dois métodos, os resultados obtidos através das balas de chumbo superavam em uma média de 2,2 polegadas cúbicas aqueles obtidos através das sementes. Os dados relativos aos negros e aos caucásicos não são tão confiáveis porque Morton não especificou os crânios individuais considerados em *Crania Americana* (medidos através das sementes) para a determinação das capacidades cranianas dessas raças. No caso dos caucásicos, 19 crânios identificáveis apresentam uma discrepância média de apenas 1,8 polegadas cúbicas. Entretanto, 18 crânios africanos, pertencentes à mesma amostragem utilizada em *Crania Americana*, apresentam, através do método das balas de chumbo, uma média de 83,44 polegadas cúbicas, ou seja, 5,4 polegadas cúbicas a mais que a média de 1839, obtida através do método das sementes de mostarda. Em outras palavras, quanto mais "inferior" é uma raça segundo o julgamento *a priori* de Morton, maior é a discrepância existente entre uma medida subjetiva, fácil e inconscientemente falsificável, e uma medida objetiva, não influenciada por nenhum julgamento prévio. A discrepância no caso dos negros, índios e caucásicos é de 5,4, 2,2 e 1,8 polegadas cúbicas respectivamente.

Não é difícil imaginar o que aconteceu. Morton, utilizando o método das sementes, vê-se diante de um crânio negro ameaçadoramente grande: preenche-o com sementes sem apertá-las e dá-lhe apenas uma leve sacudidela. Depois toma o crânio de um caucásico de dimensões lamentavelmente pequenas, agita-o com energia e pressiona bem com o polegar o *foramen magnum*. A coisa é fácil de ser feita, sem a interferência de nenhum propósito deliberado; as expectativas constituem um poderoso guia para a ação.

A tabulação final de 1849

A florescente coleção de Morton incluía 623 crânios quando ele apresentou sua tabulação final em 1849 — uma retumbante confirmação da hierarquia prevista por qualquer anglo-saxão.

As amostras parciais caucásicas padecem de múltiplos erros e distorções. No resumo, a média germânica é de 90, enquanto que o cálculo realizado tomando por base os dados relativos aos diferentes crânios incluídos no catálogo indica 88,4; a média anglo-americana

A FALSA MEDIDA DO HOMEM

Quadro 2.5. *Valores corrigidos para a tabulação final de Morton*

Grupos	Capacidade Craniana (polegadas cúbicas)
Mongólicos	87
Caucásicos modernos	87
Indígenas americanos	86
Malaios	85
Caucásicos antigos	84
Africanos	83

correta não é de 90, mas de 89 (89,14). A elevada média inglesa de 96 é correta, mas sua pequena amostragem é composta apenas por elementos do sexo masculino[10]. Se aplicarmos nossos procedimentos, que consistem em calcular as médias entre as diferentes amostras parciais, as seis "famílias" caucásicas apresentarão uma média de 87 polegadas cúbicas[11]. A média caucásica antiga (duas amostras) é de 84 polegadas cúbicas (Quadro 2.5).

Seis crânios chineses forneceram a Morton uma média mongó-

---

10. Para demonstrar mais uma vez como são grandes as diferenças baseadas na estatura, apresento estes dados adicionais, extraídos das tabulações de Morton mas nunca calculados ou reconhecidos por ele: 1) para os incas, cinqüenta e três crânios masculinos fornecem uma média de 77,5; sessenta e um crânios femininos, uma média de 72,1; 2) para os crânios germânicos, nove crânios masculinos fornecem uma média de 92,2; oito crânios femininos, uma média de 84,3.

11. Em meu informe original (Gould, 1978), atribuía-se erroneamente aos caucásicos modernos a média de 85,3. A razão desse erro é constrangedora, mas instrutiva, pois ilustra, em detrimento de mim mesmo, o princípio fundamental deste livro: a inserção social da ciência e a freqüente ingerência das expectativas nas investigações supostamente objetivas. Na linha 7 do Quadro 2.3, figuram as cifras correspondentes aos crânios semíticos da amostragem de Morton, que oscilam entre 84 e 98 polegadas cúbicas, enquanto que a média citada em meu artigo original era de 80, o que é obviamente impossível se o menor cérebro media 84. Nessa ocasião, utilizei uma cópia xérox do quadro original de Morton, e o valor correto de 89 aparecia borrado, de modo que podia ser confundido com 80. De qualquer forma, a variação entre 84 e 98 aparece claramente indicada ao lado, e nunca me dei conta da incongruência, pois esse valor baixo de 80 satisfazia minha expectativa com relação a uma média caucásica pouco elevada. Por isso, a média de 80 "pareceu-me" correta e eu nunca a verifiquei. Agradeço ao Dr. Irving Klotz, da Northwestern University, por ter-me apontado o erro.

A POLIGENIA AMERICANA E A CRANIOMETRIA ANTES DE DARWIN

lica de 82, mas este baixo valor ilustra dois casos de amnésia seletiva: em primeiro lugar, Morton excluiu o último espécime chinês (crânio n° 1.336, com 98 polegadas cúbicas), embora este deva ter figurado em sua coleção quando ele publicou seu sumário, pois nele incluía muitos crânios peruanos com números superiores. Em segundo lugar, embora Morton lamentasse a ausência de esquimós em sua coleção (1849, p. IV), não mencionou os três crânios de esquimós que havia medido para *Crania Americana*. (Os crânios em questão pertenciam a seu amigo George Combe e não constam do catálogo final de Morton.)

Morton nunca voltou a medir esses crânios com balas de chumbo, mas, se aplicarmos a correção índia de 2,2 polegadas cúbicas, sua média (pelo método das sementes) de 86,8 transforma-se em 89. Essas duas amostras (acrescentado o crânio chinês de número 1.336 e a média esquimó corrigida com ponderação) fornecem uma média mongólica de 87 polegadas cúbicas.

Em 1849, a média índia de Morton havia caído para 79. Mas esta cifra não é correta pelo mesmo motivo que a média mongólica, e, neste caso, agravada ainda mais pela desigualdade numérica das diferentes amostras parciais. Em 1839, 23% da amostragem era composta por crânios de índios peruanos (de cabeça e estatura pequenas); sua freqüência, porém, elevou-se para cerca da metade da amostragem (155 em um total de 338). Se utilizarmos nosso critério precedente, e calcularmos a média de todas as amostras parciais uniformizadas numericamente, a média índia será de 86 polegadas cúbicas.

Para a média negra, teríamos de excluir os australóides de Morton, pois o que ele pretendia era avaliar a posição dos negros africanos, e atualmente já não se admite uma relação estreita entre esses dois grupos (a pele escura não apareceu somente uma vez entre os grupos humanos). Também excluí a amostra de três crânios hotentotes. Todos eles pertencem a indivíduos do sexo feminino, e a estatura dos hotentotes é muito baixa. A amostra mista composta por crânios de negros africanos e nascidos na América fornece um valor médio que oscila entre 82 e 83, mas que se aproxima mais de 83.

Resumindo, minha correção da hierarquia tradicional apresentada por Morton *não* revela a existência de nenhuma diferença significativa entre as raças, sempre nos atendo aos próprios dados de Morton (Quadro 2.5). Todos os grupos se ordenam entre 83 e 87 polegadas cúbicas, e os caucásicos não estão sozinhos no ápice. Se os europeus ocidentais tentaram mostrar sua superioridade indicando as médias elevadas de suas amostras parciais (germânicos e anglo-saxões nas tabulações caucásicas), eu chamaria a atenção para o fato de que várias amostras parciais indígenas são igualmente elevadas (em-

A FALSA MEDIDA DO HOMEM

bora Morton tenha amalgamado todos os índios norte-americanos e nunca tenha registrado as médias dos diferentes subgrupos), e de que todas as médias teutônicas e anglo-saxónicas que figuram no quadro de Morton apresentam erros de cálculo ou se apresentam distorcidas.

Conclusões

A tergiversação de Morton pode ser reduzida a quatro categorias gerais:

1. Incongruências tendenciosas e critérios desiguais: com freqüência, Morton decide incluir ou eliminar amostras parciais numerosas para que as médias dos grupos possam ajustar-se às expectativas prévias. Inclui os incas para reduzir a média indígena, mas elimina os indianos para elevar a média caucásica. Também decide apresentar ou não calcular as médias das amostras parciais, seguindo critérios que mostram uma notável correspondência com o tipo de resultados que se deseja obter. No caso dos caucásicos, calcula essas médias para demonstrar a superioridade dos teutônicos e dos anglo-saxões, mas nunca apresenta os dados referentes a certas amostras parciais indígenas cujas médias são igualmente elevadas.

2. Subjetividade orientada para a obtenção de resultados preconcebidos: as medições realizadas por Morton através do método das sementes de mostarda eram suficientemente imprecisas para permitir uma ampla margem de influência subjetiva; por outro lado, as medições posteriores, realizadas através do método das balas de chumbo, eram passíveis de repetição e supostamente objetivas. Para os crânios medidos através dos dois métodos, os valores obtidos com as balas de chumbo foram sempre superiores àqueles obtidos com as sementes (mais leves e de compactação mais deficiente). Mas os graus de discrepância estão de acordo com os preconceitos: uma média de 5,4 polegadas cúbicas, no caso dos negros, de 2,2, no dos índios, e de 1,8, no dos brancos. Em outras palavras, os negros ficavam com a pior parte e os brancos com a melhor quando os resultados podiam ser distorcidos para se satisfazer as expectativas.

3. Omissões de procedimento que nos parecem óbvias: Morton estava certo de que as diferenças de capacidade craniana correspondiam a diferenças inatas de habilidade mental. Nunca considerou outras hipóteses alternativas, embora seus dados praticamente exigissem uma interpretação diferente. Morton nunca calculou as médias

A POLIGENIA AMERICANA E A CRANIOMETRIA ANTES DE DARWIN

por sexo ou estatura, mesmo quando registrou esses dados em suas tabulações, como, por exemplo, no caso das múmias egípcias. Se ele tivesse calculado a influência da estatura, é de se supor que teria reconhecido que a mesma explicava todas as diferenças importantes de tamanho cerebral entre os grupos que estava considerando. Entre seus crânios egípcios, os negróides apresentavam uma média mais baixa que os caucásicos porque a amostra negróide provavelmente continha uma porcentagem mais alta de indivíduos do sexo feminino com estatura mais baixa, e não porque os negros possuem uma estupidez inata. Tanto os incas que incluiu na amostragem indígena quanto os indianos que excluiu da amostragem caucásica possuíam cérebros pequenos, devido à sua pequena estatura. Morton usou uma amostragem de três crânios hotentotes, todos pertencentes a mulheres, para demonstrar a estupidez dos negros, e uma amostragem composta unicamente por crânios masculinos de ingleses para confirmar a superioridade dos brancos.

4. Erros de cálculo e omissões convenientes: todos os erros de cálculos e as omissões que detectei favorecem a opinião de Morton. Ele arredondou a média negróide egípcia para 79, em vez de elevá-la para 80. As médias alemã e anglo-saxônica por ele citadas são de 90, quando seus valores corretos são de 88 e 89. Em sua tabulação final ele excluiu um crânio chinês grande e uma amostra parcial esquimó, obtendo assim uma média inferior à caucásica.

Contudo, em toda essa escamoteação, não descobri qualquer sinal de fraude ou manipulação deliberada dos dados. Morton nunca tentou apagar suas pegadas, e devo presumir que não se deu conta de tê-las abandonado. Expôs todos seus procedimentos e publicou todos seus dados brutos. A única coisa que posso perceber é uma convicção *a priori* com relação à hierarquia racial, e tão poderosa que conseguiu orientar suas tabulações num sentido preestabelecido. Entretanto, Morton foi unanimemente saudado como um modelo de objetivismo para sua época, e como o homem que havia resgatado a ciência americana do pântano da especulação infundada.

A escola americana e a escravidão

A atitude dos principais poligenistas americanos com relação à escravidão não era homogênea. A maior parte deles era nortista, e quase todos optaram por alguma versão da saída de Squier: "[Tenho uma] opinião bastante desfavorável sobre os negros... e uma opinião ainda mais desfavorável sobre a escravidão" (*in* Stanton, 1960, p. 193).

A FALSA MEDIDA DO HOMEM

Mas a identificação dos negros como uma espécie distinta e à parte constituía um argumento óbvio e atraente em favor da escravidão. Josiah Nott, notável poligenista, encontrou audiências particularmente receptivas no Sul para as suas "lições de negrologia" (segundo sua própria denominação). Também *Crania Americana* de Morton teve uma calorosa acolhida no Sul (*in* Stanton, 1960, pp. 52-53). Um defensor da escravatura escreveu que o Sul não mais devia deixar-se "atemorizar" pelas "vozes da Europa ou do Norte da América" quando estava em jogo a defesa de suas "próprias instituições". Por ocasião da morte de Morton, o principal periódico médico sulista proclamou o seguinte: "Nós, do Sul, deveríamos considerá-lo como uma benfeitor, por ter contribuído com a ajuda mais substancial para que se mostrasse ao negro sua verdadeira posição de raça inferior" (R. W. Gibbs, *Charleston Medical Journal*, 1851, citado *in* Stanton, 1960, p. 144).

Não obstante, o argumento poligenista não ocupou um lugar essencial na ideologia escravagista norte-americana de meados do século XIX, e por uma boa razão. Para a maior parte dos sulistas, esse excelente argumento era por demais custoso. Os poligenistas haviam investido contra os ideólogos por considerá-los impedimento à sua busca desinteressada da verdade, mas seus alvos mais freqüentes eram os pastores protestantes, e não os abolicionistas. Sua teoria, que afirmava a existência de uma pluralidade de criações do homem, contradizia a doutrina de um único Adão e contrariava as Escrituras. Embora os poligenistas mais importantes assumissem uma grande diversidade de atitudes religiosas, nenhum deles era ateu. Morton e Agassiz aderiam à fé tradicional, mas estavam convencidos de que tanto a ciência quanto a religião sairiam beneficiadas se pastores despreparados parassem de meter o nariz em questões científicas e renunciassem a considerar a Bíblia como um documento capaz de esclarecer as questões de história natural. Josiah Nott formulou sua meta em termos bastante contundentes (Agassiz e Morton não teriam se expressado de forma tão franca): "... desvincular a história natural da Bíblia, e assentar cada uma sobre suas respectivas bases, onde ambas podem permanecer sem que se produzam colisões ou interferências" (*in* Stanton, 1960, p. 119).

Os poligenistas colocavam num dilema os defensores da escravidão: Deveriam eles aceitar um argumento oferecido pela ciência, com isso limitando a esfera religiosa? Na maioria dos casos, o dilema se resolveu em favor da Bíblia. Afinal de contas, não faltavam argumentos bíblicos para justificar a escravatura. Sempre se podia recorrer ao velho, e sem dúvida funcional, expediente da degeneração

A POLIGENIA AMERICANA E A CRANIOMETRIA ANTES DE DARWIN

dos negros em conseqüência da maldição de Cam. Além disso, a poligenia não era o único argumento quase científico disponível. John Bachman, por exemplo, era um pastor protestante da Carolina do Sul e um eminente naturalista. Partidário intransigente do monogenismo, dedicou grande parte e sua carreira científica a tentar refutar a poligenia. Também utilizou os princípios monogenistas para defender a escravatura:

> Em termos de capacidade intelectual, o africano constitui uma variedade inferior de nossa espécie. Toda a sua história põe em evidência que é incapaz de se autogovernar. Em que pesem sua debilidade e sua ignorância, o filho que levamos pela mão, e que busca em nós proteção e ajuda, apesar de tudo, ainda é de nosso mesmo sangue (*in* Stanton, 1960, p. 63).

Entre as defesas ditas "científicas" da escravatura oferecida por não poligenistas, nenhuma foi tão absurda quanto as doutrinas de S. A. Cartwright, eminente médico sulista. (Não as considero típicas, e duvido que tenham sido muitos os sulistas inteligentes a lhes dar algum crédito; cito-as apenas para ilustrar um caso extremo dentro da gama de argumentos ditos "científicos".) Cartwright atribuía os problemas dos negros a uma descarbonização imperfeita do sangue nos pulmões (remoção insuficiente de dióxido de carbono): "É a deficiente... atmosferização do sangue, associada a uma deficiência da matéria cerebral no crânio... que constitui a verdadeira causa da degradação mental que impediu os povos da África de cuidarem de si mesmos" (citado em Chorover, 1979; todas as citações de Cartwright são tiradas de trabalhos que apresentou em 1851 ao congresso da Associação Médica de Louisiana).

Cartwright chegou mesmo a inventar um nome para essa deficiência: *disestesia*, uma doença relacionda com um problema respiratório. Ele descreveu os sintomas detectados em escravos: "Quando são obrigados a trabalhar... executam as tarefas que lhes foram designadas de forma precipitada e descuidada, pisoteando ou cortando com a enxada as plantas que devem cultivar, quebrando as ferramentas de trabalho, e estragando tudo o que tocam." Os nortistas ignorantes atribuíam esse comportamento à "degradante influência da escravidão", mas Cartwright o reconhecia como a expressão de uma verdadeira doença. Identificou a insensibilidade à dor como outro sintoma dela: "Quando o infeliz indivíduo é submetido ao castigo, não sente a menor dor... [nem] qualquer ressentimento em especial além de um mau-humor estúpido. Em alguns casos... parece

A FALSA MEDIDA DO HOMEM

mesmo haver uma total perda da sensibilidade." E eis o que Cartwright propôs como cura:

> É preciso estimular a atividade do fígado, da pele e dos rins... para ajudar a descarbonização do sangue. O melhor meio de estimular a pele é, em primeiro lugar, lavar bem o paciente com água quente e sabão; em seguida, untá-lo completamente com óleo, friccionando a pele com uma larga faixa de couro; depois, deve-se mandar que o paciente execute algum tipo de trabalho pesado ao ar livre e embaixo do sol, como cortar árvores, rachar lenha ou cortá-la com serra transversal ou com serra braçal. Esse tipo e trabalho fará com que seus pulmões se expandam.

A disestesia não era a única doença a figurar no catálogo de Cartwright. Ele se perguntou por que os escravos freqüentemente tentavam fugir, e identificou a causa desse comportamento como sendo uma doença mental chamada *drapetomania*, ou desejo insano de fugir. "Como as crianças, eles são impulsionados por leis fisiológicas inalteráveis a amar aos que exercem autoridade sobre eles. Assim, segundo uma lei da natureza, o negro não consegue deixar de amar um senhor bondoso, da mesma forma que uma criança não pode deixar de amar quem a amamenta." Aos escravos atingidos pela drapetomania, Cartwright propõe uma cura comportamental: "É preciso apenas mantê-los nesse estado, e tratá-los como crianças a fim de evitar que fujam e curá-los dessa enfermidade."

Os defensores da escravatura não precisavam da poligenia. A religião ainda era uma fonte de legitimação da ordem social mais poderosa que a ciência. Mas a polêmica americana a respeito da poligenia talvez tenha sido a última ocasião em que os argumentos de estilo científico não constituíram uma primeira linha de defesa do *status quo* e do caráter inalterável das diferenças entre os homens. A Guerra Civil estava só a alguns passos de distância, mas da mesma forma estava o ano de 1859 com *A Origem das Espécies* de Darwin. Subseqüentes argumentos em favor da escravidão, do colonialismo, das diferenças raciais, das estruturas de classes e da discriminação sexual ainda iriam empunhar o estandarte da ciência.

3

Medindo cabeças

Paul Broca e o apogeu da craniologia

Nenhum homem racional, bem informado, acredita que o negro médio
seja igual, e muito menos superior, ao branco médio. E, se isto for
verdade, é simplesmente inadmissível que, uma vez eliminadas todas as
incapacidades de nosso parente prógnato, este possa competir em
condições justas, sem ser favorecido nem oprimido, e esteja habilitado
a competir com êxito com seu rival de cérebro maior e mandíbula menor
em um confronto em que as armas já não são as dentadas, mas as idéias.

T. H. HUXLEY

A fascinação pelos números

Introdução

A teoria evolucionista eliminou a base criacionista que sustentava o intenso debate entre os monogenistas e os poligenistas, mas
satisfez ambas as partes proporcionando-lhes uma justificação ainda
melhor para o racismo de que ambas compartilhavam. Os monogenistas continuaram a estabelecer hierarquias lineares das raças segundo seus respectivos valores mentais e morais; os poligenistas tiveram
então de admitir a existência de um ancestral comum perdido nas
brumas da pré-história, mas afirmavam que as raças haviam estado
separadas durante um tempo suficientemente prolongado para desenvolver diferenças hereditárias significativas quanto ao talento e
à inteligência. O historiador da antropologia George Stocking escreve (1973, p. 1XX) que "as tensões intelectuais resultantes foram
resolvidas depois de 1859 por um evolucionismo amplo que era, ao
mesmo tempo, monogenista e racista, e que confirmava a unidade
humana mesmo quando relegava o selvagem de pele escura a uma
posição muito próxima à do macaco".

A segunda metade do século XIX não foi apenas a era da evolução na antropologia. Outra corrente, igualmente irresistível, conta-
minou o campo das ciências humanas: a fascinação pelos números,
a fé em que as medições rigorosas poderiam garantir uma precisão
irrefutável e seriam capazes de marcar a transição entre a especulação
subjetiva e uma verdadeira ciência, tão digna quanto a física newto-
niana. A evolução e a quantificação formaram uma temível aliança;
em certo sentido, sua união forjou a primeira teoria racista "científica" de peso, se definirmos "ciência" erroneamente, como muitos

A FALSA MEDIDA DO HOMEM

o fazem, como sendo toda afirmação aparentemente respaldada por cifras abundantes. Os antropólogos haviam apresentado dados numéricos antes de Darwin, mas a rusticidade da análise de Morton (Capítulo 2) invalida qualquer pretensão de rigor. Por volta do final do século de Darwin, técnicas generalizadas e um crescente corpo de conhecimentos estatísticos produziram um dilúvio de dados numéricos mais fidedignos.

Este capítulo é a história de números que já foram considerados mais importantes que quaisquer outros — os dados referentes à craniologia, ou seja, a medida do crânio e de seu conteúdo. Os líderes da craniometria não eram ideólogos políticos conscientes. Consideravam-se escravos dos números, apóstolos da objetividade. E confirmavam todos os preconceitos habituais do homem branco acomodado: os negros, as mulheres e os pobres ocupam posições inferiores graças aos rigorosos ditames da natureza.

A ciência tem raízes na interpretação criativa. Os números sugerem, limitam e refutam mas, por si sós, não especificam o conteúdo das teorias científicas. Estas são construídas sobre a base da interpretação desses números, e os que os interpretam são com freqüência aprisionados pela sua própria retórica. Estão convencidos de sua própria objetividade, e são incapazes de discernir o preconceito que os leva a escolher apenas uma das muitas interpretações que seus números admitem. Paul Broca está agora muito distante do presente para que possamos lançar um olhar retrospectivo sobre sua obra e mostrar que ele não empregou dados numéricos para criar novas teorias, mas para ilustrar conclusões *a priori*. Devemos acreditar que na atualidade a ciência é diferente apenas porque compartilhamos do contexto cultural da maioria dos cientistas, assim confundindo a influência desse contexto com a verdade objetiva? Broca foi um cientista exemplar; ninguém ainda suplantou sua meticulosidade e a precisão com que realizou suas medições. Com que direito, além daquele derivado de nossas próprias inclinações, podemos apontar a incidência dos seus preconceitos e afirmar que a ciência hoje opera à margem de qualquer influência cultural ou de classe?

Francis Galton — apóstolo da quantificação

Nenhum outro homem expressou o fascínio de sua era pelos números tão bem quanto o famoso primo de Darwin, Francis Galton (1822-1911). Rico e independente, Galton pôde gozar de uma liberdade pouco comum para consagrar suas notáveis energias e sua inteli-

MEDINDO CABEÇAS

gência ao cultivo de seu tema favorito: a medição. Galton, pioneiro da moderna estatística, acreditava que, com suficiente empenho e engenhosidade, qualquer coisa podia ser medida, e que essa medida constitui o critério básico de um estudo científico. Chegou mesmo a propor, e começou a desenvolver, um estudo estatístico sobre a eficácia da prece! Foi ele quem inventou o termo "eugenia", em 1883, e defendeu a regulamentação do matrimônio e do tamanho das famílias de acordo com o patrimônio hereditário dos pais. Sua fé na medição apoiava-se nas idiossincrasias e na engenhosidade de seus métodos. Ele se propunha, por exemplo, a construir um "mapa da beleza" das Ilhas Britânicas da seguinte maneira (1909, pp. 315-316):

Sempre que tenho a oportunidade de classificar as pessoas que encontro em três classes distintas, "boa, regular e ruim", utilizo uma agulha montada como se fosse uma pua, com que perfuro, sem ser visto, um pedaço de papel cortado toscamente em forma de cruz alongada. No extremo superior, marco os valores "bons", nos braços os valores "regulares", e na extremidade inferior os valores "ruins". As perfurações são bastante distanciadas para permitir uma leitura fácil no momento desejado. Escrevo em cada papel o nome do sujeito, o lugar e a data. Com este método, registrei minhas observações sobre a beleza, classificando as moças que encontrei pelas ruas e em outros locais como atraentes, indiferentes ou repelentes. É claro que esta foi uma avaliação puramente individual mas, a julgar pela coincidência dos diferentes intentos realizados com a mesma população, posso afirmar que os resultados são consistentes. Assim, comprovei que Londres ocupa a posição mais elevada na escala da beleza, e Aberdeen a mais baixa.

Com bom humor, sugeriu o seguinte método para quantificar o aborrecimento (1909, p. 278):

Muitos processos mentais admitem uma medição aproximada. Por exemplo, o grau em que as pessoas se aborrecem pode ser medido pelo número de movimentos de inquietações que realizam. Em mais de uma ocasião apliquei este método durante as reuniões da *Royal Geographical Society*, pois mesmo lá dissertações bastante tediosas são ocasionalmente lidas. ... Como o uso de um relógio pode chamar a atenção, calculo o tempo pelo número de minhas respirações, que é de 15 por minuto. Não conto mentalmente, mas através de 15 pressões com o dedo sucessivas. Reservo a contagem mental para registrar os movimentos de inquietação. Este tipo de observação deve limitar-se às pessoas de meia-idade. As crianças raramente ficam quietas, enquanto que os velhos filósofos por vezes permanecem rígidos por vários minutos.

A FALSA MEDIDA DO HOMEM

A quantificação era o deus de Galton, e à sua direita estava a firme convicção de que quase tudo que podia medir tinha um caráter hereditário. Acreditava que até mesmo os comportamentos mais inseridos no contexto social possuíam fortes componentes inatos: "Como muitos membros de nossa Câmara dos Lordes desposam filhas de milionários", escreveu ele (1909, pp. 314-315), "é bastante provável que, com o passar do tempo, o nosso Senado venha a ser caracterizado por uma capacidade para os negócios mais acentuada que a de uso corrente, assim como é possível que o seu nível de probidade comercial chegue a ser mais baixo que o atual." Em sua constante busca de novos e engenhosos métodos para medir o valor relativo das pessoas, propôs que os negros e os brancos fossem classificados estudando-se a história dos encontros entre chefes negros e viajantes brancos (1884, pp. 338-339):

> Sem dúvida, estes últimos trazem consigo o conhecimento existente em países civilizados; mas essa é uma vantagem muito menor do que poderíamos imaginar. Um chefe nativo foi educado na arte de governar os homens tão bem quanto se possa desejar; ele se exercita permanentemente na prática do governo pessoal, e geralmente conserva seu cargo através da demonstração da ascendência de seu caráter sobre seus súditos e rivais. De uma certa forma, aquele que viaja por países selvagens também assume a posição de governante, tendo que se confrontar com os chefes indígenas em todos os locais habitados. O resultado desses encontros é bastante conhecido: o viajante branco quase que invariavelmente acaba por impor-se aos nativos. Raramente ouvimos contar que um viajante branco, ao encontrar um chefe negro, sinta-se inferior a ele.

A principal obra de Galton sobre o caráter hereditário da inteligência (*Hereditary Genius*, 1869) inclui a antropometria entre seus critérios, mas seu interesse pela medição dos crânios e dos corpos atingiu o nível máximo quando instalou um laboratório na Exposição Internacional de 1884. Ali, por poucas moedas, as pessoas passavam pela linha de montagem de seus testes e medições, e recebiam sua avaliação no final. Depois da exposição, manteve o laboratório por seis anos em um museu de Londres. O laboratório tornou-se famoso e atraiu muitas pessoas notáveis, inclusive Gladstone:

> O sr. Gladstone fez muitas pilhérias a respeito do tamanho de sua cabeça, afirmando que os chapeleiros com freqüência lhe diziam que a sua era uma cabeça do condado de Aberdeen: "...o senhor pode estar seguro de que não deixo de mencionar esse fato aos meus eleitores escoceses". Tinha uma bela cabeça, ainda que um pouco estreita, e sua circunferência não era muito grande (1909, pp. 249-250).

MEDINDO CABEÇAS

Para que não se pense que se trata de inofensivas reflexões de um vitoriano excêntrico e demente, direi que Sir Francis era considerado com toda a seriedade como um dos intelectos mais importantes de seu tempo. Posteriormente, Lewis Terman, campeão da teoria sobre o caráter hereditário da inteligência e introdutor dos testes de QI nos Estados Unidos, calculou o QI de Galton em 200, enquanto que a Darwin só atribuiu um QI de 135 e a Copérnico um que oscilava entre os 100 e os 110 (sobre este ridículo incidente na história das medições da capacidade intelectual, ver pp. 190-195). Darwin, que abordava com grandes suspeitas os argumentos em favor do caráter hereditário da inteligência, depois de ler *Hereditary Genius*, escreveu o seguinte: "em certo sentido, o senhor transformou um oponente em convertido, porque sempre sustentei que, com exceção dos loucos, os homens pouco diferem entre si quanto ao intelecto, e só se distinguem pelo grau de zelo e constância que exibem em seu trabalho" (*in* Galton, 1909, p. 290). Esta foi a resposta de Galton: "A réplica que poderia ser feita à sua observação quanto à constância no trabalho é que o caráter, nele se incluindo a capacidade de trabalho, é tão hereditário quanto qualquer outra faculdade."

Prelúdio moralista: os números não garantem a verdade

Em 1906, um médico da Virgínia, Robert Bennett Bean, publicou um longo artigo técnico comparando os cérebros de um conjunto de negros e brancos norte-americanos. Com uma espécie de dom neurológico privilegiado, encontrou diferenças significativas por todas as partes — significativas no sentido de que confirmavam com cifras contundentes os seus preconceitos com relação à inferioridade dos negros.

Bean estava particularmente orgulhoso de seus dados relativos ao corpo caloso, uma estrutura interior do cérebro que contém um conjunto de fibras através das quais são conectados os hemisférios direito e esquerdo. Atendo-se a um dogma fundamental da craniometria, o de que as funções mentais superiores localizam-se na parte anterior do cérebro e as capacidades sensorimotoras na posterior, Bean concluiu que podia estabelecer uma hierarquia entre as diferentes raças baseando-se nos tamanhos relativos das partes que formam o corpo caloso. Assim, mediu a longitude do joelho, a parte anterior do corpo caloso, e comparou-a com a longitude do esplênio, a parte posterior do mesmo. Representou em um gráfico os dados relativos às diferenças entre joelhos e esplênios (Fig. 3.1) e obteve, para uma

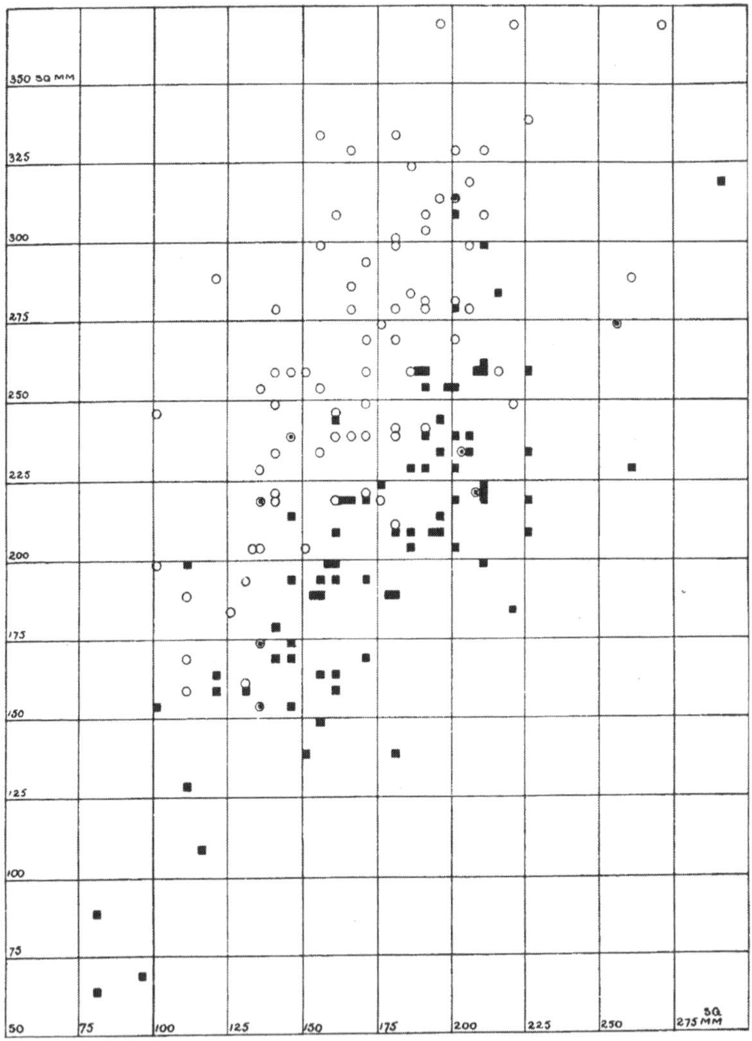

Fig. 3.1. Bean representou o joelho (*genu*) no eixo *y* e o esplênio (*splenium*) no eixo *x*. Como era de se esperar, os círculos brancos correspondem aos cérebros brancos, e os quadrados negros aos cérebros negros. O joelho dos brancos parece ser maior; portanto, estes teriam um maior desenvolvimento frontal e, supostamente, uma inteligência maior.

MEDINDO CABEÇAS

amostragem consideravelmente ampla, resultados que mostravam a separação quase total entre os cérebros dos negros e os dos brancos. Estes últimos apresentam um joelho relativamente grande e, portanto, uma massa cerebral mais importante na sede da inteligência. Tanto mais notável, exclamava Bean (1906, p. 390), pois o joelho contém fibras vinculadas não apenas à inteligência mas também ao sentido do olfato! E acrescenta o seguinte: Como sabemos, os negros têm o sentido do olfato mais aguçado que o dos brancos; assim, se não existissem diferenças substanciais de inteligência entre as raças, seria de se esperar que o dos negros fosse maior. Contudo, seu joelho é menor, apesar da sua superioridade olfativa; os negros, portanto, devem ter uma inteligência realmente muito pobre. Além disso, Bean não se esqueceu de estabelecer as correspondentes conclusões nas diferenças entre os sexos. Em cada raça, as mulheres possuem um joelho relativamente menor que os dos homens.

Em seguida, Bean prosseguiu com sua análise das diferenças entre as partes frontal e parietal-ocipital (lateral e posterior) do cérebro; e demonstrou que nos brancos a parte frontal é relativamente maior. Quanto ao tamanho relativo das áreas frontais, proclamou ele, os negros ocupam uma posição intermediária entre "o homem [sic] e o orangotango" (1906, p. 380).

Em toda sua extensa monografia, chama a atenção a ausência de uma medida muito comum: Bean nada diz a respeito do tamanho do cérebro em si, que constitui o critério preferido da craniometria clássica. Perdida em um apêndice, encontramos a razão dessa negligência: os cérebros dos brancos e dos negros não apresentavam diferenças quanto ao tamanho geral. Bean contemporiza observando o seguinte: "Tantos fatores incidem na pesagem do cérebro que talvez não seja proveitoso aqui analisar esta questão." Contudo, encontrou uma saída: os cérebros que estudou procediam de corpos não reclamados que haviam sido entregues a escolas de medicina. Como é bem sabido, os negros têm menor respeito pelos mortos que os brancos; assim, os corpos de brancos abandonados só poderiam pertencer a indivíduos das classes mais baixas — prostitutas ou pervertidos, enquanto que "entre os negros, como sabemos, até as melhores classes negligenciam os seus mortos". Portanto até mesmo a ausência de diferenças significativas poderia indicar a superioridade dos brancos, porque os referidos dados "talvez indiquem que os cérebros dos indivíduos caucásicos de classe baixa são maiores que os dos negros das classes melhor situadas" (1906, p. 409).

A FALSA MEDIDA DO HOMEM

A conclusão geral de Bean, expressada em um parágrafo de síntese antes do infeliz apêndice que já mencionamos, expõe um preconceito comum como se fosse uma conclusão científica:

O negro é basicamente afetuoso, imensamente emocional; portanto, sensual e, quando recebe estímulos suficientes, apaixonado em suas respostas. Ama a ostentação, e sua maneira de falar pode ser melodiosa; sua capacidade e seu gosto artístico ainda estão por se desenvolver — os negros são bons artesãos e habilidosos trabalhadores manuais —, e seu caráter apresenta uma tendência à instabilidade ligada a uma falta de domínio de si mesmo, principalmente no que se refere às relações sexuais; também carece de capacidade de orientação ou de aptidão para reconhecer a posição tanto de si mesmo quanto do que o cerca, como se pode observar na peculiar presunção que exibem. Este tipo de caráter é perfeitamente previsível no caso do negro, uma vez que a parte posterior de seu cérebro é grande enquanto a porção anterior é pequena.

Bean não confinou suas opiniões às publicações técnicas. Publicou dois artigos em revistas populares durante o ano de 1906, e atraiu suficiente atenção para que a *American Medicine* lhe dedicasse um editorial em seu número de abril de 1907 (citado *in* Chase, 1977, p. 179). Segundo esse editorial, Bean teria oferecido a explicação "anatômica do fracasso total das escolas negras que oferecem ensino em nível superior, já que o cérebro do negro é tão incapaz de compreendê-lo quanto o de um cavalo que procurasse entender a regra de três... Os líderes de todos os partidos agora reconhecem que a igualdade humana é um erro... É possível corrigir esse erro e eliminar uma ameaça à nossa prosperidade: uma larga fatia do eleitorado carente de cérebro".

Mas Franklin P. Mall, mentor de Bean na Johns Hopkins University, levantou certas suspeitas: os dados de Bean eram bons demais. Assim, voltou a realizar o estudo de Bean, se bem que com uma importante diferença de procedimento: assegurou-se de ignorar quais cérebros pertenciam a indivíduos negros e quais pertenciam a indivíduos brancos até *depois* de havê-los medido (Mall, 1909). Em uma amostragem de 106 cérebros, e utilizando o método de medida de Bean, não detectou diferenças entre brancos e negros quanto aos tamanhos relativos do joelho e do esplênio (Fig. 3.2). Nessa amostragem figuravam 18 cérebros da amostragem original de Bean, 10 dos quais pertenciam a indivíduos brancos e 8 a indivíduos negros. No caso de 7 brancos, as medidas que Bean havia atribuído ao joelho eram maiores que as registradas por Mall, enquanto que apenas no

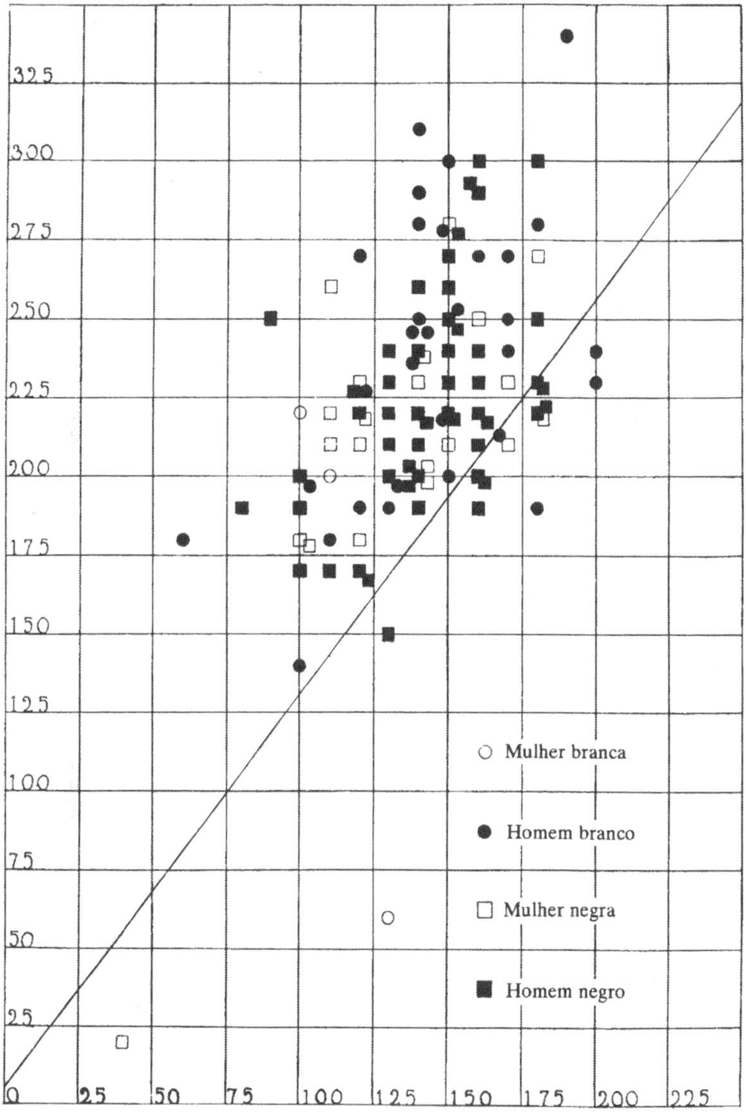

○ Mulher branca

● Homem branco

□ Mulher negra

■ Homem negro

Fig. 3.2. Representação da relação joelho/esplênio, segundo Mall. Mall mediu os cérebros sem saber se procediam de negros ou de brancos. Não encontrou qualquer diferença entre as raças. A linha representa a separação introduzida por Bean entre brancos e negros.

A FALSA MEDIDA DO HOMEM

caso de 1 negro se observava a mesma discrepância. Em 7 dos 8 negros, Bean havia atribuído valores superiores aos esplênios.

Acredito que este pequeno episódio de fanatismo possa ilustrar, à guisa de prelúdio, as teses mais importantes que defendo neste capítulo e neste livro em geral:

1. Os racistas e sexistas científicos restringem seu rótulo de inferioridade a um único grupo socialmente relegado; mas a raça, o sexo e a classe andam juntos e são permutáveis. Embora os diferentes estudos tenham alcance limitado, a filosofia geral do determinismo biológico é sempre a mesma: as hierarquias existentes entre os grupos mais ou menos favorecidos obedeceriam aos ditames da natureza; a estratificação social constituiria um reflexo da biologia. Bean estudou as raças, mas estendeu sua conclusão mais importante às mulheres, e também invocou as diferenças de classe social para justificar a tese de que a igualdade dos tamanhos cerebrais de negros e brancos refletiria realmente a inferioridade dos primeiros.

2. As conclusões não são ditadas pelo exame de uma documentação numérica copiosa, mas por preconceitos anteriores à investigação. É praticamente indubitável que a afirmação de Bean a respeito da presunção dos negros não constitui uma indução a partir do estudo dos dados sobre as partes anterior e posterior do cérebro, mas o reflexo de uma crença *a priori* que ele tentou apresentar como uma conclusão objetiva. Quanto à alegação especial no sentido de que a inferioridade dos negros podia ser deduzida da igualdade dos tamanhos dos cérebros, ela nos parece particularmente ridícula quando formulada fora dos limites de uma crença apriorística na inferioridade desse grupo humano.

3. A autoridade dos números e dos gráficos não aumenta com o grau de exatidão da medição, com o tamanho da amostragem ou com a complexidade de elaboração dos dados. Projetos experimentais básicos podem ser defeituosos desde o início e a repetição reiterada do experimento não implica a sua ratificação. O compromisso prévio em favor de uma das muitas conclusões possíveis com freqüência acarreta graves defeitos na concepção das experiências.

4. A craniometria não foi apenas uma distração de acadêmicos, um tema confinado às publicações técnicas. Suas conclusões inundaram a imprensa popular. Quando ganhavam aceitação, muitas vezes adquiriam vida própria e eram copiadas de fontes cada vez mais distanciadas das originais, tornando-se refratárias a qualquer tipo de refutação, já que nenhuma examinava a fragilidade da documentação primitiva. Neste caso, Mall eliminou um dogma potencial, mas não antes que uma publicação importante recomendasse a supressão do direito de voto dos negros por causa da sua estupidez inata.

MEDINDO CABEÇAS

Mas também observo uma importante diferença entre Bean e os grandes estudiosos europeus da craniometria. Bean cometeu uma fraude deliberada ou então iludiu-se num grau inusitado. Ele era um cientista medíocre que seguiu um projeto experimental absurdo. Os grandes estudiosos da craniometria, por outro lado, foram cientistas excelentes de acordo com os critérios da época. Seus dados numéricos, ao contrário dos de Bean, eram geralmente sólidos. Suas interpretações, bem como a afirmação da prioridade dos dados numéricos eram influenciadas pelos seus preconceitos de maneira mais sutil. Sua obra foi mais refratária a qualquer tentativa de desmascaramento, mas sua invalidade deve-se a motivos idênticos: nela, os preconceitos passam pelos dados para chegar, depois de um itinerário circular, aos preconceitos iniciais — um sistema imbatível que adquiriu força de autoridade devido à sua aparente fundamentação em um conjunto de medições meticulosamente realizadas.

Se bem que não em todos seus detalhes, a história de Bean tem sido freqüentemente contada (Myrdal, 1944; Haller, 1971; Chase, 1977). Mas Bean foi uma figura marginal num palco provinciano e efêmero. Não consegui localizar nenhum estudo moderno sobre o drama principal, ou seja, os dados recolhidos por Paul Broca e sua escola.

Mestres da craniometria: Paul Broca e sua escola

O grande itinerário circular

Em 1861, um violento debate estendeu-se por diversas reuniões de uma jovem associação que ainda padecia das dores do parto. Paul Broca (1824-1880), professor de cirurgia clínica na Faculdade de Medicina, havia fundado a Sociedade Antropológica de Paris em 1859. Dois anos mais tarde, em uma reunião da sociedade, Louis Pierre Gratiolet leu um trabalho que punha em xeque a mais preciosa das crenças de Broca: Gratiolet ousou sustentar que o tamanho do cérebro nada tinha a ver com o grau de inteligência.

Broca tratou de fazer sua defesa, argumentando que "o estudo dos cérebros das raças humanas perderia a maior parte de seu interesse e validade" se a variação de tamanho não tivesse nenhum valor (1861, p. 141). Por que os antropólogos teriam passado tanto tempo medindo crânios senão para poder delinear os grupos humanos e estimar seus valores relativos?

A FALSA MEDIDA DO HOMEM

> Entre as questões até agora debatidas na Sociedade Antropológica, nenhuma se equipara em interesse e importância à que se apresenta a nós neste momento... A grande importância da craniologia causou uma impressão tão forte nos antropólogos que muitos de nós acabamos por negligenciar as outras partes de nossa ciência para nos devotarmos quase que exclusivamente ao estudo dos crânios... Esperávamos que esses dados pudessem fornecer-nos alguma informação relevante quanto ao valor das diversas raças humanas (1861, p. 139).

Em seguida, Broca apresentou seus dados e o pobre Gratiolet foi derrotado. Sua última intervenção no debate deve ser incluída entre os discursos mais oblíquos e mais carregados de abjetas concessões jamais pronunciados por qualquer cientista. Não abjurou seus erros; em vez disso, argumentou que ninguém havia apreciado a sutileza de sua posição. (A propósito, Gratiolet era monarquista e não aceitava a tese igualitária. Ele simplesmente buscou outros tipos de medição para confirmar a inferioridade dos negros e das mulheres, tais como a união mais precoce das suturas do crânio.)

Esta foi a conclusão triunfal de Broca:

> Em geral, o cérebro é maior nos adultos que nos anciões, no homem que na mulher, nos homens eminentes que nos homens medíocres, nas raças superiores que nas inferiores (1861, p. 304)... Em igualdade de condições, existe uma notável relação entre o desenvolvimento da inteligência e o volume do cérebro (p. 188).

Cinco anos mais tarde, num artigo sobre antropologia escrito para uma enciclopédia, Broca expressou-se de forma mais contundente:

> O rosto prognático [projetado para a frente], a cor de pele mais ou menos negra, o cabelo crespo e a inferioridade intelectual e social estão freqüentemente associados, enquanto a pele mais ou menos branca, o cabelo liso e o rosto ortognático [reto] constituem os atributos normais dos grupos mais elevados na escala humana (1866, p. 280)... Um grupo de pele negra, cabelo crespo e rosto prognático jamais foi capaz de ascender à civilização (pp. 295-296).

São palavras duras, e o próprio Broca lamentava que a natureza assim tivesse estabelecido as coisas (1866, p. 296). Mas o que ele podia fazer? Fatos são fatos. "Não existe nenhuma fé, por mais respeitável que seja, que não consiga se adaptar ao progresso do conhecimento humano e inclinar-se ante a verdade" (*in* Count, 1950, p. 72). Paul Topinard, o principal discípulo de Broca e seu sucessor, adotou a seguinte divisa (1882, p. 748): "*J'ai horreur des systèmes*

MEDINDO CABEÇAS

et surtout des systèmes a priori" (Tenho horror aos sistemas, principalmente aos sistemas *a priori*).

Broca reservou aos poucos cientistas igualitários de seu século os ataques mais veementes, acusando-os de terem deixado que a esperança ética ou o sonho político obscurecessem seu julgamento e distorcessem a verdade objetiva. "A intervenção de considerações políticas e sociais tem sido tão daninha para a antropologia quanto o fator religioso" (1855, *in* Count, 1950, p. 73). O grande anatomista alemão Friedrich Tiedemann, por exemplo, havia afirmado que os negros e os brancos não diferiam quanto à capacidade craniana. Broca crucificou Tiedemann pelo mesmo tipo de erro que descobri na obra de Morton (ver pp. 39-59). As medidas que este último registrou através de um método subjetivo e impreciso no caso dos crânios pertencentes a negros foram sistematicamente inferiores às que conseguiu obter através de uma técnica precisa. Tiedmann, utilizando um método ainda mais impreciso, calculou uma média negra superior em 45 cm^3 à média registrada por outros cientistas. Contudo, suas medições de crânios pertencentes a brancos não eram superiores aos obtidos por seus colegas. (Apesar do prazer com que expôs Tiedemann, Broca aparentemente nunca verificou as cifras de Morton, embora este fosse seu herói e modelo. Certa vez, Broca publicou um trabalho de cem páginas analisando as técnicas de Morton nos mais ínfimos detalhes — Broca, 1873b).

Por que teria Tiedemann se equivocado? "Infelizmente", escreveu Broca (1873b, p. 12), "ele se deixou dominar por uma idéia preconcebida. Propôs-se a provar que a capacidade craniana de todas as raças é a mesma." Mas "para todas as ciências de observação vale o axioma de que os fatos devem preceder as teorias" (1868, p. 4). Broca acreditava, presumo que com sinceridade, que só obedecia aos fatos, e que seu êxito na confirmação das hierarquias tradicionalmente aceitas era o resultado da precisão de suas medições e do cuidado com que estabelecera procedimentos passíveis de repetição.

Na verdade, é impossível ler Broca sem sentir um enorme respeito pelo seu cuidado na obtenção de dados. Acredito em suas cifras e duvido que já se tenham obtido melhores. Broca fez um estudo exaustivo de todos os métodos anteriores aos seus para determinar a capacidade craniana. Decidiu que as balas de chumbo, como afirmava "le cèlebre Morton" (1861, p. 183), produziam os melhores resultados, mas passou meses aprimorando essa técnica, levando em consideração fatores como a forma e a altura do cilindro usado para recolher as balas de chumbo com que enchia os crânios, a velocidade de vazão das balas para dentro do crânio, e o modo de sacudir e

A FALSA MEDIDA DO HOMEM

golpear o crânio para compactar as balas e verificar se eram ou não suficientes (Broca, 1873b). Broca finalmente desenvolveu um método objetivo para medir a capacidade craniana. Na maior parte de sua obra, contudo, preferiu pesar o cérebro imediatamente após a autópsia, por ele mesmo realizada.

Dediquei um mês à leitura das principais obras de Broca, concentrando-me em seus procedimentos estatísticos. Assim, comprovei que seus métodos se ajustavam a uma fórmula definida. A distância entre os fatos e as conclusões era por ele descoberta através de um caminho que poderia ser o habitual, se bem que percorrido em direção contrária. Começando pelas conclusões, Broca chegava às crenças compartilhadas pela maioria dos indivíduos brancos do sexo masculino que triunfaram em sua época: por graça da natureza, estes ocupavam a posição mais elevada, enquanto que as mulheres, os negros e os pobres figuravam em posição inferior. Seus dados eram fidedignos (contrariamente aos de Morton), mas foram recolhidos de maneira seletiva e posteriormente manipulados inconscientemente em favor de conclusões estabelecidas *a priori*. Tal procedimento permitia atribuir às conclusões a sanção da ciência e também o prestígio dos números. Broca e sua escola não usaram os fatos como documentos irrefutáveis, mas apenas como ilustrações. Começaram pelas conclusões, logo comparando-as com seus dados para, por fim, e através de uma rota circular, voltar a essas mesmas conclusões. Seu exemplo justifica um estudo mais minucioso, pois, ao contrário de Morton (que manipulou os dados, embora inconscientemente), refletiram seus preconceitos através de um outro procedimento, provavelmente mais comum: fazer passar por objetividade o que é apologia.

A seleção das características

Quando a "Vênus hotentote" morreu em Paris, Georges Cuvier, cientista maior e, como mais tarde descobriria Broca com grande prazer, o maior cérebro da França, evocou essa africana tal como a havia visto em vida.

> Tinha uma maneira de projetar os lábios para a frente exatamente como temos observado no orangotango. Havia algo de abrupto e fantástico em seus movimentos, que lembravam os dos símios. Seus lábios eram monstruosamente grandes [Cuvier parece ter esquecido que os

MEDINDO CABEÇAS

dos macacos são delgados e pequenos]. Suas orelhas era como as de muitos macacos: pequenas, com o trago* débil e a borda externa quase obliterada na parte de trás. Essas são características próprias dos animais. Nunca vi uma cabeça humana tão parecida com a de um símio quanto a desta mulher (*in* Topinard, 1878, pp. 493-494).

O corpo humano pode ser medido de mil maneiras. Qualquer investigador convencido de antemão da inferioridade de determinado grupo pode selecionar um pequeno conjunto de medições para ilustrar a maior afinidade do mesmo com os símios. (Tal procedimento, evidentemente, também poderia ser aplacado no caso de indivíduos brancos do sexo masculino, embora ninguém ainda o tenha tentado. Os brancos, por exemplo, têm lábios finos — propriedade que compartilham com os chimpanzés — enquanto que a maioria dos negros africanos tem lábios mais grossos e, conseqüentemente, mais "humanos".)

O preconceito fundamental de Broca consiste em sua crença de que as raças humanas podiam ser hierarquizadas em uma escala linear de valor intelectual. Ao enumerar os objetivos da etnologia, Broca inclui o de "determinar a posição relativa das raças dentro da escala humana" (*in* Topinard, 1878, p. 660). Não lhe ocorreu que a variação humana pode-se ramificar de forma aleatória, em lugar de linear a hierárquica. E, uma vez que conhecia a ordem de antemão, a antropometria não foi para ele um exercício numérico de empirismo elementar, mas uma busca das características capazes de ilustrar a hierarquia correta.

Assim, Broca pôs-se a buscar as características "significativas", ou seja, as que permitiriam confirmar a existência da hierarquia admitida. Em 1862, por exemplo, tentou fazê-lo através da proporção entre o rádio (o osso do antebraço) e o úmero (o osso do braço), argumentando que uma proporção mais elevada correspondia ao maior tamanho do antebraço: uma característica própria dos símios. A coisa começou bem: nos negros, a proporção era de 794, enquanto que nos brancos era de apenas 739. Mas logo surgiram dificuldades. O esqueleto de um esquimó apresentou uma proporção de 703, o de um aborígene australiano, 704, enquanto a Vênus hotentote — quase simiesca, segundo Cuvier — só apresentou uma proporção de 703. Agora, Broca tinha duas alternativas. Podia reconhecer que, segundo esse critério, os brancos ocupavam uma posição inferior à de vários grupos de pele escura, ou então abandonar tal critério.

---

* Pequena saliência à entrada do ouvido externo, que geralmente se cobre de pêlos ao chegar o indivíduo a uma determinada idade. (N. T.).

A FALSA MEDIDA DO HOMEM

Como sabia (1862a, p. 10) que os hotentotes, os esquimós e os aborígenes australianos ocupavam posições inferiores à da maioria dos negros africanos, preferiu a seguinte alternativa: "Depois disso, parece-me difícil continuar afirmando que o alongamento do antebraço seja uma característica indicadora de degradação ou inferioridade, porque os europeus, neste sentido, ocupam uma posição intermediária entre os negros, de um lado, e os hotentotes, os australianos e os esquimós, de outro" (1862, p. 11).

Mais tarde, esteve a ponto de abandonar seu critério fundamental, o tamanho do cérebro, pelo fato de os indivíduos de pele amarela apresentarem números elevados:

> Um quadro em que as diferenças foram dispostas de acordo com a magnitude de sua capacidade craniana não representaria de forma adequada seus diferentes graus de superioridade ou inferioridade, pois o tamanho representa apenas um elemento do problema [da hierarquização das raças]. Nesse quadro, os esquimós, os lapões, os malaios, os tártaros e diversos outros povos do tipo mongólico suplantariam os povos mais civilizados da Europa. Portanto, o cérebro de uma raça inferior pode ser grande (1873a, p. 38).

Mas Broca sentiu que podia resgatar um aspecto muito valioso de seus dados brutos referentes ao tamanho geral do cérebro. Embora esses dados não se prestassem a descrever de forma adequada os casos situados no topo da escala, porque alguns grupos inferiores apresentavam cérebros de grande magnitude, eles eram úteis para a descrição dos grupos situados no extremo inferior, já que os cérebros pequenos só eram encontrados nos grupos dotados de um nível baixo de inteligência. Assim, prosseguiu afirmando:

> Mas isso não invalida a correlação entre a pequenez do cérebro e a inferioridade mental. O quadro mostra que os negros da África Ocidental possuem uma capacidade craniana inferior em cerca de 100 cm^3 à capacidade craniana das raças européias. A essa cifra podemos acrescentar as dos seguintes grupos: cafres, núbios, tasmanianos, hotentotes e australianos. Estes exemplos são suficientes para provar que, se o volume do cérebro não desempenha um papel decisivo na hierarquização intelectual das raças, não deixa ele de ter uma importância considerável (1873a, p. 38).

Um argumento imbatível. Repudiado quando leva a conclusões indesejáveis, e confirmado com base no mesmo critério. Broca não falsifica os dados numéricos: limita-se a selecioná-los ou a interpretá-los à sua maneira para que justifiquem as conclusões desejadas.

MEDINDO CABEÇAS

Ao selecionar entre as diferentes medidas possíveis, Broca não se deixou levar passivamente pelo impulso de uma idéia preconcebida. Sustentou que a seleção entre as diferentes características era um objetivo a ser alcançado através do uso de certos critérios explícitos. Topinard, seu principal discípulo, fazia uma distinção entre as características "empíricas", "que não parecem ter qualquer significado", e as "racionais", "vinculadas a alguma opinião fisiológica" (1878, p. 221). Então, como determinar quais são as características "racionais"? Respondia Topinard: "Outras características são consideradas, com ou sem razão, dominantes. Podemos observar uma afinidade entre as suas manifestações nos negros, nos símios, o que nos permite estabelecer a transição entre estes últimos e os europeus" (1878, p. 221). Em meio a seu debate com Gratiolet, Broca também considerou esta questão, chegando a conclusões idênticas (1861, p. 176):

> Superamos facilmente o problema selecionando, para nossa comparação dos cérebros, raças cujas desigualdades intelectuais não deixam lugar a dúvidas. Assim, a superioridade dos europeus em relação aos negros africanos, os índios americanos, os hotentotes, os australianos e os negros da Oceania é suficientemente certa para servir como ponto de partida para a comparação dos cérebros.

A seleção dos indivíduos destinados a ilustrar os diferentes grupos apresenta uma profusão de exemplos particularmente ultrajantes. Há trinta anos, quando eu era menino, o vestíbulo do Museu Americano de História Natural ainda exibia uma representação das características das raças humanas dispostas numa ordem linear que ia dos símios ao homem branco. As ilustrações anatômicas usuais, até a presente geração, apresentavam um chimpanzé, um negro e um branco, lado a lado e nessa ordem, embora a variação existente no interior dos grupos brancos e negros seja suficientemente ampla para gerar uma seqüência diferente quando se selecionam outros indivíduos: chimpanzé, branco e negro. Em 1903, por exemplo, o anatomista americano E. A. Spitzka publicou um longo tratado sobre o tamanho e a forma do cérebro dos "homens eminentes". Esse estudo incluía a seguinte ilustração (Fig. 3.3) com este comentário: "O salto que existe entre um Cuvier ou um Thackeray e um zulu ou um bosquímano não é maior que o existente entre estes últimos e o gorila ou o orangotango" (1903, p. 604). Mas também publicou uma ilustração similar (Fig. 3.4) em que mostrava a variação do tamanho do cérebro entre indivíduos eminentes do grupo branco, aparentemente sem perceber que estava assim destruindo o seu próprio

81

A FALSA MEDIDA DO HOMEM

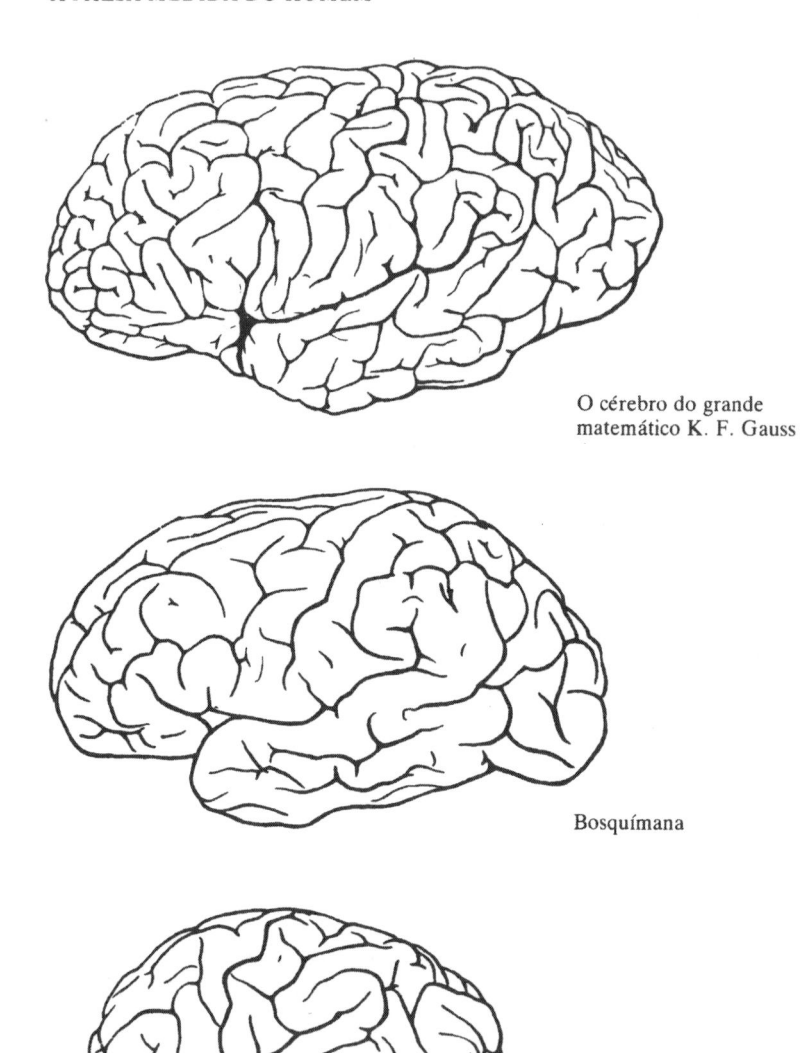

O cérebro do grande matemático K. F. Gauss

Bosquímana

Gorila

Fig. 3.3. Cadeia evolutiva de acordo com o tamanho do cérebro, segundo Spitzka.

MEDINDO CABEÇAS

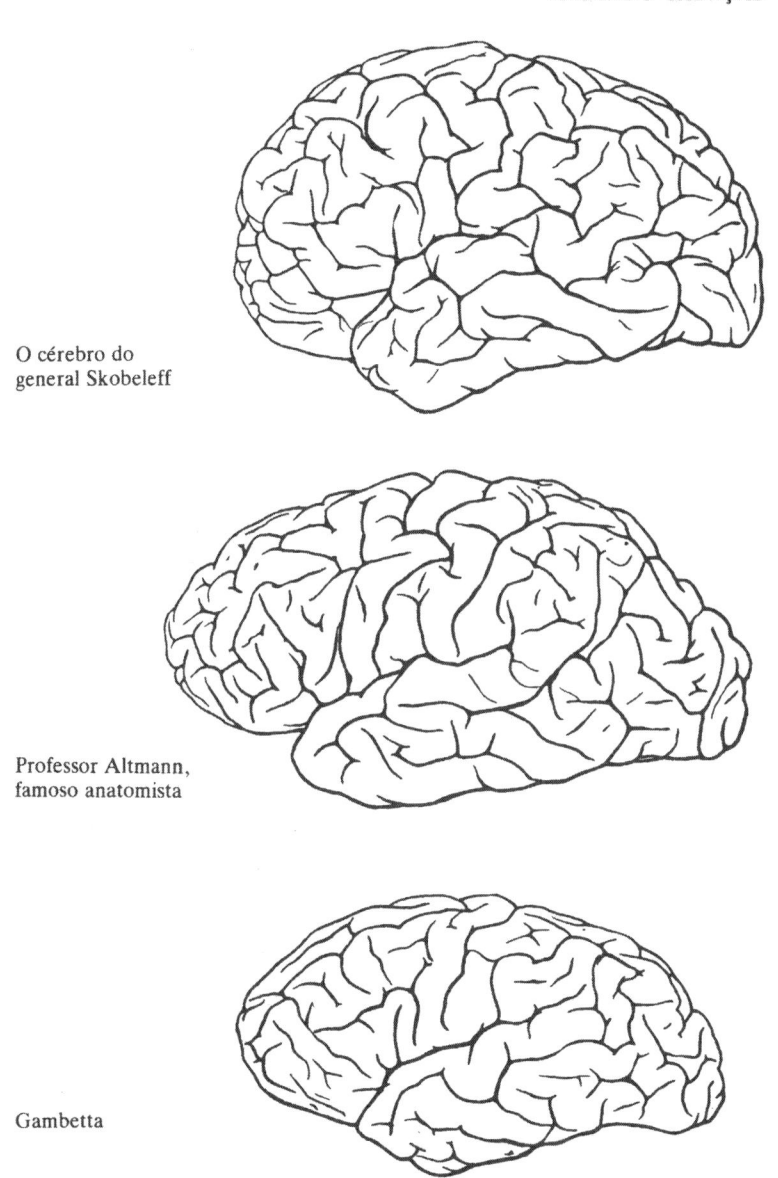

O cérebro do
general Skobeleff

Professor Altmann,
famoso anatomista

Gambetta

Fig. 3.4. Representação da variação do tamanho cerebral entre homens brancos eminentes, segundo Spitzka.

A FALSA MEDIDA DO HOMEM

argumento. Como disse a respeito dessas ilustrações F. P. Mall (1909, p. 24), o homem que pôs em evidência os erros de Bean: "Quando [as] comparamos, fica evidente que o cérebro de Gambetta assemelha-se mais ao do gorila que ao de Gauss."

Como evitar as anomalias

Uma vez que reuniu um conjunto de dados tão disparatado e honesto, Broca inevitavelmente obteve numerosas anomalias e aparentes exceções à generalização que o orientava: a de que o tamanho do cérebro indica o grau de inteligência, e que o cérebro dos indivíduos brancos do sexo masculino pertencentes às classes dominantes é maior que o das mulheres, dos pobres e das raças inferiores. Examinando a forma como lidou com cada exceção aparente, obteremos uma visão clara dos métodos de argumentação e inferência de Broca. Também compreenderemos por que os dados nunca poderiam destruir suas suposições.

O CÉREBRO GRANDE DOS ALEMÃES

Gratiolet, numa última e desesperada tentativa de salvar sua posição, foi além de todos os limites. Ousou afirmar que, em média, os cérebros dos alemães eram 100 gramas mais pesados que os dos franceses. Essa é a melhor prova, dizia ele, de que o tamanho do cérebro nada tem a ver com a inteligência! Broca respondeu com desdém: "Monsieur Gratiolet quase que apelou para os nossos sentimentos patrióticos. Mas é-me fácil mostrar-lhe que pode atribuir algum valor ao tamanho do cérebro sem com isso deixar de ser um bom francês" (1861, pp. 441-442).

Em seguida, Broca continuou a abrir caminho sistematicamente através dos dados. Em primeiro lugar, a cifra de 100 gramas mencionada por Gratiolet provinha de afirmações infundadas do cientista alemão E. Huschke. Depois de cotejar todos os dados reais que pôde obter, Broca comprovou que a diferença de tamanho entre os cérebros alemães e franceses não era de 100, mas de 48 gramas. Então, aplicou uma série de correções referentes a fatores não intelectuais que também incidem no tamanho do cérebro. Afirmou, com bastante razão, que o tamanho do cérebro aumenta proporcionalmente ao tamanho do corpo, decresce com a idade, bem como durante longos períodos de saúde debilitada (o que explica por que

MEDINDO CABEÇAS

os cérebros dos criminosos executados nas prisões são freqüentemente maiores que os de pessoas honestas que morrem de doenças degenerativas nos hospitais). Na amostragem de Broca, a média de idade dos indivíduos franceses era de cinqüenta e seis anos e meio, enquanto que a dos indivíduos alemães era de apenas cinqüenta e um. Segundo ele, essa diferença explicava 16 dos 48 gramas que separavam um grupo do outro, distância que ficava assim reduzida a 32 gramas. Em seguida, eliminou da amostragem alemã todos os indivíduos que haviam tido morte violenta ou tinham sido executados. Então, o tamanho cerebral médio de vinte alemães mortos devido a causas naturais ficou em 1.320 gramas, *abaixo* da média francesa de 1.333 gramas. E Broca ainda não havia introduzido a correção referente ao tamanho do corpo, cuja média era maior entre os alemães. *Vive la France!*

Um colega de Broca, de Jouvencel, ao defender a sua posição frente ao infortunado Gratiolet, argumentou que a maior robustez dos alemães explicava a aparente diferença de tamanho cerebral em seu favor, e algo mais. Sobre o alemão típico, ele escreveu o seguinte (1861, p. 466):

> Ele ingere uma quantidade de alimentos sólidos e de bebidas muito maior do que a que nos satisfaz. Isto, aliado ao seu consumo de cerveja, muito alto mesmo nas regiões produtoras de vinho, explica por que o alemão é muito mais corpulento [*charnu*] que o francês — de tal maneira que a relação existente entre o tamanho do seu cérebro e a sua massa total, longe de me parecer superior à nossa, parece-me, pelo contrário, inferior.

Não condeno o uso que Broca faz das correções, apenas assinalo a habilidade com que se valia delas quando sua própria posição estava ameaçada. Deveremos ter este fato em mente ao analisarmos com que empenho tratou de evitá-las quando descobriu que podiam servir para impugnar uma de suas conclusões preferidas: a pequenez do cérebro feminino.

HOMENS EMINENTES DE CÉREBRO PEQUENO

O anatomista americano E. A. Spitzka instou homens eminentes a doarem seus cérebros à ciência após a morte. "A mim, a idéia de uma autópsia é certamente menos repugnante que o processo de decomposição cadavérica no túmulo, tal como o imagino" (1907,

A FALSA MEDIDA DO HOMEM

p. 235). A dissecação dos colegas mortos chegou a converter-se em uma espécie de indústria caseira entre os craneometristas do século XIX. Os cérebros exerciam seu habitual fascínio, e as listas eram exibidas orgulhosamente, não sem deixar de incorrer nas tradicionais e infames comparações. (Os importantes antropólogos americanos J. W. Powell e W. J. McGee chegaram a fazer uma aposta sobre quem deles possuía o maior cérebro. Como disse Ko-Ko a Nahki-Poo a respeito dos fogos de artifício que seriam acesos após sua execução: "Você não os verá, mas eles estarão lá de qualquer modo.")

De fato, alguns homens de gênio saíram-se muito bem. Frente à média européia situada entre os 1.300 e os 1.400 gramas, o grande Cuvier destacou-se com os seus proeminentes 1.830 gramas. Cuvier encabeçou a classificação até que, por fim, Turgueniev rompeu a barreira dos 2.000 gramas em 1883. (Outros ocupantes potenciais dessa estratosfera, tais como Cromwell e Swift, permanecem no limbo por insuficiência de registros adequados.)

O outro extremo era um pouco mais desconcertante e embaraçoso. Walt Whitman conseguiu ouvir a América cantar com apenas 1.282 gramas. O cúmulo da indignidade foi Franz Josef Gall, um dos fundadores da frenologia — a original "ciência" que se propunha a estabelecer as diferentes capacidades intelectuais baseando-se no tamanho das regiões do cérebro onde estariam localizadas —, cujo cérebro pesou uns minguados 1.198 gramas. (Seu colega J. K. Spurzheim conseguiu o resultado bastante satisfatório de 1.559 gramas.) E, embora Broca nunca chegasse a sabê-lo, seu próprio cérebro só pesava 1.424 gramas, sem dúvida um pouco acima da média mas nada para ser alardeado. Anatole France expandiu a amplitude de variação dos autores famosos em mais de 1.000 gramas quando, em 1924, optou pelo extremo oposto da famosa marca de Turgueniev, registrando apenas 1.017 gramas.

Os cérebros pequenos eram problemáticos, mas Broca, impávido, tratou de encontrar uma explicação para todos eles. Seus possuidores haviam morrido muito velhos, eram muito baixos, ou, ainda, tiveram seus cérebros mal conservados. A reação de Broca a um estudo de seu colega alemão Rudolf Wagner foi típica. Em 1855, este último havia obtido uma presa valiosíssima: o cérebro do grande matemático Karl Friedrich Gauss. O cérebro pesou 1.492 gramas, apenas um pouco acima da média mas apresentando uma riqueza de circunvoluções maior que a de qualquer outro cérebro até então dissecado (Fig. 3.5). Estimulado por essa descoberta, Wagner dedicou-se a pesar os cérebros de todos os professores mortos — e dispos-

MEDINDO CABEÇAS

tos a se deixarem dissecar — de Göttingen, numa tentativa de estabelecer a distribuição do tamanho cerebral dos homens eminentes. Na época em que Broca pelejava com Gratiolet (1861), Wagner já dispunha de quatro novas medições. Nenhuma delas representava uma ameaça para Cuvier, e duas eram particularmente desconcertantes: a de Hermann, o professor de filosofia, com 1.368 gramas, e a de Hausmann, o professor de mineralogia, com 1.226 gramas. Broca corrigiu a cifra relativa ao cérebro de Hermann baseando-se em sua idade e acrescentando-lhe 16 gramas, elevando-a assim em 1,19% acima da média: "não muito para um professor de lingüística", reconheceu Broca, "mas ainda assim é alguma coisa" (1861, p. 167). Nenhuma correção foi capaz de elevar Hausmann até o nível das pessoas normais, mas, considerando seus veneráveis setenta e sete anos, Broca especulou que seu cérebro poderia ter sofrido um grau de degeneração senil mais pronunciado que o habitual: "O grau de decadência que a velhice pode impor ao cérebro é bastante variável e não pode ser calculado."

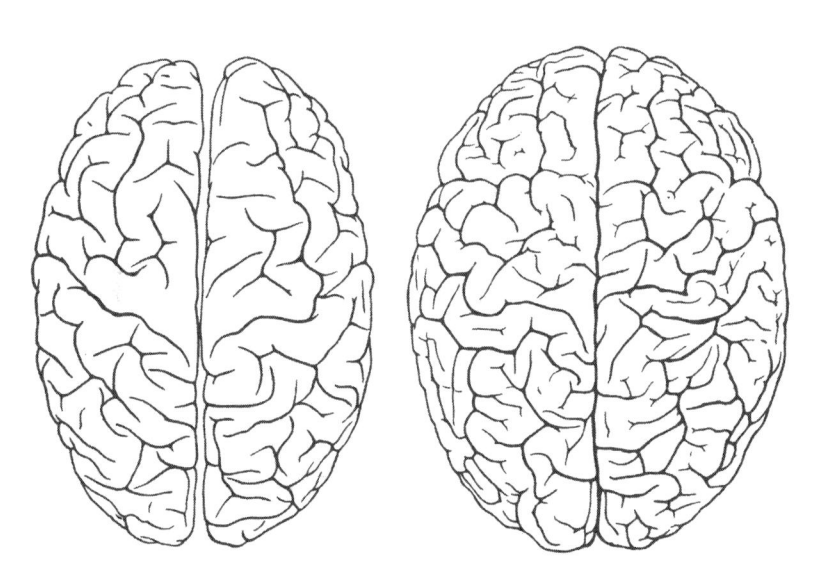

Fig. 3.5. O cérebro do grande matemático K. F. Gauss (*à direita*) provocou uma certa perplexidade pois, com apenas 1.492 gramas, era apenas um pouco maior que a média. Mas outros critérios vieram em socorro do craniometrista. Aqui, E. A. Spitzka demonstra que o cérebro de Gauss apresenta muito mais circunvoluções que o de um Papua (*à esquerda*).

A FALSA MEDIDA DO HOMEM

Mas Broca ainda não estava satisfeito. Conseguira justificar aqueles dados numericamente baixos, mas não pudera elevá-los a níveis superiores ao comum. Conseqüentemente, para conseguir uma conclusão irrefutável, sugeriu com um toque de ironia que os sujeitos cujo cérebro Wagner medira depois do de Gauss talvez não fossem tão eminentes:

> Não é muito provável que num lapso de cinco anos tenham morrido cinco homens de gênio na Universidade de Göttingen... A toga professoral não constitui necessariamente um certificado de genialidade; mesmo em Göttingen deve haver algumas cátedras ocupadas por homens não muito notáveis (1861, pp. 165-166).

Neste ponto, Broca desistiu de sua empresa: "O assunto é delicado", escreveu ele (1861, p. 169), "e não devo mais insistir nele."

CRIMINOSOS DE CÉREBRO GRANDE

O grande tamanho dos cérebros de vários criminosos foi uma fonte de preocupação permanente para os craniometristas e estudiosos da antropologia criminal. Broca inclinava-se a rejeitar essas cifras afirmando que a morte repentina por execução impede a diminuição do tamanho cerebral observável em muitas pessoas honestas submetidas a longos períodos de enfermidade. Além disso, a morte por enforcamento tendia a produzir uma congestão do cérebro, o que resultava em um aumento espúrio de seu peso.

No ano da morte de Broca, T. Bischoff publicou seu estudo sobre o cérebro de 119 assassinos, homicidas e ladrões. A média superava em 11 gramas a dos homens honestos, sendo que 14 deles chegavam a 1.500 gramas, e 5 superavam os 1.600 gramas. Por outro lado, apenas três homens de gênio podiam orgulhar-se de pesos superiores a 1.600 gramas, enquanto os 1.809 do assassino Le Pelley devem ter feito tremer o espírito de Cuvier. O cérebro feminino mais pesado (1.564 gramas) pertencia a uma mulher que matara o marido.

Paul Topinard, o sucessor de Broca, considerou esses dados com perplexidade e chegou à conclusão de que o excesso de bem pode resultar em mal para certas pessoas. O nível exigido para o crime realmente inspirado pode ser tão alto quanto o que requer o virtuosismo profissional: quem decidirá entre Moriarty e Holmes? Esta foi a conclusão de Topinard: "Parece estar provado que certa proporção de criminosos é levada a se desviar das normas sociais vigentes graças à exuberância de sua atividade cerebral; conseqüentemente, pelo fato de possuírem um cérebro grande ou pesado" (1888, p. 15).

MEDINDO CABEÇAS

DEFEITOS NO RITMO DE CRESCIMENTO ATRAVÉS DO TEMPO

De todos os estudos de Broca, com exceção de sua obra sobre as diferenças entre os homens e as mulheres, nenhum foi mais respeitado ou recebeu maior atenção que a suposta demonstração do crescimento progressivo do tamanho do cérebro concomitante ao desenvolvimento da civilização européia desde a Idade Média até a Era Moderna (Broca, 1862b).

Esse estudo merece uma análise pormenorizada pois talvez represente o caso de conclusões determinadas apenas pelas expectativas do investigador. Broca considerava-se um liberal, no sentido de que não condenava os grupos inferiores a permanecerem indefinidamente em sua situação. O cérebro feminino havia se degenerado através do tempo por causa da utilização parcial que lhe fora imposta pelas condições sociais; em outras circunstâncias, esse cérebro podia voltar a crescer. As raças primitivas não tiveram que se defrontar com dificuldades suficientemente estimulantes; por outro lado, os cérebros dos europeus haviam crescido regularmente, de acordo com a marcha da civilização.

Broca obteve amostras de dimensões consideráveis, provenientes de três cemitérios parisienses: um do século XII, um do século XVIII e outro do século XIX. As respectivas capacidades cranianas médias foram de 1.426, 1.409 e 1.462 cm^3 — cifras que não corroboram a firme conclusão de que houve um crescimento seguro através do tempo. (Não consegui encontrar os dados brutos de Broca para submetê-los a uma verificação estatística, mas, com 3,5% de diferença média entre a menor e a maior amostra, o mais provável é que não existam diferenças estatisticamente significativas entre essas três amostras.)

Mas como Broca pôde chegar à tão esperada conclusão, baseando-se em dados tão limitados, provenientes de apenas três sítios, e sem especificação das margens de variação em cada época, nem tampouco a um modelo claro de evolução através do tempo? O próprio Broca reconheceu que a princípio sentiu-se desapontado: havia esperado que os dados relativos ao século XVIII alcançassem valores intermediários (1862b, p. 106). A resposta, argumentou ele, deve estar na classe social dos sujeitos estudados, pois pelo menos parte da proeminência social dos grupos que triunfaram em determinada cultura deve-se à superioridade intelectual de seus membros. A amostra do século XII procedia do cemitério de uma igreja; seus integrantes, portanto, deviam ter pertencido à nobreza. Os crânios do século XVIII procediam de uma vala comum. Por outro lado, a amostra do século XIX era mista: noventa crânios provinham de tumbas indi-

A FALSA MEDIDA DO HOMEM

viduais — média de 1.484 cm^3 — e trinta e cinco de uma vala comum — média de 1.403 cm^3. Broca afirmou que, se as diferenças de classe social não podiam explicar a distância existente entre os valores obtidos e os esperados, então os dados eram ininteligíveis. Para ele, "inteligível" significava "capaz de provar a existência de um crescimento seguro através do tempo", ou seja, a proposição que esses dados deviam supostamente provar, e não sobre a qual deveriam se fundamentar. Mais uma vez, Broca anda em círculos:

> Sem esta [diferença de classe social], teríamos de acreditar que a capacidade craniana dos parisienses realmente diminuiu após o século XII. Muito bem, durante esse período... o progresso social e intelectual foi considerável, e, embora ainda não estejamos seguros de que o cérebro cresça como conseqüência do desenvolvimento da civilização, é indubitável que ninguém se disporá a pensar que ele pode ter como conseqüência a diminuição do tamanho do cérebro (1862b, p. 106).

Mas a divisão da amostra do século XIX em classes sociais feita por Broca trouxe-lhe tanto certezas quanto incertezas, pois agora ele tinha duas amostras procedentes de valas comuns, a primeira das quais apresentava uma capacidade craniana média de 1.409 cm^3 — século XVIII —, enquanto que a outra apresentava uma média de 1.403 cm^3 — século XIX. Mas Broca não se deu por vencido: argumentou que a vala comum do século XVIII continha esqueletos de indivíduos pertencentes a uma classe superior. Naqueles tempos pré-revolucionários, um homem tinha de ser realmente rico ou nobre para repousar no cemitério da igreja. No século XIX, os despojos dos pobres ofereceram uma média de 1.403 cm^3; cem anos antes, os despojos pertencentes a indivíduos de boa raça haviam apresentado uma média aproximadamente similar.

Cada nova solução propunha dificuldades adicionais para Broca. Agora que se comprometera a realizar uma divisão por classes sociais dentro de cada cemitério, tinha de admitir que os dezessete crânios adicionais provenientes do ossário do cemitério do século XIX davam uma média mais elevada que a dos crânios dos sujeitos de classe média e alta enterrados em túmulos individuais: 1.517 cm^3 contra 1.484 cm^3. Como era possível que cérebros pertencentes a corpos não reclamados, abandonados ao Estado, suplantassem a nata da sociedade? Broca realizou uma série de inferências, cada qual mais precária: os necrotérios situavam-se na margem do rio e, assim, provavelmente os corpos que aí chegavam pertenciam a pessoas afogadas; muitas das pessoas que se afogam são suicidas; muitos suicidas são desequilibrados mentais; muitos desequilibrados mentais, como

MEDINDO CABEÇAS

os criminosos, apresentam cérebros surpreendentemente grandes. Com um pouco de imaginação, nada pode ser verdadeiramente anômalo.

As partes anterior e posterior do crânio

Fale-me desse novo cirurgião, o Sr. Lydgate. Disseram-me que ele é jovem e maravilhosamente inteligente; sem dúvida parece sê-lo, com essa testa tão notável.

GEORGE ELIOT, Middlemarch (1872)

A medição do tamanho global, por mais útil e decisiva que fosse em termos gerais, estava longe de esgotar o alcance da craniometria. Desde a época do apogeu da frenologia, foi atribuído um valor específico a cada parte do cérebro e do crânio, o que fornecia um conjunto de critérios subsidiários para a hierarquização dos grupos humanos. (Broca, agora não como craniometrista mas como médico, realizou nesse terreno sua mais importante descoberta. Em 1861, desenvolveu o conceito de localização cortical das funções ao descobrir que um paciente afásico apresentava uma lesão na circunvolução frontal esquerda, hoje conhecida por circunvolução de Broca.)

A maior parte desses critérios subsidiários pode ser reduzida a uma única fórmula: a parte anterior é melhor. Broca e seus colegas acreditavam que as funções mentais superiores se localizavam nas regiões anteriores do córtex, e que as áreas posteriores se ocupavam das funções mais vulgares, embora cruciais, do movimento involuntário, da sensação e da emoção. As pessoas superiores deveriam ter mais matéria na parte anterior que na posterior. Já vimos que Bean compartilhava dessa crença quando produziu seus dados espúrios a respeito das partes anterior e posterior do corpo caloso nos brancos e nos negros.

Broca utilizou com freqüência a distinção entre as partes anterior e posterior do cérebro, especialmente quando desejava safar-se de situações incômodas provocadas por seus dados. Aceitava a classificação que Gratiolet havia feito dos grupos humanos, dividindo-os em "*races frontales*" (brancos, com lóbulos frontal e anterior mais desenvolvidos), "*races parietales*" (mongólicos, com lóbulos parietais e médios mais proeminentes) e "*races occipitales*" (negros, com maior massa cerebral na parte posterior). Com freqüência, fustigou duplamente os grupos inferiores por apresentarem cérebros menores e maior desenvolvimento posterior dos mesmos: "Os negros, principalmente os hotentotes, possuem um cérebro mais simples que o

A FALSA MEDIDA DO HOMEM

nosso, e a relativa pobreza de suas circunvoluções pode ser observada principalmente nos seus lóbulos frontais" (1873a, p. 32). Segundo ele, uma prova mais direta era o fato de os habitantes do Taiti deformarem artificialmente as áreas frontais de certos meninos para que as partes posteriores ficassem bojudas. Esses homens tornavam-se valentes guerreiros, mas seu estilo jamais se comparava ao dos heróis da raça branca: "A deformação frontal produz paixões cegas, instintos ferozes e coragem animalesca, que eu chamaria de coragem ocipital. Não devemos confundi-la com a verdadeira coragem, a coragem frontal, que podemos chamar de coragem caucásica" (1861, pp. 202-203).

Broca alegou também a existência de diferenças qualitativas, e não apenas de tamanho, entre as regiões frontais e ocipitais dos cérebros das diferentes raças. Neste caso, e não apenas para acalmar seu adversário, aceitou o argumento predileto de Gratiolet de que as suturas entre os ossos do crânio, nas raças inferiores, é realizada antes, o que faz com que o cérebro fique bloqueado por uma abóboda rígida, limitando a eficácia dos ensinamentos recebidos posteriormente. Nos brancos, essa sutura é mais tardia e também se produz numa ordem diferente: adivinhe qual? Nos negros e outros grupos inferiores, as suturas frontais fecham-se antes que as posteriores; nos brancos, dá-se o inverso. Os estudos modernos em grande escala sobre o processo da sutura craniana não revelam a existência de diferenças de ritmo ou de modelo entre as diferentes raças (Todd e Lyon, 1924 e 1925).

Broca usou este argumento para safar-se de uma dificuldade grave. Ele havia descrito uma amostragem de crânios procedentes das povoações mais primitivas do *Homo sapiens* (tipo Cro-Magnon) e comprovado que sua capacidade craniana era superior à dos franceses modernos. Felizmente, contudo, as suturas anteriores desses antepassados fechavam-se antes, de modo que eles tinham de ter sido inferiores: "São sinais de inferioridade. Podem ser encontrados em todas as raças nas quais a atividade cerebral se concentra na vida material. Com o desenvolvimento da vida intelectual, as suturas anteriores tornam-se mais complicadas e permanecem abertas por mais tempo" (1873a, p. 19).

O argumento baseado na distinção entre a parte anterior e a posterior do cérebro[1], tão flexível e de alcance tão amplo, constituiu

---

1. Os argumentos de Broca acerca do valor relativo das diferentes partes do cérebro não se limitaram à distinção entre a região anterior e posterior do cérebro. Virtualmente, qualquer diferença medida entre as pessoas podia receber um valor ditado por preconceitos a respeito do seu valor relativo. Certa ocasião, por exemplo, Broca afirmou (1861, p. 187) que provavelmente os nervos cranianos dos negros eram maiores que os dos brancos e que, portanto, a porção não intelectual de seu cérebro era maior.

MEDINDO CABEÇAS

uma ferramenta poderosa para a racionalização dos preconceitos quando estes se viam confrontados com fatos aparentemente contraditórios. Vejamos os dois exemplos seguintes:

O ÍNDICE CRANIANO

Além do próprio tamanho do cérebro, as duas medidas craniométricas mais veneráveis — e também as mais manipuladas — foram, sem dúvida, a do ângulo facial (a projeção anterior do rosto e da mandíbula: quanto menos pronunciada melhor) e a do índice craniano. Este nunca fora muito empregado, se bem que fosse fácil de medir. Era obtido através do cálculo da proporção entre a largura e o comprimento máximos do crânio. Os crânios relativamente longos (média de 0,75 ou menos) eram chamados dolicocéfalos; os crânios relativamente curtos (acima de 0,8), braquicéfalos. Anders Retzius, o cientista sueco que popularizou o índice craniano, estabeleceu uma teoria da civilização baseada nela. Acreditava que os povos da Idade da Pedra da Europa eram braquicéfalos, e que posteriormente essa população autóctone e mais primitiva foi substituída por elementos mais avançados (dolicocéfalos indo-europeus ou arianos), que já se encontravam na Idade do Bronze. Algumas estirpes braquicéfalas autóctones sobreviveriam entre certos povos atrasados como os bascos, os finlandeses e os lapões.

Broca refutou esse conto popular de forma categórica, revelando a existência de crânios dolicocéfalos tanto entre restos fósseis da Idade da Pedra quanto em vestígios modernos de estirpes "primitivas". De fato, Broca tinha boas razões para desconfiar das tentativas de cientistas nórdicos e teutônicos de entronizar a dolicocefalia como símbolo de superioridade mental. A maior parte dos franceses, inclusive o próprio Broca (Manouvrier, 1899), era braquicéfala. Numa passagem em que recorda o repúdio da tese de Tiedemann em favor da igualdade entre os cérebros negros e brancos, Broca caracterizou a doutrina de Retzius como uma satisfação de seus próprios interesses egoístas, que nada tinha a ver com a verdade empírica. Teria lhe ocorrido que ele próprio poderia incorrer no mesmo tipo de falta?

> Desde o aparecimento do estudo do Sr. Retzius, os cientistas têm geralmente afirmado, sem uma investigação adequada, que a dolicocefalia é um sinal de superioridade. Talvez o seja; mas também não podemos esquecer que as características da dolicocefalia e da braquicefalia foram estudadas primeiramente na Suécia, depois na Inglaterra,

A FALSA MEDIDA DO HOMEM

nos Estados Unidos e na Alemanha, e que em todos esses países, particularmente na Suécia, o tipo dolicocéfalo apresenta uma clara predominância. O homem tem uma tendência natural, mesmo o que se apresenta mais livre de preconceitos, a associar a idéia de superioridade às características predominantes de sua raça (1861, p. 513).

Obviamente, Broca negou-se a identificar a braquicefalia com a estupidez intrínseca. Porém, o prestígio da dolicocefalia era tão grande que Broca se sentiu bastante perturbado quando descobriu cabeças alongadas em sujeitos cuja inferioridade estava fora de dúvida: suficientemente incomodado para inventar um de seus mais surpreendentes e imbatíveis argumentos. O índice craniano havia levado a uma dificuldade imprevista: os negros africanos e os aborígenes da Austrália não só eram dolicocéfalos, como também demonstraram ser o povo de cabeça mais alongada do mundo. Para cúmulo da humilhação, os crânios fósseis de Cro-Magnon não só eram maiores que os dos franceses modernos, como também eram mais dolicocéfalos que estes.

A dolicocefalia, raciocinava Broca, podia ser atingida através de diferentes caminhos. A dolicocefalia que era interpretada como sinal do gênio teutônico sem dúvida derivava do alongamento frontal. Por outro lado, a dolicocefalia existente em povos cuja inferioridade era bem conhecida devia ter-se desenvolvido através de um alongamento da parte posterior: dolicocefalia ocipital, segundo a terminologia de Broca. Com um só golpe, Broca deu conta da superioridade craniana e da dolicocefalia de seus fósseis de Cro-Magnon: "Sua capacidade craniana é maior que a nossa devido a um desenvolvimento mais pronunciado da parte posterior do crânio" (1873a, p. 41). Quanto aos negros, seu crânio havia sofrido um alongamento posterior e uma diminuição frontal, o que explica porque seu cérebro é geralmente menor e exibe uma dolicocefalia (que não deve ser confundida com a de estilo teutônico) maior que a de qualquer outro grupo humano. Quanto à braquicefalia dos franceses, não se trata de uma ausência de alongamento frontal (como afirmavam os partidários da supremacia teutônica), mas de um alargamento adicional de um cérebro já digno de admiração.

O ARGUMENTO DO FORAMEN MAGNUM

O foramen magnum é o orifício situado na base de nosso crânio. A medula espinhal passa por ele, e a coluna vertebral articula-se ao osso situado ao redor da sua borda (o côndilo ocipital). Na embrio-

MEDINDO CABEÇAS

logia de todos os mamíferos, o foramen magnum situa-se inicialmente embaixo do crânio, mas logo se desloca para uma posição posterior do crânio antes do nascimento. Nos seres humanos, o foramen magnum desloca-se muito pouco e permanece embaixo do crânio nos adultos. O foramen magnum dos grandes símios adultos ocupa uma posição intermediária, não tão atrás como em outros mamíferos. A significação funcional dessa localização é evidente. Um animal ereto como o *Homo sapiens* deve ter o crânio *no alto* da coluna vertebral para poder olhar para a frente quando está em pé; os quadrúpedes articulam sua coluna vertebral *atrás* do crânio e olham para a frente quando na sua postura habitual.

Essas diferenças davam margem a uma série de comparações ofensivas. Os povos inferiores deviam ter um foramen magnum situado mais atrás, como se observa nos macacos e nos mamíferos inferiores. Em 1862, Broca participou de uma polêmica em torno desta questão. Alguns igualitários relativos, como James Cowles Pritchard, haviam afirmado que o foramen magnum estava situado exatamente no centro do crânio, tanto nos negros quanto nos brancos. Racistas como J. Virey, por outro lado, haviam descoberto a existência de uma variação gradual: quanto mais elevado o nível da raça em questão, mais à frente estaria situado o foramen magnum. Broca observou que nenhuma dessas duas teses coincidia exatamente com o que os dados demonstravam. Com sua objetividade característica, propôs-se a resolver essa problemática, se bem que secundária, questão.

Broca reuniu uma amostragem de sessenta crânios de brancos e trinta e cinco crânios de negros, e mediu o comprimento dos mesmos tanto pela frente quanto por trás da borda anterior do foramen magnum. As duas raças apresentavam idêntico volume craniano na parte de trás — mais exatamente, 100,385 mm para os brancos e 100,857 mm para os negros (observe-se a precisão dessa medida, levando em consideração até a terceira casa decimal). Mas os brancos exibiam um comprimento muito menor na parte dianteira (90,736 contra 100,304 mm) e seu foramen magnum situava-se, portanto, em uma posição mais anterior (ver Quadro 3.1). Broca tirou a seguinte conclusão: "Nos orangotangos, a projeção posterior [a parte do crânio situada atrás do foramen magnum] é mais curta. Portanto, é incontestável... que a conformação do negro, neste aspecto e em muitos outros, tende a se aproximar daquela do macaco" (1862c, p. 16).

Mas então começaram as preocupações de Broca. O argumento corrente acerca do foramen magnum referia-se apenas à sua posição relativa no crânio, e não à projeção do rosto diante do crânio. Contu-

95

A FALSA MEDIDA DO HOMEM

Quadro 3.1. *Medidas de Broca referentes à posição relativa do foramen magnum*

	Brancos	Negros	Diferença em favor dos negros
Anterior	90,736	100,304	+ 9,568
Facial	12,385	27,676	+ 15,291
Craniana	78,351	72,628	− 5,723
Posterior	100,385	100,857	+ 0,472

do, Broca havia incluído o rosto em sua medição anterior. Agora se sabe — escreveu ele — que os negros têm rostos mais longos que os brancos. Isto já constitui sinal de parentesco com os símios, mas não deve ser confundido com a posição relativa do foramen magnum no crânio. Assim, Broca tratou de descontar a influência facial de suas medições. Descobriu que os negros, de fato, têm rostos mais longos — na medição anterior, os rostos dos brancos só contribuíram com 12,385 mm, enquanto que na dos negros essa contribuição era de 27,676 mm (ver Quadro 3.1). Subtraindo o comprimento facial, Broca obteve as seguintes cifras com relação ao crânio anterior: 78,351 para os brancos, 72, 628 para os negros. Em outras palavras, levando-se em consideraçao apenas o crânio, o foramen magnum dos negros situava-se *muito mais adiante* (a proporção entre a parte frontal e a parte posterior, calculada tomando-se por base os dados de Broca, é de 0,781 nos brancos e de 0,720 nos negros). De acordo com os critérios aceitos antes de se realizar a investigação, os negros são claramente superiores aos brancos. Ou assim devia ser, a menos que os critérios sofressem uma mudança repentina, como não tardaria a acontecer.

O venerável argumento baseado na distinção entre as partes anterior e posterior do cérebro veio em socorro de Broca e das pessoas ameaçadas a quem ele representava. A posição mais avançada do foramen magnum dos negros, apesar de tudo, não refletiria a sua superioridade, mas apenas a capacidade menor da região cerebral anterior. Comparados com os brancos, os negros teriam perdido grande parte da região frontal do cérebro. Mas como tinham um pouco mais de cérebro na parte posterior, a proporção anterior/posterior do foramen magnum se reduz, conferindo-lhes uma vantagem que é apenas aparente. Mas o que foi acrescentado à parte posterior não chega a compensar o que foi perdido na região frontal. Assim, os negros possuem um cérebro menor e de proporções inferiores às do cérebro dos brancos:

MEDINDO CABEÇAS

A projeção craniana anterior dos brancos... supera a dos negros em 4,9%... Assim, enquanto o foramen magnum dos negros ocupa uma posição mais recuada em relação aos incisivos [o ponto mais avançado na medição anterior de Broca, que também incluía o rosto], ocupa ele, por outro lado, uma posição mas avançada em relação à borda anterior de seu cérebro. Para transformar o crânio de um branco no de um negro, não só teríamos de deslocar as mandíbulas para a frente, como também reduzir a frente do crânio, ou seja, obter uma atrofia da região anterior do cérebro e transladar, como compensação insuficiente, uma parte da matéria extraída da porção posterior do crânio. Em outras palavras: nos negros, as regiões facial e ocipital são desenvolvidas em detrimento da região frontal (1862c, p. 18).

Tratava-se de um incidente menor na carreira de Broca, mas não consigo imaginar melhor ilustração para seu método: modificar os critérios para abrir caminho através de um conjunto de dados corretos até alcançar as conclusões desejadas. Se der cara, sou superior; se der coroa, você é inferior.

E os velhos argumentos parecem nunca morrer. Walter Freeman, decano dos lobotomistas americanos (realizou ou supervisionou três mil e quinhentas lesões de porções frontais do cérebro antes de se aposentar em 1970), admitiu no final de sua carreira (citado *in* Chorover, 1979):

A perda registrada com mais freqüência pelo investigador, ao menos nos indivíduos melhor dotados intelectualmente, é a capacidade de realizar introspecções, de especular, de filosofar, particularmente com relação a si mesmos.... Em geral, a psicocirurgia reduz a criatividade, às vezes até total extinção.

Em seguida, Freeman acrescentou que "as mulheres respondem melhor que os homens, e os negros melhor que os brancos". Em outras palavras, as pessoas que não têm muito na frente não se saem tão mal.

Cérebros femininos

De todas as comparações entre grupos que realizou, Broca documentou melhor a que se refere às características cerebrais de homens e mulheres, possivelmente porque os dados eram mais acessíveis, e não porque ele sentisse qualquer aversão especial pelas mulheres. Os grupos "inferiores", na teoria geral do determinismo biológico, são permutáveis. São continuamente associados, e qualquer um deles pode substituir os demais — pois a tese geral afirma que a sociedade

A FALSA MEDIDA DO HOMEM

é determinada pela natureza, e que a posição social reflete o valor inato. Assim, E. Huschke, um antropólogo alemão, escreveu em 1854: "O cérebro do negro possui uma medula espinhal do tipo encontrado em crianças e em mulheres, e se aproxima, além disso, do tipo de cérebro encontrado nos símios superiores" (*in* Mall, 1909, pp. 1-2). O célebre anatomista alemão Carl Vogt escreveu em 1864:

> Devido ao ápice arredondado e ao lóbulo posterior menos desen-volvido, o cérebro do negro assemelha-se ao de nossas crianças, e, pela protuberância da lóbulo parietal, ao de nossas mulheres... Quanto às suas faculdades intelectuais, o negro adulto partilha da natureza da criança, da mulher e do homem branco senil... Algumas tribos fun-daram Estados providos de um tipo característico de organização; mas, quanto ao resto, podemos atrever-nos a afirmar que o conjunto da raça negra, tanto no passado quanto no presente, nada fez para o pro-gresso da humanidade, ou qualquer coisa que seja digna de preservação (1864, pp. 183-192).

G. Hervé, um colega de Broca, escreveu em 1881: "Os homens das raças negras têm um cérebro pouco mais pesado que o das mulhe-res brancas" (1881, p. 692). Não considero simples retórica a afirma-ção de que a luta de um grupo é a luta de todos nós.

Broca fundamentou seu argumento a respeito da condição bioló-gica da mulher moderna em dois conjuntos de dados: os cérebros maiores dos homens nas sociedades modernas e uma suposta expan-são através do tempo da disparidade de tamanho entre os cérebros masculino e feminino. Baseou seu estudo mais extenso nas autópsias que executou em quatro hospitais parisienses. Para 292 cérebros mas-culinos, calculou um peso médio de 1.325 gramas; 140 cérebros femi-ninos apresentaram o peso médio de 1.144 gramas, ou seja, uma diferença de 181 gramas ou 14% com relação ao peso do cérebro masculino. É claro que Broca compreendeu que parte dessa diferença devia ser atribuída à maior estatura dos homens. Já havia usado essa correção para salvar os franceses da tese da superioridade alemã (ver pp. 82, 83). Naquele caso, ele soube como corrigir as medições de maneira notável. No caso que estamos considerando, contudo, não fez qualquer tentativa de medir em separado o efeito da estatu-ra, e chegou mesmo a afirmar que não havia necessidade disso. A estatura, afinal de contas, não podia explicar toda a diferença, pois sabemos que as mulheres não são tão inteligentes quanto os homens.

MEDINDO CABEÇAS

Poderíamos perguntar se o pequeno tamanho do cérebro feminino não depende exclusivamente do menor tamanho do corpo da mulher. Tiedemann propôs esta explicação. Mas não devemos esquecer que as mulheres são, em média, um pouco menos inteligentes que os homens, uma diferença que não devemos exacerbar mas que, não obstante, é real. Portanto, é-nos permitido supor que o tamanho relativamente pequeno do cérebro feminino depende em parte de sua inferioridade física e em parte da sua inferioridade intelectual (1861, p. 153).

Para registrar o suposto aumento da diferença através do tempo, Broca mediu as capacidades de crânios pré-históricos provenientes da caverna de L'Homme Mort. O resultado obtido foi uma diferença de apenas 99,5 cm³ entre os crânios masculinos e femininos; por outro lado, nas populações modernas essa diferença oscilava entre 129,5 e 220,7 cm³. Topinard, o principal discípulo de Broca, explicava essa crescente diferença através do tempo como sendo resultado dos diferentes graus de pressão evolutiva exercidos sobre o grupo dominante dos homens e o grupo passivo das mulheres:

O homem, que luta por dois ou mais [indivíduos] na batalha pela existência, que assume toda a responsabilidade e as preocupações pelo amanhã, que está em constante combate contra o meio ambiente e os rivais de sua própria espécie, precisa de mais cérebro que a mulher, que ele deve proteger e alimentar; a mulher é um ser sedentário carente de vocação interior e cujo papel é criar os filhos, amar e manter-se passiva (1888, p. 22).

Em 1879, Gustave Le Bon, principal misógino da escola de Broca, usou esses dados para publicar o que deve ser o mais virulento ataque contra a mulher da moderna literatura científica (será preciso um esforço considerável para superar Aristóteles). Le Bon não era apenas mais um dos propagandistas do ódio racial. Foi um dos fundadores da psicologia social e escreveu um estudo sobre o comportamento das massas que ainda hoje é citado e respeitado (*La psychologie des foules*, 1895). Seus escritos também exerceram uma forte influência sobre Mussolini. Esta é a conclusão de Le Bon:

Nas raças mais inteligentes, como é o caso dos parisienses, existe um grande número de mulheres cujo cérebro se aproxima mais em tamanho ao do gorila que ao do homem, mais desenvolvido. Essa inferioridade é tão óbvia que ninguém pode jamais contestá-la; apenas seu grau é digno de discussão. Todos os psicólogos que estudaram a inteligência feminina, bem como os poetas e os romancistas, hoje reconhecem que as mulheres representam as formas mais inferiores da evolução humana

A FALSA MEDIDA DO HOMEM

e que estão mais próximas das crianças e dos selvagens que de um homem adulto e civilizado. Elas se destacam por sua inconstância, veleidade, ausência de idéias e de lógica, bem como por sua incapacidade de raciocínio. Sem dúvida, existem algumas mulheres que se destacam, muito superiores ao homem mediano, mas são tão excepcionais quanto o aparecimento de qualquer monstruosidade, como um gorila com duas cabeças; portanto, podemos deixá-las completamente de lado (1879, pp. 60-61).

Le Bon tampouco se assustou com as conseqüências sociais que suas idéias implicavam. Ficou horrorizado com a proposta de alguns reformadores americanos no sentido de proporcionar às mulheres o mesmo tipo de educação superior que recebiam os homens:

O desejo de lhes oferecer a mesma educação e, conseqüentemente, de lhes propiciar os mesmos objetivos constitui uma perigosa quimera... O dia em que, olvidando as ocupações inferiores que a natureza lhes atribuiu, as mulheres abandonarem o lar e participarem de nossas lutas, uma revolução social terá início, e tudo que sustenta os sagrados laços familiares desaparecerá (1879, p. 62).

Tudo isso parece familiar, não é mesmo?[2]

Voltei a examinar os dados de Broca, que constituem a base para todas essas declarações posteriores, e, embora os números me pareçam corretos, a interpretação que ele lhes atribuiu é, no meu entender e para dizer o mínimo, mal fundamentada. A afirmação de que a diferença cresceu com o tempo é facilmente descartada. Broca tirou essa conclusão utilizando apenas a amostragem procedente da caverna de L'Homme Mort. Essa amostragem era composta de sete crânios masculinos e seis femininos. Nunca se extraiu tanto de tão pouco!

Em 1888, Topinard publicou os dados mais abundantes que Broca colhera nos hospitais parisienses. Como Broca registrou a estatura

---

2. Dez anos mais tarde, o importante biólogo evolucionista americano E. D. Cope expressou seus temores de que "um espírito de revolta venha a se generalizar entre as mulheres". "Se a nação sofresse um ataque desse tipo", escreveu ele (1890, p. 2071), "tal como uma doença, ele deixaria seus traços em muitas das gerações vindouras." Ele detectou o início de semelhante anarquia nas pressões exercidas pelas mulheres "para impedir que os homens bebam vinho e para que fumem tabaco com moderação", bem como na conduta dos homens equivocados que apoiavam o sufrágio feminino: "Alguns desses homens são efeminados e usam cabelo comprido."

MEDINDO CABEÇAS

e a idade juntamente com o tamanho do cérebro, podemos utilizar técnicas estatísticas modernas para questionar suas conclusões. O peso do cérebro reduz-se com a idade, e as mulheres de Broca eram em média consideravelmente mais velhas que os homens quando de seu falecimento. O peso do cérebro aumenta com a estatura, e o homem médio de Broca era quase 15 cm mais alto que a média das mulheres examinadas. Empreguei a regressão múltipla, uma técnica que pode avaliar simultaneamente a influência da idade e da estatura sobre o tamanho do cérebro. Ao analisar os dados referentes às mulheres, verifiquei que, com a estatura e a idade do homem médio, o cérebro de uma mulher pesaria 1.212 gramas[3]. A correção baseada na estatura e na idade reduz a diferença de 181 gramas em mais de um terço, baixando-a para 113 gramas.

É difícil avaliar essa diferença restante porque os dados de Broca não contêm informações a respeito de outros fatores cuja grande influência sobre o tamanho do cérebro é conhecida. A causa da morte tem de ser levada em conta pois as enfermidades degenerativas podem provocar uma importante diminuição no tamanho do cérebro. Eugene Schreider (1966), também trabalhando com os dados de Broca, descobriu que os homens mortos em acidentes apresentavam cérebros mais pesados (60 gramas em média) que os homens que morriam de enfermidades infecciosas. Os melhores dados modernos que pude encontrar (provenientes de hospitais americanos) registram bem uns 100 gramas de diferença entre os cérebros de indivíduos mortos por doenças cardíacas degenerativas e os falecidos por acidente ou violência. Como grande parte dos sujeitos de Broca eram mulheres de idade madura, podemos supor que, neste caso, as doenças degenerativas prolongadas eram mais comuns que entre os homens.

Fato mais importante é que os que atualmente estudam o tamanho do cérebro ainda não estão de acordo quanto a uma medida adequada para eliminar a poderosa influência do tamanho do corpo (Jerison, 1973; Gould, 1975). A estatura não é suficiente, pois homens e mulheres da mesma altura apresentam compleições diferentes. O peso é ainda mais insuficiente que a estatura, porque a maior parte de suas variações não se deve tanto ao tamanho intrínseco quanto à alimentação, de modo que a variação reflete distinção entre gordura e magreza e exerce pouca influência sobre o cérebro. Léonce Manouvrier abordou este tema na década de 1880 e afirmou que

---

3. Calculei que $y = 764,5 - 2,55x_1 + 3,47x_2$, sendo y o tamanho do cérebro em gramas, x_1 a idade em anos, e x_2 a altura do corpo em cm.

A FALSA MEDIDA DO HOMEM

a força e a musculatura podem fornecer um critério adequado. Tentou medir essa propriedade ilusória de diferentes maneiras e descobriu uma notável diferença em favor do homens, mesmo quando se tratava de homens e mulheres da mesma estatura. Depois que empregou a correção baseada no que chamava de "massa sexual", as mulheres revelaram possuir um cérebro ligeiramente maior que o dos homens.

Assim, a diferença corrigida de 113 gramas é com toda certeza demasiadamente ampla; provavelmente, a cifra correta se aproxima de zero, e pode favorecer tanto as mulheres quanto os homens. Diga-se de passagem, cento e trinta gramas é exatamente a diferença média entre o 1,63 m e o 1,93 m que registram os dados de Broca para os indivíduos do sexo masculino[4], e já não estamos dispostos a admitir que os homens altos tenham uma inteligência maior. Em resumo, os dados de Broca não nos autorizam a afirmar com segurança que o cérebro dos homens seja maior que os das mulheres.

Maria Montessori não se limitou a reformar o sistema educativo para crianças pequenas. Durante vários anos, ensinou antropologia na Universidade de Roma e escreveu um livro de grande repercussão intitulado *Antropologia pedagógica* (a edição inglesa é de 1913). Ela, para dizer o mínimo, não era uma igualitária. Apoiou quase todas as teses de Broca, bem como a teoria da criminalidade inata proposta por seu compatriota Cesare Lonbroso (próximo capítulo). Mediu a circunferência da cabeça das crianças que freqüentavam sua escola e concluiu que as mais promissoras tinham cérebros maiores. Mas não tolerava as conclusões de Broca com respeito às mulheres. Analisou a obra de Manouvrier cuidadosamente e aprovou a afirmação deste último de que, depois de efetuadas as correções pertinentes, o cérebro das mulheres se apresentava um pouco maior que o dos homens. As mulheres, concluiu ela, são intelectualmente superiores aos homens, mas estes haviam prevalecido até então graças à sua força física. Uma vez que a tecnologia aboliu a força como instrumento de poder, a era das mulheres não tardaria a chegar: "Nessa época, haverá seres humanos realmente superiores, homens realmente fortes do ponto de vista moral e sentimental. Talvez assim advenha o reinado das mulheres, quando o enigma de sua superioridade antropológica será decifrado. A mulher sempre foi a guardiã do sentimento, da moralidade e da honra humanas" (1913, p. 259).

_____

4. Para sua amostragem maior de sujeitos masculinos, e usando a função de potência preferencial para a análise de variável dupla da alometria cerebral, calculei que $y = 121,6x^{0,47}$, sendo y o cérebro pesado em gramas e x a altura do corpo em cm.

MEDINDO CABEÇAS

O argumento de Montessori representa um possível antídoto contra as afirmações "científicas" sobre a inferioridade constitutiva de certos grupos. Podemos afirmar que as distinções biológicas existem, mas os dados foram mal interpretados por homens cujos preconceitos determinaram desde o início uma visão parcial do tema; assim, na realidade, os superiores são os grupos desfavorecidos. Essa é a estratégia adotada nos últimos anos por Elaine Morgan em seu livro *Descent of Woman* (*A Origem da Mulher*), reconstrução especulativa da pré-história humana do ponto de vista da mulher — tão absurda quanto os mais famosos contos extravagantes inventados por e para os homens.

Este livro dedica-se a expor uma posição diferente. Montessori e Morgan aplicam o método de Broca para chegar a uma conclusão mais de acordo com seus próprios desejos. De minha parte, rotularia a empresa de atribuir valores biológicos aos diferentes grupos humanos pelo que realmente é: irrelevante, intelectualmente errônea, e sumamente ofensiva.

Pós-escrito

Os argumentos craniométricos perderam muito de sua força em nosso século, quando os deterministas desviaram a atenção que lhes dedicavam para os testes de inteligência —, uma via mais "direta" para a mesma meta injustificada de ordenar hierarquicamente os grupos humanos de acordo com a sua capacidade mental —, e os cientistas expuseram a insensatez preconceituosa que dominava a maior parte da literatura sobre a forma e o tamanho da cabeça. O antropólogo americano Franz Boas, por exemplo, acabou com o legendário índice craniano mostrando que este variava muitíssimo entre os indivíduos adultos do mesmo grupo, bem como no transcorrer da vida de um mesmo indivíduo (Boas, 1899). Além disso, descobriu diferenças significativas entre o índice craniano de pais imigrantes e o de seus filhos já nascidos na América. Assim, a imutável estupidez do braquicéfalo procedente do Sul da Europa podia-se deslocar para a norma dolicocéfala nórdica no transcorrer de uma única geração nascida em um meio diferente (Boas, 1911).

Entretanto, a suposta vantagem intelectual das cabeças maiores nega-se a desaparecer completamente como argumento para se avaliar a capacidade humana. Ainda a encontramos ocasionalmente em todos os níveis da teoria determinista.

A FALSA MEDIDA DO HOMEM

1. Variação na população geral: Arthur Jensen (1979, pp. 361-362) justifica o valor do QI como medida da inteligência inata afirmando que a correlação entre o tamanho do cérebro e o QI é de aproximadamente 0,30. Não tem dúvidas de que essa correlação seja significativa e de que "houve um efeito causal direto através da seleção natural, durante o curso da evolução humana, entre a inteligência e o tamanho do cérebro". Sem se abalar pelo baixo valor da correlação, proclama que este poderia ser mais elevado se uma porção tão grande do cérebro não fosse "consagrada a funções não cognitivas".

Na mesma página, Jensen cita uma correlação média de 0,25 entre o QI e a estatura. Embora este valor coincida realmente com o da correlação entre o QI e o tamanho do cérebro, muda de opinião e afirma que "é quase certo que esta correlação não envolve a existência de nenhuma relação causal ou funcional entre a estatura e a inteligência". Tanto a altura quanto a inteligência, afirma ele, são marcas consideradas desejáveis, e as pessoas suficientemente afortunadas para possuí-las em uma medida superior à média atraem-se entre si. Mas não seria mais verossímil dizer que a correlação entre a estatura e o tamanho do cérebro é a correlação causal básica pela óbvia razão de que toda pessoa alta tende a apresentar órgãos do corpo grandes? Neste caso, o tamanho do cérebro só seria uma expressão parcial da medida da estatura, e sua correlação com o QI (com um valor baixo de 0,3) seria de natureza basicamente ambiental — a pobreza e a má alimentação podem provocar tanto uma redução da estatura quanto um QI baixo.

2. Variação entre classes sociais e grupos profissionais: Em um livro dedicado a pôr os educadores em contato com os mais recentes avanços da investigação do cérebro, H. T. Epstein (*in* Chall e Mirsky, 1978) afirma (pp. 349-350):

> Em primeiro lugar, perguntaremos se existem indícios da existência de algum tipo de vínculo entre o cérebro e a inteligência. Em geral, afirma-se que esse vínculo não existe... Mas o conjunto de dados que possuo parece mostrar claramente que existe uma relação substancial. Em seu estudo geral dos criminosos, Hooton estudou a circunferência da cabeça dos bostonianos brancos. O seguinte quadro mostra que, se as pessoas forem ordenadas segundo o tamanho de suas cabeças, obtém-se uma ordenação do todo coerente com suas diferentes posições profissionais. Não está em absoluto claro como se pôde difundir a crença de que essa correlação não existe.

O Quadro 3.2 reproduz o quadro de Epstein, cujos dados parecem confirmar a idéia de que as pessoas que desempenham tarefas

MEDINDO CABEÇAS

Quadro 3.2. *Média e desvio típico da circunferência da cabeça em pessoas de diferentes posições profissionais*

Posição profissional	N?	Média (em mm)	Desvio padrão
Profissional	25	569,9	1,9
Semiprofissional	61	566,5	1,5
Escriturário	107	566,2	1,1
Comerciante	194	565,7	0,8
Serviço público	25	564,1	2,5
Serviços qualificados	351	562,9	0,6
Serviços pessoais	262	562,7	0,7
Operários	647	560,7	0,3

Fonte: Ernest A. Hooton, *The American Criminal*, vol. 1 (Cambridge, Mass.; Harvard University Press, 1939), Quadro VIII-17.

de mais prestígio têm a cabeça maior. Mas um breve exame e uma verificação das fontes originais são suficientes para descobrir que esse quadro é uma mera falsificação (não da parte de Epstein, que, acredito, copiou-a de outra fonte secundária que não consegui identificar).

i. Os desvios padrão registrados por Epstein são muito pequenos e, portanto, implicam uma margem muito limitada de variação dentro de cada posição profissional; assim, as diferenças de tamanho médio da cabeça são significativas, apesar de tão pequenas. Mas basta uma olhada no quadro original de Hooton (1939, Quadro VIII-17) para descobrirmos que o que agora figura como desvio padrão foi copiado da coluna errada (a que registra os erros padrão da média). Os verdadeiros desvios padrão, apresentados em outra coluna do quadro de Hooton, oscilam entre 14,4 e 18,6, uma variação suficientemente grande para tornar a maioria das diferenças médias entre as posições profissionais estatisticamente insignificante.

ii. O quadro ordena os grupos profissionais pelo tamanho médio da cabeça, mas não inclui as avaliações hierarquizadas de posição profissional em relação ao número de anos de educação (1939, p. 150). De fato, de uma vez que a coluna é denominada "posição profissional", somos levados a crer que as profissões foram listadas na devida ordem de prestígio e que, portanto, existe uma perfeita correlação entre a posição ocupada e o tamanho da cabeça. Mas as profissões estão ordenadas apenas pelo tamanho da cabeça. Várias profissões não se ajustam ao modelo; os serviços pessoais e os serviços

105

A FALSA MEDIDA DO HOMEM

qualificados (posições 5 e 6 no quadro) figuram logo acima do tamanho mínimo de cabeça, mas ocupam o centro da escala de prestígio.

iii. Consultando o quadro original de Hooton, descobri uma omissão muito mais grave, e totalmente injustificável: faltam três profissões no quadro 3.2 e nenhuma justificativa é apresentada para essa ausência. Você é capaz de adivinhar por quê? As três profissões excluídas figuram no final, ou quase no final, da lista de posições elaboradas por Hooton: os trabalhadores industriais na posição 7 (a lista chega até 11), os empregados do transporte na posição 8, e os que realizam atividades "extrativas" (agricultura e mineração) na posição 11, a mais baixa da lista. Nos três casos, a circunferência média da cabeça (564,7, 564,9 e 564,7 respectivamente) estão *acima* da média geral de todas as profissões (563,9)!

Não sei qual é a fonte desse quadro tão vergonhosamente falsificado. Jensen (1979, p. 361) o reproduz na versão de Epstein com as três posições omitidas. Mas rotula corretamente a coluna do erro padrão (embora também omita o desvio padrão) e substitua a expressão "posição profissional" por "categoria ocupacional", mais correta, para se referir às diferentes profissões. Contudo, a versão de Jensen inclui os mesmos erros numéricos menores que figuram na de Epstein (em que se atribui aos operários um erro padrão de 0,3, considerado erroneamente como sendo o valor correto correspondente à linha omitida, a dos que realizam tarefas "extrativas", situados logo acima dos operários no quadro de Hooton). Como duvido que o mesmo erro insignificante tenha sido cometido duas vezes de maneira independente, e como o livro de Jensen e o artigo de Epstein apareceram virtualmente ao mesmo tempo, acredito que ambos extraíram a informação de uma fonte secundária não identificada (nenhum cita qualquer outro autor além de Hooton).

iv. Uma vez que Epstein e Jensen tiram tanto proveito dos dados de Hooton, podiam ter consultado a opinião deste último a respeito dos próprios dados. Hooton não era nenhum notório liberal convencido da importância dos fatores ambientais. Era um firme partidário da eugenesia e do determinismo biológico, e seu estudo sobre os criminosos americanos termina com estas estremecedoras palavras: "A eliminação do crime só pode ser efetuada através da extirpação dos sujeitos física, mental e moralmente inadaptados, ou de sua completa segregação em um ambiente socialmente asséptico" (1939, p. 309). Entretanto, o próprio Hooton achava que seu quadro comparativo do tamanho da cabeça e das profissões nada havia comprovado (1939, p. 154). Observou que só um grupo profissional, o dos operários, apresentava um desvio significativo com relação à média de todos os gru-

MEDINDO CABEÇAS

pos, e afirmou de forma explícita que sua amostragem relativa à única profissão cujo tamanho da cabeça era notavelmente maior que o tamanho médio — o grupo dos profissionais — era "totalmente inadequada" (p. 153) por ser pequena.

v. A hipótese básica que se vale dos fatores ambientais para explicar as correlações entre o tamanho da cabeça e uma determinada classe social, sustenta que esses fatores são artefatos de uma correlação causal entre o tamanho do corpo e a posição social. Os corpos grandes tendem a ter cabeças grandes, e uma alimentação adequada, assim como o fato de se ver livre da pobreza, favorecem um melhor crescimento durante a infância. Os dados de Hooton justificam em princípio ambas as partes deste argumento, embora Epstein não faça qualquer menção a esses dados sobre a estatura. Hooton fornece informações quanto à altura e ao peso (expressões inadequadas da estatura — ver pp. 100-102). Os desvios mais significativos com relação à média geral confirmam a hipótese que se baseia em fatores ambientais. Com relação ao peso, dois grupos apresentam desvios significativos: o dos profissionais (posição 1), que são mais pesados que a média, e o dos operários (posição 10), que são mais leves que a média. Quanto à altura, três grupos eram deficientes e nenhum era significativamente mais alto que a média: o dos operários (posição 10), e o dos que se dedicavam a serviços pessoais (posição 5) e o dos escriturários (posição 2, opondo-se à hipótese ambiental). Também calculei os coeficientes da correlação entre a circunferência da cabeça e a estatura baseando-me nos dados de Hooton. Não descobri qualquer correlação com respeito à altura, mas apenas correlações significativas com relação à altura do indivíduo sentado (0,605) e com relação ao peso (0,741).

3. Variação entre raças: Em sua décima-oitava edição, de 1964, a *Encyclopaedia Britannica* ainda incluía entre as características da raça negra, além do cabelo crespo, "um cérebro pequeno com relação ao tamanho do corpo".

Em 1970, o antropólogo sul-africano P. V. Tobias escreveu um artigo corajoso denunciando o mito de que as diferenças entre os grupos raciais no tocante ao tamanho do cérebro teriam alguma relação com a inteligência; na verdade, argumentava ele, a existência de diferenças no tamanho dos cérebros de cada grupo, não relacionadas com o tamanho do corpo e outros fatores capazes de provocar distorção, jamais foi demonstrada.

Esta conclusão parecerá estranha aos leitores, principalmente porque provém de um famoso cientista que conhece muito bem as montanhas de dados publicados a respeito do tamanho do cérebro.

A FALSA MEDIDA DO HOMEM

Afinal de contas, o que é mais simples que pesar um cérebro? Basta tirá-lo do crânio e colocá-lo na balança. Não é bem assim. Tobias enumera quatorze fatores passíveis de provocar distorção. Uma parte deles se refere a problemas relacionados com a própria medição: Em que nível se separa o cérebro da medula espinhal? Devemos ou não remover as meninges (as meninges são as membranas que recobrem o cérebro e a dura-máter, o revestimento externo grosso, que pesa entre 50 e 60 gramas)? Quanto tempo depois da morte do sujeito se deve pesar o cérebro? O cérebro deve ser conservado em algum líquido antes da pesagem e, em caso afirmativo, por quanto tempo? Em que temperatura o cérebro deve ser preservado depois da morte? A maior parte da literatura sobre o assunto não especifica adequadamente esses fatores, e os estudos feitos por diferentes cientistas geralmente não podem ser comparados entre si. Mesmo quando podemos nos assegurar de que o mesmo objeto foi medido da mesma maneira e em condições iguais, surge um segundo grupo de fatores de distorção: as influências sobre o tamanho do cérebro que não têm uma ligação direta com as propriedades que interessam (a inteligência ou a origem racial): o sexo, o tamanho do corpo, a idade, a alimentação, os fatores ambientais não vinculados à alimentação, a profissão e a causa da morte. Assim, a despeito das milhares de páginas publicadas e dos milhares de sujeitos estudados, Tobias conclui que não sabemos — como se isso tivesse alguma importância — se os negros têm, em média, cérebros maiores ou menores que os dos brancos. Entretanto, o tamanho maior do cérebro dos brancos era um "fato" inquestionável entre os cientistas brancos até muito recentemente.

Muitos investigadores devotaram uma atenção extraordinária ao estudo das diferenças de tamanho cerebral entre os diferentes grupos humanos. Não chegaram a nada, não porque as respostas não existam, mas porque essas respostas são muito difíceis de se obter e porque as convicções *a priori* são evidentes e distorcem a investigação. No calor do debate entre Broca e Gratiolet, um dos defensores de Broca, evidentemente com muito má intenção, fez uma observação que resume admiravelmente as motivações implícitas em toda a tradição craniométrica: "Há muito tenho observado", afirmou De Jouvencel (1861, p. 465), "que, em geral, os que negam a importância intelectual do volume do cérebro possuem cabeças pequenas." Desde o princípio, os interesses particulares têm sido, por uma ou outra razão, a fonte das opiniões emitidas a respeito deste sisudo tema.

4

Medindo corpos

Dois estudos sobre o caráter simiesco dos indesejáveis

O conceito de evolução transformou o pensamento humano durante o decorrer do século XIX. Quase todas as questões referentes às ciências da vida foram reformuladas à luz desse conceito. Até então, nenhuma idéia havia sido objeto de um uso, ou de um abuso, tão generalizado (por exemplo, o "darwinismo social", ou seja, o uso da teoria evolucionista para apresentar a pobreza como algo inevitável). Tanto os criacionistas (Agassiz e Morton) quanto os evolucionistas (Broca e Galton) puderam explorar os dados a respeito do tamanho do cérebro para estabelecer distinções falsas e ofensivas entre os grupos humanos. Mas outros argumentos quantitativos surgiram como apêndices da teoria evolucionista. Neste capítulo, discuto dois deles, que considero manifestações representativas de um tipo muito freqüente; apesar das diferenças marcantes, não deixam de exibir uma semelhança digna de interesse. O primeiro deles é a mais genérica de todas as justificações evolutivas do ordenamento hierárquico dos grupos humanos: o argumento da recapitulação, freqüentemente resumido pelo enganoso trava-língua "a ontogenia recapitula a filogenia". A segunda é uma hipótese evolucionista específica a respeito do caráter biológico da conduta criminosa: a antropologia criminal de Lombroso. As duas teorias apoiavam-se no mesmo método quantitativo e supostamente evolucionista, que consistia em buscar sinais de morfologia simiesca entre os membros dos grupos considerados indesejáveis.

O macaco em todos nós: a recapitulação

Uma vez demonstrada a evolução, os naturalistas do século XIX devotaram-se a estabelecer os verdadeiros caminhos que ela seguira. Em outras palavras, procuraram reconstruir a árvore da vida. Os fósseis deveriam fornecer os indícios necessários, pois eram os únicos registros dos antecessores das formas modernas. Mas o registro fóssil é extremamente imperfeito, e todos os troncos e ramos importantes da árvore da vida desenvolveram-se antes que o surgimento das partes duras dos organismos permitisse a existência de qualquer tipo

A FALSA MEDIDA DO HOMEM

de vestígio fóssil. Assim, alguns critérios indiretos tinham de ser descobertos. Ernst Haeckel, o grande zoólogo alemão, reatualizou uma velha teoria biológica criacionista e sugeriu que o desenvolvimento embriológico das formas superiores poderia servir como guia para se deduzir de forma indireta a evolução da árvore da vida. Ele proclamou que "a ontogenia recapitula a filogenia" ou, para melhor explicar esse melífluo trava-língua, que, durante seu crescimento, todo indivíduo passa por uma série de estágios que correspondem seqüencialmente às diferentes formas *adultas* de seus antepassados; em resumo: cada indivíduo escala a sua própria árvore da vida.

A recapitulação está entre as idéias mais influentes da ciência do final do século XIX. Dominou diferentes campos científicos, tais como a embriologia, a morfologia comparada e a paleontologia. Todas essas disciplinas estavam obcecadas pela idéia de reconstruir as linhagens evolutivas, e todos consideravam o conceito de recapitulação como sendo a chave da questão. As fendas branquiais que podem ser vistas no embrião humano no começo de seu desenvolvimento representavam o estágio adulto de um peixe ancestral; num estágio posterior, a aparição de uma cauda revelava a existência de um antepassado réptil ou mamífero.

A partir da biologia, o conceito de recapitulação expandiu-se para várias outras disciplinas, sobre as quais exerceu uma influência decisiva. Tanto Sigmund Freud quanto C.G. Jung eram firmes partidários da recapitulação, e a idéia de Haeckel desempenhou um papel bastante importante no desenvolvimento da teoria psicanalítica. (Em *Totem e tabu*, por exemplo, Freud tenta reconstruir a história humana partindo de uma pista fundamental: o complexo de Édipo. Freud conclui que o impulso parricida deve refletir um evento real ocorrido entre ancestrais adultos.) Assim, os filhos de um clã ancestral devem ter matado o pai para conseguir acesso às mulheres. Os currículos de muitas escolas primárias do final do século XIX foram reelaborados à luz da recapitulação. Vários conselhos escolares prescreviam a leitura de *Song of Hiawatha* para as primeiras séries, argumentando que as crianças, uma vez que estavam passando pelo estágio selvagem correspondente ao que haviam atravessado seus ancestrais, iriam se identificar com o poema[1].

---

1. Os leitores interessados nos argumentos propostos por Haeckel e seus colegas para justificar a teoria da recapitulação, bem como nas razões que determinaram a sua rejeição, podem consultar meu tratado, tedioso mas muito detalhado, *Ontogeny and Phylogeny*, Harvard University Press, 1977.

MEDINDO CORPOS

A recapitulação também proporcionou um critério irresistível a todos os cientistas interessados em estabelecer diferenças hierárquicas entre os grupos humanos. Assim, os *adultos* dos grupos *inferiores* devem ser como as *crianças* dos grupos *superiores*, pois a criança representa um ancestral adulto primitivo. Uma vez que são como os meninos brancos, os negros adultos e as mulheres são também os representantes vivos de um estágio primitivo da evolução dos homens brancos. Uma teoria anatômica para a hierarquização das raças — baseada em todo o corpo e não apenas na cabeça — havia nascido.

A recapitulação serviu como teoria geral do determinismo biológico. Todos os grupos "inferiores" — raças, sexos e classes — foram comparados às crianças brancas de sexo masculino. E. D. Cope, o célebre paleontólogo americano que elucidou o mecanismo da recapitulação (ver Gould, 1977, pp. 85-91), identificou quatro grupos de formas humanas inferiores segundo esse critério: raças não brancas, todas as mulheres, os brancos do sul da Europa (em oposição aos do norte) e as classes inferiores dentro das raças superiores (1887, pp. 291-293); Cope depreciava particularmente "as classes mais baixas dos irlandeses". Pregou a doutrina da superioridade nórdica e fez propaganda contra a entrada de imigrantes judeus e da Europa meridional nos Estados Unidos. Para explicar a inferioridade dos europeus do sul segundo a recapitulação, ele disse que os climas mais quentes provocam o amadurecimento precoce, e, como o amadurecimento determina o desaceleramento e o término do desenvolvimento físico, os europeus do sul só conseguem alcançar um tipo mais infantil, e, portanto, mais primitivo, de estágio adulto. Os grupos mais evoluídos do norte, por outro lado, alcançariam estágios superiores pois o amadurecimento mais tardio permitiria que se desenvolvessem durante um período mais longo:

> Não há dúvidas de que, nas raças indo-européias, a maturidade de certos aspectos é mais precoce nas regiões tropicais que nas nórdicas; e, embora sujeito a muitas exceções, esse fenômeno é suficientemente genérico para ser considerado como regra. Assim, nessa raça — pelo menos nas regiões mais quentes da Europa e da América — encontramos uma incidência maior de certas qualidades que são mais freqüentes entre as mulheres, como, por exemplo, a maior atividade da natureza emotiva em comparação com a atividade racional... É provável que os indivíduos do tipo mais nórdico tenham superado tudo isso já em sua juventude (1887, pp. 162-163).

A recapitulação forneceu uma base para argumentos antropométricos — particularmente craniométricos — destinados a justificar a classificação hierárquica das raças. Também neste caso, o cérebro

A FALSA MEDIDA DO HOMEM

desempenhou um papel dominante. Louis Agassiz, dentro de um contexto criacionista, já havia comparado o cérebro dos negros adultos com o de um feto branco de sete meses de vida. Já citamos (ver pp. 97-98) que Vogt estabeleceu uma notável equivalência entre os cérebros dos negros adultos, das mulheres brancas e dos meninos brancos, explicando assim por que os negros nunca haviam construído uma civilização digna de nota.

Também Cope concentrou-se no crânio, particularmente "naqueles importantes elementos estéticos que são um nariz bem feito e uma barba abundante" (1887, pp. 288-290), embora não deixasse de desprezar também a panturrilha pouco musculosa exibida pelos negros:

> Duas das mais notáveis características do negro coincidem com as que se observam nos estágios imaturos dos tipos característicos da raça indo-européia. O pouco desenvolvimento das panturrilhas é uma característica das primeiras etapas da vida da criança; mas, o que é mais importante, o arco achatado do nariz e as cartilagens nasais curtas, nos indo-europeus, constituem sinais universais de imaturidade... Em algumas raças — na eslava, por exemplo — essa característica perdura mais que em outras. Por sua vez, o nariz grego, com seu arco elevado, não apenas coincide com a beleza estética como também com a perfeição do desenvolvimento.

Em 1890, o antropólogo americano D. G. Brinton resumiu o argumento com um hino de louvor à medição:

> O adulto que conserva traços fetais, infantis ou simiescos mais numerosos é inquestionavelmente inferior ao indivíduo que conseguiu desenvolver esses traços... De acordo com esses critérios, a raça branca, ou européia, situa-se no topo da lista, enquanto que a negra, ou africana, ocupa sua posição mais inferior... Todas as partes do corpo foram minuciosamente examinadas, medidas e pesadas de forma a se estabelecer uma ciência da anatomia comparada das diferentes raças (1890, p. 48).

Se a anatomia elaborou o vigoroso argumento da recapitulação, o desenvolvimento psíquico, por seu lado, ofereceu um rico campo para sua corroboração. Não era do conhecimento de todos que os selvagens e as mulheres são emocionalmente similares às crianças? Não era a primeira vez que grupos depreciados eram comparados às crianças, mas a teoria da recapitulação revestiu esse conto com o manto da respeitabilidade social próprio de uma teoria científica. A frase "São como as crianças" deixou de ser uma simples metáfora

MEDINDO CORPOS

da intolerância para se converter em uma proposição teórica segundo a qual as pessoas inferiores haviam permanecido literalmente estagnadas em um estágio ancestral dos grupos superiores. G. Stanley Hall, na época o principal psicólogo americano, formulou o seguinte argumento geral em 1904: "Em vários aspectos, a maioria dos selvagens são crianças, ou melhor dizendo, dada a sua maturidade sexual, adolescentes de tamanho adulto" (1904, vol. 2, p. 649). A. F. Chamberlain, seu principal discípulo, optou pelo tom paternalista: "Sem os povos primitivos, o mundo em geral seria tão pequeno quanto sem a bênção que é a existência das crianças." Os partidários da recapitulação aplicaram seu argumento a uma assombrosa variedade de capacidades humanas. Cope comparou a arte pré-histórica com os desenhos das crianças e dos povos "primitivos" sobreviventes (1887, p. 153): "Parece-nos que os esforços das raças primitivas por nós conhecidas são em tudo semelhantes aos que realiza a mão inexperiente da criança que desenha em seu quadro-negro, ou aos dos selvagens quando pintam nas paredes rochosas." James Sully, importante psicólogo inglês, comparou a sensibilidade estética das crianças e dos selvagens, mas reservou uma posição superior às primeiras (1895, p. 386).

> Grande parte das primeiras manifestações rudimentares do sentido estético da criança apresenta pontos em comum com as primeiras manifestações do gosto artístico da raça humana. A predileção pelas cores brilhantes, resplandecentes, pelas coisas alegres, pelos fortes contrastes de cor, bem como por certos tipos de movimento, como o das plumas — que constituem o adorno pessoal favorito —, constitui uma característica bem conhecida do selvagem, e confere, do ponto de vista do homem civilizado, um tom de infantilidade. Por outro lado, é improvável que o selvagem chegue a atingir a sensibilidade demonstrada pela criança diante da beleza das flores.

Herbert Spencer, o apóstolo do darwinismo social, resumiu muito bem essa idéia (1895, pp. 89-90): "Os traços intelectuais do selvagem... são traços que podem ser observados comumente nas crianças dos povos civilizados."

Como a recapitulação se tornou uma idéia fundamental para a teoria geral do determinismo biológico, muitos cientistas do sexo masculino aplicaram esse argumento às mulheres. E. D. Cope afirmou que as "características metafísicas" das mulheres eram:

> ... essencialmente muito similares às que são observadas nos homens durante o estágio inicial de seu desenvolvimento... O belo sexo caracteriza-se por uma maior impressionabilidade; ... é mais emotivo e sua

A FALSA MEDIDA DO HOMEM

ação sobre o mundo externo é caracterizada pela inconstância; como regra geral, estas características são observadas no sexo masculino durante certo período da vida, embora nem todos os indivíduos consigam superá-la no mesmo momento... É provável que a maior parte dos homens relembre algum período de sua vida em que predominava a natureza emocional, uma época em que a emoção, ante o quadro do sofrimento, brotava com muito mais facilidade que nos anos mais maduros... Talvez todos os homens possam relembrar um período juvenil em que adoravam algum herói, em que sentiam a necessidade de um braço mais forte, e gostavam de ter como modelo o amigo poderoso, capaz de se compadecer e de acorrer em sua ajuda. Essas são as características do "estágio feminino" da personalidade (1887, p. 159).

A tese que podemos considerar como a mais absurda dos anais do determinismo biológico foi formulada por G. Stanley Hall — que, repito, não era nenhum louco, mas o mais importante psicólogo dos Estados Unidos — quando afirmou que a maior freqüência de suicídios entre as mulheres demonstrava que estas se situavam em um estágio evolutivo inferior ao dos homens (1904, vol. 2, p 194):

> Isto expressa a existência de uma profunda diferença psíquica entre os sexos. O corpo e a alma da mulher são, em termos filogenéticos, mais antigos e mais primitivos; por outro lado, o homem é mais moderno, mais variável e menos conservador. As mulheres sempre tendem a conservar os velhos costumes e as velhas maneiras de pensar. As mulheres preferem os métodos passivos; [preferem] entregar-se ao poder das forças elementares, como a gravidade, quando se lançam das alturas ou ingerem veneno, métodos de suicídio em que superam o homem. Havelock Ellis acha que o afogamento está se tornando mais freqüente, o que indica que as mulheres estão se tornando mais femininas.

Como justificação para o imperialismo, a recapitulação era por demais promissora para ficar confinada às formulações acadêmicas. Já mencionei a opinião desfavorável que tinha Carl Vogt a respeito dos negros africanos; essa opinião baseava-se na comparação do cérebro dos negros com o das crianças brancas. B. Kidd ampliou o argumento para justificar a expansão colonial na África tropical (1898, p. 51). Estamos, escreveu ele, "lidando com povos que representam na história do desenvolvimento da raça o mesmo estágio que a criança na história do desenvolvimento do indivíduo. Portanto, os trópicos não se desenvolverão por obra dos próprios nativos".

Durante o debate a respeito do direito de anexarmos as Filipinas, o Rev. Josiah Strong, importante imperialista americano, declarou devotadamente que "nossa política não deve ser determinada pela

MEDINDO CORPOS

ambição nacional nem por considerações comerciais, mas por nosso dever para com o mundo em geral e os filipinos em particular" (1900, p. 287). Seus oponentes contestaram a necessidade de exercermos uma tutela benevolente baseando-se na afirmação de Henry Clay no sentido de que o Senhor não criaria um povo incapaz de governar a si próprio. Mas Clay havia formulado esta tese em uma época muito anterior no tempo, antes de surgirem a teoria evolucionista e a idéia da recapitulação:

> Quando Clay formulou essa concepção... a ciência moderna ainda não havia mostrado que as raças se desenvolvem ao longo dos séculos como os indivíduos ao longo dos anos, e que uma raça não desenvolvida, incapaz de governar a si mesma, reflete tão pouco a natureza do Todo-Poderoso como uma criança não desenvolvida, igualmente incapaz de governar a si mesma. Não vale a pena discutir as opiniões de quem nesta época esclarecida acredita que os filipinos são capazes de governar a si mesmos porque todos os outros povos o são.

Até Rudyard Kipling, o poeta laureado do imperialismo, empregou a tese da recapitulação na primeira estrofe de sua mais célebre apologia da raça branca:

> Toma o fardo do homem branco
> Envia o melhor da tua prole
> Impõe o exílio a teus filhos
> Para servir a necessidade do cativo:
> Para assistir, em pesada labuta,
> A povos alvoroçados e incultos —
> Indolentes raças que acabam de conquistar,
> Mescla de demônio e de criança.

Theodore Roosevelt, cujo julgamento nem sempre foi muito brilhante, escreveu a Henry Cabot Lodge que o verso "era muito pobre do ponto de vista poético, mas fazia sentido do ponto de vista expansionista" (*in* Weston, 1972, p. 35).

A história poderia ter ficado assim, como testemunho do preconceito e da insensatez do século XIX, se o nosso não lhe tivesse proporcionado um desvio interessante. Por volta de 1920, a teoria da recapitulação havia caído em descrédito (Gould, 1977, pp. 167-206). Pouco mais tarde, o anatomista holandês Louis Bolk propôs uma teoria que afirmava exatamente o contrário. Segundo a idéia da recapitulação, os traços adultos dos antepassados se desenvolviam com mais rapidez nos descendentes, para se converterem em traços juvenis destes últimos: assim, os traços das crianças modernas correspon-

A FALSA MEDIDA DO HOMEM

deriam aos traços adultos desses antepassados. Suponhamos, porém, que o contrário aconteça, como freqüentemente se observa nos processos evolutivos. Suponhamos que os traços juvenis dos antepassados se desenvolvam tão lentamente em seus descendentes que se transformem em traços adultos. Este fenômeno de retardamento do desenvolvimento é comum na natureza: denomina-se neotenia (literalmente, "retenção da juventude"). Bolk afirmou que os seres humanos eram essencialmente neotênicos. Enumerou uma impressionante quantidade de traços que os adultos humanos compartilham com os símios jovens ou em estado fetal, mas que estes últimos perdem ao chegar ao estágio adulto: o crânio abobadado e o cérebro grande em relação ao tamanho do corpo; o rosto pequeno; a concentração de pêlos restrita à cabeça, às axilas e ao púbis; a impossibilidade de girar o dedo grande do pé. Em outro capítulo (ver pp. 94-97), já me referi a um dos mais importantes sinais de neotenia no ser humano: o fato de o foramen magnum conservar sua posição fetal, na parte inferior do crânio.

Vejamos agora as conseqüências da neotenia para a classificação hierárquica dos grupos humanos. Do ponto de vista da recapitulação, os adultos das raças inferiores são como as crianças das raças superiores. Mas a neotenia inverte o argumento — "bom" — ou seja, desenvolvido ou superior — é conservar os traços da infância, desenvolver-se mais lentamente. Assim, os grupos superiores conservam até o estágio adulto suas características infantis, enquanto os inferiores chegam à fase superior da infância e logo degeneram e adquirem características simiescas. Lembremos que os cientistas brancos convencionaram que os brancos são superiores e os negros inferiores. Assim, enquanto do ponto de vista da recapitulação, os negros adultos seriam como as crianças brancas, segundo a neotenia os brancos adultos seriam como crianças negras.

Durante setenta anos, sob a influência da recapitulação, os cientistas haviam recolhido uma impressionante quantidade de dados que proclamavam de forma unânime a mesma mensagem: os negros adultos, as mulheres e os brancos das classes inferiores são como as crianças brancas do sexo masculino das classes superiores. Ao se impor a tese da neotenia, essa sólida base empírica só podia significar uma coisa: que os homens de classe alta eram inferiores porque perdiam os traços superiores da infância, enquanto outros grupos os conservavam. Não havia escapatória possível.

Pelo menos um cientista, Havelock Ellis, aceitou essa conseqüência evidente, e reconheceu a superioridade das mulheres, embora tenha se esquivado de reconhecer o mesmo em relação aos negros.

MEDINDO CORPOS

Chegou a comparar os homens do campo com os da cidade, e descobriu que a anatomia destes últimos tendia a se assemelhar à das mulheres; assim, proclamou a superioridade da vida urbana (1894, p. 519): "O homem de cabeça grande, de rosto delicado e ossos pequenos, que encontramos na civilização urbana, aproxima-se mais que o selvagem da mulher típica. Não só pela cabeça grande, mas também pelo maior tamanho da pelve, o homem moderno segue o caminho evolutivo percorrido inicialmente pela mulher." Mas Ellis era um iconoclasta e um polemista (escreveu um dos primeiros estudos sistemáticos sobre a sexualidade), de modo que a sua aplicação da neotenia ao tema das diferenças sexuais nunca teve maiores ressonâncias. Entretanto, com respeito à questão das diferenças raciais, os partidários da neotenia adotaram uma tática diferente, mais comum: simplesmente deixaram de lado os dados acumulados durante setenta anos e procuraram outro tipo de informação que confirmasse a inferioridade dos negros.

Louis Bolk, principal defensor da neotenia humana, declarou que as raças mais neotênicas eram superiores. Ao conservarem traços mais juvenis, estas últimas haviam-se mantido mais distanciadas do "antepassado pitecóide do homem" (1929, p. 26). "Deste ponto de vista, a divisão da humanidade em raças superiores e inferiores fica plenamente justificada [1929, p. 26]. É óbvio que, tomando por base minha teoria, não tenho qualquer dúvida quanto à desigualdade das raças" (1926, p. 38). Bolk revirou sua caixa de surpresas anatômicas e encontrou alguns traços que indicavam, nos negros adultos, um afastamento significativo das vantajosas proporções observáveis na infância. Esses novos dados permitiram-lhe chegar a uma velha e cômoda conclusão: "A raça branca é a mais avançada por ser a mais retardada" (1929, p. 25). Bolk, que se considerava "liberal", não quis relegar os negros a um estado de incapacidade permanente. Confiava que a evolução seria benevolente para com eles no futuro:

> Todas as outras raças podem alcançar o zênite de desenvolvimento que hoje ocupa a raça branca. A única coisa necessária para isso é que nessas raças continue a atuar o princípio biológico da antropogênese [ou seja, a neotenia]. Em seu desenvolvimento fetal, o negro passa por um estágio que no homem branco já se converteu em estágio final. Pois bem, se o retardamento persistir no negro, esse estágio de transição poderá converter-se no estágio final de sua raça (1926, pp. 473-474).

O argumento de Bolk beirava a desonestidade por duas razões. Em primeiro lugar, porque esqueceu convenientemente todos aqueles traços que — como o nariz helênico e a barba basta, tão admirados

119

A FALSA MEDIDA DO HOMEM

por Cope — os partidários da recapitulação tanto haviam enfatizado por indicarem a *grande* distância existente entre os brancos adultos e as crianças. Em segundo lugar, porque contornou uma questão premente e embaraçosa: a raça oriental, e não a branca, é visivelmente a mais neotênica de todas (Bolk enumerou os traços neotênicos de ambas as raças seguindo um critério seletivo, e proclamou que as diferenças eram mínimas; para uma avaliação mais adequada, veja-se Ashley Montagu, 1962). Além disso, as mulheres são mais neotênicas que os homens. Creio que não serei considerado um vulgar apologista dos brancos ao me negar a admitir a superioridade das mulheres orientais e declarar, em vez disso, que a própria tentativa de classificar hierarquicamente os grupos humanos baseando-se em seus diferentes graus de neotenia carece de qualquer justificação. Assim como Anatole France e Walt Whitman puderam escrever tão bem quanto Turgueniev embora seus cérebros pesassem pouco mais que a metade do cérebro deste, eu ficaria não pouco surpreso se descobrisse que as pequenas diferenças de grau de neotenia entre as raças têm alguma relação com a sua capacidade mental ou o valor moral.

Contudo, os velhos argumentos nunca morrem. Em 1971, o psicólogo e determinista genético britânico H. J. Eysenck expôs um novo argumento neotênico para postular a inferioridade dos negros. Eysenck tomou três fatos e valeu-se da tese da neotenia para construir com eles a seguinte história: 1) os bebês e as crianças de raça negra apresentam um desenvolvimento sensório-motor mais veloz que o de seus congêneres brancos — isto é, são menos neotênicos porque ultrapassam com maior rapidez o estágio fetal; 2) aos três anos de idade, o QI médio dos brancos supera o QI médio dos negros; 3) existe uma ligeira correlação negativa entre o desenvolvimento sensório-motor durante o primeiro ano de vida e o QI posterior, ou seja, as crianças que se desenvolvem mais rapidamente tendem a apresentar posteriormente um QI inferior. Esta é a conclusão de Eysenck (1971, p. 79): "Estes fatos são importantes porque, segundo uma concepção biológica bastante generalizada [a teoria da neotenia], quanto mais prolongada é a infância, geralmente maiores são as capacidades cognitivas ou intelectuais da espécie. Esta lei parece ser válida até mesmo dentro da própria espécie."

Eysenck não percebe que seu argumento está fundamentado numa correlação provavelmente não causal. (As correlações não causais são a ruína da inferência estatística — ver Cap. 6. São perfeitamente "verdadeiras" em um sentido matemático, mas não demonstrou a existência de nenhuma relação causal. Por exemplo, podemos

MEDINDO CORPOS

calcular uma correlação espetacular — muito próxima do valor máximo de 1,0 — entre o aumento da população mundial durante os últimos cinco anos e o aumento da separação entre a Europa e a América do Norte por causa da deriva dos continentes.) Suponhamos que o QI negro mais baixo seja conseqüência da maior pobreza do ambiente. O rápido desenvolvimento sensório-motor é uma das formas de identificar uma pessoa negra, embora não tão precisa quanto a cor da pele. A correlação entre a pobreza do meio ambiente e o QI inferior pode ser causal, mas a correlação entre o rápido desenvolvimento sensório-motor e o QI inferior provavelmente não é causal — nesse contexto, o rápido desenvolvimento sensório-motor serve simplesmente para identificar as pessoas negras. O argumento de Eysenck ignora o fato de que as crianças negras, numa sociedade racista, geralmente vivem em meios mais pobres, o que pode provocar um QI inferior. Entretanto, Eysenck invocou a neotenia para conferir um significante teórico, e com ele um caráter causal, a uma correlação não causal que corresponderia aos seus preconceitos em favor da hereditariedade.

O macaco em alguns de nós: a antropologia criminal

Atavismo e criminalidade

Em *Ressurreição*, o último grande romance de Tolstói (1899), o assistente da promotoria, implacável modernista, considera-se autorizado a condenar uma prostituta injustamente acusada de assassinato:

> O assistente da promotoria falou longamente... Em seu discurso, não faltou uma só das frases que estavam em voga em seu círculo, tudo o que se considerava, e se considera ainda, como a última palavra em matéria de conhecimento científico: o caráter hereditário e congênito da criminalidade, Lombroso e Tarde, a evolução e a luta pela vida... "Ele está entusiasmado, não é mesmo?", observou o juiz que presidia a sessão, inclinando-se para um austero membro do tribunal. "Um tremendo imbecil!", replicou o austero membro.

No *Drácula* de Bram Stoker (1897), o Professor Van Helsing pede a Mina Harker que descreva o malvado conde: "Diga-nos... a nós, impassíveis homens da ciência, o que vê com esses olhos tão luminosos?" Mina responde: "O conde é um criminoso e seu tipo

A FALSA MEDIDA DO HOMEM

é o de um criminoso. Nordau e Lombroso assim o classificariam, e, como criminoso, tem uma mente disforme."[2]

Maria Montessori expressou um otimismo combativo quando, em 1913, escreveu o seguinte (p. 8): "O fenômeno da criminalidade se alastra sem encontrar obstáculos ou auxílio, e até ontem só despertava em nós repulsa e asco. Mas agora que a ciência colocou o dedo nesta ferida moral, é preciso que haja cooperação de toda a humanidade para se lutar contra ele."

O tema comum dessas diferentes afirmações é a teoria de Cesare Lombroso sobre *l'uomo delinquente* — o homem delinqüente — provavelmente a doutrina mais influente jamais produzida pela tradição antropométrica. Lombroso, médico italiano, descreveu a intuição que o levou à teoria da criminalidade inata e à criação da disciplina por ele fundada: a antropologia criminal. Em 1870, achava-se investigando — "sem maior êxito" — as diferenças anatômicas que poderiam distinguir os criminosos dos loucos. Então, "numa manhã nublada de dezembro", examinou o crânio do famoso bandido Vihella, e teve aquela faísca de jubilosa intuição que acompanha tanto os descobrimentos brilhantes quanto as invenções mais esdrúxulas. Pois viu naquele crânio uma série de traços atávicos que evocavam mais o passado simiesco que o presente humano:

> Não era uma simples idéia, mas um rasgo de inspiração. À vista do crânio, pareceu-me que, de repente, iluminado como uma vasta planície sob o céu resplandescente, podia ver todo o problema da natureza do criminoso: um ser atávico cuja pessoa reproduz os instintos ferozes da humanidade primitiva e dos animais inferiores. Assim se

---

2. No seu *Annotated Dracula*, Leonard Wolf (1975, p. 300) observa que a descrição inicial que Jonathan Harker faz do Conde Drácula baseia-se diretamente no retrato do criminoso nato proposto por Cesare Lombroso. Wolf confronta as seguintes passagens:

Harker escreve: "Seu rosto [o do Conde] era... aquilino, com o nariz afilado de ponta elevada e narinas peculiarmente arqueadas..."

Lombroso: "Por outro lado, o nariz do criminoso... é freqüentemente aquilino como o bico de uma ave de rapina."

Harker: "Suas sobrancelhas eram muito espessas, quase se encontrando acima do nariz..."

Lombroso: "Suas sobrancelhas são hirsutas e tendem a se tocar acima do nariz."

Harker: "... suas orelhas eram pálidas e muito pontudas na parte superior..."

Lombroso: "com uma protuberância na parte superior da borda posterior... vestígio da orelha pontuda..."

MEDINDO CORPOS

explicavam anatomicamente as enormes mandíbulas, os pronunciados ossos do rosto, os arcos superciliares proeminentes, as linhas separadas das palmas das mãos, o inusitado tamanho das órbitas, as orelhas em forma de asa que se observam nos criminosos, nos selvagens e nos macacos, a insensibilidade à dor, a extrema agudeza da visão, o gosto pelas tatuagens, pela ociosidade excessiva e pelas orgias, a ânsia irresponsável pela maldade por si mesma, o desejo de não apenas extinguir a vida da vítima mas também de mutilar o cadáver, de rasgar sua carne e beber seu sangue (*in* Taylor *et al.*, 1973, p. 41).

A teoria de Lombroso não foi apenas uma vaga afirmação do caráter hereditário do crime — tese bastante comum em sua época — mas também uma teoria *evolucionista* específica, baseada em dados antropométricos. Os criminosos são tipos atávicos, do ponto de vista da evolução, que perduram entre nós. Em nossa hereditariedade jazem germes em estado letárgico, provenientes de um passado ancestral. Em alguns indivíduos desafortunados, esse passado volta à vida. Essas pessoas se vêem levadas, devido à sua constituição inata, a se comportar como um macaco ou um selvagem normais, mas esse comportamento é considerado criminoso por nossa sociedade civilizada. Felizmente, podemos identificar os criminosos natos porque seu caráter simiesco se traduz por determinados sinais anatômicos. Seu atavismo é tanto físico quanto mental, mas os sinais físicos, ou estigmas, como os chamaria Lombroso, são decisivos. A *conduta* criminosa também pode surgir nos homens normais, mas reconhecemos o "criminoso nato" por sua anatomia. De fato, a anatomia identifica-se com o destino, e os criminosos natos não podem escapar a essa mancha hereditária: "Somos comandados por leis silenciosas que nunca deixam de atuar e que regem a sociedade com mais autoridade que as leis inscritas em nossos códigos. O crime... parece ser um fenômeno natural" (Lombroso, 1887, p. 667).

Os animais e os selvagens: criminosos natos

Para que o argumento de Lombroso ficasse completo, não bastava reconhecer a presença de traços atávicos simiescos nos criminosos pois essas características físicas simiescas só poderiam explicar o comportamento bárbaro de um homem se os selvagens e os animais inferiores tivessem uma inclinação natural para a criminalidade. Se alguns homens parecem macacos, mas os macacos são bons, o argumento é falho. Assim, Lombroso devotou a primeira parte de sua obra mais importante (*O homem criminoso*, publicada em 1876) ao

A FALSA MEDIDA DO HOMEM

que podemos considerar a mais ridícula incursão ao antropomorfismo jamais publicada: uma análise do comportamento criminoso dos animais. Cita, por exemplo, o caso de uma formiga cuja fúria assassina levou-a a matar e esquertejar um pulgão; o de uma cegonha adúltera que assassinou o marido com a ajuda do amante; o de castores que se associaram para matar um congênere solitário; e o de uma formiga-macho que, sem acesso às fêmeas, violentou uma operária com órgãos atrofiados, provocando-lhe a morte em meio a dores atrozes; chega mesmo a afirmar que, quando o inseto come determinadas plantas, sua conduta "equivale a um crime" (Lombroso, 1887, pp. 1-18).

Então, Lombroso dá o seguinte passo lógico: compara os criminosos com os grupos "inferiores". "Eu compararia", escreveu um de seus seguidores franceses, "o criminoso com um selvagem que, por atavismo, surgisse na sociedade moderna; podemos achar que nasceu criminoso porque nasceu selvagem" (Bordier, 1879, p. 284). Lombroso aventurou-se pelo terreno da etnologia para identificar a criminalidade como um comportamento normal entre os povos inferiores. Escreveu um pequeno tratado sobre os dinka* do Alto Nilo. Nele, referiu-se às profusão de tatuagens que esse povo faz no corpo, e ao seu alto grau de resistência à dor — na puberdade, quebram os incisivos com um martelo. Sua anatomia normal exibia uma série de estigmas simiescos: "seu nariz... não só é achatado mas também trilobado como o dos macacos". Seu colega G. Tarde afirmou que alguns criminosos "teriam sido a aristocracia moral e o orgulho de uma tribo de peles-vermelhas" (*in* Ellis, 1910, p. 254). Havelock Ellis destacou o fato de que, com freqüência, os criminosos e os indivíduos pertencentes a grupos inferiores não sabem o que é enrubescer. "A impossibilidade de enrubescer sempre foi considerada um traço concomitante do crime e da falta de vergonha. Os idiotas e os selvagens raramente enrubescem. Os espanhóis costumavam declarar o seguinte a respeito dos índios sul-americanos: 'Como confiar em homens que não sabem enrubescer?'" (1910, p. 138). E o que ganharam os incas por terem confiados nos espanhóis?

Lombroso engendrou praticamente todos os seus argumentos de forma a torná-los imunes à contestação; portanto, do ponto de vista científico, eram todos inócuos. Embora mencionasse abundantes dados numéricos para conferir um ar de objetividade à sua obra,

---

* Povo nilótico do Sul do Sudão, notável por sua estatura, cuja média se aproxima dos 2 m. Dedicam-se principalmente ao pastoreio. (N.T.)

MEDINDO CORPOS

esta continuou sendo tão vulnerável que até mesmo os membros
da escola de Broca se opuseram à sua teoria do atavismo. Toda vez
que Lombroso topava com um fato que não se enquadrava nessa
teoria, recorria a algum tipo de acrobacia mental que lhe permitisse
incorporá-lo ao seu sistema. Esta atitude fica muito evidente no caso
de suas teses a respeito da depravação dos povos inferiores pois,
repetidas vezes, viu-se à frente de relatos que falavam do valor e
da capacidade daqueles a quem pretendia denegrir. Ele distorceu
todos esses relatos para que se adaptassem ao seu sistema. Se, por
exemplo, tinha de aceitar um traço favorável, associava-o a outros
que pudesse depreciar. Citando a autoridade um tanto distante de
Tácito, concluiu o seguinte: "Ainda que a honra, a castidade e a
piedade possam existir entre os selvagens, a impulsividade e a indo-
lência são características sempre presentes entre eles. Os selvagens
têm horror ao trabalho contínuo, de forma que somente a seleção
ou a escravatura conseguem forçá-los ao trabalho metódico e ativo"
(1911, p. 367). Vejamos o elogio que, de má vontade, faz da raça,
inferior e criminosa, dos ciganos:

> São vaidosos, como todos os delinqüentes, mas não têm medo
> ou vergonha. Tudo o que ganham é gasto com bebidas e ornamentos.
> Podem andar descalços, mas suas roupas são sempre de cores vivas
> ou enfeitadas com fitas; podem não usar meias, mas ostentam sapatos
> amarelos. São tão pouco previdentes quanto o selvagem ou o crimino-
> so... Devoram carne quase podre. São dados a orgias, encanta-lhes
> o barulho, e fazem grande alarido nos mercado. Matam a sangue frio
> para roubar, e já se suspeitou que praticassem o canibalismo... É pre-
> ciso observar que esta raça, moralmente tão baixa e tão incapaz de
> qualquer desenvolvimento cultural e intelectual, uma raça que nunca
> conseguiu se dedicar de forma contínua a nenhuma indústria, e cuja
> poesia jamais superou a lírica mais elementar, criou na Hungria uma
> arte musical maravilhosa: mais uma prova de que, no criminoso, pode-
> mos encontrar a genialidade mesclada ao atavismo (1911, p. 40).

Quando não dispunha de traços condenáveis para mesclar com
seus elogios, limitava-se a indicar que os "primitivos" não conseguiam ter razões justificadas para um comportamento positivo. Um
santo branco que enfrenta com coragem a tortura e a morte é um
herói entre heróis; "um selvagem" que expira com igual dignidade
é alguém insensível à dor:

> Sua insensibilidade física [dos criminosos] lembra muito a dos sel-
> vagens, que podem suportar, nos ritos da puberdade, torturas que o
> homem branco nunca seria capaz de resistir. Todos os viajantes conhe-

A FALSA MEDIDA DO HOMEM

cem a indiferença dos negros e dos selvagens americanos diante da dor: os primeiros cortam as mãos rindo para não ter que trabalhar; os segundos, amarrados ao poste de torturas, cantam alegremente louvores a sua tribo enquanto são queimados a fogo lento (1887, p. 319).

Como se pode perceber, esta comparação dos criminosos atávicos com os animais, os selvagens e as pessoas de raças inferiores reproduz o argumento básico da recapitulação, que analisamos na seção anterior. Para completar a cadeia, Lombroso só tinha de proclamar a criminalidade inerente à criança pois a criança é como um antepassado adulto, é um primitivo vivo. O médico italiano não retrocedeu ante esta conseqüência inevitável de sua teoria, e marcou com o estigma da criminalidade o protótipo tradicional do inocente: "Uma das descobertas mais importantes de minha escola é a de que na criança, até certa idade, manifestam-se as mais sádicas tendências do criminoso. Nos primeiros períodos da vida humana, observam-se normalmente os germes da delinqüência e da criminalidade" (1895, p. 53). Nossa impressão de que a criança é inocente responde a um preconceito de classe; devido à boa posição social que ocupamos, tendemos a ocultar as inclinações naturais de nossas crianças: "Quem vive entre as classes superiores nada sabe da paixão que sentem as crianças pelas bebidas alcoólicas, mas nas classes baixas é coisa comum verificar que até as crianças de peito bebem vinho e outras bebidas alcoólicas com notável prazer" (1895, p. 56)[3].

---

3. Em *Drácula*, o Prof. Van Helsing, em seu inimitável inglês estropiado, exalta o argumento extraído da tese da recapitulação impondo ao Conde a marca da infantilidade (atribuindo-lhe, portanto, um caráter primitivo e criminoso):

Ah! espero com isso que nossos cérebros de homem que durante tanto tempo foram de homem e não perderam a graça de Deus, chegarão mais longe que seu cérebro de criança que jaz há tempo na tumba, que não cresce até nossa estatura, e que só trabalha de forma egoísta e, portanto, [é] pequeno... Ele é sagaz, astuto e engenhoso, mas não tem estatura mental de um homem. Em muitas coisas, ele tem cérebro de criança. Pois bem, este nosso criminoso também está predestinado ao crime; ele também tem cérebro de criança, e é próprio de criança fazer o que ele fez. O passarinho, o peixinho, o animal pequeno, não aprendem por princípio mas empiricamente; e aprender a fazer oferece-lhes a base para fazer mais.

MEDINDO CORPOS

Os estigmas anatômicos, fisiológicos e sociais

A maior parte dos estigmas anatômicos apontados por Lombroso (Fig. 4.1) não eram patologias ou variações descontínuas, mas valores extremos dentro de uma curva normal, que se aproximavam das medidas médias encontradas nos símios superiores. (Em termos modernos, esta é uma razão fundamental do erro em que incorreu Lombroso. O comprimento do braço não é o mesmo em todos os homens, e alguns possuem braços mais compridos que outros. O chimpanzé médio tem o braço mais comprido que o homem médio, mas isto não significa que um homem de braço relativamente longo seja geneticamente similar aos símios. A variação normal *dentro* de uma população é um fenômeno biológico distinto das diferenças que existem *entre* os valores médios de diversas populações. Este é um erro que se repete com freqüência. Dele deriva a falácia em que incorre Arthur Jensen ao afirmar que as diferenças médias observadas no QI dos americanos brancos e negros são em grande parte herdadas — ver pp. 159/161). Um verdadeiro atavismo é um traço ancestral descontínuo e de causas genéticas — por exemplo, quando um cavalo nasce com dedos laterais funcionais. Entre seus estigmas simiescos, Lombroso incluiu os seguintes (1887, pp. 660-661): maior espessura do crânio, simplicidade das estruturas cranianas, mandíbulas grandes, proeminência da face sobre o crânio, braços relativamente longos, rugas precoces, testa baixa e estreita, orelhas grandes, ausência de calvície, pele mais escura, grande acuidade visual, baixa sensibilidade à dor, e ausência de reação vascular (incapacidade de enrubescer). No Congresso Internacional de Antropologia Criminal, chegou mesmo a afirmar (ver Fig. 4.2) que os pés das prostitutas são freqüentemente preênseis como nos macacos (o dedo grande do pé bastante separado dos outros).

No caso de grandes estigmas, Lombroso remontou além dos símios e localizou semelhanças com criaturas mais distantes e mais "primitivas": comparou dentes caninos proeminentes e um palato achatado com a anatomia dos lêmures e roedores; um côndilo ocipital (área de articulação entre o crânio e a coluna vertebral) de forma pouco comum, com o côndilo normal dos bovinos e suínos (1896, p. 188); um coração anormal, como o coração dos sirênios (grupo raro de mamíferos aquáticos). Chegou mesmo a postular a existência de uma semelhança significativa entre a assimetria facial de alguns criminosos e a localização dos olhos na parte superior do corpo de peixes achatados como o robalo, o linguado e outros (1911, p. 373)!

Lombroso reforçou seu estudo dos defeitos específicos do criminoso com um estudo antropométrico geral da cabeça e do corpo do mesmo. Sua amostragem era constituída por 383 crânios de crimi-

127

MEDINDO CORPOS

◀ Fig. 4.1. Panóplia de rostos de criminosos, frontispício do atlas incluído em *O Homem Criminoso* de Lombroso. O grupo E é formado por assassinos alemães; o grupo I, por ladrões (Lombroso nos diz que o homem sem nariz conseguiu escapar da justiça por muitos anos usando o nariz falso que pode ser visto na figura à sua esquerda, com um chapéu de copa alta); os do grupo H são batedores de carteira; os do grupo A são ladrões de lojas; os do grupo B, C, D e F são escroques; quanto aos distintos cavalheiros da parte inferior, trata-se de indivíduos culpados de falência fraudulenta.

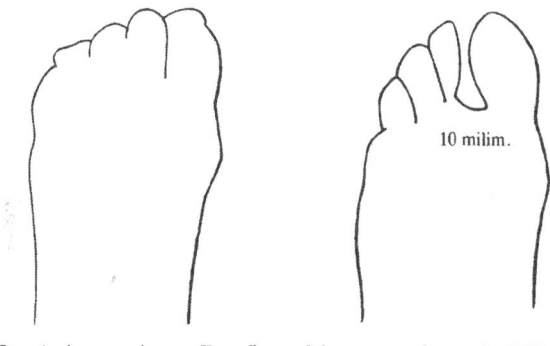

Fig. 4.2. Os pés das prostitutas. Esta figura foi apresentada por L. Jullien ao 4º Congresso Internacional de Antropologia Criminal de 1896. Comentando-o, disse Lombroso: "Estas observações mostram admiravelmente que a morfologia da prostituta é ainda mais anormal que a do criminoso, particularmente no que se refere a anomalias atávicas, pois o pé preênsil é um atavismo."

nosos mortos e pelas medidas gerais obtidas de 3.839 criminosos vivos. Como exemplo do estilo de Lombroso, vejamos as bases numéricas em que se apoiava sua tese mais importante: a de que, em geral, o cérebro dos criminosos é menor que o das pessoas normais, embora uns poucos criminosos possam apresentar cérebros muito grandes (ver p. 88).[4] Uma tese que ele (1911, p. 365) e seus

---

4. A antropologia criminal com freqüência recorreu a outros argumentos craniométricos correntes. Por exemplo, já em 1843 Voisin invocou a clássica distinção entre as partes anterior e posterior do cérebro (ver pp. 91-97) para situar os criminosos entre os animais. Depois de estudar um conjunto de quinhentos jovens delinqüentes, afirmou ter detectado deficiências nas partes frontal e superior do cérebro, suposta sede da moralidade e da racionalidade. Escreveu o seguinte (1843, pp. 100-101):

Seu cérebro é muito pouco desenvolvido nas partes anterior e superior, as duas partes em que reside nossa peculiaridade, nossa superioridade sobre os animais e nosso caráter propriamente humano. Por sua natureza, [os cérebros de criminosos] ... estão situados totalmente fora da espécie humana.

A FALSA MEDIDA DO HOMEM

discípulos (por exemplo, Ferri, 1897, p. 8) reiteraram com freqüência, mas que os dados de Lombroso não confirmam. Na figura 4.3, aparecem representadas as distribuições de freqüência correspondentes à capacidade craniana medida por ele em 121 criminosos do sexo masculino e 328 pessoas honestas do mesmo sexo. Não é preciso ser um apaixonado pela estatística para perceber que as duas distribuições diferem muito pouco entre si, embora Lombroso conclua que nos criminosos "predominam as capacidades pequenas, e as muito grandes são raras" (1887, p. 144). Reconstruí os dados originais partindo dos quadros de porcentagem apresentados por Lombroso, e calculei valores médios de 1.450 cm^3 para as cabeças de criminosos e de 1.484 cm^3 para aquelas dos que respeitam a lei. Os desvios típicos das duas distribuições (média geral da dispersão em torno da média) não diferem entre si de forma significativa. Isto quer dizer que a maior amplitude de variação na amostragem correspondente às pessoas respeitadoras da lei — questão importante para Lombroso porque lhe permitia estender a capacidade máxima das pessoas decentes até 100 cm^3 acima do máximo entre os criminosos — pode ser apenas o resultado do maior tamanho da amostragem de pessoas honestas (quanto maior a amostragem, maiores as probabilidades de ocorrência de valores extremos).

Entre os estigmas de Lombroso também figurava um conjunto de traços sociais. Entre eles, deu especial destaque aos seguintes: 1) A gíria dos criminosos, uma linguagem própria com um elevado número de onomatopéias, à semelhança da fala das crianças e dos selvagens: "Entre suas causas, a mais importante é o atavismo. Falam de maneira diferente porque se sentem diferentes; falam como selvagens porque são autênticos selvagens vivendo em meio à nossa esplêndida civilização européia" (1887, p. 476); 2) A tatuagem, que reflete tanto a insensibilidade dos criminosos com relação à dor como seu gosto atávico pelos ornamentos (Fig. 4.4). Lombroso realizou um estudo quantitativo do conteúdo das tatuagens dos criminosos e descobriu que, em geral, continham ataques à lei ("vingança") ou tentavam apresentar uma justificação ("nasci com uma estrela ruim", "não tenho sorte"), se bem que em certa ocasião deparou-se com uma que dizia: "Longa vida à França e às batatas fritas".

Lombroso nunca atribuiu todos os atos criminosos a pessoas com estigmas atávicos. Estimou que uns 40% dos criminosos obedeciam a uma compulsão hereditária, enquanto outros atuavam movidos pela paixão, pela fúria ou pelo desespero. À primeira vista, esta distinção entre criminosos natos parece uma solução de compro-

130

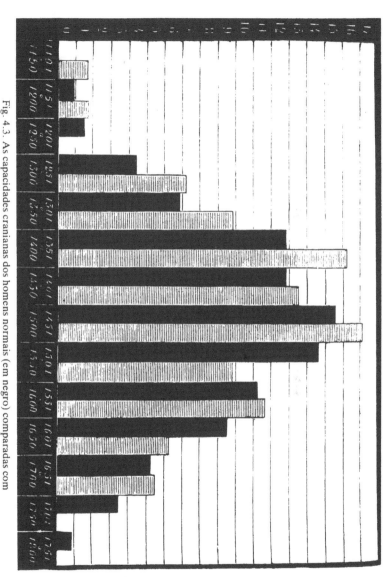

Fig. 4.3. As capacidades cranianas dos homens normais (em negro) comparadas com as dos criminosos (hachuradas). O eixo y não registra cifras reais, mas porcentagens.

A FALSA MEDIDA DO HOMEM

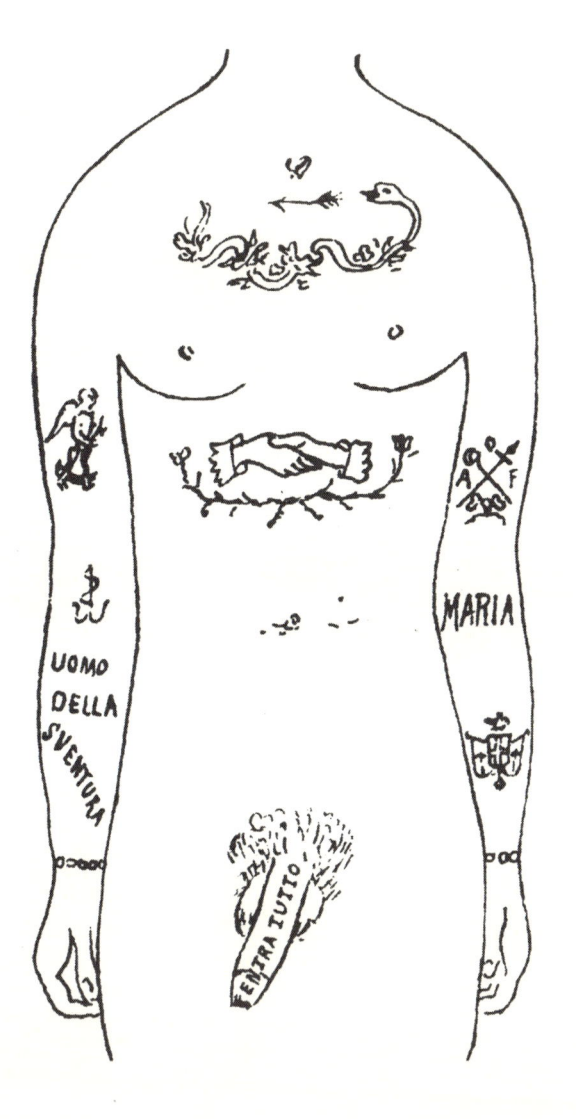

Fig. 4.4. Para Lombroso, a tatuagem era um sinal de criminalidade inata. No braço deste malfeitor, retratado em *O Homem Criminoso* de Lombroso, podemos ler: "Um homem desventurado". Seu pênis ostenta a inscrição *entra tutto* — entra tudo. Na legenda, Lombroso nos diz que a tatuagem de mãos unidas é muito freqüente entre os pederastas.

MEDINDO CORPOS

misso ou um retrocesso; entretanto, a intenção de Lombroso ao estabelecê-la não foi essa mas, pelo contrário, a de colocar seu sistema a salvo de qualquer tipo de refutação. Assim, os homens já não podiam ser caracterizados tomando-se seus atos como base. O assassinato podia ser a obra de um símio inferior dissimulado em um corpo humano, ou de um cornudo decente dominado pela mais justa das iras. Isto diz respeito a todos os atos criminosos: um homem com estigmas comete crimes movido por sua natureza inata; um homem sem estigmas, pela força das circunstâncias. Ao classificar as exceções dentro de seu sistema, Lombroso colocou-o a salvo de qualquer possibilidade de refutação.

A retirada de Lombroso

A teoria de Lombroso sobre o atavismo causou uma grande agitação e suscitou um dos mais acalorados debates científicos do século XIX. Apesar de ter salpicado sua obra com uma grande quantidade de dados numéricos, Lombroso não rendera as devidas homenagens à fria objetividade. Até mesmo "aprioristas" tão notórios como os discípulos de Paul Broca condenaram o caráter mais advocatório que científico de seu enfoque. Paul Topinard afirmou o seguinte sobre Lombroso (1887, p. 676): "Ele não diz: eis um fato que me sugere uma determinada indução; vejamos se estou equivocado; procedamos com rigor, recolhamos e acrescentemos outros fatos... A conclusão está formada de antemão; [Lombroso] procura provas, defende sua tese como um advogado que acaba por persuadir a si mesmo... está por demais convencido."

Pouco a pouco, Lombroso teve de recuar diante da chuva de críticas. Mas procedeu à retirada como um estrategista militar. Em nenhum momento, transigiu ou abandonou a idéia básica de que o crime tinha raízes biológicas. Limitou-se a ampliar a extensão das causas inatas. Sua teoria original tinha a virtude da simplicidade e surpreendia por sua originalidade: os criminosos são símios que vivem entre nós, indivíduos marcados pelos estigmas anatômicos do atavismo. As versões posteriores tornaram-se mais difusas, mas também mais abrangentes. Embora o atavismo continuasse a ser para ele uma causa biológica fundamental da conduta criminosa, Lombroso introduziu várias categorias de enfermidade e degenerações congênitas: "Vemos no criminoso", escreveu ele (1887, p. 651), "um selvagem e, ao mesmo tempo, um enfermo." Posteriormente, insistiu na importância da epilepsia para o reconhecimento da criminalidade,

A FALSA MEDIDA DO HOMEM

e acabou por afirmar que quase todos os "criminosos natos" padeciam em maior ou menor grau de epilepsia. É impossível calcular a carga adicional que a teoria de Lombroso impôs a milhares de epilépticos: estes se converteram num dos principais alvos dos programas eugênicos, em parte porque Lombroso havia interpretado sua enfermidade como um sinal de degeneração moral.

Assinalemos um detalhe curioso, que a maioria das pessoas ignora: o suposto vínculo entre a degeneração e o ordenamento hierárquico das raças deixou-nos pelo menos um legado — a denominação "idiotia mongólica" ou, o que é mais suave, "mongolismo" para nos referirmos à desordem cromossômica cuja designação precisa é "síndrome de Down". O Dr. John Langdon Haydon Down, aristocrata inglês, identificou essa síndrome em um artigo intitulado "Observações acerca de uma classificação étnica dos idiotas" (Down, 1866).

Segundo Down, muitos "idiotas" (termo que em sua época não era um simples epíteto, mas quase uma palavra técnica) congênitos apresentavam traços anatômicos que, embora ausentes em seus pais, coincidiam com certos traços típicos de raças inferiores. Assim, identificou idiotas da "variedade etíope" — "negros brancos, embora de ascendência européia" (1866, p. 260) —, de tipo malaio, e outros, "semelhantes aos primitivos habitantes do continente americano: de fronte estreita, maçãs do rosto salientes, olhos fundos e o nariz ligeiramente simiesco" (p. 260). Outros aproximavam-se da "grande família mongólica". "Um número muito grande de idiotas congênitos é constituído por mongóis típicos" (p. 260). Em seguida, descreveu em detalhes as características da síndrome de Down registradas num menino posto sob seus cuidados: umas poucas semelhanças com os orientais (olhos "oblíquos" e pele ligeiramente amarelada), e um número muito maior de traços diferentes (cabelos castanhos e escassos, lábios grossos, testa enrugada, etc.). Contudo, sua conclusão foi a seguinte (1866, p. 261): "Por seu aspecto, o menino não parece filho de europeus mas, dada a freqüência com que essas características se apresentam, é indubitável que esses traços étnicos são produto de uma degeneração." Down chegou a aplicar sua perspicácia em matéria de detalhes étnicos para explicar a conduta das crianças que padeciam dessa síndrome: "são excelentes imitadoras" — traço tipicamente mongólico, segundo as classificações racistas vigentes na época.

Down considerava-se um liberal quanto às questões raciais. Ele não havia provado a unidade da espécie humana ao demonstrar que os traços das raças inferiores podiam aparecer em indivíduos degene-

MEDINDO CORPOS

rados pertencentes às raças superiores (1866, p. 262)? Na verdade, ele simplesmente se limitou a fazer no terreno da patologia o que Lombroso não tardaria a fazer no da criminalidade: confirmar as hierarquias racistas tradicionais classificando os brancos indesejáveis como representantes biológicos dos grupos inferiores. Lombroso mencionou atavismos que "equiparam o criminoso europeu ao tipo australiano e mongólico" (1887, p. 254). Mas a denominação cunhada por Down perdurou até nossos dias e só agora começa a cair em desuso. Sir Peter Medawar há pouco me dizia que, junto com alguns colegas orientais, acabara de convencer o *Times* de Londres a substituir a denominação "mongolismo" por "síndrome de Down". Com isso, o bom doutor continuará a ser honrado.

A influência da antropologia criminal

Em 1896, Dallemagne, destacado adversário francês de Lombroso, rendia homenagem à influência exercida por este último:

> Suas idéias revolucionaram nossas opiniões, tiveram um efeito salutar em todas as partes e fomentaram uma feliz emulação entre os investigadores dos mais variados fenômenos. Durante 20 anos, suas idéias alimentaram os debates; em todas as discussões, o mestre italiano esteve na ordem do dia; suas idéias tiveram o caráter de acontecimentos. A animação era extraordinária em todas as partes.

Dallemagne não estava sendo diplomático, mas apenas reconhecendo um fato. A antropologia criminal foi muito mais que um agitado debate acadêmico. Foi durante anos *o* tema de discussão nos círculos jurídicos e penais. Inspirou numerosas "reformas" e, até a Primeira Guerra Mundial, foi o tema de uma conferência internacional que a cada quatro anos congregava juízes, juristas, funcionários governamentais e cientistas.

Além de sua repercussão específica, a antropologia criminal de Lombroso veio principalmente reforçar o argumento do determinismo biológico quanto aos papéis desempenhados pelos atores e seu ambiente: os atores obedecem à sua natureza inata. Para compreender o crime, é preciso estudar o criminoso, não a forma como este foi criado, sua educação ou as dificuldades que podem tê-lo incitado a roubar ou pilhar. "A antropologia criminal estuda o delinqüente em seu lugar natural, ou seja, no terreno da biologia e da patologia" (como afirma Sergi, discípulo de Lombroso, citado por Zimmern, 1898, p. 744). Trata-se de um argumento político conser-

135

A FALSA MEDIDA DO HOMEM

vador de eficácia insuperável: os malvados, os estúpidos, os pobres, os destituídos, os degenerados, são o que são porque nasceram assim. As instituições sociais são um reflexo da natureza. É preciso culpar (e estudar) a vítima, não seu ambiente.

O exército italiano, por exemplo, havia sido perturbado por vários casos de *misdeismo* (o nosso *fragging*)*. Um soldado de nome Misdea (Fig. 4.5), de quem deriva o nome italiano deste fenômeno, havia assassinado o oficial sob cujas ordens se encontrava. Lombroso examinou-o e declarou que se tratava de "um epiléptico nervoso..., muito afetado por uma herança corrompida" (*in* Ferri, 1911). Lombroso recomendou que se eliminassem do exército os epilépticos, e com isso, segundo Ferri, terminou o *misdeismo* (Pergunto-me se durante a Segunda Guerra Mundial o exército italiano não conheceu nenhum incidente de *misdeismo* provocado por indivíduos que não sofriam de epilepsia.) Em todo caso, ninguém parecia disposto a levar em consideração os direitos e condições dos recrutas.

A conseqüência potencial mais dúbia da teoria de Lombroso nunca foi concretizada por uma lei ou proposta pelos seus partidários: a seleção prévia e o isolamento dos indivíduos portadores de estigmas *antes* que cometessem algum delito — embora Ferri (1897, p. 251) considerasse "substancialmente justa" a proposta platônica de desterrar famílias que tivessem membros de três gerações sucessivas condenados por delitos criminosos. Lombroso, porém, era partidário de que se fizesse uma seleção prévia entre as crianças para que os professores pudessem se preparar e saber o que deviam esperar dos alunos portadores de estigmas.

> O exame antropológico, que aponta o tipo criminoso, o desenvolvimento do corpo, a falta de simetria, o pequeno tamanho da cabeça e o tamanho exagerado do rosto, explica as falhas escolares e disciplinares das crianças que apresentam esses traços, e permite isolá-las a tempo de seus companheiros melhor dotados, bem como orientá-las para carreiras mais adequadas ao seu temperamento (1911, pp. 438-439).

Sabemos que os estigmas de Lombroso chegaram a ser importantes critérios de juízo em muitos processos criminais. Mas, também neste caso, não podemos saber quantos homens sofreram condenações injustas porque exibiam muitas tatuagens, não conseguiam enrubescer ou tinham mandíbulas e braços maiores que o normal. E. Ferri, o mais ardoroso defensor de Lombroso, escreveu o seguinte (1897, pp. 166-167):

---

* *Fragging*. Termo de gíria usado durante a guerra do Vietnã. Designa a prática de ferir ou matar um oficial detestado, geralmente com uma granada de fragmentação. (N.R.)

MEDINDO CORPOS

1. P. C., brigand de la Basilicate, détenu à Pesaro.

2. Voleur piémontais.

3. Incendiaire et cynède de Pesaro, surnommé *la femme*.

4. Misdea.

Fig. 4.5. Quatro "criminosos natos", entre os quais figura o do infame Misdea, que assassinou o oficial sob cujas ordens se encontrava.

A FALSA MEDIDA DO HOMEM

O estudo dos fatores antropológicos proporciona aos guardiões e administradores da lei novos e mais seguros métodos para se detectar o culpado. As tatuagens, a antropometria, a fisionomia, as condições físicas e mentais, os registros de sensibilidade, os reflexos, as reações vasomotoras, o alcance da visão, os dados de estatística criminal... com freqüência serão suficientes para oferecer aos agentes de polícia e aos magistrados um guia científico para seus inquéritos, que agora dependem exclusivamente de sua perspicácia individual e de sua sagacidade mental. E, quando pensamos na enorme quantidade de crimes e delitos impunes, por falta ou insuficiência de provas, bem como na freqüência dos processos baseados apenas em indícios circunstanciais, não é difícil perceber a utilidade prática de se estabelecer uma relação prioritária entre a sociologia criminal e o procedimento penal.

Lombroso descreveu em detalhes algumas de suas experiências como perito em julgamentos. Certa vez, sua ajuda foi solicitada para se decidir qual dos dois enteados havia matado uma mulher; Lombroso declarou (1911, p. 436) que um deles "era, de fato, o tipo mais perfeito de criminoso nato: mandíbulas enormes, fronte abaulada, zigomas muito marcados, lábios superior fino, incisivos enormes, cabeça maior que o normal (1.620 cm^3) [traço que em outros contextos é sinal de genialidade], torpeza táctil e sensorial. Ele foi condenado".

Em outro processo, baseado em indícios cujo caráter impreciso e circunstancial até ele teve que reconhecer, Lombroso recomendou que se condenasse um tal Fazio, acusado de roubar e assassinar um rico fazendeiro. Uma moça declarou que vira Fazio dormindo perto da vítima, e que, na manhã seguinte, quando chegaram os gendarmes, o acusado se escondeu. Essa era a única prova de que dispunha a acusação:

Ao examiná-lo, comprovei que o homem tinha orelhas grandes, maxilares e zigomas desenvolvidos, apêndice lemurino, osso frontal dividido, rugas prematuras, olhar sinistro, nariz torto para a direita: em resumo, uma fisionomia que se aproximava do tipo criminoso; as pupilas eram pouco móveis... e no peito havia uma grande tatuagem representando uma mulher e as palavras "Lembrança de Celina Laura" (sua esposa); no braço, a figura de uma garota. Tinha uma tia epiléptica e um primo louco; além disso, a investigação provou que era jogador e não trabalhava. Assim, portanto, a biologia proporcionava uma série de indicações que, somadas à outra prova, em qualquer outro país menos benevolente que este com relação aos criminosos, teriam sido suficientes para condená-lo. Entretanto, foi absolvido (1911, p. 437).

MEDINDO CORPOS

Não se pode ganhar sempre. (Ironicamente, a influência de Lombroso não se viu limitada pelo caráter liberal da jurisprudência, mas pelo seu espírito conservador. A maioria dos juízes e advogados simplesmente não podiam suportar a idéia de que a ciência quantitativa se intrometesse em um domínio que havia muito lhes pertencia. Eles não rechaçavam a antropologia criminal de Lombroso por saberem que se tratava de uma pseudociência, mas por considerá-la uma transgressão injustificada em uma matéria que *de pleno direito* competia exclusivamente a eles. Os críticos franceses de Lombroso, que insistiam nas causas sociais do crime, também contribuíram para deter a maré lombrosiana, pois, principalmente Manouvrier e Topinard, podiam opor a ela os seus próprios dados numéricos.)

Ao discutirem a pena capital, Lombroso e seus discípulos declaravam-se firmemente convencidos de que os criminosos natos transgrediam a lei por natureza. "O atavismo demonstra a ineficácia do castigo no caso dos criminosos natos, e por que estes inevitavelmente reincidem no crime" (Lombroso, 1911, p. 369). "A ética teórica desliza por esses cérebros enfermos como o azeite sobre o mármore, sem penetrar nele" (Lombroso, 1895, p. 58).

Em 1897, Ferri afirmou, opondo-se a muitas escolas de pensamento, que os antropólogos criminalistas seguidores da linha de Lombroso eram unânimes em declarar que a pena de morte era algo legítimo (1897, pp. 238-240). Lombroso escreveu (1911, p. 447): "É bem verdade que existe um grupo de criminosos nascidos para o mal, contra quem todas as curas sociais esfacelam-se como contra uma rocha — um fato que nos obriga a eliminá-los completamente, inclusive pela morte." Seu amigo, o filósofo Hippolyte Taine, expressou-se de maneira ainda mais dramática:

> Você nos mostrou orangotangos cruéis e lúbricos com rosto de homem. Fica evidente que não podem ter outro tipo de comportamento. Se violam, matam e roubam, é devido à sua própria natureza e ao seu passado, mas sua destruição é ainda mais justificada agora que se demonstrou que eles jamais deixarão de ser orangotangos (citado com aprovação *in* Lombroso, 1911, p. 428).

O próprio Ferri invocava a teoria darwiniana como justificação cósmica para a pena de morte (1897, pp. 239-240):

> Parece-me que a pena de morte é prescrita pela natureza, e se aplica continuamente na vida do universo. A lei universal da evolução mostra-nos também que o progresso vital de toda espécie é decorrência da seleção contínua, da morte dos que menos se adaptam à luta pela

A FALSA MEDIDA DO HOMEM

vida. Ora, tal seleção, tanto nos seres humanos quanto nos animais inferiores, pode ser natural ou artificial. Portanto, estaria de acordo com as leis naturais a humanidade realizar uma seleção artificial através da eliminação dos indivíduos anti-sociais e inadequados.

Contudo, Lombroso e seus colegas geralmente davam preferência a outros meios que não a morte para livrar a sociedade de seus criminosos natos. Um isolamento prematuro em lugares bucólicos poderia mitigar essa tendência inata e assegurar uma vida útil sob contínua e estrita supervisão. Em outros casos de criminalidade incorrigível, o confinamento em colônias penais representaria uma solução mais humana que a pena de morte, sempre e quando o banimento fosse permanente e irrevogável. Tendo em conta a pequena extensão do império colonial italiano, Ferri defendeu a idéia da "deportação interna", talvez em regiões não cultivadas por serem zonas de malária endêmica: "Se a eliminação dessa malária requer uma hecatombe humana, o melhor evidentemente seria sacrificar criminosos em vez de lavradores honestos" (1897, p. 249). Em última instância, recomendava a deportação para a colônia africana da Eritréia.

Os antropólogos criminais lombrosianos não eram sádicos abjetos, protofascistas, ou mesmo ideólogos políticos conservadores. Eram antes partidários de uma política liberal e até mesmo socialista, e consideravam-se pessoas modernas iluminadas pela ciência. Tinham a esperança de usar a ciência moderna para varrer da jurisprudência a antiquada bagagem filosófica do livre arbítrio e da responsabilidade moral ilimitada. Eles se autodenominavam a escola "positiva" de criminologia, não porque estivessem muito seguros (embora, na verdade, o estivessem), mas como referência ao sentido filosófico do empírico e do objetivo em lugar do especulativo.

A escola "clássica", a principal adversária de Lombroso, havia atacado a arbitrariedade da prática penal existente, afirmando que a pena devia-se ajustar estritamente à natureza do crime, e que todos os indivíduos deviam ser plenamente responsáveis por seus atos (exclusão das circunstâncias atenuantes). Lombroso apoiou-se na biologia para afirmar que as penas deviam adaptar-se ao criminoso, e não, como teria feito o Micado* de Gilbert, ao crime. Um homem normal podia ser induzido ao crime por um súbito ataque de ciúme.

---

* Referência à opereta cômica *The Mikado* (1885) de William Schwenck Gilbert (libretista) e Arthur Sullivan (compositor), muito popular na Inglaterra vitoriana. (N. T.)

MEDINDO CORPOS

Faria sentido executá-lo ou condená-lo à prisão perpétua? Ele não precisa de reforma pois sua natureza é boa; a sociedade não tem que se proteger dele, já que não cometerá outra transgressão. Um criminoso nato podia ser mandado ao banco dos réus por algum crime sem importância. De que serviria impor-lhe uma pena breve se não podia ser reabilitado? Uma pena breve só reduziria o prazo da realização do próximo, e talvez mais grave, delito.

A escola positiva defendeu, com grande energia e bastante êxito, um conjunto de reformas que até pouco tempo eram consideradas esclarecidas ou "liberais", todas baseadas no princípio da indeterminação da sentença. A maior parte dessas reformas vingou, e poucas pessoas sabem que o sistema moderno de liberdade condicional, de redução da pena e de indeterminação da sentença deriva em parte da campanha de Lombroso em favor do tratamento diferencial dos criminosos natos e dos ocasionais. O principal objetivo da antropologia criminal, escrevia Ferri em 1911, é "fazer da personalidade do criminoso o objeto e o princípio fundamental das regras da justiça penal, e não a gravidade objetiva do crime" (p. 52).

> As sanções penais devem adaptar-se... à personalidade do criminoso... A conseqüência lógica desta conclusão é a indeterminação da sentença, que tem sido, e continua sendo, combatida pelos criminologistas clássicos e metafísicos, que a consideram uma heresia jurídica... As penas previamente estipuladas são absurdas do ponto de vista da defesa da sociedade. É como se em um hospital algum médico quisesse estabelecer para cada doença um período definido de permanência no estabelecimento (Ferri, 1911, p. 251).

Os primeiros lombrosianos advogavam um tratamento severo para os "criminosos natos". Esta aplicação incorreta da antropometria e da teoria evolucionista é ainda mais trágica porque o modelo biológico de Lombroso era absolutamente inválido e porque motivou uma ênfase descabida sobre as supostas tendências inatas dos criminosos em detrimento do estudo das bases sociais da criminalidade. Mas os positivistas, invocando o modelo ampliado de Lombroso e chegando a expandir a gênese do crime para nela incluírem não apenas os fatores biológicos mas também os educativos, obtiveram um imenso sucesso em sua campanha em favor da indeterminação da sentença e da atenção para com as circunstâncias atenuantes. Uma vez que suas convicções, em grande parte, passaram à nossa prática, tendemos a considerá-las humanitárias e progressistas. A filha de Lombroso, que deu prosseguimento à boa obra do pai, fez o elogio dos Estados Unidos. Nós, os americanos, havíamo-nos liberado da

A FALSA MEDIDA DO HOMEM

hegemonia da criminologia clássica, e havíamos dado provas de grande receptividade em matéria de inovação. Muitos estados americanos haviam adotado o programa positivista, criando grandes reformatórios, estabelecendo sistemas de liberdade condicional e introduzindo a indeterminação da sentença e leis de indulto muito liberais (Lombroso-Ferrero, 1911).

Contudo, ainda que os positivistas louvassem os americanos e a si mesmos, sua obra também continha os germes da dúvida, que levariam muitos reformadores modernos a questionar o caráter humanitário do conceito lombrosiano de indeterminação da sentença, e a propor um retorno às penas previamente estipuladas da criminologia clássica. Maurice Parmelee, o principal positivista americano, criticou o excesso de rigor de uma lei do Estado de Nova York, sancionada em 1915, que estabelecia uma pena indeterminada de até três anos por infrações tais como perturbação da ordem, desordens domésticas, alcoolismo e vadiagem (Parmelee, 1918). A filha de Lombroso louvou o histórico exaustivo de atos e estados de ânimo mantido por voluntárias que velavam pela sorte dos delinqüentes juvenis em diferentes estados da União. "Se o rapaz cometesse algum delito", esses dados "permitiriam aos juízes fazer uma distinção entre o criminoso nato e o habitual. Entretanto, o rapaz deve ignorar a existência desse histórico para poder desenvolver-se com toda liberdade" (Lombroso-Ferrero, 1911, p. 124). Ela também reconheceu o penoso componente de vexame e humilhação presente em vários sistemas de liberdade condicional, particularmente em Massachusetts, onde o *sursis* podia se prolongar indefinidamente até o fim da vida: "No Escritório Central de Vigilância de Boston, li muitas cartas de pessoas protegidas que pedem para voltar ao cárcere para não continuar a sofrer a humilhação de sempre ter o protetor em suas costas" (ou "em suas trouxas", como ela afirmou literalmente em francês — Lombroso-Ferrero, 1911, p. 135).

Segundo os lombrosianos, o conceito de indeterminação da sentença refletia a realidade biológica, ao mesmo tempo em que assegurava um máximo de proteção ao Estado: "A pena não deveria ser um castigo compensatório do crime, mas uma defesa da sociedade, ajustada ao perigo que representa o criminoso" (Ferri, 1897, p. 208). Os indivíduos perigosos recebem condenações mais longas, e sua vida posterior é submetida a uma vigilância mais estrita. Assim, o sistema da sentença indeterminada — que Lombroso nos legou — constitui um controle geral e muito estrito sobre todos os aspectos da vida do prisioneiro: seu histórico cresce até determinar seu destino; ele é observado no cárcere, e todos os seus atos são julgados,

MEDINDO CORPOS

enquanto lhe acenam, o tempo todo, com a possibilidade da redução da pena. Esse sistema também serve, como queria Lombroso, para segregar o indivíduo perigoso. Segundo ele, este último era o criminoso nato, portador de estigmas simiescos. Hoje em dia, é o provocador, o pobre e o negro. George Jackson, autor de *Soledad Brother*, morreu vítima do legado lombrosiano, ao tentar fugir, depois de onze anos (oito e meio dos quais passados em uma solitária) de uma sentença indeterminada — entre um mínimo de um ano e um máximo de prisão perpétua — por ter roubado setenta dólares de um posto de gasolina.

Coda

A frustração de Tolstói com relação aos lombrosianos estava no fato de estes invocarem a ciência para evitar a questão básica da transformação social como possível solução. A ciência, notou ele, muitas vezes age como firme aliada das instituições existentes. O príncipe Nekhlyudov, protagonista de um de seus romances, tentando compreender o sistema que fora capaz de condenar sem razão uma mulher que ele certa vez prejudicara, estuda em vão os eruditos tratados de antropologia criminal:

> Deparou-se também com um vagabundo e uma mulher, ambos repugnantes no seu embrutecimento insano e na aparente crueldade, mas neles tampouco conseguiu perceber o tipo criminoso descrito pela escola italiana de criminologia: via neles apenas indivíduos que pessoalmente achava repugnantes, como outros que vira fora dos muros da prisão, vestidos com casacas, ornados de dragonas e rendas...
> A princípio, tivera esperanças de encontrar a resposta em livros, e comprara tudo o que lhe fôra possível encontrar sobre o assunto. Comprou as obras de Lombroso e Garofalo [barão italiano, discípulo de Lombroso], as de Ferri, Liszt, Maudsley e Tarde, e leu-as cuidadosamente. Mas, à medida que lia, ficava cada vez mais desapontado... A ciência tinha resposta para milhares de perguntas muito sutis e engenhosas vinculadas à lei criminal, mas sem dúvida não para aquela que ele tentava resolver. Sua pergunta era muito simples: Por que, e com que direito, uma classe de pessoas prende, tortura, desterra, açoita e mata outras pessoas, quando ela própria não é melhor que aqueles que tortura, açoita e mata? E as respostas que encontrou eram argumentações acerca de os seres humanos possuírem ou não livre arbítrio. As propensões criminosas podiam ser detectadas através da medição do crânio e de outros métodos? Que papel desempenha a hereditariedade na criminalidade? Existe a depravação congênita? (*Ressurreição*, 1899).

A FALSA MEDIDA DO HOMEM

Epílogo

Vivemos num século mais sutil, mas os argumentos básicos parecem nunca mudar. As toscas avaliações do índice craniano foram substituídas pela complexidade dos testes de inteligência. Os sinais de criminalidade inata não são mais procurados em estigmas anatômicos, mas em critérios próprios do século XX: nos genes e nas delicadas estruturas cerebrais.

Em meados da década de 1960, começaram a ser publicados artigos em que se estabelecia uma relação entre uma anomalia cromossômica dos elementos do sexo masculino denominada XYY e a conduta violenta e criminosa. (O macho normal recebe um só cromossomo X de sua mãe e um cromossomo Y de seu pai; a fêmea normal recebe um só cromossomo X de cada um dos pais. Pode acontecer de uma criança receber dois cromossomos Y de seu pai. Os machos XYY parecem normais, mas sua altura tende a ser um pouco maior que a média, sua pele é fraca e, em média — embora não haja um consenso quanto a isto —, tendem a obter resultados um tanto inferiores nos testes de inteligência.) Tomando por base um reduzido número de observações e relatos não científicos* a respeito de uns poucos indivíduos XYY, bem como a elevada presença dessa classe de indivíduos em instituições mentais concebidas para a reclusão de delinqüentes com deficiências mentais, engendrou-se uma história de que certos cromossomos determinariam a conduta criminosa. Essa história logo passou para o domínio público quando os advogados de defesa de Richard Speck, assassino de oito estudantes de enfermagem em Chicago, tentaram atenuar sua condenação afirmando que se tratava de um XYY. (Na verdade, é apenas um macho normal, XY). A revista *Newsweek* publicou um artigo intitulado "Criminosos congênitos", e a imprensa difundiu inúmeras notas a respeito dessa última reencarnação de Lombroso e seus estigmas. Entretanto, a investigação acadêmica acolheu o tema e, até o momento, foram escritas centenas de artigos sobre as conseqüências comportamentais da combinação cromossômica XYY. Um grupo bem-intencionado mas, em minha opinião, ingênuo, de médicos bostonianos começou a desenvolver um vasto programa de seleção entre crianças recém-nascidas. Eles esperavam poder definir, pela observação de uma ampla amostragem de meninos XYY, a existência, ou não, de um vínculo entre essa combinação cromossômica e o comportamento agressivo. Mas a profecia não garante o seu

_____

* Ocorrências registradas por métodos não científicos (N. R.)

144

MEDINDO CORPOS

próprio cumprimento? Os pais foram informados, e todas as afirmações acadêmicas quanto à indeterminação de um experimento não são capazes de fazer frente aos relatos da imprensa e às inferências de pais preocupados diante do comportamento agressivo que toda criança ocasionalmente exibe. E o que dizer da angústia dos pais, principalmente se a correlação entre os dois fenômenos for falsa, como tudo parece indicar?

Teoricamente, a única base para se supor a existência de um vínculo entre a combinação XYY e a tendência à agressividade criminosa foi a idéia notavelmente simplista de que, como os machos são mais agressivos que as fêmeas e possuem um cromossomo Y que as fêmeas não têm, esse cromossomo há de ser a sede da agressividade, e uma dose dupla provoca uma duplicação desta. Em 1973, um grupo de investigadores (Jarvik et al., pp. 679-680) declarou o seguinte: "O cromossomo Y determina a masculinidade; portanto, não é de surpreender que a presença de um cromossomo Y adicional possa produzir um indivíduo dotado de um alto grau de masculinidade, que se revela em características como a altura inusitada, a maior fertilidade... e poderosas tendências agressivas."

O caráter mítico da constituição cromossômica XYY como estigma da criminalidade já foi revelado. (Borgaonkar e Shah 1974; Pyeritz et al., 1977). Esses dois estudos expõem os defeitos metodológicos elementares de que padece a maioria dos trabalhos que afirmam a existência de uma relação entre a constituição cromossômica XYY e a criminalidade. O número de homens XYY internados em instituições mentais para delinqüentes parece ser maior que o normal, mas não existe nenhum indício seguro que indique uma freqüência igualmente elevada nas prisões comuns. Um máximo de 1% de homens XYY americanos pode passar parte de sua vida nessas instituições mentais (Pyeritz et al., 1977, p. 92). Adicionando-se a quantidade de indivíduos que podem ser encarcerados em prisões comuns com a mesma freqüência que os homens XY normais, Chorover (1979) calcula que uns 96% dos homens XYY levam uma vida comum e nunca atraem a atenção das autoridades penais. Que belo cromossomo criminoso! Além disso, não temos provas de que a proporção relativamente elevada de indivíduos XYY em instituições mentais para delinqüentes tenha qualquer relação com a existência de níveis elevados de agressividade inata.

Outros cientistas atribuíram a conduta criminosa ao mal funcionamento de áreas específicas do cérebro. Depois dos grandes distúrbios ocorridos nos guetos negros durante o verão de 1967, três médicos escreveram uma carta ao prestigioso *Journal of the American Medical Association* (citado *in* Chorover, 1979):

145

A FALSA MEDIDA DO HOMEM

É importante observar que apenas um pequeno número entre os milhões de habitantes dos cortiços participou dos distúrbios, e que apenas uma fração deles cometeu atos incendiários, fizeram disparos e praticaram assaltos. Contudo, se as condições de vida nesses cortiços são a única causa dos distúrbios, por que a grande maioria de seus habitantes é capaz de resistir à tentação da violência desenfreada? Haveria alguma coisa nos moradores violentos que os diferencia de seus vizinhos pacíficos?

Todos tendemos a generalizar a partir de nossas respectivas áreas de especialização. Os médicos que escreveram essa carta são psicocirurgiões. Se a conduta violenta de algumas pessoas desesperadas e desalentadas teria de indicar a existência de alguma desordem específica em seus cérebros, então por que, no caso da corrupção e da violência de certos membros do Congresso e de certos presidentes, não se engendra uma teoria similar? As populações humanas apresentam uma grande variedade de comportamentos; o simples fato de alguns manifestarem certa conduta e outros não, não constitui prova alguma de que o cérebro dos primeiros padeça de alguma patologia específica. Devemos concentrar-nos no desenvolvimento de uma hipótese infundada quanto à violência de alguns — hipótese que segue a filosofia determinista de culpar a vítima — ou devemos tentar eliminar, antes de mais nada, a opressão que ergue guetos e mina o espírito de seus habitantes desempregados?

5

A teoria do QI hereditário

Uma invenção americana

Alfred Binet e os objetivos originais da escala de Binet

Os flertes de Binet com a craniometria

Quando Alfred Binet (1857-1911), diretor do laboratório de psicologia da Sorbonne, decidiu estudar a medição da inteligência, recorreu, como era de esperar, ao método predileto do século que chegava ao fim, e à obra de seu grande compatriota, Paul Broca. Em resumo, dedicou-se a medir crânios, sem jamais pôr em dúvida a conclusão básica da escola de Broca:

> A relação entre a inteligência dos sujeitos e o volume de sua cabeça... é muito real e foi confirmada por todos os investigadores metódicos, sem exceção... Como essas obras contêm observações sobre várias centenas de sujeitos, concluímos que a proporção anterior [a da correlação entre o tamanho da cabeça e a inteligência] deve ser considerada incontestável (Binet, 1898, pp. 294-295).

Durante os três anos seguintes, Binet publicou nove artigos sobre craniometria em *L'année psychologique*, a revista que havia fundado em 1895. Ao cabo desses esforços, já não estava tão seguro de si. Cinco estudos sobre as cabeças de escolares haviam destruído a fé que a princípio exibia.

Binet foi a várias escolas e realizou as medições recomendadas por Broca nas cabeças das crianças que os professores diziam ser os alunos mais inteligentes ou mais estúpidos. Em vários estudos, ele chegou a ampliar a amostragem inicial de 62 sujeitos para 230. "Comecei", escreveu ele, "com a idéia que me fora incutida pelos estudos de muitos outros cientistas, a de que a superioridade intelectual está ligada à superioridade do volume do cérebro" (1900, p. 427).

Binet encontrou diferenças, mas elas eram pequenas demais para ser consideradas significativas e registravam apenas a maior altura média dos alunos mais inteligentes (1,401 contra 1,378 m). A maioria das medidas realmente favorecia a categoria dos inteligentes, mas a diferença média entre os bons e os maus alunos era milimétrica — "*extrêmement petite*", como escreveu o cientista. Binet tampouco observou maiores diferenças na região interna do crânio, suposta sede da inteligência superior, e na qual Broca sempre encontraria

A FALSA MEDIDA DO HOMEM

uma notável disparidade entre os indivíduos destacados e os menos favorecidos. Para complicar as coisas, algumas medidas consideradas cruciais para a avaliação do valor intelectual mostraram-se favoráveis aos alunos mais fracos: no diâmetro anteroposterior do crânio, estes últimos superavam em 3 mm os seus colegas mais inteligentes. Embora a maior parte dos resultados tendesse a confirmar a hipótese "correta", era evidente que o método não servia para avaliar indivíduos. As diferenças eram pequenas demais, e Binet também descobriu que a variação entre os maus alunos era maior que entre os bons. Assim, não apenas o menor valor geralmente correspondia a um mau aluno, mas, muitas vezes, também o maior valor.

Binet também alimentou suas próprias dúvidas com um extraordinário estudo sobre a sua vulnerabilidade à sugestão, uma experiência sobre o tema básico do presente livro: a tenacidade dos preconceitos inconscientes e a surpreendente maleabilidade dos dados quantitativos "objetivos" que se ajustam a uma idéia pré-concebida. "Eu temia", escreveu ele (1900, p. 323), "que, ao realizar a medição das cabeças com o propósito de encontrar uma diferença de volume entre uma cabeça inteligente e outra menos inteligente, eu fosse levado, de forma inconsciente e de boa fé, a aumentar o volume cefálico das cabeças inteligentes e a reduzir o das cabeças não inteligentes." Reconheceu o grande perigo que supõem os preconceitos subjacentes e a crença do cientista na sua própria objetividade (1900, p. 324): "A possibilidade de se sugestionar... não se manifesta tanto no ato do qual temos plena consciência mas no ato semiconsciente, e é justamente aí que está seu perigo."

Estaríamos numa situação bem melhor se todos os cientistas se submetessem a um exame de consciência igualmente franco: "Desejo formular de maneira muito explícita", escreveu Binet (1900, p. 324), "o que observei em mim mesmo. Os detalhes que se seguem são os que a maioria dos autores não publica, por não querer que sejam conhecidos." Tanto Binet quanto seu discípulo Simon haviam medido as mesmas cabeças de indivíduos "idiotas e imbecis" no hospital onde este era médico residente. Binet observou que, no caso de uma medida crucial, os valores estabelecidos por Simon eram claramente inferiores aos seus. A primeira vez, reconhece Binet, "realizei medições de forma mecânica, sem pensar em outra coisa que não fosse ser fiel a meus métodos". Mas logo "atuei movido por uma idéia prévia... preocupava-me a diferença" entre os valores de Simon e os meus. "Queria reduzi-la aos valores verdadeiros... Isto é auto-sugestão. O fato fundamental é que as medidas tomadas na segunda experiência, quando se esperava obter uma redução,

A TEORIA DO QI HEREDITÁRIO

mostraram-se efetivamente menores do que as tomadas na primeira experiência [com as mesmas cabeças]." De fato, com exceção de uma, todas as cabeças haviam "encolhido" de uma experiência para outra, e a diminuição média era de 3 mm: muito mais que a diferença média entre os crânios dos alunos brilhantes e dos maus alunos dos seus estudos anteriores.

Binet descreveu seu desalento de modo bem sugestivo:

> Eu estava persuadido de que havia atacado um problema insolúvel. As medições haviam requerido deslocamentos e todo tipo de procedimento exaustivo; e tudo isso para chegar à desalentadora conclusão de que, com freqüência, não existia nem um milímetro de diferença entre as medidas cefálicas dos alunos inteligentes e as dos menos inteligentes. A idéia de medir a inteligência através da medição de cabeças parecia ridícula... Estava a ponto de abandonar a tarefa, e não queria publicar uma única linha a respeito dela (1900, p. 403).

Por fim, Binet conseguiu arrancar uma magra e duvidosa vitória das garras da derrota. Examinou sua amostragem mais uma vez, e selecionou os cinco melhores e os cinco piores alunos de cada grupo, eliminando os intermediários. As diferenças entre os extremos foram maiores e mais consistentes: uma diferença média de entre 3 e 4 mm. Mas também essa diferença não superava a distorção potencial média atribuível à sugestão. A craniometria, a jóia da objetividade do século XIX, só havia conhecido uma glória passageira.

A escala de Binet e o nascimento do QI

Quando voltou a abordar o problema da medição da inteligência em 1904, Binet tinha em mente sua frustração anterior e optou por outras técnicas. Abandonou o que denominava enfoques "médicos" da craniometria, bem como a busca lombrosiana de estigmas anatômicos, decidindo-se, em vez disso, pelos métodos "psicológicos". Naquela época, a literatura sobre os testes de inteligência era relativamente pequena e de modo algum convincente. Galton, sem maior êxito, havia experimentado uma série de medições que correspondiam principalmente a registros fisiológicos e tempos de reação, que não constituíam verdadeiras medidas da inteligência. Binet decidiu inventar uma série de tarefas que permitiriam avaliar de maneira mais direta os diferentes aspectos dessa capacidade.

A FALSA MEDIDA DO HOMEM

Em 1904, Binet foi comissionado pelo Ministro da Educação Pública para desenvolver um estudo com um objetivo específico e prático: desenvolver técnicas para identificar crianças cujo fracasso escolar sugerisse a necessidade de alguma forma de educação especial. Binet optou por um procedimento puramente pragmático. Selecionou uma ampla série de tarefas breves, relacionadas com problemas da vida quotidiana (contar moedas ou determinar que rosto é "mais bonito", por exemplo), mas que supostamente implicavam certos procedimentos racionais básicos, como "a direção (ordenamento), a compreensão, a invenção e a crítica (correção)" (Binet, 1909). As habilidades adquiridas, como a leitura, pelo contrário, não receberiam um tratamento explícito. Os testes foram administrados individualmente por examinadores treinados, que indicavam aos sujeitos uma série de tarefas, ordenadas segundo o grau de dificuldade. Contrariamente aos métodos precedentes, que se destinavam a medir "faculdades" mentais específicas e independentes, a escala de Binet era uma mistura de diferentes atividades: ele esperava que a mescla de vários testes relativos a diferentes habilidades permitiria a abstração de um valor numérico capaz de expressar a potencialidade global de cada criança. Binet enfatizou a natureza empírica de seu trabalho através de um famoso aforismo: "Quase poderíamos dizer que pouco importa quais são os testes, contanto que sejam numerosos."

Antes de sua morte, em 1911, Binet publicou três versões da escala. A edição original de 1905 simplesmente ordenava as tarefas segundo um critério de dificuldade crescente. A versão de 1908 introduziu o critério que desde então tem sido utilizado para a medição do chamado QI. Binet decidiu atribuir a cada tarefa um nível de idade, a idade mínima em que uma criança de inteligência normal seria capaz de realizar com êxito a tarefa em questão. A criança começava por realizar as tarefas que correspondiam ao primeiro nível de idade e, em seguida, ia realizando as tarefas seguintes, até que se deparasse com as que não podia realizar. A idade associada às últimas tarefas realizadas pelas crianças tornava-se assim a sua "idade mental", e seu nível intelectual geral era calculado subtraindo-se essa idade mental de sua verdadeira idade cronológica. As crianças cujas idades mentais fossem bastante inferiores às suas respectivas idades cronológicas podiam ser selecionadas para os programas de educação especial, cumprindo-se assim o encargo que Binet havia recebido do ministério. Em 1912, o psicólogo alemão W. Stern afirmou que a idade mental

A TEORIA DO QI HEREDITÁRIO

devia ser dividida de acordo com a idade cronológica, e não subtraída dela[1].

Nascia o *quociente* de inteligência, ou QI.

O emprego de testes de QI teve conseqüências muito graves em nosso século. Levando em conta esta circunstância, seria conveniente investigar os motivos de Binet, ainda que apenas para avaliarmos a extensão das tragédias derivadas do seu uso indevido e que poderiam ter sido evitadas se seu fundador não morresse e se suas preocupações tivessem sido levadas em consideração.

O que mais chama a atenção na escala de Binet, em contraste com a orientação do conjunto total da sua obra, é a orientação empírica e prática da mesma. Muitos cientistas trabalham desta maneira porque estão profundamente convencidos de sua conveniência, ou porque sentem uma inclinação definida nesse sentido. Consideram que a especulação teórica é uma coisa vã e que a verdadeira ciência progride por meio da indução baseada em experimentos simples, realizados com o objetivo de obter dados básicos, e não de pôr à prova teorias complexas. Binet, por outro lado, era basicamente um teórico. Levantou grandes questões, participou com entusiasmo dos maiores debates filosóficos de sua especialidade, e sempre manifestou um interesse permanente pelas teorias da inteligência. Em 1886, publicou seu primeiro livro sobre a "Psicologia do Raciocínio", que foi seguido, em 1903, pelo famoso "Estudo Experimental da Inteligência", onde se retratou de teses anteriores e elaborou um novo sistema para a análise do pensamento humano. Contudo, não quis atribuir qualquer interpretação teórica à sua escala de inteligência, embora ela seja a sua maior e mais importante contribuição para o estudo de seu tema favorito. Como se explica que um grande teórico tenha procedido de forma tão estranha e aparentemente tão contraditória?

Em sua escala, Binet tentou "separar inteligência natural e educação" (1905, p. 42): "É só a inteligência que tratamos de medir,

---

1. A divisão é mais adequada, pois o que importa é a magnitude relativa, e não a absoluta, da disparidade entre a idade mental e a cronológica. Uma disparidade de dois anos entre uma idade mental de dois anos e uma idade cronológica de quatro provavelmente expressa uma deficiência muito mais grave que uma disparidade de dois anos entre uma idade mental de quatorze anos e uma idade cronológica de dezesseis. O método de subtração de Binet produziria o mesmo resultado em ambos os casos, enquanto que as medidas de QI de Stern dariam 50 no primeiro caso e 88 no segundo. (Stern multiplicava o quociente obtido por 100 para eliminar as casas decimais.)

153

A FALSA MEDIDA DO HOMEM

prescindindo o mais possível do grau de educação que a criança possui... Não lhe pedimos que escreva ou leia nada, e tampouco a submetemos a qualquer teste que pudesse ser resolvido com base numa aprendizagem por memorização" (1905, p. 42). "Uma característica particularmente interessante destes testes é o fato de que, quando é necessário, eles nos permitem liberar dos entraves escolares uma bela inteligência inata" (1908, p. 259).

Entretanto, salvo esse desejo explícito de eliminar os efeitos superficiais do conhecimento obviamente adquirido, Binet absteve-se de expressar definições e especulações quanto à significação dos resultados obtidos por cada criança. Segundo ele, a inteligência era por demais complexa para ser expressada por um único número. Tal número, mais tarde chamado de QI, não é mais que um guia aproximativo e empírico, elaborado com uma finalidade prática, limitada:

> A escala, rigorosamente falando, não permite medir a inteligência, porque as qualidades intelectuais não se podem sobrepor umas às outras, e, portanto, é impossível medi-las como se medem as superfícies lineares (1905, p. 40).

Além disso, o número em questão é apenas uma média de muitos resultados, e não uma entidade independente. Binet lembra que a inteligência não é uma simples magnitude possível de ser escalonada como a altura. "Parece-nos necessário insistir neste fato", adverte ele (1911), "porque, mais adiante, por razões de simplicidade, falaremos de crianças de 8 anos dotadas de uma inteligência de 7 ou de 9 anos; tomadas arbitrariamente, estas expressões podem-se revelar enganosas." Binet era um teórico bom demais para incorrer no erro lógico identificado por John Stuart Mill: "crer que tudo o que tem um nome é uma entidade ou um ser, dotado de existência própria".

A reticência de Binet também obedeceria a um motivo social. Tinha muito medo de que, uma vez reificado em forma de entidade, seu artifício prático sofresse algum tipo de manipulação e fosse utilizado como um rótulo indelével, em vez de constituir um guia para a identificação de crianças que necessitassem de ajuda. Preocupava-o a possibilidade de alguns professores "demasiadamente zelosos" usarem o QI como uma desculpa còmoda: "Seu raciocínio parece ser o seguinte: 'Eis aqui uma excelente oportunidade de nos desvencilharmos de todas as crianças que nos causam problemas, e, sem um autêntico sentido crítico, englobam todas as que são rebeldes ou não demonstram interesses pela escola" (1905, p. 169). Mas o que ele mais temia era "a previsão que garante a própria realização".

A TEORIA DO QI HEREDITÁRIO

Um rótulo rígido pode condicionar a atitude do professor e, a longo prazo, desviar o comportameto da criança para o caminho previsto:

> Realmente, é muito fácil descobrir sinais de retardamento em um indivíduo quando se foi previamente advertido que ele é retardado. Não foi de outra maneira que procederam os grafólogos que, quando se acreditava na culpabilidade de Dreyfus, descobriram em sua escrita sinais de que ele era um traidor ou um espião (1905, p. 170).

Binet não só se negou apenas a qualificar o QI como inteligência inata; recusou-se também a considerá-lo um recurso geral para a hierarquização de alunos segundo o seu valor intelectual. Elaborou sua escala apenas para atender ao propósito limitado que lhe fora confiado pelo Ministério da Educação: identificar crianças cujo desempenho escolar indicasse a necessidade de uma educação especial; atualmente, falaríamos de crianças com dificuldades para a aprendizagem, ou ligeiramente atrasadas. Em 1908, Binet escreveu o seguinte (p. 263): "Achamos que o melhor emprego de nossa escala não seria sua aplicação em alunos normais, mas aos que apresentam um menor grau de inteligência". Ele se negou a especular sobre as causas desses pobres resultados escolares. Seus testes, de qualquer modo, não podiam determiná-las:

> Nosso propósito é poder medir a capacidade intelectual da criança que nos trazem, verificar se ela é normal ou atrasada. Portanto, o que devemos estudar é o seu estado atual, e apenas isso. Não nos interessa a sua história passada, nem o seu futuro; conseqüentemente, deixamos de lado a sua etiologia, e não faremos qualquer tentativa de estabelecer uma distinção entre a idiotia adquirida e a congênita... Quanto ao seu futuro, praticamos a mesma abstenção; não procuramos estabelecer ou preparar qualquer prognóstico, e não nos pronunciamos quanto à possibilidade de cura de seu atraso ser ou não incurável. Limitamo-nos a determinar a verdade quanto ao seu presente estado mental.

Mas de alguma coisa Binet estava seguro: qualquer que fosse a causa do mau desempenho escolar, o propósito da escala era identificar a criança com problemas e ajudá-la a melhorar: nunca atribuir-lhe um rótulo e impor-lhe limites. Ainda que algumas crianças tivessem uma incapacidade inata para obter resultados normais, todas podiam melhorar se recebessem a assistência adequada.

A FALSA MEDIDA DO HOMEM

A divergência entre os hereditaristas estritos e o seus oponentes não é, como sugerem algumas versões caricaturescas, quanto à natureza do desempenho da criança: totalmente inato para os primeiros, totalmente determinado pelo ambiente e pela aprendizagem, de acordo com os segundos. Duvido que os adversários mais convictos do hereditarismo tenham alguma vez negado a existência de variações inatas nas crianças. As divergências referem-se mais a questões de planos de ação social e de prática educativa. Para os hereditaristas, suas medições da inteligência indicam certas limitações permanentes, inatas. As crianças assim rotuladas devem ser objeto de uma seleção para receber um tipo de instrução adequado à sua herança e uma formação profissional adequada às suas possibilidades biológicas. A aplicação de testes mentais converte-se assim numa teoria de limitações. Contrariamente, os adversários do hereditarismo, como Binet, aplicam os testes com fins de identificação e assistência. Sem negar o fato evidente de que nem todas as crianças, qualquer que seja o tipo de instrução que lhes for oferecido, conseguirá chegar ao nível de Newton ou de Einstein, eles enfatizam que a educação criativa pode exercer um papel destacado no aprimoramento das capacidades de qualquer criança, capaz de propiciar resultados muitas vezes notáveis e imprevistos. A aplicação de testes mentais então converte-se numa teoria do incremento das potencialidades através de uma educação adequada.

Binet falou de maneira eloqüente ao se referir aos professores bem-intencionados que eram vítimas do pessimismo injustificado de seus pressupostos hereditaristas (1909, pp. 16-17):

> Sei, por experiência própria,... que eles parecem admitir implicitamente que, numa classe em que encontramos os melhores, devemos encontrar também os piores, e que esse fenômeno não deve preocupar os professores, pois é tão natural e inevitável quanto a existência de ricos e pobres dentro de uma sociedade. Que erro mais profundo!

Como podemos ajudar uma criança se lhe impingimos um rótulo de incapacidade biologicamente determinada?

> Se nada fizermos, se não interviermos de forma ativa e eficaz, ela [a criança] continuará perdendo tempo... e acabará por se desencorajar. A situação é muito grave para ela, e, como não se trata de um caso excepcional (porque as crianças com dificuldades de compreensão são muitíssimas), podemos dizer que se trata de um assunto muito grave para todos nós e para toda a sociedade. A criança que perde o gosto pelo trabalho na escola corre o grande perigo de não o adquirir quando deixar a escola (1909, p. 100).

A TEORIA DO QI HEREDITÁRIO

Binet criticou a afirmativa de que "a estupidez não é algo passageiro" ("*quand on est bête, c'est pour longtemps*") e queixou-se dos professores que "não se interessam pelos alunos menos inteligentes. Não têm nem simpatia nem respeito por eles, e sua linguagem implacável leva-os a pronunciar diante deles frases como 'Esta criança nunca chegará a nada... não tem condições... não tem nenhuma inteligência'. Quantas vezes ouvi estas frases imprudentes!" (1909, p. 100). Em seguida, Binet menciona algo que lhe aconteceu durante seu bacharelado, quando um examinador lhe disse que nunca teria um "verdadeiro" espírito filosófico: "Nunca! Que palavra tão grave! Alguns pensadores recentes parecem ter respaldado moralmente estes veredictos lamentáveis ao sustentar que a inteligência de um indivíduo constitui uma quantidade fixa, que não pode ser aumentada. Devemos protestar e opor-nos a esse pessimismo brutal; devemos empenhar-nos em demonstrar que carece de qualquer fundamento" (1909, p. 101).

As crianças identificadas pelo teste de Binet deviam receber auxílio, não um rótulo indelével. Binet elaborou uma série de sugestões pedagógicas, muitas das quais foram aplicadas. Ele acreditava, antes de tudo, que a educação especial deve ajustar-se às necessidades individuais de cada criança: devia basear-se "no seu caráter e nas suas aptidões, bem como na exigência de nos adaptar às suas necessidades e capacidades" (1909, p. 15). Recomendou que as salas não comportassem mais que quinze ou vinte alunos, em oposição aos sessenta ou oitenta que então comportavam nas escolas públicas para crianças pobres. Em particular, advogou a implantação de métodos educativos especiais, entre os quais figurava um programa que denominou "ortopedia mental":

> O que elas devem aprender em primeiro lugar não são as matérias normalmente ensinadas, por mais importantes que possam ser; devem receber aulas de vontade, de atenção e de disciplina; em vez de exercícios de gramática, precisam de exercícios de ortopedia mental; em poucas palavras, têm de aprender a aprender (1908, p. 257).

O interessante programa de ortopedia mental proposto por Binet incluía um conjunto de exercícios físicos destinados a aprimorar a vontade, a atenção e a disciplina, condições básicas, segundo ele, para o estudo das matérias escolares. Em um desses exercícios, chamado *"l'exercise des statues"* e destinado a desenvolver a atenção, as crianças moviam-se de um lado para o outro até o momento em que deviam parar e imobilizar-se numa determinada postura. (Em

A FALSA MEDIDA DO HOMEM

minha infância, eu também jogava esse jogo nas ruas de Nova York; nós também o chamávamos de "estátuas".) A cada dia, o período de imobilidade deveria ser maior. Em outro jogo, destinado a melhorar a velocidade, as crianças deviam encher um folha de papel com a maior quantidde de pontos que conseguissem desenhar durante um determinado tempo.

Binet mostrou-se satisfeito com o êxito obtido em suas classes especiais (1909, p. 104), e afirmou que os alunos que lhe eram confiados não apenas aprimoravam o seus conhecimentos, mas também a sua inteligência. A inteligência, em qualquer acepção significativa do termo, pode desenvolver-se através de uma educação adequada; ela não é uma quantidade fixa e herdada:

> Neste sentido prático, o único de que dispomos, afirmamos que a inteligência dessas crianças se desenvolveu. Conseguimos desenvolver aquilo que constitui a inteligência de um aluno: a capacidade de aprender e assimilar o ensino.

O desmantelamento das intenções de Binet na América

Em resumo, Binet insistiu em três princípios primordiais para a utilização de seus testes. Todas as suas advertências foram mais tarde ignoradas, e suas instruções distorcidas pelos hereditaristas americanos, que logo transformaram sua escala num formulário aplicado de forma rotineira a todas as crianças.

1. As marcas obtidas constituem um recurso prático; não são o arcabouço de uma teoria do intelecto; não definem nada de inato ou permanente. Não podemos dizer que medem a "inteligência" ou qualquer outra entidade reificada.

2. A escala é um guia aproximativo e empírico para a identificação de crianças ligeiramente retardadas e com problemas de aprendizagem, que necessitam de uma assistência especial. Não é um recurso para o estabelecimento de qualquer hierarquia entre as crianças normais.

3. Qualquer que seja a causa das dificuldades de que padecem as crianças, a ênfase deve recair na possibilidade de aprimoramento da sua capacidade através de uma educação especial. Os baixos resultados não devem ser usados para se atribuir às crianças o rótulo de incapacidade inata.

Se os princípios de Binet houvessem sido respeitados, e a utilização de seus testes houvesse correspondido às suas intenções, não

A TEORIA DO QI HEREDITÁRIO

teríamos de assistir a uma das maiores demonstrações de uso indevido da ciência no nosso século. Ironicamente, conselhos de várias escolas americanas voltaram ao ponto de partida, e agora utilizam os testes de QI apenas com a finalidade que Binet lhes destinou: qualificar as crianças que apresentam problemas específicos de aprendizagem. Pessoalmente, posso dizer que este tipo de teste mostrou-se útil no estabelecimento de um diagnóstico adequado dos problemas de aprendizagem apresentados por meu filho. O resultado médio, ou seja, o QI, não significava nada, porque era apenas o amálgama de alguns resultados muito elevados e de outros muito baixos; mas o padrão destes últimos valores indicavam onde residiam suas deficiências.

O uso incorreto dos testes de inteligência não é inerente à idéia da sua aplicação. Ele surge basicamente de duas falácias, piamente aceitas (ao que parece) por quem deseja se valer dos testes para manter as distinções e as hierarquias sociais; essas falácias são a reificação e o hereditarismo. O próximo capítulo tratará da reificação, ou seja, a suposição de que os resultados obtidos nos testes correspondem a uma entidade independente, uma magnitude escalonada, situada na cabeça e denominada inteligência geral.

A falácia hereditarista não consiste na mera afirmação de que o QI é, em maior ou menor grau, "herdável". De minha parte, não duvido que o seja, se bem que os hereditaristas mais veementes tenham, sem dúvida, exagerado a importância da hereditariedade. É difícil encontrar algum aspecto geral do comportamento ou da anatomia humana que não apresente nenhum componente hereditário. A falácia hereditarista consiste em duas falsas conclusões extraídas desse fato básico:

1. A identificação entre "herdável" e "inevitável". Para o biólogo, hereditariedade significa transmissão genética de traços ou tendências através dos vínculos familiares. O conceito não leva em conta as modificações ditadas pelo ambiente a que estão sujeitos esses traços e tendências. Em linguagem vulgar, "herdado" muitas vezes significa "inevitável". Mas para o biólogo não é assim. Os genes não fabricam as partes e os componentes específicos do corpo: eles codificam formas que podem variar segundo as condições ambientais. Além disso, mesmo depois de estabelecidos, os defeitos decorrentes de traços herdados podem ser modificados por meio da intervenção externa. Milhões de cidadãos deste país lêem normalmente com lentes que corrigem defeitos visuais inatos. A tese do caráter em parte "hereditário" do QI não é incompatível com a idéia de que uma educação mais rica pode desenvolver o que em linguagem vulgar

159

A FALSA MEDIDA DO HOMEM

também chamamos de "inteligência". Um QI baixo, de origem parcialmente hereditária, pode melhorar de forma significativa através de uma educação adequada. E, às vezes, não pode. O simples fato de ser hereditário não permite que tiremos qualquer conclusão.

2. A confusão entre hereditariedade no interior do mesmo grupo e hereditariedade entre grupos diferentes. A repercussão política mais importante das teorias hereditaristas não deriva do grau de hereditariedade revelado pelos testes, mas de uma extrapolação incorreta do ponto de vista lógico. Todos os estudos sobre o caráter hereditário do QI realizados com métodos tradicionais como a comparação dos resultados obtidos por sujeitos aparentados entre si, ou a confrontação dos resultados obtidos por crianças adotadas com os obtidos por seus pais biológicos, de um lado, e por seus pais legais, de outro, são estudos do tipo "intragrupal", ou seja, que permitem calcular o grau de "hereditariedade" *dentro* de uma mesma população homogênea (por exemplo, a dos americanos brancos). A falácia habitual consiste em supor que, se a herança explica determinada porcentagem de variação entre os indivíduos pertencentes a um mesmo grupo, também deve explicar uma porcentagem similar da diferença do QI médio entre grupos distintos (por exemplo, entre brancos e negros). Mas a variação entre indivíduos dentro de um mesmo grupo e as diferenças dos valores médios que se observam entre grupos distintos, são fenômenos totalmente desvinculados entre si. As conclusões obtidas a respeito de um grupo não autorizam especulações a respeito de outro.

Um exemplo hipotético e indiscutível será o suficiente. A importância da hereditariedade na altura é muito maior que qualquer outra que se lhe possa ter sido atribuída no caso do QI. Tomemos dois grupos distintos de indivíduos do sexo masculino. O primeiro, cuja altura média é de 1,77 m, vive em uma próspera cidade americana. O segundo, cuja altura média é de 1,67 m, morre de fome em uma vila do Terceiro Mundo. Nos dois lugares, a influência da hereditariedade na determinação da altura é de cerca de 95% — isso significa apenas que pais relativamente altos tendem a ter filhos altos, enquanto que pais relativamente baixos tendem a ter filhos baixos. O importante papel desempenhado pela hereditariedade dentro de cada grupo não indica nem exclui a possibilidade de que, na próxima geração, uma melhor alimentação torne a altura média dos camponeses do Terceiro Mundo maior do que a dos prósperos americanos. De maneira análoga, o QI poderá ser de cunho acentuadamente hereditário dentro de cada grupo, e, ainda assim, a diferença entre a média dos brancos e a dos negros americanos poderia refletir apenas as desvantagens ambientais a que estão sujeitos os negros.

A TEORIA DO QI HEREDITÁRIO

Com freqüência, sinto-me frustrado ao ouvir a seguinte resposta à advertência que acabo de formular: "Oh, sim! Compreendo o que quer dizer e sei que, na teoria, o senhor tem razão. Mas, mesmo que não exista nenhuma ligação lógica necessária, não é mais provável que, de qualquer modo, as diferenças entre as médias dos diferentes grupos obedeçam às mesmas causas que a variação dentro de cada grupo?" A resposta continua sendo negativa. Não existem ligações de probabilidade crescente entre a hereditariedade intragrupal e a intergrupal quando a hereditariedade aumenta dentro de cada grupo e as diferenças aumentam entre os grupos. Trata-se, simplesmente, de dois fenômenos separados. Poucos argumentos são mais perigosos do que aqueles que "parecem" corretos mas não podem ser justificados.

Alfred Binet evitou essas falácias e ateve-se fielmente aos seus três princípios. Os psicólogos americanos falsearam a intenção de Binet e inventaram a teoria do QI hereditário. Reificaram os resultados de Binet, achando que estavam medindo uma entidade chamada inteligência. Acharam que a inteligência era em grande parte herdada, e elaboraram uma série de argumentos enganosos em que confundiam diferenças culturais com propriedades inatas. Estavam persuadidos de que o resultado obtido nos testes de QI indicava a posição inevitável que cada pessoa e cada grupo deviam ocupar na vida. Também supuseram que as diferenças entre as médias dos diferentes grupos eram em grande parte um produto da hereditariedade, em que pese a evidente e profunda variação na qualidade de vida.

Este capítulo analisa as principais obras de três precursores da teoria da hereditariedade nos Estados Unidos: H. H. Goddard, que introduziu no país a escala de Binet e reificou os seus resultados, atribuindo-lhes o valor de inteligência inata; L. M. Terman, que elaborou a escala de Stanford-Binet, e sonhou com uma sociedade racional onde a profissão de cada pessoa seria decidida com base no seu QI; e R. M. Yerkes, que convenceu o exército a submeter 1.750.000 homens a um teste de inteligência na Primeira Guerra Mundial, justificando assim a suposta objetividade de dados que afirmavam a hereditariedade do QI, base da Lei de Restrição da Imigração promulgada em 1924, através da qual se restringia o acesso aos Estados Unidos de pessoas provenientes de regiões geneticamente desfavorecidas.

A teoria do QI hereditário é um produto tipicamente americano. Se isto parece paradoxal em se tratando de um país de tradições igualitárias, lembremos também o nacionalismo jingoísta da Primeira Guerra Mundial, o medo dos americanos longamente estabelecidos

A FALSA MEDIDA DO HOMEM

no país diante da onda de mão-de-obra barata (e por vezes politicamente radical) que chegava da Europa do Leste e do Sul, e, principalmente, do nosso persistente racismo.

H. H. Goddard e a ameaça dos débeis mentais

A inteligência como gene mendeliano

GODDARD IDENTIFICA O DÉBIL MENTAL

Resta agora que alguém determine a natureza da debilidade mental e complete a teoria do quociente de inteligência.

H. H. GODDARD, 1917, em uma resenha de Terman, 1916

A taxonomia é sempre uma matéria controvertida pois o mundo nunca se nos apresenta dividido em pacotinhos bem arrumados. No começo de nosso século, a classificação da deficiência mental suscitou um saudável debate. De um conjunto de três categorias, duas obtiveram aceitação geral: os idiotas eram incapazes de alcançar um domínio pleno da palavra e tinham idades mentais inferiores aos três anos; os imbecis não conseguiam alcançar um domínio pleno da escrita, e suas idades mentais variavam entre os três e os sete anos. (Atualmente, ambos os termos estão tão arraigados na linguagem injuriosa que poucas pessoas reconhecem o sentido técnico que lhes atribuía a velha psicologia.) Tanto os idiotas quanto os imbecis podiam ser classificados e separados de acordo com as exigências da maioria dos profissionais porque sua enfermidade era suficientemente grave para assegurar um diagnóstico de verdadeira patologia. Eles não são pessoas iguais a nós.

Mas consideremos o âmbito mais nebuloso e ameaçador de outra categoria de deficientes, ou seja, das pessoas que poderiam aprender a desempenhar funções na sociedade, e que estabeleceriam uma ponte entre a patologia e a normalidade, assim representando uma ameaça para o edifício taxonômico. Para se referir a essas pessoas, cujas idades mentais variam entre os oito e os doze anos, os franceses empregavam o termo *débile* (débil). Os americanos e os ingleses preferiam falar em *feeble-minded*, termo carregado de incurável ambigüidade, uma vez que outros psicólogos empregavam-no como termo genérico para todos os que sofriam de alguma anormalidade mental, e não para se referir a uma categoria específica.

162

A TEORIA DO QI HEREDITÁRIO

Os taxonomistas freqüentemente confundem a invenção de um nome com a solução de um problema. H. H. Goddard, o enérgico e combatente diretor de pesquisas da Escola Prática de Vineland (New Jersey) para Meninas e Meninos Débeis Mentais, cometeu esse erro fundamental. Cunhou um nome para designar essa categoria problemática, uma palavra que se entranharia em nossa linguagem através de uma série de anedotas que rivalizaram com as piadas de elefante de outras gerações. Os tentáculos metafóricos dessas anedotas são agora tão longos que a maioria das pessoas provavelmente atribuiria uma origem muito antiga ao termo em questão. Mas Goddard inventou-o neste século. Batizou esses indivíduos com o nome de *morons* (débil mental), de uma palavra grega que significa tolo, estúpido.

Goddard foi o primeiro divulgador da escala de Binet nos Estados Unidos. Traduziu os artigos de Binet para o inglês, aplicou seus testes e foi um decidido partidário de sua utilização geral. Concordava com Binet que os testes funcionavam melhor na detecção dos indivíduos situados um pouco abaixo do nível normal, ou seja, os débeis mentais, os que ele acabara de denominar *morons*. Mas a semelhança entre Binet e Goddard pára aí. O primeiro negou-se a definir os resultados de seus testes como "inteligência", e a finalidade de seus estudos era a identificação de indivíduos que necessitavam de ajuda. O segundo estava persuadido de que esses testes proporcionavam a medida de uma entidade independente e inata. Seu objetivo era identificar indivíduos deficientes para impor-lhes limites, segregá-los e reduzir a sua procriação, evitando assim a posterior deterioração da estirpe americana, ameaçada externamente pela imigração e interiormente pela prolífica reprodução dos débeis mentais.

UMA ESCALA UNILINEAR DE INTELIGÊNCIA

A tentativa de se estabelecer uma classificação unilinear do retardamento mental, uma escala que abarcasse desde os idiotas até os débeis mentais, passando pelos imbecis, englobava duas falácias comuns cuja presença pode ser constatada na maioria das teorias do determinismo biológico analisadas neste livro: a reificação da inteligência para que esta se converta em uma entidade independente e mensurável; e o pressuposto — já presente nas medições cranianas de Morton (ver pp. 35-59) e preservado até a graduação universal de Jensen para a inteligência geral (ver pp. 335-338) — de que a evolução consiste num progresso unilinear, e de que uma única

A FALSA MEDIDA DO HOMEM

escala ascendente, indo das formas mais elementares às mais ricas, constitui a melhor representação possível dessas variações ordenadas. O conceito de progresso é um preconceito muito arraigado, de origem bem antiga (Bury, 1920), e sua influência é tão poderosa quanto sutil, mesmo entre os que o rejeitam de forma explícita (Nisbet, 1980).

Essa pletora de causas e fenômenos englobada pelo rótulo de retardamento mental pode ser ordenada adequadamente numa escala única, implicando que cada pessoa deve a sua posição fixa à posse de determinada quantidade de uma mesma substância — e que ser retardado significa ter uma quantidade menor dessa substância? Vejamos alguns dos fenômenos associados aos valores numéricos atribuídos no passado aos débeis mentais: um nível baixo de retardamento geral, dificuldades específicas de aprendizagem derivadas de lesões neurológicas locais, desvantagens ambientais, diferenças culturais e hostilidade com relação às pessoas encarregadas de aplicar os testes. Vejamos agora algumas das causas possíveis: padrões funcionais herdados, patologias genéticas acidentais (independentes de hereditariedade), lesões cerebrais congênitas causadas por doença da mãe durante a gravidez, traumas de nascimento, alimentação deficiente do feto e do bebê, uma série de desvantagens ambientais sofridas tanto no começo quanto durante o desenrolar da vida. Entretanto, para Goddard, todos os que tinham uma idade mental entre oito e doze anos eram débeis mentais, *morons*, e todos deviam receber mais ou menos o mesmo tratamento: era preciso interná-los ou mantê-los sob vigilância rigorosa, satisfazer as necessidades ditadas pelas suas limitações e, assim, mantê-los contentes, e, principalmente, evitar que se reproduzissem.

É provável que Goddard tenha sido o hereditarista menos sutil de todos. Utilizou sua escala unilinear do retardamento mental para medir a inteligência como se esta fosse uma entidade à parte, pressupondo que todos os seus aspectos importantes eram de origem inata, passados de pai para filho. Em 1920, escreveu o seguinte (citado *in* Tuddenham, 1962, p. 491):

> Formulada em termos francos, nossa tese consiste em afirmar que o principal fator determinante da conduta humana é um processo mental que chamamos de inteligência; que esse processo é condicionado por um mecanismo nervoso inato; que o grau de eficácia desse mecanismo nervoso e o conseqüente grau intelectual ou mental que alcança cada indivíduo dependem do tipo de cromossomos contidos nas células germinativas; que, salvo no caso de acidentes graves que podem destruir parte desse mecanismo, as influências posteriores incidem de forma reduzida sobre a inteligência.

A TEORIA DO QI HEREDITÁRIO

Goddard ampliou a esfera dos efeitos sociais imputáveis às diferenças de inteligência inata até incluir praticamente todos os aspectos interessantes do comportamento humano. Partindo dos débeis mentais, e seguindo escala acima, chegou a atribuir a maior parte dos comportamentos indesejáveis a uma deficiência mental hereditária dos infratores. Seus problemas não são causados apenas pela estupidez, mas pela combinação de deficiência mental e imoralidade[2]. A inteligência superior, além de nos permitir fazer contas também engendra o bom juízo indispensável à conduta moralmente sadia.

A inteligência controla as emoções e as emoções são controladas proporcionalmente ao grau de inteligência... Portanto, quando a inteligência é pequena, as emoções não são controladas, e, sejam elas fortes ou fracas, serão traduzidas por atos desordenados, descontrolados e, como prova a experiência, geralmente indesejáveis. Portanto, ao medirmos a inteligência de um indivíduo e comprovarmos que a mesma se situa abaixo da norma o bastante para incluí-lo no grupo dos que chamamos de débeis mentais, conhecemos o dado fundamental sobre o referido indivíduo (1919, p. 272).

Muitos criminosos, a maioria dos alcoólatras e das prostitutas, bem como os fracassados, que nunca "se encaixam" na sociedade, são débeis mentais: "Sabemos em que consiste a debilidade mental, e chegamos a suspeitar que todas as pessoas incapazes de se adaptar a seu ambiente e de se ajustar às normas sociais ou, ainda, de se portar com sensatez padecem de debilidade mental" (1914, p. 571).

No nível seguinte, o dos que são apenas obtusos, encontramos as massas trabalhadoras, que vão fazendo o que se lhes apresenta. "As pessoas que realizam trabalhos pesados e monótonos", escreve Goddard (1919, p. 246), "ocupam, via de regra, a posição que realmente lhes cabe."

Também devemos aprender que existem grandes grupos de homens, os trabalhadores, cujo nível é apenas pouco superior ao da criança, e é preciso dizer-lhes o que devem fazer e mostrar-lhes como fazê-lo; se quisermos evitar desastres, não lhes devemos confiar postos que exijam iniciativa ou julgamento próprios... Existem poucos líderes; a maioria das pessoas tem de ser constituída por seguidores (1919, pp. 243-244).

---

2. A relação entre a moralidade e a inteligência era um dos temas prediletos dos eugenistas. Para refutar a impressão generalizada de que todos os monarcas são seres depravados, Thorndike (1940, pp. 264-265) mencionou um coeficiente de correlação de 0,56 entre a inteligência e a moralidade estimada de 269 membros masculinos de famílias reais européias!

A FALSA MEDIDA DO HOMEM

No extremo superior, os homens inteligentes exercem o comando cômoda e justificadamente. Falando a um grupo de estudantes da Universidade de Princeton, em 1919, Goddard afirmou o seguinte:

> Ora, a verdade é que os operários provavelmente têm uma inteligência de 10 anos, enquanto vocês têm uma de 20. Exigir para eles uma casa como a que vocês possuem é tão absurdo quanto exigir que cada operário receba um diploma de graduação. Como pensar em igualdade social se a capacidade mental apresenta uma variação tão ampla?

"Democracia", argumentava Goddard (1919, p. 237), "significa que o povo governa selecionando os mais sábios, os mais inteligentes e os mais humanos, para que estes lhe digam o que deve fazer para ser feliz. A democracia é, portanto, um método para se chegar a uma aristocracia realmente benévola."

A DIVISÃO DA ESCALA EM COMPARTIMENTOS MENDELIANOS

Mas, se a inteligência forma uma escala única e contínua, como podemos resolver os problemas sociais que nos afligem? Pois, em certo nível, o baixo grau de inteligência produz indivíduos "sociopatas", enquanto que, no nível seguinte, gera trabalhadores dóceis e apáticos que fazem a sociedade industrial funcionar e que aceitam pouca coisa em troca. Como distinguir entre estas duas categorias cruciais, situadas em uma mesma escala contínua, sem renunciar à idéia de que a inteligência é uma entidade à parte, herdada? Agora podemos entender por que Goddard dedicou tanta atenção aos débeis mentais. Eles ameaçam a saúde da raça por ocuparem uma posição muito elevada dentro do grupo dos indesejáveis, e, se não forem identificados, podem prosperar e propagar-se. Todos reconhecemos o idiota e o imbecil, e sabemos o que é preciso fazer; a continuidade da escala deve ser interrompida exatamente acima do nível dos débeis mentais.

> O idiota não constitui nosso maior problema. Sem dúvida, é repugnante... Contudo, vive a sua vida e pronto. Não gera filhos como ele, que comprometam o futuro da raça... Nosso grande problema é o tipo débil mental (1912, pp. 101-102).

Goddard trabalhou em uma época em que todo o mundo estava entusiasmado pelo redescobrimento da obra de Mendel e pela possibilidade de decifrar as bases da hereditariedade. Hoje sabemos que praticamente todos os traços importantes de nosso corpo são produ-

A TEORIA DO QI HEREDITÁRIO

tos da interação de muitos genes entre si e com o ambiente externo. Mas, naquela época, muitos biólogos pensaram ingenuamente que todos os traços humanos se comportariam como a cor, o tamanho ou a rugosidade das ervilhas de Mendel: em suma, acreditavam que até mesmo as partes mais complexas do corpo humano podiam ser produto de um único gene, e que as variações na anatomia ou no comportamento corresponderiam a formas dominantes ou recessivas que apresentassem esse gene. Os eugenistas apropriaram-se com avidez dessa idéia disparada, pois ela lhes permitia afirmar que todos os traços indesejáveis podiam derivar de genes específicos, e podiam ser eliminados através da imposição de restrições à reprodução. Os primeiros livros de eugenia estão repletos de especulações e de dados sobre linhagens, laboriosamente compilados e remendados, sobre o gene do *Wanderlust*, rastreados nas árvores genealógicas de capitães de navios, ou sobre *o* gene do temperamento, que faz com que alguns de nós sejam tranqüilos e outros dominadores. Ainda que hoje nos pareçam absurdas, não devemos esquecer que, durante um curto período de tempo, essas idéias representaram a genética ortodoxa e tiveram grande repercussão social nos Estados Unidos.

Goddard juntou-se à essa voga passageira formulando uma hipótese que, sem dúvida, representa o *non plus ultra* da reificação da inteligência. Tentou descrever a linhagem dos deficientes mentais internados em sua escola de Vineland, e chegou à conclusão de que a "debilidade mental" era regida pelas leis mendelianas da hereditariedade. Portanto, a deficiência mental devia ser algo delimitado, dependente de um gene que, sem dúvida, era recessivo na inteligência normal (1914, p. 539). "A inteligência normal", concluía Goddard, "parece ser um caráter dominante, que se transmite de uma maneira realmente mendeliana" (1914, p. IX).

Goddard afirmou que havia chegado a essa surpreendente conclusão impulsionado pelos fatos, e não por algum tipo de expectativa preconcebida.

> As teorias ou hipóteses apresentadas são apenas as que os próprios dados nos sugeriram, e a sua elaboração responde a um esforço de compreensão do que parece estar implícito nesses dados. Algumas das conclusões são tão surpreendentes e tão difíceis de aceitar para o autor quanto é provável que o tenham sido para os leitores (1914, p. VIII).

Podemos acreditar seriamente que Goddard aceitou com relutância uma hipótese que se ajustava tão bem ao seu esquema e que resolvia com tanta precisão o seu problema mais premente? A existên-

167

A FALSA MEDIDA DO HOMEM

cia de um gene específico para a inteligência normal eliminava a contradição potencial entre uma escala unilinear que apresentava a inteligência como uma entidade única e mensurável, e o desejo de identificar e isolar o débil mental como uma categoria especial. Goddard havia subdividido a escala em duas categorias exatamente no ponto correto: os débeis mentais tinham uma dose dupla de genes ruins, recessivos; os operários torpes tinham pelo menos um exemplar do gene normal, e por isso podiam ser colocados diante de uma máquina. Além disso, o flagelo da debilidade mental poderia finalmente ser eliminado através de planos de cruzamento de fácil execução. Um único gene pode ser rastreado, localizado e eliminado da espécie. Se a inteligência depende de uma centena de genes, o controle eugênico da reprodução está condenado ao fracasso ou ao avanço absurdamente lento.

OS CUIDADOS NECESSÁRIOS E A ALIMENTAÇÃO (MAS NÃO A REPRODUÇÃO)
DOS DEFICIENTES MENTAIS

Se a deficiência mental depende de um único gene, então o caminho para sua eliminação final está ao alcance da mão: trata-se apenas de impedir que essa classe de pessoas tenha filhos:

> Se ambos os pais são débeis mentais, todos os filhos serão débeis mentais. É evidente que se deve impedir esse tipo de acasalamento. É perfeitamente claro que se deve impedir que uma pessoa débil mental se case ou de tenha filhos. Sem dúvida, para que esta regra seja cumprida, ela deve ser imposta pela parte inteligente da sociedade (1914, p. 561).

Se os débeis mentais pudessem controlar seus impulsos sexuais e desistir desse tipo de relações para o bem da humanidade, poderíamos permitir-lhes que vivessem livremente entre nós. Mas eles são incapazes de fazê-lo, porque a estupidez e a imoralidade estão inexoravelmente ligadas entre si. O homem sensato pode controlar sua sexualidade de uma maneira racional: "Pensemos um momento na emoção sensual, que, ao que parece, é o mais incontrolável dos instintos humanos; contudo, é notório que o homem inteligente controla inclusive esta emoção" (1919, p. 273). O deficiente mental, por outro lado, não consegue se abster de maneira tão exemplar:

> Não só são incapazes de se controlar, mas também, com freqüência, são incapazes de perceber as qualidades morais: para que não tenham filhos, não basta proibir que se casem. De modo que, se temos que impedir que um débil mental tenha filhos, devemos fazer algo mais que apenas vedar-lhes o matrimônio. Para conseguir esse objetivo, existem duas propostas: uma, a internação em colônias; outra, a esterilização (1914, p. 566).

A TEORIA DO QI HEREDITÁRIO

Goddard não se opunha à esterilização, mas ela lhe parecia impraticável porque as susceptibilidades tradicionais de uma sociedade ainda não de todo racional impediriam semelhante mutilação em grande escala. A solução preferida devia ser a internação desses indivíduos em instituições exemplares como a que existia ali mesmo em Vineland, New Jersey. Apenas em tais instituições seria possível impedir a reprodução dos débeis mentais. Se o público relutasse em aceitar os grandes gastos requeridos para a construção de tantos novos centros de confinamento, bastava mostrar-lhe que o custo seria facilmente recuperado com a economia propiciada por tal medida:

> Se fossem construídas colônias em número suficiente para todos os casos evidentes de debilidade mental existentes na comunidade, elas assumiriam boa parte das atribuições das casas de caridade e dos cárceres hoje em funcionamento e reduziriam sensivelmente a população de nossos manicômios. Essas colônias permitiriam que se evitassem as perdas anuais de propriedade e vidas provocadas por essas pessoas irresponsáveis, o que representaria uma economia de recursos suficiente para custear todos, ou quase todos, os gastos necessários à construção dos novos edifícios (1912, pp. 105-106).

Dentro dessas instituições, os deficientes mentais poderiam se comportar de acordo com o seu nível biológico, sendo impedidos apenas de exercer a função da sexualidade. No final de seu livro sobre as causas da deficiência mental, Goddard insere o seguinte apelo com referência à atenção aos deficientes mentais internados nessas instituições: "Tratem-nos como crianças, de acordo com as suas idades mentais; encoragem e elogiem constantemente; nunca desencoragem ou repreendam; e *mantenham-nos felizes*" (1919, p. 327).

Medidas para evitar a imigração e a propagação dos débeis mentais

Uma vez que Goddard havia identificado o gene causador da debilidade mental, o remédio parecia ser bastante fácil: proibir a reprodução dos débeis mentais internamente, e impedir a entrada de novos elementos desse tipo no país. Para contribuir com a segunda parte dessa terapêutica, Goddard e seus colaboradores visitaram em 1912 a Ilha de Ellis "para observar as condições [em que se realizava o controle dos imigrantes] e oferecer sugestões para a melhor identificação dos deficientes mentais" (Goddard, 1917, p. 253).

A FALSA MEDIDA DO HOMEM

Segundo a descrição que faz Goddard, naquele dia o porto de Nova York estava envolto em bruma, e nenhum imigrante podia chegar à terra. Mas uma centena deles estava a ponto de sair do controle quando ele fez sua intervenção: "Escolhemos um jovem que nos pareceu deficiente, e, com a ajuda do intérprete, submete-mo-lo ao teste. Obtive um resultado de 8 na escala de Binet. O intérprete comentou: "Não precisei passar por esse teste quando cheguei aqui", e, ao que parece, achou o teste injusto. Acabamos por convencê-lo de que aquele rapaz era um deficiente" (Goddard, 1913, p. 105).

Encorajado por essa experiência — uma das primeiras vezes em que a escala de Binet foi aplicada nos Estados Unidos —, Goddard recolheu fundos para realizar um estudo mais cuidadoso, e, na primavera de 1913, enviou duas mulheres à Ilha de Ellis para trabalharem durante dois meses e meio. Tinham instruções de selecionar os débeis mentais apenas olhando-os, tarefa que Goddard preferia confiar a mulheres, a quem atribuía uma intuição inatamente superior:

> Depois que uma pessoa adquiriu muita experiência nesse trabalho, acaba por desenvolver uma sensibilidade em relação à debilidade mental que lhe permite reconhecê-la de longe. Quem melhor realiza tal tarefa são as mulheres, e creio que a elas deveria ser confiada. As mulheres têm, ao que parece, uma capacidade de observação mais fina que a dos homens. Para outros, era totalmente impossível compreender como essas duas jovens podiam selecionar o débil mental sem qualquer necessidade de recorrer ao teste de Binet (1913, p. 106).

As mulheres de Goddard submeteram ao teste trinta e cinco judeus, vinte e dois húngaros, cinqüenta italianos e quarenta e cinco russos. Esses grupos não constituíam amostragens aleatórias porque os funcionários governamentais já haviam "excluído os indivíduos considerados deficientes". Para compensar essa distorção, Goddard e seus colaboradores "deixaram de lado os sujeitos cuja normalidade era evidente. Assim, ficamos com a grande massa de 'imigrantes médios' " (1917, p. 244). (Não deixo de ficar espantado pela expressão inconsciente de preconceitos no curso de exposições supostamente objetivas. Neste caso, afirma-se que os imigrantes médios estão abaixo da normalidade, ou, pelo menos, não manifestam uma normalidade evidente — a proposição que Goddard supostamente estava verificando, não afirmando *a priori*.)

A aplicação dos testes de Binet nesses quatro grupos produziu resultados surpreendentes: 83% dos judeus, 80% dos húngaros, 79%

A TEORIA DO QI HEREDITÁRIO

dos italianos e 87% dos russos eram débeis mentais, ou seja, tinham idades mentais inferiores a doze anos na escala de Binet. O próprio Goddard ficou atordoado: quem acreditaria que quatro quintos de uma nação podiam ser constituídos por débeis mentais? "Os resultados obtidos pela estimativa dos dados são tão surpreendentes e difíceis de aceitar que por si só não podem corroborar a sua validade" (1917, p. 247). Talvez os intérpretes não houvessem explicado os testes adequadamente. Mas o psicólogo que examinou os judeus falava iídiche, e os resultados dos judeus não eram superiores aos dos grupos. Por fim, Goddard mexeu nos testes, excluiu vários, e as porcentagens baixaram para entre 40 e 50%; mas ainda assim Goddard estava desconcertado.

As porcentagens de Goddard eram ainda mais absurdas do que ele imaginava; por duas razões: uma, óbvia, a outra, não tanto. Quanto a esta última, digamos que a escala de Binet, na tradução original de Goddard, era muito severa com as pessoas que media, e considerava débeis mentais sujeitos geralmente considerados normais. Quando Terman idealizou a escala Stanford-Binet em 1916, descobriu que a versão de Goddard assinalava valores muito mais baixos que a sua. Terman assinala (1916, p. 62) que, de 104 adultos a quem seus testes atribuíam idades mentais variando entre os doze e os quatorze anos (uma inteligência baixa, mas normal), 50% eram débeis mentais de acordo com a escala de Goddard.

Quanto à razão evidente, imaginemos um grupo de homens e mulheres assustados, que não falam inglês e que acabam de atravessar o Atlântico em terceira classe. A maioria deles é pobre e nunca foi a uma escola; muitos nunca tiveram um lápis ou uma caneta nas mãos. Saem do barco; pouco depois, uma das intuitivas mulheres de Goddard separa-os do grupo, faz com que se sentem, dá-lhes um lápis e pede que reproduzam no papel uma figura que acaba de lhes mostrar, mas que já não têm à sua frente. Seu fracasso não se explica mais pelas condições em que passaram pelos testes, por seu estado de debilidade, seu medo ou sua confusão, que por uma estupidez inata? Goddard considerou esta possibilidade, mas rechaçou-a:

> A tarefa seguinte é "desenhar algo de memória", e só 50% conseguiu realizá-la a contento. O não iniciado julgará que isso não é surpreendente, pois a tarefa parece difícil; e mesmo quem sabe que crianças normais de 10 anos desempenham essa tarefa sem dificuldade pode admitir que, para pessoas que nunca haviam segurado uma caneta ou um lápis, como era o caso de muitos dos imigrantes, talvez fosse impossível fazer o desenho (1917, p. 250).

A FALSA MEDIDA DO HOMEM

Ainda que se admita uma consideração benevolente desse fracasso, como explicar, a não ser pela estupidez dos sujeitos, a incapacidade de formular mais de sessenta palavras, quaisquer palavras, de sua própria língua em três minutos?

O que diremos do fato de apenas 45% ser capaz de emitir 60 palavras em três minutos, quando as crianças normais de 11 anos por vezes emitem 200 palavras nesse espaço de tempo? É difícil encontrar outra explicação além da falta de inteligência ou de vocabulário, e, num adulto, uma deficiência de vocabulário de tal magnitude significa provavelmente falta de inteligência. Como pode uma pessoa viver, ainda que por apenas 15 anos, num dado ambiente, sem aprender centenas de nomes, dos quais sem dúvida poderá lembrar de 60 em três minutos? (1917, p. 251).

Como, a não ser por estupidez, alguém pode ignorar o dia, ou mesmo o mês ou o ano em que se está?

Devemos concluir também que o camponês europeu do tipo que imigra para a América não presta atenção à passagem do tempo? Devemos concluir que a monotonia de sua vida é tão profunda que não lhe importa que seja junho ou julho, 1912 ou 1916? É possível que uma pessoa muito inteligente, devido a alguma peculiaridade de seu ambiente, não tenha conseguido adquirir uma informação tão comum, ainda que o uso do calendário não esteja muito difundido na Europa Continental, ou que seja um pouco complicado, como na Rússia? Em tal caso, como deve ter sido esse ambiente! (1917, p. 250).

Uma vez que o ambiente, tanto o europeu quanto o imediato, não podia explicar um fracasso tão lamentável, Goddard afirmou o seguinte: "Devemos concluir necessariamente que esses imigrantes tinham uma inteligência de um nível baixíssimo" (1917, p. 251). A elevada proporção de débeis mentais ainda preocupava Goddard, mas ele acabou por atribuí-la ao caráter mutável da imigração: "Cabe assinalar que a imigração dos últimos anos é muito diferente da imigração inicial... Agora nos chega o pior de cada raça" (1917, p. 266). "A inteligência do imigrante médio de 'terceira classe' é baixa, talvez do nível do débil mental" (1917, p. 243). Talvez — assim esperava explicitamente Goddard — as coisas fossem melhores nos conveses superiores; entretanto, não aplicou os testes aos clientes mais ricos.

Então, o que deveria ser feito? Devolver todos esses deficientes mentais aos seus lugares de origem? Impedi-los de embarcar para a América? Antecipando as restrições que se tornariam lei uma década depois, Goddard sustentou que suas conclusões "propor-

A TEORIA DO QI HEREDITÁRIO

cionavam importantes considerações com vista a decisões futuras, tanto científicas quanto sociais e legislativas" (1917, p. 261). Mas, por essa época, Goddard já havia moderado sua primeira posição com relação à internação dos débeis mentais. Talvez não houvesse trabalhadores obtusos em número suficiente para desempenhar a grande quantidade de tarefas francamente não apetecíveis oferecidas pela sociedade. Para elas, podiam ser recrutados os deficientes mentais: "Realizam muitos trabalhos que os demais não estão dispostos a fazer... Existem muitíssimas tarefas monótonas a serem realizadas, muitíssimos trabalhos pelos quais não estamos dispostos a pagar as remunerações que recebem os trabalhadores mais inteligentes... Talvez o deficiente tenha uma função a desempenhar" (1917, p. 269).

Não obstante, Goddard via com bons olhos a limitação geral dos critérios de admissão. Ele relatou que as deportações por deficiência mental haviam aumentado em 350% em 1913 e em 570% em 1914, com relação à média dos cinco anos precedentes:

> Isso ocorreu graças aos incansáveis esforços dos médicos que acreditaram nos testes mentais como meio de identificar estrangeiros débeis mentais... Se o público americano deseja que os estrangeiros débeis mentais sejam excluídos, deve exigir que o Congresso institua os meios necessários nos portos de entrada (1917, p. 271).

Enquanto isso, era necessário identificar os débeis mentais nativos e impedir a sua reprodução. Em uma série de estudos, Goddard expôs o perigo da deficiência mental publicando a linhagem de centenas de almas inúteis, que eram uma carga para o Estado e a comunidade, e que não teriam nascido se a procriação de seus antepassados débeis mentais houvesse sido impedida. Em uma zona de pinheiros improdutivas de New Jersey, Goddard descobriu uma estirpe de indigentes e fracassados, cuja origem, segundo ele, remontava à união ilícita de um homem decente com uma criada de taverna supostamente débil mental. O mesmo indivíduo mais tarde havia se casado com uma respeitável *quaker*, inaugurando uma estirpe cujos membros foram todos cidadãos honestos. Uma vez que o progenitor havia engendrado uma estirpe boa e outra má, Goddard combinou as palavras gregas que significam belo (*kallos*) e mau (*kakos*) e atribuiu-lhe o pseudônimo de Martin Kallikak. Durante várias décadas, a família Kallikak de Goddard desempenhou a função de mito fundamental para o movimento eugênico.

O estudo de Goddard nada mais é que uma série de conjeturas apoiadas em conclusões determinadas de antemão. Como de costume, seu método baseava-se no treinamento de mulheres intuitivas

A FALSA MEDIDA DO HOMEM

para que estas pudessem reconhecer os débeis mentais a um simples olhar. Goddard não aplicou os testes de Binet nos casebres daquela região improdutiva de New Jersey porque sua confiança no reconhecimento visual era praticamente ilimitada. Em 1919, analisou um poema de Edwin Markham intitulado "O homem da enxada":

> Curvado pelo peso dos séculos, ele se inclina
> Sobre sua enxada e contempla a terra,
> O vazio de eras em seu rosto,
> E em suas costas o fardo do mundo...

O poema de Markham fora inspirado pelo famoso quadro de Millet com o mesmo título. Goddard queixou-se (1919, p. 239) de que o poema "parece implicar que o homem pintado por Millet achava-se naquela situação como resultado de condições sociais que o mantinham subjugado e que o tornavam semelhante a um torrão como os que removia". Absurdo!, exclamou Goddard: a maioria dos camponeses pobres só era vítima de sua própria debilidade mental, como comprovava o quadro de Millet. Markham não havia percebido que aquele camponês era um deficiente mental? "O Homem com a Enxada, de Millet, é um homem cujo desenvolvimento mental se encontra estagnado: o quadro é o retrato perfeito de um imbecil" (1919, pp. 239-240). À candente pergunta de Markham: "De quem foi o sopro que extinguiu a luz deste cérebro?", Goddard respondeu que aquele fogo mental nunca havia sido aceso.

Como era capaz de determinar o grau de deficiência mental baseando-se no exame de um quadro, Goddard não previa dificuldade nenhuma no caso de sujeitos de carne e osso. Enviou a temível Miss Kite — que logo se encarregaria de outras missões na Ilha de Ellis — aos já citados pinheirais, e não tardou em estabelecer a triste linhagem dos *kakos*. Goddard descreve assim umas das identificações realizadas por Miss Kite (1912, pp. 77-78):

> Apesar de estar habituada ao espetáculo da miséria e da degradação, ela não estava preparada para o que viu ali. O pai, um homem forte, saudável, de ombros largos, estava sentado em um canto como um desvalido... Três crianças maltrapilhas, usando sapatos que a custo se mantinham inteiros, perambulavam com a boca aberta e o olhar inconfundível do débil mental... Toda a família era uma prova viva do quanto é inútil tentar converter membros de estirpes deficientes em cidadãos honestos mediante a elaboração e a implantação de leis de educação obrigatória... O próprio pai, apesar de forte e vigoroso, mostrava em seu rosto que só possuía a mentalidade de uma criança.

A TEORIA DO QI HEREDITÁRIO

A mãe, em sua imundície e em seus farrapos, também era uma criança. Nessa casa mergulhada em pobreza abjeta, só uma coisa era absolutamente previsível: que dela sairiam mais crianças débeis mentais que constituiriam travas nas rodas do progresso humano.

Se essas identificações *in loco* parecem um pouco apressadas ou duvidosas, veja-se o método empregado por Goddard para deduzir o estado mental dos defuntos ou dos inacessíveis por algum outro motivo (1912, p. 15):

> Ao cabo de uma certa experiência, o que trabalha neste terreno pode inferir sem dificuldade a condição daquelas pessoas que não são visíveis, baseando-se na semelhança entre a linguagem empregada para descrevê-las e a empregada para descrever as pessoas que puderam ser vistas.

Talvez seja de importância menor em meio a tanto disparate, mas é preciso mencionar um detalhe que descobri há dois anos pois, neste caso, a fraude é mais deliberada. Meu colega Steven Selden e eu estávamos examinando seu exemplar do livro de Goddard sobre a família Kallikak. No frontispício, podia-se ver a imagem de um membro do ramo *kakos*, salvo da depravação mediante o confinamento na instituição de Goddard em Vineland. Deborah, como Goddard a chamava, é uma bela mulher (Fig. 5.1). Está sentada calmamente e vestida de branco, lendo um livro com um gato confortavelmente instalado em seu colo. Em outras três pranchas, aparecem diferentes membros do ramo *kakos*, tal como viviam na pobreza de suas rústicas cabanas. Todos apresentam um aspecto depravado (Fig. 5.2). As bocas têm um ar sinistro; os olhos são fendas sombrias. Mas acontece que os livros de Goddard datam de quase setenta anos e a tinta descoloriu. Agora se pode ver bem que todas as fotografias de *kakos* não internados na instituição foram falsificadas através do acréscimo de traços muito escuros que conferiam a olhos e bocas aquela aparência sinistra. As três pranchas de Deborah, por outro lado, não apresentam alterações.

Selden levou seu exemplar ao Serviço Fotográfico do Instituto Smithsoniano, cujo diretor, o Sr. James H. Wallace Jr., emitiu a seguinte informação (carta a Selden, 17 de março de 1980):

> É indubitável que as fotografias, dos membros da família Kallikak foram retocadas. Além disso, percebe-se que esses retoques se limitaram aos traços faciais dos indivíduos fotografados, especificamente os olhos, as sobrancelhas, a boca, o nariz e o cabelo.

A FALSA MEDIDA DO HOMEM

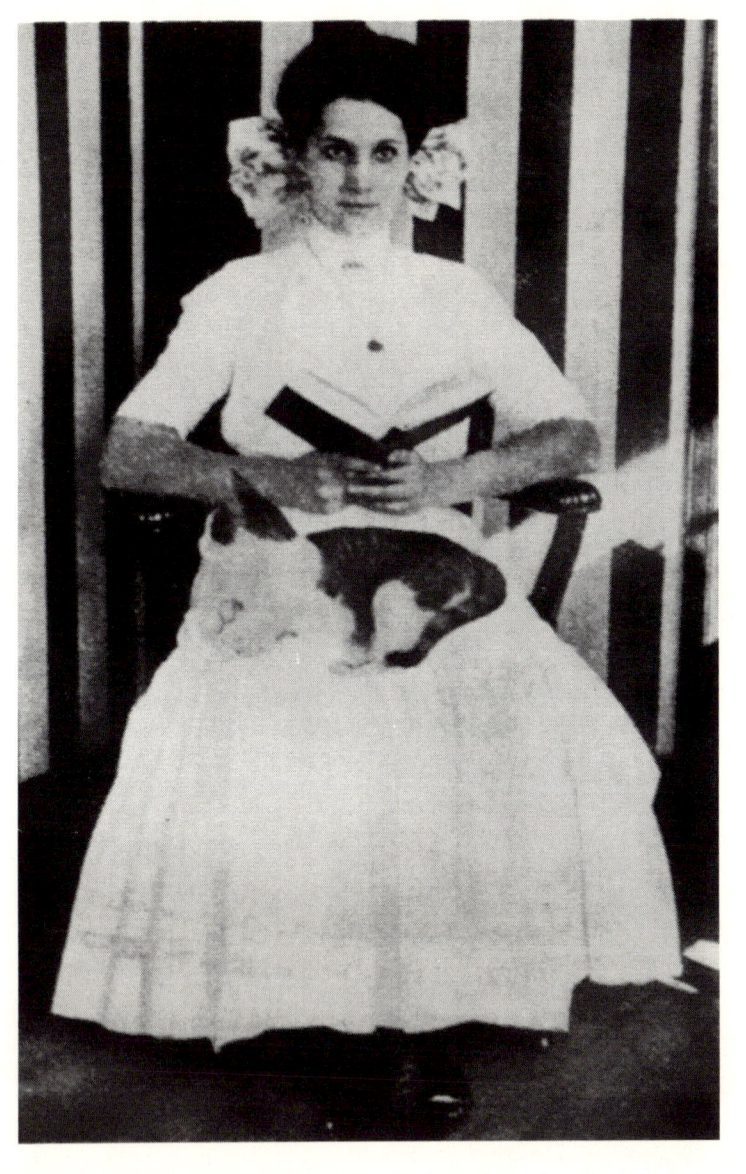

Fig. 5.1. Fotografia não retocada de Deborah, descendente da estirpe Kallikak que residia na instituição de Goddard.

A TEORIA DO QI HEREDITÁRIO

Pelos padrões atuais, trata-se de um retoque muito grotesco e evidente. Entretanto, convém lembrar que, na época da publicação original do livro, nossa sociedade era muito menos refinada em matéria de recursos visuais. O uso das fotografias era pouco difundido, e quem eventualmente as olhava sequer tinha o grau de habilidade que as crianças de hoje alcançam antes da adolescência...

A dureza [dos traços] sem dúvida confere um aspecto sinistro e chocante às fisionomias, algo que por vezes dá a impressão de ser maldade e por vezes, atraso mental. Fica difícil explicar a presença desses retoques como não sendo um desejo de provocar em quem olhasse as fotografias uma falsa impressão sobre as características das pessoas que nelas aparecem. Neste sentido, creio que o fato de apenas essas partes das fotografias, ou dos indivíduos, terem sido retocadas também é significativo...

Acho que estas fotografias constituem um tipo muito interessante de falsificação fotográfica.

A retratação de Goddard

Em 1928, Goddard havia revisto suas opiniões, e chegou a converter-se num defensor do homem cuja obra ele corrompera: Alfred Binet. Antes de tudo, reconheceu que havia estabelecido valores exagerados para a identificação do débil mental:

> Durante certo tempo, supôs-se muito levianamente que todas as pessoas com idade mental de doze anos ou menos, segundo os testes, padeciam de debilidade mental... Agora, sem dúvida, sabemos que apenas uma pequena porcentagem dessas pessoas é realmente constituída por débeis mentais, ou seja, pessoas incapazes de gerir seus assuntos com a prudência normal ou de competir na luta pela vida (1928, p. 220)

Mas, mesmo depois dessa correção de nível, continuava havendo muitos deficientes autênticos. O que fazer com eles? Goddard não abandonou a crença na origem hereditária dessa enfermidade mental mas afirmou, em conformidade com as idéias de Binet, que a maioria, quando não todos, podia ser educada para desempenhar uma vida útil na sociedade:

> O problema do débil mental é um problema de educação e adestramento... Isto pode surpreender, mas, sinceramente, quando vejo o que se conseguiu com um sistema educacional que, como regra geral, só tem 50% de educação, fica-me fácil concluir que, quando contarmos com um sistema totalmente adequado, todo deficiente poderá encarre-

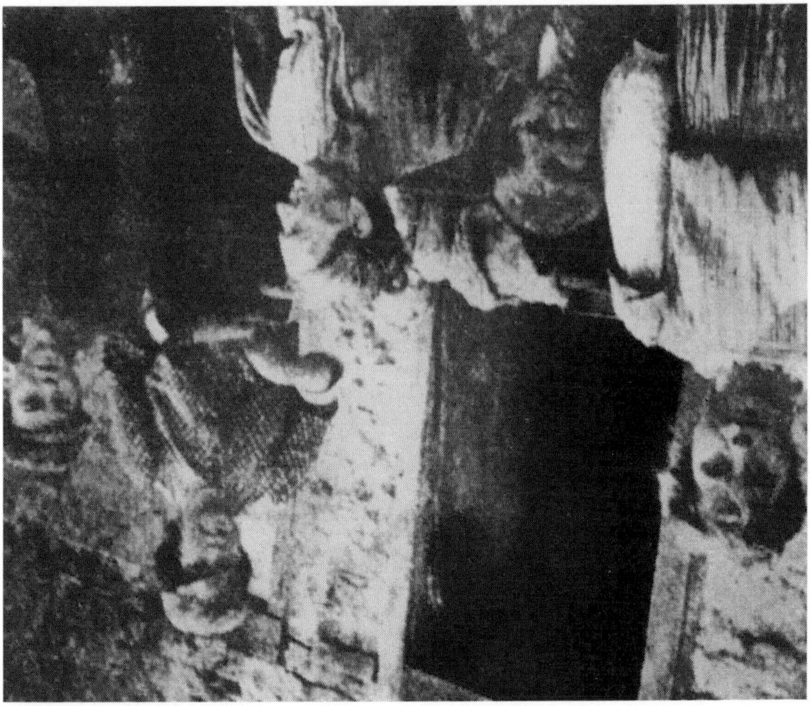

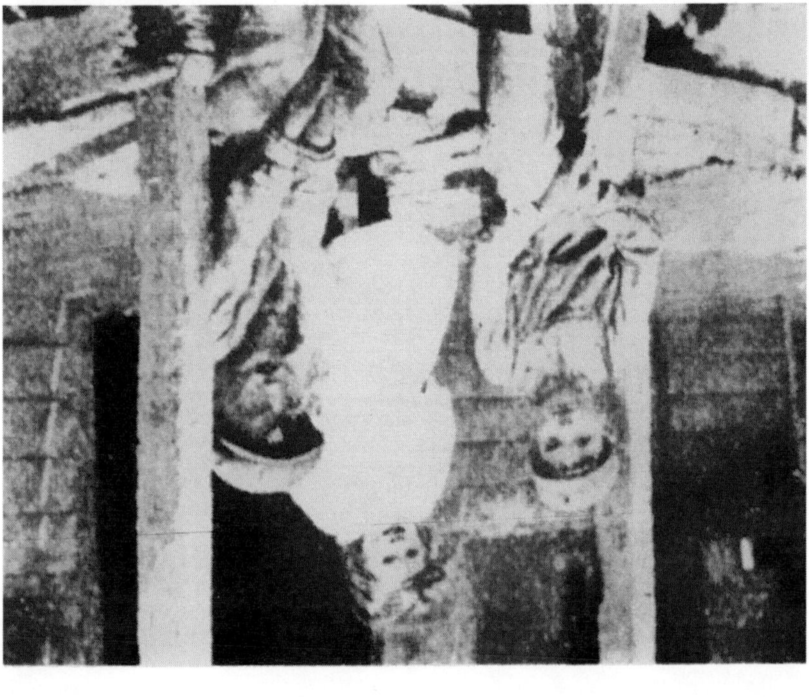

A TEORIA DO QI HEREDITÁRIO

gar-se de si mesmo e de seus assuntos, bem como competir na luta pela vida. Se a isto pudermos acrescentar um sistema social capaz de realmente oferecer a cada homem uma oportunidade, já não haverá nenhuma dúvida quanto ao resultado (1928, pp. 223-224).

Mas, se permitirmos que os débeis mentais vivam em nossa sociedade, eles não se casarão e terão filhos? Não é esse o maior perigo de todos, a fonte das mais apaixonadas advertências anteriormente expressadas por Goddard?

Alguns objetarão que este plano negligencia os aspectos eugênicos do problema. Vivendo na comunidade, esses débeis mentais acabarão por se casar e ter filhos. E por que não?... Poderão ainda objetar que o mais provável é que os pais débeis mentais tenham filhos imbecis ou idiotas. Não há indícios suficientes de que isso aconteça. É provável que se trate de um perigo negligenciável. Em todo caso, tudo parece indicar que o risco de que isso ocorra não é maior nos deficientes que na população em geral[3]. Suponho que para a maioria dos senhores, assim como para mim, será difícil reconhecer que o enfoque correto é o que expus mais acima. Trabalhamos durante muito tempo, baseados no conceito tradicional (1928, pp. 223-224).

Na conclusão, Goddard destrói os dois baluartes de seu antigo sistema:

1. O débil mental (o *moron*) *não é incurável* [o grifo é de Goddard].
2. Em geral, os débeis mentais não precisam ser segregados em instituições (1928, p. 225).

"Quanto a mim", confessa ele (p. 224), "acho que passei para o lado do inimigo."

---

3. É preciso não ver nessas palavras mais do que o que Goddard quis dizer. Ele não havia abandonado sua crença na hereditariedade da debilidade mental. Os pais deficientes mentais terão filhos deficientes mentais, mas a educação permitirá que cheguem a ser úteis para a sociedade. Entretanto, os pais deficientes não engendrarão necessariamente mais deficientes de grau *inferior* — idiotas e imbecis — que os outros pais.

◄ Fig. 5.2. Fotografias retocadas de membros da família Kallikak que viviam pobremente em uma zona de pinheiros improdutiva situada em New Jersey. Observe-se como as bocas e as sobrancelhas aparecem retocadas para dar uma impressão de maldade ou estupidez. O efeito é ainda mais evidente nas fotografias originais publicadas no livro de Goddard.

A FALSA MEDIDA DO HOMEM

Lewis M. Terman e a comercialização em grande escala do QI inato

Sem oferecer quaisquer dados sobre o que acontece no momento da concepção e na etapa do jardim-da-infância, e baseando-se nos resultados obtidos através de alguns milhares de questionários, eles afirmam que podem medir os dotes mentais hereditários dos seres humanos. É evidente que não se trata de uma conclusão baseada num trabalho de investigação. Trata-se de uma conclusão que introduzem porque querem que as coisas sejam assim. É uma conclusão introduzida, em meu entender, de forma quase sempre inconsciente... Se se chegar a acreditar que esses testes realmente medem a inteligência, que constituem uma espécie de juízo final sobre a capacidade da criança, que revelam "cientificamente" o seu talento predestinado, então será mil vezes melhor pegar todos os que aplicam esses testes de inteligência e afundá-los sem aviso prévio, juntamente com todos seus questionários, no Mar dos Sargaços.

WALTER LIPPMANN, durante um debate com Lewis Terman

A aplicação generalizada dos testes e a escala de Stanford-Binet

Lewis M. Terman, décimo-segundo dos quatorze filhos de uma família de fazendeiros de Indiana, começou a se interessar pelo estudo da inteligência por volta dos nove ou dez anos, quando um vendedor de livros ambulante, que também cultivava a frenologia, visitou sua casa e, depois de apalpar certas protuberâncias de seu crânio, previu-lhe uma vida plena de êxito. Terman desenvolveu esse interesse precoce sem duvidar em nenhum momento de que o valor intelectual das pessoas era uma entidade mensurável, situada na cabeça. Em sua tese de doutoramento de 1906, examinou sete meninos "brilhantes" e sete "estúpidos", e afirmou que seus testes permitiam medir a inteligência valendo-se de todos os estereótipos raciais e nacionais costumeiros. Sobre os testes para medir a inventividade escreveu o seguinte: "Basta comparar o negro com o esquimó ou com o índio, e o australiano com o anglo-saxão, para percebermos a relação evidente entre a capacidade intelectual geral e a capacidade de invenção" (1906, p. 14). Sobre a capacidade matemática, declarou o seguinte (1906, p. 29): "A etnologia mostra que o progresso racial caminha ao lado do desenvolvimento da capacidade de manejar conceitos e relações matemáticas."

Ao concluir seu estudo, Terman incorre nas duas falácias identificadas nas páginas (158 e 159) como os pilares em que se apóia a concepção hereditarista. Ele reifica os resultados médios dos testes,

A TEORIA DO QI HEREDITÁRIO

atribuindo o caráter de "coisa" (entidade única) à inteligência geral quando advoga pela primeira vez as seguintes possibilidades (1906, p. 9): "A capacidade intelectual é uma conta bancária da qual podemos retirar o que necessitamos para todos os fins desejados, ou é um talão de cheques distintos, cada um destinado a um fim específico e inconversível?" E, embora admita sua incapacidade de apresentar qualquer prova real dessa habilidade, defende a concepção inatista (1906, p. 68): "Ainda que ofereça poucos dados positivos sobre o tema, este estudo reforçou minha impressão a respeito da maior importância da hereditariedade comparada com a educação como fator determinante do nível intelectual que cada indivíduo ocupa em relação aos seus semelhantes."

Goddard introduziu a escala de Binet na América, mas o principal arquiteto de sua popularidade foi Terman. A última versão de Binet, de 1911, incluía quarenta e quatro tarefas, que iam desde o estágio anterior ao jardim-da-infância até meados da adolescência. Em 1916, Terman fez a primeira revisão da escala fazendo com que esta abrangesse os "adultos superiores" e ampliando o número de tarefas para noventa. Como na época fosse professor da Universidade de Stanford, deu à sua revisão um nome que já faz parte do vocabulário do nosso século: a escala de Stanford-Binet, padrão para quase todos os testes de "QI" que se seguiram desde então[4].

Não proponho uma análise detalhada de seu conteúdo (ver Block e Dworkin, 1976, ou Chase, 1977), mas apenas apresento dois exemplos que mostram como os testes de Terman acentuavam a adequação dos resultados às expectativas, ao mesmo tempo em que desvalorizavam respostas originais. Quando as expectativas correspondem a normas sociais, não podemos afirmar que os testes medem uma prioridade abstrata de raciocínio, mas a familiaridade com o comportamento convencional. Terman acrescentou a seguinte prova à lista de Binet:

---

4. Terman (1919) apresentou uma extensa lista dos atributos da inteligência geral que podiam ser obtidos através dos testes Stanford-Binet: memória, compreensão da linguagem, amplitude do vocabulário, orientação no espaço e no tempo, coordenação entre o olho e a mão, conhecimento dos objetos familiares, juízo, semelhanças e diferenças, raciocínio aritmético, habilidade e engenhosidade para resolver dificuldades de ordem prática, capacidade de detectar coisas sem nexo, rapidez e riqueza de associação de idéias, habilidade para reconstruir um conjunto de formas divididas ou agrupar um conjunto de idéias em um todo único, capacidade para generalizar a partir de dados particulares, e habilidade para deduzir uma norma a partir de uma série de fatos relacionados entre si.

181

A FALSA MEDIDA DO HOMEM

Um índio que chega pela primeira vez em sua vida a uma cidade vê passar um homem branco. Quando este passa a seu lado, o índio diz: "O homem branco é preguiçoso; caminha sentado." De que meio de transporte se utilizava o homem branco para que o índio dissesse: "Caminha sentado"?

Para Terman, a única resposta correta era "bicicleta": não podia se tratar de carro ou outro veículo similar pois neles as pernas não sobem e descem; tampouco podia ser cavalo (a resposta "incorreta" mais comum) porque qualquer índio que se preze saberia reconhecer o que estava vendo. (Eu mesmo respondi "cavalo" porque achei que o índio estava usando de ironia sutil e criticando os hábitos decadentes de sua contrapartida citadina.) As respostas originais do tipo "um aleijado em uma cadeira de rodas" ou "alguém montado nos ombros de outro" também eram consideradas incorretas.

Terman também incluiu a seguinte prova, tomada do original de Binet: "Meu vizinho tem recebido visitas estranhas. Primeiro chegou um médico em sua casa; em seguida, um advogado; depois, um sacerdote. O que você acha que aconteceu na casa dele? Terman mostrou-se pouco receptivo a outra resposta que não fosse "uma morte", embora tenha aceitado "um casamento", resposta dada por um rapaz que ele descreveu como "um jovem eugenista muito culto". O rapaz explicou que o médico fora verificar se os nubentes eram saudáveis, o advogado havia firmado o contrato matrimonial, e o sacerdote encarregara-se de celebrar a união. Por outro lado, Terman rejeitou a combinação "divórcio e novo casamento", embora tenha observado que um colega de Reno, Nevada, julgara a resposta "muito, mas muito comum". Tampouco aceitou outras respostas válidas mas não complicadas (um jantar, ou um entretenimento), ou respostas originais do tipo: "um moribundo que se casa e faz seu testamento antes de morrer".

Mas a influência mais importante de Terman não reside no rigor que introduziu na escala de Binet, nem na ampliação da mesma. As tarefas de Binet deviam ser propostas por um indivíduo treinado, trabalhando com uma criança de cada vez. Não podiam ser utilizadas como instrumentos para uma classificação geral. Mas Terman queria que todas as pessoas fossem submetidas aos testes porque esperava poder estabelecer uma graduação das capacidades inatas que permitisse encaminhar as crianças às posições que lhes cabiam na vida:

Que alunos devem ser submetidos aos testes? A resposta é "todos". Se apenas crianças selecionadas forem testadas, muitos dos casos que mais precisam ser corrigidos serão negligenciados. O objetivo dos

A TEORIA DO QI HEREDITÁRIO

testes é dizer-nos o que ainda não sabemos, e seria um erro aplicá-los apenas naqueles alunos cuja superioridade ou inferioridade com relação à média já conhecemos. Algumas das maiores surpresas ocorrem quando os testes são aplicados naqueles cuja capacidade se considerava estar muito próxima da média. A aplicação universal dos testes é plenamente justificada (1923, p. 22).

O teste Stanford-Binet, assim como o seu antecessor destinava-se ao exame de indivíduos, mas acabou por se converter no paradigma de praticamente todas as versões escritas que se seguiram. Mediante uma cuidadosa manipulação e eliminação[5], Terman uniformizou a escala para que o resultado da criança "média" fosse de 100 em cada idade (a idade mental era então igual à idade cronológica). Terman nivelou também a variação entre as crianças introduzindo um desvio normal de 15 ou 16 pontos em cada idade cronológica. Com sua média de 100 e seu desvio normal de 15, o teste Stanford-Binet chegou a ser (e, em muitos aspectos, continua sendo) o critério fundamental para se julgar a abundância de escritos comercializados em grande escala a partir de então. A argumentação errônea é a seguinte: sabemos que o teste Stanford-Binet mede a inteligência; portanto, qualquer teste escrito que apresenta uma correlação estreita com o de Stanford-Binet também mede a inteligência. Grande parte dos estudos estatísticos baseados em testes dos últimos cinqüenta anos não fornece qualquer prova independente da proposição segundo a qual os testes medem a inteligência: só estabelecem uma correlação com um padrão prévio e jamais questionado.

A aplicação de testes logo se transformou numa indústria milionária; as companhias de estudo de mercado não se atreviam a utilizar testes que não fossem respaldados pela correlação com a norma de Terman. O primeiro teste aplicado em grande escala foi o teste Alfa do exército (ver pp. 200-231) mas, poucos anos após o término da guerra viram-se assolados por um verdadeiro dilúvio de testes rivais. Uma rápida olhada nos anúncios inseridos no final do último livro de Terman (1923) revela, de forma tão dramática quanto involuntária, o que ocorreu quando seu desejo de testar todas as crianças tornou-se realidade — todas as advertências de Terman quanto à necessidade de avaliações amplas e cuidadosas (veja-se, por exemplo, 1919, p. 299) foram ignoradas diante das limitações de custo e tempo (Fig. 5.3). Trinta minutos e cinco testes poderiam marcar uma criança

---

5. Isto não constitui, em si mesmo, uma falsificação, pois trata-se de um procedimento estatístico legítimo que permite uniformizar o resultado médio e a variação média entre os diferentes níveis de idade.

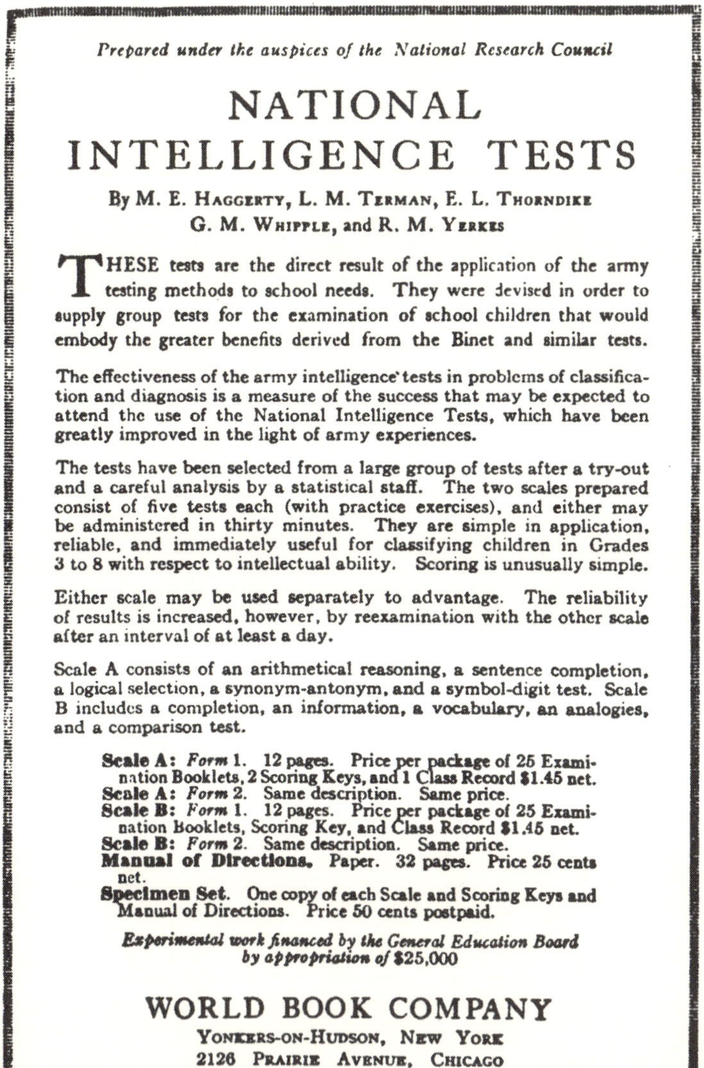

A FALSA MEDIDA DO HOMEM

Prepared under the auspices of the National Research Council

NATIONAL
INTELLIGENCE TESTS

By M. E. Haggerty, L. M. Terman, E. L. Thorndike
G. M. Whipple, and R. M. Yerkes

THESE tests are the direct result of the application of the army testing methods to school needs. They were devised in order to supply group tests for the examination of school children that would embody the greater benefits derived from the Binet and similar tests.

The effectiveness of the army intelligence tests in problems of classification and diagnosis is a measure of the success that may be expected to attend the use of the National Intelligence Tests, which have been greatly improved in the light of army experiences.

The tests have been selected from a large group of tests after a try-out and a careful analysis by a statistical staff. The two scales prepared consist of five tests each (with practice exercises), and either may be administered in thirty minutes. They are simple in application, reliable, and immediately useful for classifying children in Grades 3 to 8 with respect to intellectual ability. Scoring is unusually simple.

Either scale may be used separately to advantage. The reliability of results is increased, however, by reexamination with the other scale after an interval of at least a day.

Scale A consists of an arithmetical reasoning, a sentence completion, a logical selection, a synonym-antonym, and a symbol-digit test. Scale B includes a completion, an information, a vocabulary, an analogies, and a comparison test.

> **Scale A:** *Form* 1. 12 pages. Price per package of 25 Examination Booklets, 2 Scoring Keys, and 1 Class Record $1.45 net.
> **Scale A:** *Form* 2. Same description. Same price.
> **Scale B:** *Form* 1. 12 pages. Price per package of 25 Examination Booklets, Scoring Key, and Class Record $1.45 net.
> **Scale B:** *Form* 2. Same description. Same price.
> **Manual of Directions.** Paper. 32 pages. Price 25 cents net.
> **Specimen Set.** One copy of each Scale and Scoring Keys and Manual of Directions. Price 50 cents postpaid.

Experimental work financed by the General Education Board by appropriation of $25,000

WORLD BOOK COMPANY
Yonkers-on-Hudson, New York
2126 Prairie Avenue, Chicago

Fig. 5.3. Anúncio dos testes mentais de aplicação em massa, redigidos, entre outros, por Terman e Yerkes.

A TEORIA DO QI HEREDITÁRIO

para o resto da vida, se as escolas adotassem o seguinte tipo de exame, anunciado no livro de Terman de 1923, e cujo comitê de elaboração era integrado por Thorndike, Yerkes e pelo próprio Terman.

Testes Nacionais de Inteligência para crianças da 3ª à 8ª série

[Estes testes] são o resultado direto da aplicação dos métodos de exame do exército às necessidades escolares... Foram selecionados a partir de um vasto grupo de testes, e depois de uma série de ensaios e análises minuciosos realizados por especialistas em estatística. As duas escalas elaboradas constam de cinco testes cada uma (com exercícios práticos) e ambas podem ser administradas em trinta minutos. São de fácil aplicação, seguras e de utilidade imediata para a classificação das crianças da 3ª à 8ª série de acordo com sua capacidade intelectual. O método de classificação é extremamente simples.

Se Binet estivesse vivo, uma avaliação tão superficial provavelmente o teria afligido em muito, mas, mais forte ainda teria sido a sua reação ante as intenções de Terman. Ambos concordavam que o intuito a que melhor se prestavam os testes era a identificação dos "deficientes profundos". Contudo, os motivos de Terman contrastavam vivamente com a intenção de Binet, que se propunha a separar essas pessoas para poder ajudá-las (1916, pp. 6-7):

Pode-se prever com segurança que, num futuro próximo, os testes de inteligência colocarão dezenas de milhares desses deficientes profundos sob a vigilância e a proteção da sociedade. Tal medida acabará por impedir que a debilidade mental se reproduza e por eliminar uma grande quantidade de crimes, de mendicância e de ineficácia industrial. Não é preciso insistir que os casos profundos, do tipo freqüentemente negligenciado, são justamente aqueles cuja custódia é a mais importante para o Estado.

Terman insistiu implacavelmente na existência de limitações e no seu caráter inevitável. Em menos de uma hora ele podia liquidar com as esperanças e desvalorizar os esforços de pais "bem-educados" que lutavam contra a desgraça de ter um filho com um QI de 75.

É estranho que a mãe se sinta animada e esperançosa ao ver que seu filho está aprendendo a ler. Ela não parece se dar conta de que nessa idade deveriam estar faltando só três anos para ele entrar no 2º grau. Em apenas quarenta minutos, o teste disse mais sobre a capacidade intelectual desse menino que tudo o que sua inteligente mãe pudera aprender durante onze anos de observação, dia após dia, hora após hora. X é débil mental; nunca concluirá a escola primária e nunca será um trabalhador eficiente ou um cidadão responsável (1916).

A FALSA MEDIDA DO HOMEM

Walter Lippmann, na época um jovem jornalista, viu o desígnio preconcebido que se ocultava por trás dos dados numéricos de Terman, e, contendo sua indignação, escreveu o seguinte:

O perigo dos testes de inteligência é que, em um sistema educacional aplicado em grande escala, os menos sutis ou os mais preconceituosos limitar-se-ão a classificar, esquecendo que seu dever é educar. Classificarão a criança atrasada em vez de lutar contra as causas de seu atraso. Porque a tendência geral da propaganda baseada na aplicação de testes de inteligência consiste em tratar as pessoas com baixos quocientes de inteligência como se fossem congênita e irremediavelmente inferiores.

Terman e a tecnocracia do inato

Se fosse verdade, as satisfações emocionais e mundanas reservadas ao especialista nos testes de inteligência seriam muito grandes. Se realmente estivesse medindo a inteligência, e se a inteligência fosse uma quantidade fixa hereditária, a ele caberia dizer não apenas que posição deverá ocupar cada criança na escola, mas também que crianças deverão chegar ao 2.º grau e à universidade, quais deverão obter diplomas e quais deverão executar trabalhos manuais e tarefas não especializadas. Se o especialista em testes fizesse valer plenamente os seus direitos, não tardaria em ocupar uma posição de poder que ainda nenhum intelectual alcançou desde a queda da teocracia. O panorama é fascinante, e basta apenas uma visão parcial dele para nos embriagarmos. Se fosse possível provar, ou ao menos crer, que a inteligência é determinada pela hereditariedade, e que o especialista em testes é capaz de medi-la, que futuro mais promissor! A tentação inconsciente é demasiado forte para as defesas críticas que os métodos científicos normalmente possuem. Com a ajuda de uma ilusão estatística sutil, de falácias lógicas intrincadas e de alguns *obiter dicta* introduzidos de contrabando, a auto-ilusão, passo preliminar para a ilusão do público, está praticamente assegurada.

WALTER LIPPMANN, em um debate com Terman

Platão havia sonhado com um mundo racional governado por reis filosófos. Terman ressuscitou essa perigosa visão, mas incitou seu grupo de especialistas em testes mentais a cometer um ato de usurpação. Se todas as pessoas pudessem passar pelos testes e então receber os papéis adequados a seus diferentes graus de inteligência, poderíamos, pela primeira vez na história, construir uma sociedade justa e, mais importante, ainda, eficiente.

Começando por baixo, Terman afirmou que o que devemos fazer em primeiro lugar é limitar ou eliminar aqueles cuja inteligência é demasiado baixa para que possam conduzir uma vida normal ou

A TEORIA DO QI HEREDITÁRIO

em conformidade com os valores morais. A causa fundamental da patologia social é o retardamento mental inato. Terman (1916, p. 7) criticou a tese lombrosiana de que o comportamento criminoso era evidenciado por características externas da anatomia. Sem dúvida, a origem desse comportamento é inata, mas seu sinal direto é o QI baixo, não os braços longos ou a mandíbula saliente:

> As teorias de Lombroso foram completamente refutadas pelos testes de inteligência. Esses testes demonstraram, excluindo qualquer possibilidade de dúvida, que o traço mais importante de pelo menos uns 25% de nossos criminosos é a deficiência mental. As anomalias físicas tão freqüentemente observadas nos presos não são os estigmas da criminalidade, mas o acompanhamento físico da deficiência mental. Não são significativas para o diagnóstico, exceto pelo fato de indicarem a existência da debilidade (1916, p. 7).

Essa malfadada herança constitui uma dupla carga para os deficientes, pois a falta de inteligência, já bastante prejudicial por si mesma, conduz à imoralidade. Se temos de eliminar a patologia social, devemos localizar a sua causa na constituição biológica dos próprios sociopatas, e depois eliminá-los através da reclusão em instituições, e, principalmente, proibindo que se casem e tenham filhos.

> Nem todos os criminosos são retardados, mas todas as pessoas retardadas são, no mínimo, criminosos em potencial. É praticamente indiscutível que toda mulher que sofre de deficiência mental é uma prostituta em potencial. O juízo moral, como o juízo comercial, o juízo social ou qualquer outro processo mental superior, é uma função da inteligência. A moralidade não pode florescer ou frutificar se a inteligência continua sendo infantil (1916, p. 11).
>
> Os deficientes mentais, ou seja, as pessoas socialmente incompetentes, são por definição mais uma carga que um benefício, e não apenas do ponto de vista econômico, mas principalmente porque esses indivíduos tendem a se converter em delinqüentes ou criminosos... A única forma eficaz de tratar o débil mental incurável consiste em mantê-lo permanentemente vigiado. As obrigações da escola pública referem-se mais à educação do grupo mais amplo e mais promissor das crianças que apenas apresentam uma inferioridade relativa (1919, pp. 132-133).

Em favor da aplicação universal dos testes, Terman escreveu o seguinte (1916, p. 12): "Se levarmos em conta o tremento custo da depravação e do crime, que com toda probabilidade ascende a nada menos que 500 milhões de dólares por ano só nos Estados Unidos,

A FALSA MEDIDA DO HOMEM

fica evidente que a sua coibição constitui uma das mais produtivas aplicações dos testes psicológicos."

Depois de ter marcado os sociopatas para que sejam isolados da sociedade, os testes de inteligência deveriam canalizar as pessoas biologicamente aptas para as profissões adequadas aos seus diferentes níveis mentais. Terman confiava que seus especialistas em testes poderiam "determinar o 'quociente de inteligência' mínimo requerido para se desempenhar com êxito cada uma das principais profissões" (1916, p. 17). Qualquer professor consciente tenta achar uma colocação para seus alunos, mas poucos têm a coragem de apresentá-los como apóstolos de uma nova ordem social:

> Sem dúvida, as indústrias sofrem enormes perdas por empregar pessoas cuja capacidade mental não corresponde às tarefas que devem realizar... Toda empresa que empregue pelo menos de 500 a 1.000 trabalhadores, como por exemplo uma grande loja de departamentos, poderia economizar várias vezes o salário de um psicólogo experiente.

Terman praticamente vedou o desempenho de profissões prestigiosas ou bem remuneradas às pessoas com um QI inferior a 100 (1919, p. 282), e sustentou que, para obter "êxito considerável", era preciso ter provavelmente um QI superior a 115 ou 120. Contudo, interessava-lhe mais estabelecer distinções no extremo inferior da escala, entre os que havia qualificado de "meramente inferiores". A moderna sociedade industrial precisa de seu equivalente tecnológico da metáfora bíblica de épocas mais bucólicas — os lenhadores e os aguadeiros. E eles não são poucos:

> A evolução da moderna organização industrial, junto com a mecanização dos processos através da máquina, possibilita a utilização cada vez mais ampla de pessoas mentalmente inferiores. Um único homem capaz de pensar e planejar dirige o trabalho de dez ou vinte operários, que fazem o que lhes é indicado e que precisam dispor de muito pouco engenho ou capacidade de iniciativa (1919, p. 276).

As pessoas com um QI igual ou inferior a 75 deveriam desempenhar tarefas não especializadas; as que têm um QI variando entre 75 e 85 deveriam se alinhar "principalmente entre os que desempenham tarefas semi-especializadas". Também se podem formular juízos mais específicos: "No caso de um barbeiro, qualquer resultado acima de 85 representa um desperdício de capacidade" (1919, p. 288). "No caso de um motorneiro, um QI de 75 constitui um risco perigoso e produz descontentamento" (Terman, 1919). As pessoas

188

A TEORIA DO QI HEREDITÁRIO

do "grupo que oscila entre os 70 e os 85" precisam de um treinamento profissional especial e de uma colocação adequada: se não, tendem a abandonar a escola "e passam facilmente para as fileiras dos anti-sociais ou se unem ao exército dos descontentes bolcheviques" (1919, p. 285).

Terman investigou o QI de diferentes grupos profissionais e comprovou com satisfação que já ocorrera naturalmente uma distribuição imperfeita baseada em critérios de inteligência. Quanto às exceções embaraçosas, tratou de engendrar soluções engenhosas para justificá-las. Por exemplo, examinou 47 empregados de uma companhia de transporte rápido, cujo trabalho era mecânico, repetitivo, "e oferecia pouquíssimas oportunidades de se exercer a engenhosidade ou mesmo o juízo pessoal" (1919, p. 275). Entretanto, seu QI médio era de 95, e uns 25% superavam a marca de 104, com o que se situavam entre os inteligentes. Esses resultados desconcertaram-no, mas atribuiu o fato de não terem logrado uma colocação melhor à sua carência de "certas qualidades emocionais, morais ou outros requisitos desejáveis", sem, contudo, descartar a possibilidade de que "pressões econômicas" tivessem obrigado alguns deles a "deixar a escola antes de estarem capacitados a optar por trabalhos mais adequados" (1919, p. 275). Em outro estudo, Terman reuniu uma amostragem de 256 "vagabundos e desempregados", em sua maioria procedentes de um "albergue para vagabundos" de Palo Alto. Suas expectativas apontavam para um QI médio situado no extremo inferior da escala. Contudo, embora a média obtida, 89, não indicasse a existência de dotes intelectuais particularmente notáveis, foi suficiente para situar os vagabundos acima dos motorneiros, dos balconistas, dos bombeiros e dos policiais. Terman suprimiu a dificuldade introduzindo uma ordem bastante curiosa em sua tabela. A média dos vagabundos era incomodamente elevada, mas eles também apresentavam uma variação muito maior que a de qualquer outro grupo, além de uma quantidade considerável de resultados bastante baixos. Assim, Terman compôs sua lista tomando os resultados dos 25% inferiores de cada grupo, mandando os vagabundos para o porão da hierarquia.

Se Terman houvesse se limitado a postular uma meritocracia baseada no êxito profissional, poderíamos censurar seu elitismo, mas aplaudir um tipo de organização disposto a premiar com oportunidades quem estivesse disposto a trabalhar duro e com entusiasmo. Mas Terman acreditava que as fronteiras de classe haviam sido estabelecidas pela inteligência inata. Sua classificação correlativa das profissões, do grau de prestígio e do nível dos salários refletia o valor

A FALSA MEDIDA DO HOMEM

biológico das classes sociais existentes. Os barbeiros talvez deixassem de ser italianos, mas continuariam a ser originários da classe pobre, a qual pertenceriam indefinidamente:

> A opinião corrente de que a criança procedente de um lar culto tem mais êxito nos testes devido às vantagens oferecidas por esse meio de origem constitui uma suposição totalmente gratuita. A quase totalidade das investigações acerca da influência da natureza e da educação sobre o rendimento intelectual confirma a primazia dos dotes inatos sobre o ambiente. A observação corrente bastaria para indicar que a classe social a que pertence a família depende menos das oportunidades que das qualidades intelectuais e de caráter herdadas dos pais... Os filhos de pais cultos e prósperos obtêm melhores resultados nos testes que os oriundos de lares degradados e ignorantes pela simples razão de possuírem uma hereditariedade melhor (1916, p. 115).

O QI fóssil de gênios do passado

Terman acreditava que, embora a grande massa de indivíduos "meramente inferiores" fosse necessária para mover a máquina da sociedade, o bem-estar desta dependia da liderança exercida por alguns poucos gênios de QI particularmente elevado. Junto com seus colaboradores, ele publicou uma série de cinco volumes intitulada *Genetic Studies of Genius*, numa tentativa de definir e descrever a trajetória vital de pessoas situadas no extremo superior da escala Stanford-Binet.

Um desses volumes era dedicado a medir retrospectivamente o QI dos principais promotores da história: estadistas, militares e intelectuais. Caso se comprovasse que eles se situavam no topo da escala, seria possível afirmar que o QI representava a medida independente da capacidade mental básica de cada pessoa. Mas, como resgatar um QI fóssil, a não ser invocando pela arte da magia a presença do jovem Copérnico e perguntando-lhe em que ia montado o homem branco? Sem se abalar, Terman e seus colaboradores trataram de reconstruir o QI dos indivíduos notáveis do passado, e publicaram um grosso volume (Cox, 1926) que ocupa um lugar privilegiado dentro de uma literatura já plena de disparates — e que, no entanto, ainda é levada a sério por Jensen (1979, pp. 113 e 355) e outros autores[6].

---

6. Escreve Jensen: "A estimativa do QI médio de trezentos personagens históricos... sobre cuja infância dispomos de dados suficientes para realizar uma estimativa segura, era de 155... Assim, se houvessem passado por testes quando crianças, a maioria desses homens eminentes teria sido considerada, com toda probabilidade, intelectualmente bem dotada (Jensen, 1979, p. 113).

A TEORIA DO QI HEREDITÁRIO

Terman, já em 1917, havia publicado um estudo preliminar sobre Francis Galton, a quem outorgou um surpreendente QI de 200. Depois de obter um resultado tão bom com esse precursor dos testes de inteligência, Terman encorajou seus colegas colaboradores a empreenderem uma investigação mais ampla. J. M. Cattell havia publicado uma classificação dos 1.000 indivíduos responsáveis pelos principais avanços da história, baseando-se na extensão dos seus respectivos verbetes nos dicionários biográficos. Catherine M. Cox, colaboradora de Terman, reduziu essa lista para 282, reuniu informações biográficas detalhadas sobre os seus primeiros anos de vida, e calculou para cada um deles dois QIs diferentes: o primeiro, denominado QI A1, para o período que ia do nascimento até os dezessete anos; e o segundo, denominado QI A2, para o período que ia dos dezessete aos vinte e seis anos.

Cox esbarrou com dificuldades desde o começo. Pediu a cinco pessoas, entre as quais Terman, que lessem os dossiês por ela elaborados, e que calculassem os dois QIs para cada um desses indivíduos. Três dessas cinco pessoas coincidiram basicamente nos valores médios calculados: o QI A1 oscilava em torno dos 135, e o QI A2 em torno dos 145. Por outro lado, as outras duas calcularam valores muito divergentes: em um caso, muito superiores, e, em outro, muito inferiores às medidas estimadas pelas outras três. O que Cox fez foi simplesmente eliminar esses cálculos, com o que descartou 40% dos dados. Afirmou que, de qualquer maneira, as estimativas altas e baixas acabariam por compensar umas às outras (1926, p. 72). Entretanto, se cinco pessoas pertencentes ao mesmo grupo de trabalho não conseguiam entrar em acordo, que perspectiva de uniformidade ou consciência — para não falar de objetividade — podia se oferecer?

À parte essas dificuldades práticas que reduziam a força da argumentação, o estudo apresentava uma falha lógica fundamental. As diferenças de QI que Cox registrava nos sujeitos não mediam o mérito variável de suas obras, e muito menos a sua inteligência inata: eram na verdade um artefato metodológico que expressava as diferenças de qualidade das informações que Cox conseguira reunir a respeito da infância e dos primeiros anos de juventude desses sujeitos. Ela começou por atribuir a cada um dos sujeitos um QI básico de 100 ao que estudiosos acrescentaram (ou, mais raramente, subtraíram), pontos baseando-se nos dados disponíveis.

Os dossiês de Cox são verdadeiras colchas de retalhos que relacionam conquistas obtidas pelos sujeitos na infância e na juventude, com ênfase nos exemplos de precocidade. Uma vez que seu méto-

A FALSA MEDIDA DO HOMEM

do consistia em ir somando pontos à cifra básica de 100, segundo os resultados notáveis que fossem aparecendo em cada legado, os QIs calculados no final expressam pouco mais que o volume de informações disponíveis. Em geral, os QIs baixos refletem falta de informação, e os elevados a existência de uma lista copiosa. (Cox chega a admitir que o que está medindo não é o verdadeiro QI, mas apenas o que se pode deduzir de dados limitados; contudo, esse desmentido nunca figurou nos informes destinados a divulgar os resultados de sua investigação.) Para se acreditar, ainda que apenas por um momento, que semelhante procedimento possa servir para estabelecer a hierarquia dos QIs daqueles "homens de gênio", deve-se supor que a infância de todos os sujeitos foi observada e registrada com uma atenção mais ou menos semelhante. É preciso afirmar (como faz Cox) que a inexistência de dados a respeito de uma eventual precocidade durante a infância é indício de uma vida vulgar, sobre a qual não vale a pena escrever, e não de um talento extraordinário e digno de registro.

Dois resultados básicos do estudo de Cox suscitam imediatamente sérias suspeitas de que os valores obtidos não refletem o mérito das efetivas realizações daqueles gênios, mas os acidentes históricos dos registros que chegaram até nós. Em primeiro lugar, supõe-se que o QI não se modifica num sentido definido durante a vida da pessoa. Contudo, em seu estudo, o valor médio do QI A1 é de 135, enquanto que o do QI A2 é de 145, o que representa uma elevação considerável. Basta rever os dossiês (reproduzidos integralmente em Cox, 1926) para se descobrir a causa: o método utilizado. Cox possui mais informações sobre a primeira etapa da vida adulta de seus sujeitos do que sobre a sua infância (lembremos que o QI A2 corresponde às realizações alcançadas entre os dezessete e os vinte e seis anos, enquanto que o QI A1 reflete as de seus primeiros anos). Em segundo lugar: alguns dos QIs A1 atribuídos a certos personagens de vulto — entre os quais Cervantes e Copérnico — mostram-se inquietadoramente baixos, como a marca de 105 dos dois sujeitos mencionados. A explicação surge de seus dossiês: pouco ou nada se sabe sobre a infância desses homens, não existindo, portanto, dados que permitam acrescentar pontos à cifra básica de 100. Cox estabeleceu sete níveis de confiabilidade para os seus números. O sétimo, acredite se quiser, é "a conjetura não baseada em quaisquer dados".

Outra maneira evidente de pôr à prova essa metodologia é considerar o caso dos gênios nascidos em ambientes humildes, onde não abundavam preceptores e cronistas capazes de encorajá-los e depois de registrar as suas audazes demonstrações de precocidade. John

192

A TEORIA DO QI HEREDITÁRIO

Stuart Mill pode ter aprendido grego no berço, mas por caso Faraday ou Bunyan chegaram a ter essa oportunidade? As crianças pobres têm uma dupla desvantagem: não apenas ninguém se preocupou em registrar o que fizeram em seus primeiros anos de vida, como também foram rebaixadas pelos pesquisadores pelo fato de serem pobres. Assim, Cox deduz, utilizando a tática favorita dos eugenistas, a inteligência inata dos pais baseando-se na sua profissão e na sua posição social! Classifica os pais em uma escala profissional que vai de 1 a 5, e outorga a seus filhos um QI de 100 quando os pais têm uma posição profissional de nível 3, e um bônus (ou uma dedução) de 10 pontos no QI para cada categoria acima ou abaixo desse nível. Um menino que durante os primeiros dezessete anos de sua vida não tenha feito nada digno de nota pode ter, não obstante, um QI de 120 devido à prosperidade ou ao nível profissional de seu pai.

Consideremos o caso do pobre Massena, o grande general de Napoleão, que ficou situado na posição mais baixa — QI A1 = 100 — e de cuja infância nada sabemos, a não ser que trabalhou como grumete em duas longas viagens no barco de um tio. Cox escreve o seguinte (p. 88):

> É provável que os sobrinhos dos capitães dos navios de guerra tenham um QI um pouco superior a 100; mas os grumetes que continuam sendo grumetes durante duas longas viagens, e cujo serviço como grumete é a única coisa que se pode assinalar até a idade de 17 anos, podem ter até mesmo um QI médio inferior a 100.

Outros indivíduos admiráveis com pais pobres e escassas informações sobre sua infância também estavam expostos à ignomínia de valores inferiores a 100. Mas Cox tratou de corrigir e acomodar os dados de modo a poder situá-los todos acima da linha divisória dos três dígitos, ainda que fosse apenas por uma ligeira diferença. Vejamos o caso do infortunado Saint-Cyr, que só se salvou por um parentesco longínquo, e que obteve um QI A1 de 105: "O pai foi açougueiro e depois curtidor, com o que o filho obteria um QI profissional situado entre os 90 e os 100 pontos; contudo, dois parentes distantes alcançaram importantes honras militares, o que prova a existência de uma casta superior na família" (pp. 90-91). John Bunyan deparou-se com mais obstáculos familiares que seu famoso Peregrino*; mas Cox acomoda-as para lhe atribuir a marca de 105:

---

* Referência à obra *Pilgrim's Progress* (*A Carreira do Peregrino*) do inglês John Bunyan (1628-1688), que é uma alegoria sobre a trajetória do cristão pelo mundo até chegar às honras do Paraíso. (N.T.)

A FALSA MEDIDA DO HOMEM

O pai de Bunyan foi funileiro ou latoeiro, mas um latoeiro bastante respeitado em sua aldeia; quanto à mãe, não pertencia ao grupo dos miseráveis, mas às pessoas que eram "de costumes honestos e respeitáveis". Isso já seria o bastante para situá-lo entre os 90 e os 100 pontos. Mas a crônica acrescenta que, apesar de sua "mesquinhez e insignificância", os pais de Bunyan enviaram-no à escola para que aprendesse "tanto a ler quanto a escrever", o que provavelmente indica que ele prometia ser mais que um futuro latoeiro (p. 90).

Michael Faraday conseguiu alcançar os 105 pontos porque as notícias fragmentárias sobre seu bom desempenho como moço de recados e seu caráter inquisitivo permitiram-lhe compensar as desvantagens advindas do baixo nível social de seus pais. Seu elevado QI A2 de 150 só reflete a abundante informação disponível a respeito das realizações de seus primeiros anos de vida adulta. Em um caso, porém, Cox não pôde publicar o desagradável resultado oferecido pelo seu método. Shakespeare, de origem modesta e de cuja infância nada se sabe, teria obtido um resultado abaixo de 100. Então, Cox simplesmente o eliminou, embora tenha incluído outros de cuja infância tampouco se tinha informação suficiente.

Entre outras curiosidades dos cálculos, que refletem os preconceitos sociais de Cox e de Terman, podemos mencionar os casos de vários meninos precoces (Clive, Liebig e Swift, em particular) cujo nível foi rebaixado devido ao comportamento rebelde que exibiram na escola, principalmente por se negarem a estudar os clássicos. A animosidade contra as artes interpretativas é patente no caso da avaliação dos compositores, cujo grupo se situa exatamente acima do dos militares, no extremo inferior da lista final. Considere-se, por exemplo, a sutil manifestação desse preconceito na seguinte observação sobre Mozart (p. 129): "Um menino que aos 3 anos aprende a tocar piano, que nessa idade recebe e aproveita um ensino musical, e que aos 14 anos estuda e executa os mais difíceis contrapontos, está provavelmente situado acima do nível médio de seu grupo social."

Suspeito que, no final, Cox reconheceu que seu estudo se apoiava sobre bases movediças; contudo, não se abalou. Para dizer o mínimo, as correlações entre o grau de eminência (a extensão dos verbetes medida por Cattell) e o QI atribuído a diferentes personagens mostraram-se decepcionantes: um simples 0,25 para a correlação entre o grau de eminência e o QI A2, e nenhum valor para a correlação entre o grau de eminência e o QI A1 (pelos meus cálculos, aquele valor seria ainda mais baixo, 0,20). Por outro lado, Cox atribui grande importância ao fato de os dez indivíduos mais eminentes de sua lista terem uma média de 4 — sim, apenas 4 — pontos de QI A1 a mais que os dez menos eminentes.

A TEORIA DO QI HEREDITÁRIO

Segundo Cox, a correlação mais alta (0,77) que obteve, entre QI A2 e o "índice de confiabilidade", era uma medida da informação disponível a respeito dos sujeitos de seu estudo. De minha parte, não consigo imaginar melhor demonstração de que seus QIs estão em função da maior ou menor abundância de dados e de que não coñstituem medida alguma da capacidade inata ou mesmo do mero talento dos sujeitos. Cox deu-se conta disso e, num esforço final, tratou de "corrigir" os cálculos referentes à deficiência de dados elevando os personagens de carreira mal documentada para que se aproximassem dos valores médios de 135 no QI A1 e de 145 no QI A2. Esses ajustes elevaram consideravelmente o QI médio mas introduziram outras complicações. Antes das correções, os cinqüenta sujeitos mais eminentes apresentavam uma média de 142 no QI A1, enquanto que os cinqüenta menos eminentes se situavam numa tranqüilizadora média de 133. Uma vez feitas as correções, os primeiros cinqüenta atingiram uma média de 160, enquanto que os últimos cinqüenta obtiveram uma média de 165. No final, só Goethe e Voltaire se situaram próximo ao topo tanto por causa do QI quanto por seu grau de eminência. Parafraseando a famosa ironia de Voltaire sobre Deus, poderíamos concluir dizendo que, embora não existissem dados adequados sobre o QI dos personagens eminentes da história, provavelmente era inevitável que os hereditaristas norte-americanos tratassem de inventá-los.

As diferenças grupais segundo Terman

Os estudos empíricos de Terman mediram o que os estatísticos chamam de "variação intragrupal" do QI, ou seja, as diferenças nos resultados observados dentro de cada população (por exemplo, entre todas as crianças de uma determinada escola). Esses estudos, quando muito, mostravam que as crianças cujos resultados nos testes eram bons ou maus nos primeiros anos da infância tendiam a conservar sua posição em relação às demais crianças à medida que os membros dessa população iam crescendo. Terman atribuiu grande parte dessas diferenças à variação do talento herdado, sem oferecer nenhuma outra justificativa além da afirmação de que todas as pessoas sensatas reconhecem a superioridade da natureza sobre a educação. Ainda que esta faceta estigmatizadora do hereditarismo possa ofender nossa sensibilidade pelo seu elitismo e pelas suas recomendações no sentido de colocar sob tutela institucional os menos favorecidos e de impedir a sua procriação, ela não implica necessariamente a tese mais discutível de que existiriam diferenças inatas entre grupos distintos.

A FALSA MEDIDA DO HOMEM

Terman fez essa extrapolação ilícita, algo que praticamente todos os hereditaristas fizeram e continuam fazendo. Em seguida, para piorar o erro, confundiu a gênese das verdadeiras patologias com as causas que determinam a variação no comportamento normal. Sabemos, por exemplo, que a origem do atraso mental associado à síndrome de Down tem suas raízes em uma deficiência genética específica (a presença de um cromossomo adicional). Contudo, não podemos atribuir o baixo QI de muitas crianças aparentemente normais à existência de uma anomalia biológica inata. Seria como afirmar que a obesidade é inevitável porque em alguns casos a gordura excessiva é decorrência de um desequilíbrio hormonal. Embora Terman tentasse reduzir todas as marcas a uma curva normal (1916, pp. 65-67) para sugerir que todas as variações podiam ter a mesma causa — a saber, a posse de uma quantidade maior ou menor de uma única substância —, os seus dados sobre a conservação da ordem do QI intragrupal ao longo do tempo baseavam-se fundamentalmente na persistência de baixos QIs nos sujeitos que sofriam de deficiências biológicas. Em resumo, é ilícito tomar a variação intragrupal para afirmar algo sobre as diferenças entre grupos distintos. É duplamente ilícito usar a constituição biológica inata de indivíduos patológicos para atribuir a variação normal dentro de um grupo a causas congênitas.

Pelo menos, os partidários da teoria hereditarista do QI não endossaram os duros julgamentos que seus antecessores craniológicos haviam emitido sobre as mulheres. Nos testes de inteligência, as meninas não alcançaram resultados inferiores aos dos meninos, e Terman declarou que seu acesso limitado às profissões era injusto e representava um desperdício de talento intelectual (1916, p. 72; 1919, p. 288). Observou, sempre com a idéia de que o QI devia ter uma recompensa monetária, que, em geral, as mulheres cujo QI oscilava entre 100 e 120 ganhavam, trabalhando como professoras ou "estenógrafas altamente qualificadas", o mesmo que os homens cujo QI era de 85 e trabalhavam como motorneiros, bombeiros ou policiais (1919, p. 278).

Mas Terman aplicou a tese hereditarista a diferenças raciais e de classe, e declarou que a justificação dessa tese constituía o objetivo fundamental de suas investigações. No final do capítulo sobre as aplicações do QI (1916, pp. 19-20), formulou as três perguntas seguintes:

> A posição que as chamadas classes baixas ocupam na escala social e industrial é conseqüência da inferioridade de seus dotes inatos, ou a sua aparente inferioridade só se deve à inferioridade dos seus lares

A TEORIA DO QI HEREDITÁRIO

e da instrução escolar que recebem? A genialidade é mais comum nas crianças das classes cultas que nas crianças das classes pobres e ignorantes? As classes inferiores são realmente inferiores, ou apenas têm a desgraça de não contar com suficientes oportunidades de aprender?

A despeito de ter estabelecido uma correlação de apenas 0,4 entre a posição social e o QI, Terman (1917) enunciou cinco razões principais para afirmar que "o ambiente é muito menos importante que a herança biológica para determinar a natureza dos traços que estamos considerando" (p. 91). As três primeiras, baseadas em outras correlações, não acrescentam qualquer indício que sugira a existência de causas inatas. Terman calculou: 1) uma correlação de 0,55 entre a posição social e as estimativas de inteligência realizadas pelos professores; 2) outra de 0,47 entre posição social e rendimento escolar; e 3) outra, inferior — e revelada[7] — entre o "progresso por faixa etária" e a posição social. Uma vez que as cinco propriedades — o QI, a posição social, a avaliação do professor, o rendimento escolar e o progresso por faixa etária — podem ser medidas redundantes das mesmas causas complexas e desconhecidas, a correlação entre qualquer outro par de propriedades pouco acrescenta ao resultado básico de 0,4 para o par QI-posição social. Se essa correlação de 0,4 não prova a existência de causas inatas, tampouco o fazem as correlações adicionais.

O quarto argumento, cuja debilidade o próprio Terman reconhece (1916, p. 98), confunde patologia provável com variação normal, e, portanto, é irrelevante, como já vimos: ocasionalmente pais ricos ou intelectualmente brilhantes podem ter filhos retardados.

O quinto argumento revela a força das convicções hereditaristas de Terman e de sua notável incapacidade de reconhecer a influência do ambiente. Terman mediu o QI de vinte crianças de um orfanato da Califórnia. De todas elas, apenas três eram "completamente normais", enquanto que as dezessete restantes apresentavam quocientes de inteligência que oscilavam entre 75 e 95. Esses baixos resultados não podiam ser atribuídos ao fato de não viverem com seus pais porque, segundo Terman (p. 99):

---

7. Constitui uma desagradável característica do trabalho de Terman o fato de ele mencionar as correlações elevadas que confirmam sua hipótese, mas não mencionar as cifras concretas quando são baixas, apesar de favoráveis a essa hipótese. Essa manobra é muito comum no estudo de Cox sobre os gênios do passado e na análise de Terman sobre o QI das diferentes profissões, ambos já mencionados anteriormente.

A FALSA MEDIDA DO HOMEM

Esse orfanato é bastante bom e oferece condições ambientais tão estimulantes para o desenvolvimento mental normal quanto as proporcionadas por um lar de classe média. As crianças moram no orfanato e freqüentam uma excelente escola pública de uma vila da Califórnia.

Os baixos resultados devem ser o reflexo da constituição biológica das crianças que se encontram sob a tutela desse tipo de instituição:

Alguns dos testes realizados nessas instituições indicam que a subnormalidade mental, tanto profunda quanto moderada, é extremamente freqüente entre as crianças nelas alojadas. A maioria dessas crianças, embora não todas, procede de classes sociais inferiores (p. 99).

Terman não revela nenhum dado concreto sobre a vida dessas vinte crianças, a não ser o fato de se encontrarem instaladas em um orfanato. Ele sequer tem certeza de que todas vieram de "classes sociais inferiores". Sem dúvida, a hipótese mais parcimoniosa que se poderia formular é a de que seus baixos quocientes de inteligência guardam alguma relação com o único fato indubitável e comum a todas elas, ou seja, o de que vivem em um orfanato.

Terman passava facilmente dos indivíduos para as classes sociais e as raças. Perturbado pela freqüência dos valores situados entre 70 e 80, queixava-se ele (1916, pp. 91-92):

Entre os trabalhadores e as criadas existem milhares como eles... Os testes mostraram a verdade. Esses meninos só conseguem assimilar uma educação elementar. Nenhum esforço educativo permitirá que cheguem a ser eleitores inteligentes ou cidadãos capazes... Representam um nível de inteligência que é mais freqüente nas famílias hispano-índias e mexicanas do Sudoeste, bem como entre os negros. Sua estupidez parece ser de origem racial, ou pelo menos própria das linhagens familiares de que procedem. O fato de encontrarmos esse tipo com freqüência tão extraordinária entre os índios, os mexicanos e os negros sugere a conclusão quase contundente de que o problema global das diferenças raciais com respeito à inteligência deverá ser abordado a partir de uma nova perspectiva e através de métodos experimentais. O autor destas linhas pode prever que, quando isso for feito, serão reveladas diferenças raciais enormemente significativas no terreno da inteligência geral, diferenças que nenhum programa de desenvolvimento mental será capaz de anular. As crianças pertencentes a este grupo deveriam ser segregadas em salas especiais e receber um tipo de instrução prática e concreta. Embora não sejam capazes de manipular conceitos abstratos, podem chegar a ser, em muitos casos, trabalhadores eficientes, capazes de se ocupar de si mesmos. Na atualidade, é impossível

A TEORIA DO QI HEREDITÁRIO

convencer as pessoas de que se deveria impedi-las de procriar, muito embora, de um ponto de vista eugenista, elas representem um problema grave devido à sua extraordinária fecundidade.

Terman percebeu a debilidade de seus argumentos a favor do inatismo. Mas, o que isso importava? Será que é preciso provar o que o senso comum proclama de maneira tão clara?

Afinal de contas, a observação corrente não nos ensina que, em geral, não são as oportunidades, mas as qualidades do intelecto e do caráter, que determinam a classe social a que pertence uma família? O que já se conhece sobre a hereditariedade não nos autoriza a pensar que os filhos de pais prósperos, cultos e com boas perspectivas têm uma bagagem hereditária superior aos dos que foram criados nos bairros pobres? Quase todas as provas científicas disponíveis sugerem uma resposta afirmativa à pergunta que acabamos de formular (1917, p. 99).

Mas, o senso comum de quem?

A retratação de Terman

Quando Terman publicou sua revisão da escala Stanford-Binet em 1937, as diferenças com relação à versão original de 1916 eram tão marcantes que à primeira vista não pareciam obra da mesma pessoa. Mas os tempos haviam mudado e a moda intelectual do jingoísmo e da eugenia havia desaparecido no lamaçal da Grande Depressão. Em 1916, Terman havia fixado a idade mental adulta nos dezesseis anos porque não pudera obter uma amostragem aleatória de escolares mais velhos para a aplicação de seus testes. Em 1937, pôde ampliar sua escala até os dezoito anos pois "a tarefa foi facilitada pela situação empregatícia extremamente desfavorável da época em que foram aplicados os testes, que contribuiu de forma considerável para reduzir o abandono das aulas que normalmente ocorria a partir dos quatorze anos" (1937, p. 30).

Terman não abjurou de forma explícita suas conclusões anteriores, mas deixou cair um véu de silêncio sobre elas. Nem uma só palavra sobre a hereditariedade, salvo algumas indicações a respeito da delicadeza do tema. Todas as razões potenciais que poderiam justificar as diferenças entre os grupos são agora formuladas do ponto de vista dos fatores ambientais. Terman volta a apresentar suas curvas de diferenças médias de QI entre as classes sociais, mas adverte que

A FALSA MEDIDA DO HOMEM

as diferenças médias são mínimas e, portanto, incapazes de fornecer qualquer tipo de informação que nos permita prever algo sobre os indivíduos. Tampouco sabemos como isolar as influências genéticas e ambientais que determinam essas médias:

> Não é necessário destacar o fato de que essas cifras só se referem a valores médios, e de que, dada a variabilidade do QI dentro de cada grupo, as respectivas distribuições se sobrepõem consideravelmente. Tampouco é necessário insistir no fato de que, por si só, este tipo de dados não oferece provas conclusivas que permitam delinear a contribuição relativa dos fatores genéticos e ambientais para o estabelecimento das diferenças médias observadas.

Algumas páginas depois, Terman discute as diferenças entre as crianças das áreas rural e urbana, observando que, entre as primeiras, os resultados são inferiores, com o curioso detalhe de que seu QI decresce em função do tempo que freqüentam a escola, enquanto que o das segundas, sejam elas filhas de operários especializados ou semi-especializados, tende a elevar-se. Terman não expressa nenhuma opinião firme a esse respeito, mas observa que agora só lhe interessa verificar hipóteses baseadas em fatores ambientais:

> Seria necessário empreender uma ampla investigação, cuidadosamente planejada para esse propósito, a fim de se poder determinar se esse decréscimo do QI das crianças do campo pode ser atribuído ao fato de nas comunidades rurais os serviços educativos serem relativamente mais inadequados, e se o incremento do QI das crianças procedentes dos estratos econômicos mais baixos pode ser atribuído ao suposto enriquecimento intelectual que a freqüência à escola traria consigo.

Autres temps, autres moeurs.

R. M. Yerkes e os testes mentais do exército: a maioridade do QI

O grande passo adiante da psicologia

Em 1915, perto de completar quarenta anos, Robert M. Yerkes era um homem frustrado. Desde 1920, era professor da Universidade de Harvard. Tinha excelentes qualidades de organizador e sabia expor com eloqüência os méritos de sua profissão. Contudo, a psicologia ainda estava obscurecida por sua reputação de ciência "branda", quando não era chamada de pseudociência. Alguns colegas não

A TEORIA DO QI HEREDITÁRIO

reconheciam sua existência; outros classificavam-na entre as humanidades, e consideravam que o lugar adequado para os psicólogos eram os departamentos de filosofia. Yerkes desejava, acima de tudo, consolidar a posição de sua disciplina provando que ela podia ser uma ciência tão rigorosa quanto a física. Para ele, como para a maioria de seus contemporâneos, rigor e ciência identificavam-se com quantificação e números. Yerkes acreditava que a fonte mais promissora de dados numéricos abundantes e objetivos era o ainda embrionário campo dos testes mentais. Se a psicologia conseguisse introduzir a questão da potencialidade humana no âmbito da ciência, alcançaria a maioria e seria considerada uma verdadeira ciência, digna de receber apoio financeiro e institucional:

> A maioria de nós está plenamente convencida de que o futuro da humanidade depende, e não pouco, do desenvolvimento das diferentes ciências biológicas e sociais... Devemos... lutar cada vez mais para o aprimoramento de nossos métodos de medição mental, pois já não há razão para se duvidar da importância, tanto prática quanto teórica, dos estudos a respeito do comportamento humano. Devemos aprender a medir com habilidade todas aquelas formas e aspectos do comportamento que são importantes do ponto de vista psicológico e sociológico (Yerkes, 1917a, p. 111).

Mas duas circunstâncias impediam o desenvolvimento adequado da técnica dos testes mentais: a falta de apoio e suas próprias condições internas. Antes de mais nada, quem os aplicava em grande escala eram apenas amadores mal preparados, e os resultados por eles obtidos eram tão visivelmente absurdos que o empreendimento estava adquirindo má reputação. Em 1915, no congresso anual da Associação Psicológica Americana em Chicago, um crítico denunciou que o próprio prefeito da cidade havia sido classificado como débil mental de acordo com uma versão das escalas de Binet. Yerkes juntou-se aos críticos nos debates desenvolvidos durante o congresso e declarou: "Estamos construindo uma ciência, mas ainda não inventamos um mecanismo que possa ser operado por qualquer um" (citado *in* Chase, 1977, p. 242).

Em segundo lugar, as escalas então disponíveis davam resultados marcadamente diferentes, mesmo quando aplicadas corretamente. Como já vimos (pp. 170-171), metade dos indivíduos que obtinham resultados baixos, porém normais, segundo a escala Stanford-Binet, eram classificados como débeis mentais segundo a versão de Goddard. E, por fim, nunca houvera um patrocínio adequado ou uma coordenação sistemática que possibilitasse a coleta de um corpo de dados suficientemente amplo e uniforme para impor sua aceitação (Yerkes, 1917b).

A FALSA MEDIDA DO HOMEM

Nas guerras, sempre surgem pessoas que acompanham os exércitos pelos mais diferentes motivos. Muitos são apenas vigaristas e aproveitadores, mas uns poucos são movidos por ideais superiores. Quando a mobilização para a Primeira Guerra Mundial estava a ponto de ocorrer, Yerkes teve uma daquelas "grandes idéias" que impulsionam a história da ciência: os psicólogos não poderiam convencer o exército a testar todos os recrutas? Se assim fosse, seria possível construir a pedra filosofal da psicologia, ou seja, o corpo abundante, útil e uniforme de dados numéricos, capaz de impulsionar a transição entre o estágio de arte discutível para o de ciência respeitada. Yerkes, fazendo proselitismo entre seus colegas e nos círculos governamentais, conseguiu seu intento. Foi nomeado coronel e, nessa condição, presidiu a aplicação de testes mentais em 1,75 milhões de recrutas durante a Primeira Guerra. Mais tarde, afirmou que os testes mentais "ajudaram a ganhar a guerra". "Ao mesmo tempo", acrescentou, "[a psicologia] conseguiu ocupar um lugar entre as demais ciências e demonstrou a importância que pode ter para a engenharia humana" (citado *in* Kevles, 1968, p. 581).

Yerkes reuniu todos os grandes hereditaristas da psicometria americana com o propósito de elaborar os testes mentais do exército. Entre maio e julho de 1917, trabalhou com Terman, Goddard e outros colegas da Escola Prática de Vineland, New Jersey, dirigida por este último.

O esquema que elaboraram incluía três tipos de testes. Os recrutas que sabiam ler e escrever deveriam passar por uma prova escrita chamada Teste Alfa do Exército. Os analfabetos e os que falhassem no Teste Alfa deveriam passar por uma prova individual, normalmente constituída por alguma versão das escalas de Binet. Em seguida, os psicólogos do exército classificariam cada recruta de acordo com uma escala que ia de A a E (com graduações para mais ou para menos), e sugeririam funções que ele seria capaz de executar. Yerkes sugeriu que os recrutas do grupo C deveriam ser classificados como tendo "uma inteligência média baixa, devendo-lhes ser destinada a função de soldado raso". Os do grupo D "raramente estão em condições de desempenhar tarefas que requerem uma habilidade especial, capacidade de previsão, engenho ou atenção permanente". Não se deve esperar que os recrutas dos grupos D e E sejam capazes de "ler e entender ordens escritas".

Não acredito que o exército tenha feito muito uso dos testes. Pode-se facilmente imaginar a atitude dos oficiais profissionais diante de jovens psicólogos do tipo "sabe-tudo", chegando sem terem sido convidados, muitas vezes assumindo um grau de oficial sem terem

A TEORIA DO QI HEREDITÁRIO

recebido treinamento prévio, ocupando um prédio para aplicarem os testes (quando podiam), examinando durante uma hora um grande número de recrutas, usurpando assim a função tradicional do oficial, ou seja, a avaliação de cada um deles para as diferentes tarefas militares. Em alguns acampamentos, os homens de Yerkes foram recebidos com hostilidade; em outros, tiveram de suportar um castigo em muitos aspectos mais penoso: receberam um tratamento cortês, seus pedidos foram prontamente atendidos e, em seguida, ignorados[8]. Alguns oficiais do exército levantaram suspeitas quanto aos propósitos de Yerkes e empreenderam três diferentes investigações sobre seu programa. Um deles chegou à conclusão de que era preciso controlá-lo para que "nenhum teórico possa... utilizá-lo como mero pretexto para a obtenção de dados com vistas ao seu trabalho de investigação e ao futuro benefício da raça humana" (citado in Kevles, 1968, p. 577).

Contudo, em alguns setores os testes tiveram uma repercussão importante, sobretudo na seleção dos homens que deveriam receber treinamento para a carreira de oficial. No começo da guerra, o exército e a guarda nacional contavam com nove mil oficiais. Ao seu final, havia duzentos mil oficiais em comando, dois terços dos quais haviam iniciado suas carreiras nos campos de treinamento onde se aplicavam os testes. Em alguns desses campos, ninguém que obtivesse um resultado inferior a C podia ser selecionado para receber o treinamento necessário.

Mas não foi no exército que os testes de Yerkes tiveram sua maior repercussão. Yerkes talvez não tenha garantido a vitória do exército, mas certamente venceu a sua própria batalha. Ele agora dispunha de dados uniformes a respeito de 1.750.000 homens, e as provas Alfa e Beta eram os primeiros testes de inteligência escritos produzidos em série. As escolas e as empresas logo demonstraram um enorme interesse por elas. Em sua volumosa monografia publicada em 1921, *Psychological Examining in the United States Army*,

8. Durante toda sua carreira, Yerkes queixou-se de que a psicologia militar não recebeu a merecida consideração, apesar dos serviços prestados na Primeira Guerra. Durante a Segunda Guerra, Yerkes, já em sua velhice, continuou a se queixar e argumentou que os nazistas estavam superando os americanos na utilização adequada e intensiva dos testes mentais para a seleção do pessoal militar. "A Alemanha tomou a dianteira no desenvolvimento da psicologia militar... Os nazistas conseguiram algo sem paralelo em toda a história militar... O que aconteceu na Alemanha é a continuação lógica dos serviços psicológicos e de pessoal desenvolvidos em nosso Exército durante os anos de 1917 e 1918" (Yerkes, 1941, p. 209).

A FALSA MEDIDA DO HOMEM

Yerkes escreveu (p. 96) uma afirmativa de grande significação social. Nela, Yerkes menciona "as solicitações contínuas de empresas comerciais, instituições de ensino e de particulares, para a utilização dos métodos de exame psicológico empregados no exército, ou para a adaptação desses métodos a necessidades específicas". Agora que se havia inventado uma técnica para a aplicação dos testes a todos os alunos, podia-se contornar o obstáculo que até então era representado pela intenção original de Binet. Os testes podiam agora classificar a todos; a era dos testes em massa havia começado.

Os resultados dos testes do exército

A principal repercussão dos testes não proveio da pouco entusiástica utilização que fez o exército dos resultados obtidos pelos indivíduos, mas da propaganda geral que rodeou o relatório de Yerkes sobre os dados estatísticos finais (Yerkes, 1921, pp. 553-875). E. G. Boring, mais tarde um famoso psicólogo, mas na época lugar-tenente de Yerkes (e capitão do exército), selecionou cento e sessenta mil casos dentro do exército, e obteve uns poucos dados cuja intensa auréola hereditarista se manteve durante toda a década de 1920. Era uma empresa colossal. A amostragem, recolhida pelo próprio Boring e um único ajudante, era muito ampla; além disso, os três tipos de testes (Alfa, Beta e individual) deviam ser fundidos em uma norma comum para que fosse possível extrair as médias raciais e nacionais a partir de amostragens integradas por homens que não haviam passado pelos testes em proporções iguais (por exemplo, poucos negros haviam passado pelo teste Alfa).

Do oceano de números de Boring emergiram três "fatos" que continuaram a influenciar a política social americana muito depois de sua origem nos testes ter caído no esquecimento.

1. A idade mental média dos brancos adultos americanos situava-se exatamente acima da fronteira da debilidade mental, com um magro resultado de treze. Anteriormente, Terman havia fixado o valor normal em dezesseis. O novo resultado converteu-se no centro das atenções de todos os eugenistas, que profetizaram a ruína e lamentaram o declínio de nossa inteligência, provocado pela reprodução incontrolada dos pobres e dos débeis mentais, pela difusão do sangue negro através da mestiçagem, e pelo embrutecimento da

A TEORIA DO QI HEREDITÁRIO

estirpe nativa inteligente pela escória que imigrava do sul e do leste da Europa. Yerkes[9] escreveu o seguinte:

> Costuma-se afirmar que a idade mental do adulto médio gira em torno dos 16 anos. Entretanto, essa cifra baseia-se no exame de apenas 62 pessoas, das quais 32 eram alunos de 2° grau cujas idades iam dos 16 aos 20 anos, e 30 eram "homens de negócio não excessivamente prósperos e de um nível de educação muito limitado". O grupo é demasiadamente pequeno para proporcionar resultados fidedignos, e, além disso, é provável que não seja típico... Tudo parece indicar que, quando os resultados das provas Alfa e Beta são transferidos para a escala de idade mental, a inteligência da amostragem principal de recrutas brancos corresponde aproximadamente aos 13 anos (13,08) (1921, p. 785).

Contudo, já ao formulá-la, Yerkes se deu conta de que havia algo de absurdo nessa afirmação. Uma média é o que é: não pode ser inferior em três anos ao que deveria ser. Assim, Yerkes refletiu e acrescentou o seguinte:

> Entretanto, não poderíamos afirmar com segurança que a idade mental desses recrutas é inferior em três anos à média. Na realidade, existem razões extrínsecas para se pensar que o contingente militar é mais representativo da inteligência média do país que um grupo de estudantes secundaristas e de homens de negócios (1912, p. 785).

Se a média dos brancos é de 13,08, e todas aquelas pessoas cuja idade mental varia entre 8 e 12 anos são débeis mentais, então somos uma nação de fronteiriços. A conclusão de Yerkes é a seguinte: "Seria totalmente impossível excluir todos os débeis mentais de acordo com a atual definição do termo, pois 37% dos brancos e 89% dos negros estão abaixo dos 13 anos" (1912, p. 791).

2. Os imigrantes europeus podem ser classificados segundo os países de origem. Em muitas nacionalidades, o homem médio é deficiente. As pessoas de tez mais escura, procedentes do sul da Europa, e os eslavos, da Europa Oriental, são menos inteligentes que as pessoas de tez branca, do oeste e do norte da Europa. A supremacia nórdica não é um preconceito jingoísta. O russo médio tem uma idade mental de 11,34; o italiano, de 11,01; o polonês, de 10,74. As piadas de polonês tornaram-se tão justificadas quanto as piadas sobre débeis mentais — na verdade, ambas descreviam o mesmo animal.

---

9. Não creio que Yerkes tenha escrito a totalidade da volumosa monografia de 1921. Mas, como ele é o único autor mencionado, continuarei a lhe atribuir as afirmações contidas nesse informe oficial, tanto por razões de brevidade como por carecer de outras informações.

A FALSA MEDIDA DO HOMEM

3. O negro, cuja idade mental é de 10,41, situa-se no extremo inferior da escala. Em alguns acampamentos, tentou-se levar a análise um pouco mais adiante, com critérios evidentemente racistas. No Acampamento Lee, os negros eram divididos em três grupos, segundo a intensidade de sua cor: os grupos mais claros obtiveram resultados mais altos (p. 531). Yerkes observa que a opinião dos oficiais coincidiam com suas cifras (p. 742):

> Todos os oficiais, sem exceção, concordam que o negro carece de capacidade de iniciativa, apresenta pouco ou nenhum poder de liderança e não consegue aceitar responsabilidades. Alguns observam que esses defeitos são mais evidentes no negro do Sul. Além disso, todos os oficiais parecem concordar que o negro é um soldado entusiasta e voluntarioso, que se submete ao seu superior. Estas qualidades asseguram a obediência imediata, mas não necessariamente a boa disciplina, pois os pequenos roubos e as doenças venéreas são mais comuns entre eles que entre a tropa branca.

Ao longo de suas pesquisas, Yerkes e sua equipe tentaram verificar outros preconceitos sociais. Alguns de maneira bem pouco satisfatória, particularmente a difundida crença eugênica de que a maioria dos delinqüentes eram débeis mentais. 59% dos que apresentavam objeções de consciência por razões políticas pertenciam ao grupo A. Até mesmo os traidores declarados obtiveram resultados superiores à média (p. 803). Mas outros resultados confirmaram seus preconceitos. Assim, os agentes de Yerkes decidiram aplicar seus testes a outras pessoas que, como eles, também acompanhavam exércitos: as prostitutas. Comprovaram que 53% (44% das brancas e 68% das negras) tinham dez anos ou menos na versão de Goddard das escalas de Binet. Esta é a conclusão de Yerkes:

> Os resultados do exame das prostitutas corroboram a conclusão, obtida por estudos similares realizados entre civis em diferentes partes do país, de que de 30 a 60% das prostitutas são retardadas, e a maioria delas é composta por débeis mentais profundas; e de que entre 15 a 25% do total têm uma inteligência tão baixa que o mais sensato seria mantê-las perpetuamente reclusas (até onde permitam as leis vigentes na maioria dos estados) em instituições para deficientes mentais.

Devemos ser gratos às pequenas notas de humor que tornam mais leve a leitura dessa monografia estatística de oitocentas páginas. De minha parte, achei muito engraçado imaginar os funcionários do exército reunindo as prostitutas do acampamento para que fossem submetidas aos testes de Binet. Creio que elas devem ter se divertido mais ainda.

A TEORIA DO QI HEREDITÁRIO

Os dados numéricos não tinham, por si mesmos, nenhum significado social. Eles poderiam ter sido usados para promover a igualdade de oportunidades e demonstrar que uma porcentagem elevada de norte-americanos estava em inferioridade de condições. Yerkes poderia ter sustentado que a idade mental média de 13 se explicava pelo fato de um número relativamente pequeno de recrutas ter tido a possibilidade de concluir os estudos secundários, ou até mesmo de iniciá-los. Poderia ter atribuído a baixa média de alguns grupos nacionais ao fato de a maioria dos recrutas pertencentes aos mesmos ser de imigrantes recentes que não falavam inglês e não estavam familiarizados com a cultura americana. Poderia ter reconhecido a relação existente entre os baixos resultados dos negros e a história da escravidão e do racismo que pesava sobre eles.

Porém, nessas oitocentas páginas não encontramos uma única referência às condições ambientais. Os testes foram redigidos por um comitê integrado por todos os grandes hereditaristas americanos cujas teorias são estudadas neste capítulo. Foram elaborados com o propósito de se medir a inteligência inata, e, por definição, foi o que fizeram. A circularidade da argumentação não podia ser quebrada. Todos os resultados importantes eram interpretados a partir da perspectiva hereditarista, muitas vezes fazendo milagres para rejeitar o fato evidente da influência ambiental. Uma comunicação publicada pela Escola de Psicologia Militar do Acampamento Greenleaf proclamava o seguinte: "Estes testes não medem a aptidão profissional ou o nível educativo; medem a capacidade intelectual. Já se demonstrou que esta última é importante para se calcular o valor militar" (p. 424). E o próprio chefe afirmava o seguinte (Yerkes, citado *in* Chase, 1977, p. 249):

> As provas Alfa e Beta são elaboradas e aplicadas de modo a minimizar as desvantagens dos recrutas que, por terem nascido no estrangeiro ou por carecerem de educação, são pouco hábeis no uso do inglês. O propósito original, agora definitivamente verificado, dessas provas grupais, consiste em medir a capacidade intelectual inata. Apesar da relativa influência das habilidades adquiridas através da educação, o nível ou classe intelectual que o soldado tem no exército não depende, em geral, dos acidentes do ambiente, mas de sua inteligência inata.

Crítica aos testes mentais do exército

O CONTEÚDO DOS TESTES

O teste Alfa tinha oito partes; o Beta, sete; ambos podiam ser aplicados a grupos numerosos em menos de uma hora. A maioria

A FALSA MEDIDA DO HOMEM

das partes do teste Alfa apresentava itens específicos que mais tarde se tornariam bastante familiares a gerações de pessoas submetidas a testes: descobrir analogias, determinar qual é o elemento seguinte de uma série numérica, discernir orações, etc. Não se trata de uma semelhança acidental: o teste Alfa é o avô, tanto no sentido literal quanto no figurado, de todos os testes escritos de inteligência elaborados posteriomente. Um discípulo de Yerkes, C. C. Brigham, foi mais tarde secretário do College Entrance Examination Board e, baseando-se nos modelos do exército, inventou o Teste de Aptidão Escolar. Quem experimentar uma sensação de *déjà-vu* ao examinar a monografia de Yerkes, que trate de evocar a época de seu ingresso na universidade e a angústia por que então passou.

Esses elementos conhecidos não podem ser acusados culturalmente de preconceituosos, pelo menos não mais que seus modernos descendentes. É claro que, de maneira geral, a capacidade de ler e escrever do indivíduo, é uma capacidade que reflete mais a cultura que a inteligência herdada. Além disso, mesmo que um professor possa afirmar que mede a suposta constituição biológica de seus alunos porque todos eles têm a mesma idade e a mesma experiência escolar quando passam pelos testes, não se pode afirmar a mesma coisa no caso dos recrutas porque as possibilidades de acesso à educação variam muitíssimo entre estes. Assim, os resultados obtidos refletem os diferentes níveis de educação. Algumas dessas tarefas específicas mostram-se divertidas quando se pensa que, segundo Yerkes, os testes permitiam "medir a capacidade intelectual inata". Por exemplo, a seguinte analogia que propõe no teste Alfa: "Washington está para Adams assim como primeiro está para..."

Existe, porém, uma parte de ambos os testes que, quando se pensa na interpretação que Yerkes lhe dava, parece-nos simplesmente ridícula. Como podiam Yerkes e seus colaboradores atribuir à estupidez inata os baixos resultados obtidos por pessoas que haviam imigrado há pouco, se seus testes de múltipla escolha só continham perguntas do tipo:

> Crisco é: um medicamento, um desinfetante, um dentifrício, um produto alimentício
> O número de pernas de um cafre é: 2, 4, 6, 8
> Christy Mathewson é um famoso: escritor, artista, jogador de beisebol, comediante

No último exemplo, fiquei com a derradeira opção, mas meu inteligente irmão, que, para minha tristeza, cresceu em Nova York sem prestar a mínima atenção às façanhas das três grandes equipes de beisebol que havia na cidade, não foi capaz de atinar com a resposta correta.

A TEORIA DO QI HEREDITÁRIO

Yerkes poderia retrucar dizendo que os imigrantes recentes em geral não passavam pelo teste Alfa, mas apenas pelo Beta. Mas este último não passa de uma versão figurativa do mesmo tema. Pode-se argumentar que neste teste, onde se deve completar uma série de figuras, as primeiras são suficientemente universais: uma cara sem boca ou um coelho a que falta uma orelha. Entretanto, as outras figuras são um canivete em que falta um rebite, um bulbo de lâmpada sem filamento, um gramofone sem corneta, uma quadra de tênis sem rede e um jogador de boliche em cuja mão falta a bola (segundo Yerkes, desenhar a bola na pista não seria correto, porque a postura de jogador indica que ele ainda não a lançou). Franz Boas, um dos primeiros a criticar esses testes, menciona o caso de um recruta siciliano que acrescentou uma cruz no telhado de uma casa sem chaminé, porque em seu país natal todas as casas possuíam uma. A resposta foi considerada incorreta.

A duração dos testes era estritamente limitada pois havia ainda outros cinqüenta recrutas esperando à porta. Não se esperava que os sujeitos completassem todas as partes; mas isto só era explicado aos que passavam pelo teste Alfa, não aos que passavam pelo teste Beta. Yerkes não compreendia por que tantos recrutas obtinham um mero resultado zero em tantas partes do teste (a mais gritante demonstração da invalidade do mesmo; ver pp. 222-223). Quantos de nós, nervosos, mal acomodados e apinhados (e mesmo sem essas desvantagens), seríamos capazes de entender o suficiente para escrever alguma coisa durante os dez minutos reservados à execução das seguintes instruções da primeira parte do teste Alfa, pronunciadas uma única vez?

Atenção! Olhe para o n? 4. Quando eu disser "já", desenhe uma figura (1) no espaço dentro do círculo, mas não no do triângulo ou do quadrado, e também uma figura (2) no espaço dentro do triângulo e do círculo, mas não do quadrado. Já.

Atenção! Olhe para o n? 6. Quando eu disser "já", escreva no segundo círculo a resposta correta à pergunta: "Quantos meses tem um ano? Não escreva nada no terceiro círculo, mas no quarto círculo escreva um número qualquer que seja uma resposta incorreta à pergunta que V. acabou de responder corretamente. Já.

CONDIÇÕES INADEQUADAS

Os procedimentos recomendados por Yerkes eram estritos e difíceis. Os examinadores deviam proceder com rapidez e classificar de imediato as provas a fim de que os que tivessem fracassado pudes-

A FALSA MEDIDA DO HOMEM

sem ser submetidos a outro tipo de teste. Quando, além de tudo isso, ainda tinham de enfrentar a hostilidade mal disfarçada dos oficiais, os examinadores de Yerkes acabavam por realizar uma versão caricaturesca dos princípios formulados. Não lhes restava outra alternativa a não ser transigir, retroceder e introduzir as modificações ditadas pela necessidade. Assim, a maneira de proceder variava tanto de um campo para outro que os resultados praticamente não admitiam cotejo ou comparação. Os resultados do trabalho são um desastre vergonhoso, e não apenas por causa do excesso de ambição ou da falta de realismo de Yerkes. Todos os detalhes constam da monografia, mas quase ninguém a lê. O resumo estatístico converteu-se numa poderosa arma social para os racistas e os eugenistas; suas raízes podres podiam ser detectadas no corpo da monografia, mas quem faz indagações para além da superfície quando esta reflete uma idéia que coincide com as suas próprias?

O exército ordenou a cessão, ou mesmo a construção de edifícios especiais para a realização dos testes. Não foi bem isso o que ocorreu (1921, p. 61). Os examinadores muitas vezes tiveram que se conformar com o que era possível conseguir, o que muitas vezes significava salas em barracões estreitos, sem móveis e sem condições adequadas de acústica, iluminação e visibilidade. O principal responsável pela aplicação dos testes em um dos campos, queixou-se nos seguintes termos (p. 106): "Creio que a imprecisão se deve em parte ao fato de se realizarem as provas numa sala abarrotada de recrutas. Por essa razão, os que estão sentados no fundo da sala não conseguem ouvir bem e não entendem o que lhes é pedido."

Tensões começaram a surgir entre o pessoal de Yerkes e os oficiais regulares. O responsável pelo programa de testes no campo Custer disse (p. 111): "A ignorância do tema por parte do oficial médio só pode ser comparada à sua indiferença." Yerkes pediu que se contivessem e adotassem uma atitude conciliatória (p. 155):

> O examinador deve se esforçar principalmente por adotar o ponto de vista militar. Devem ser evitadas as referências desnecessárias à precisão dos resultados. Em geral, ver-se-á que é mais convincente recorrer antes ao senso comum que às descrições técnicas, demonstrações estatísticas e argumentações teóricas.

Como as rusgas e as dúvidas aumentassem, o Ministro da Guerra decidiu conhecer a opinião dos comandantes a respeito dos testes de Yerkes. Recebeu uma centena de respostas, quase todas negativas. Yerkes reconheceu (p. 43) que, "salvo poucas exceções, todas se revelaram contrárias ao trabalho dos psicólogos, e levaram vários

A TEORIA DO QI HEREDITÁRIO

oficiais do Estado-maior a concluir que o trabalho é de pouca, ou nenhuma utilidade para o exército, e deveria ser interrompido". Yerkes defendeu-se dos ataques e conseguiu evitar o cancelamento do projeto (embora não tenha obtido todas as promoções, patentes e contratações que lhe haviam prometido); seu programa continuou a ser aplicado sob uma nuvem de suspeita.

As pequenas dificuldades nunca deixaram de existir. No campo Jackson esgotaram-se os impressos e foi necessário recorrer a folhas em branco (p. 78). Mas uma dificuldade muito séria e persistente fustigou a execução das tarefas e por fim, como demonstrarei, privou de qualquer significado o resumo estatístico. Cada recruta devia passar pelo tipo de teste que lhe correspondia. Os que não escreviam em inglês por não terem freqüentado a escola ou por terem nascido no estrangeiro, deviam passar pelo teste Beta, por recomendação direta ou após o fracasso no teste Alfa. O pessoal de Yerkes tentou heroicamente cumprir essas instruções. Pelo menos em três campos colocaram fichas de identificação nos recrutas que haviam fracassado, ou então pintaram letras diretamente em seus corpos, para poder reconhecê-los com facilidade e submetê-los ao outro teste (p. 73, p. 76): "Seis horas após o exame, o funcionário do escritório de recrutamento recebia uma lista dos recrutas classificados no grupo D. À medida que se iam apresentando, o funcionário marcava-lhes no corpo uma letra P" (indicando que deviam passar por um exame psiquiátrico).

Mas os critérios de distinção das categorias Alfa e Beta variavam muito de um campo para outro. Uma inspeção realizada no conjunto dos acampamentos permitiu comprovar que o resultado mínimo a ser obtido numa primeira versão do teste Alfa para determinar a aplicação de outro tipo de teste variava entre 20 e 100 (p. 476). Yerkes admitiu que (p. 354):

> Sem dúvida, esta falta de uniformidade no método de segregação é uma infelicidade. Contudo, dada a variação dos meios disponíveis para a realização dos testes e da qualidade dos grupos examinados, ficou totalmente impossível estabelecer um critério uniforme para todos os campos.

C. C. Brigham, o mais fervoroso devoto de Yerkes, queixou-se inclusive de que (1921):

> O método de seleção dos homens através do teste Beta variava de campo para campo, e às vezes de semana para semana no mesmo campo. Não havia nenhum critério fixo para se determinar se o recruta era alfabetizado e tampouco um método uniforme para se saber se era analfabeto.

A FALSA MEDIDA DO HOMEM

Havia problemas muito mais graves que a mera falta de coerência nos procedimentos. As permanentes dificuldades logísticas impuseram uma distorção sistemática que provocou uma redução considerável das médias atribuídas aos negros e aos imigrantes. Houve duas razões fundamentais para que muitos indivíduos só fossem submetidos ao teste Alfa e obtivessem resultados de 0 ou pouco mais, quando na verdade não sofriam de nenhuma estupidez inata — eram apenas analfabetos e, segundo as próprias instruções de Yerkes, tinham de passar pelo teste Beta. Em primeiro lugar, os recrutas e demais homens mobilizados haviam em geral freqüentado a escola por menos anos que os previstos por Yerkes. Isso fez com que as filas para o teste Beta fossem aumentadas até criar um congestionamento que ameaçava paralisar toda a empresa. Em muitos acampamentos, grande quantidade de analfabetos era desviada para o teste Alfa mediante uma redução artificial dos critérios de seleção. Em certo campo, ter estudado até a terceira série era qualificação suficiente para o teste Alfa; em outro, qualquer um que se declarasse capaz de ler, sem importar qual era seu nível, passava pelo teste. O responsável pelo programa no campo Dix declarou o seguinte: (p. 72): "Para evitar que os grupos Beta fossem excessivamente numerosos, rebaixaram-se os critérios de admissão para o teste Alfa."

Em segundo lugar, e mais importante, a falta de tempo e a hostilidade dos oficiais regulares impediram que passassem pelo teste Beta recrutas que, por erro, haviam sido submetidos ao teste Alfa. Yerkes reconheceu o problema: "Contudo, nunca conseguimos fazê-los compreender que as convocações contínuas [chamadas para que esses recrutas passassem pelo outro teste]... eram importantes o bastante para justificar a reiterada interferência nas manobras da companhia" (p. 472). O problema foi se agravando com a intensificação do ritmo de trabalho. O responsável pelo programa no campo Dix queixou-se de que: "Em junho, foi impossível conseguir que mil homens selecionados para passar por provas individuais pudessem realizá-las. Em julho, os negros que haviam fracassado no teste Alfa não foram chamados para passar por um novo teste" (pp. 72-73). Os procedimentos estabelecidos por Yerkes praticamente não eram seguidos no caso dos negros, que, como de costume, eram tratados com displicência e desprezo por todas as pessoas envolvidas. Por exemplo, os que fracassavam no teste Beta deviam ser submetidos a um exame individual. Metade dos recrutas negros obteve D — no teste Beta, e, no entanto só uma quinta parte deles foi chamada para novo exame, enquanto que as quatro quintas partes restantes não voltaram a ser examinadas (p. 708). Entretanto, sabemos que os resultados dos ne-

212

A TEORIA DO QI HEREDITÁRIO

gros melhoravam consideravelmente quando se cumpria o estipulado. Em um campo (p. 736), apenas 14,1% dos homens que haviam obtido um resultado D no teste Alfa não obtiveram classificações superiores ao serem submetidos ao teste Beta.

As conseqüências dessa distorção sistemática ficam evidentes em uma das experiências que Boring realizou com os dados estatísticos finais. Boring selecionou 4.893 casos de homens que haviam passado por ambos os testes, e, depois de traduzir seus resultados pela escala comum, calculou uma idade mental média de 10,775 para o teste Alfa, e de 12,158 para o teste Beta (p. 655). Só utilizou os resultados do teste Beta que figuravam nessa síntese estatística — o método de Yerkes funcionava. Mas e a imensa quantidade de homens que deveriam ter passado pelo teste Beta, mas que só foram submetidos ao teste Alfa, obtendo assim resultados baixíssimos — refiro-me principalmente aos negros com um nível muito elementar de educação, e aos imigrantes cujo domínio do inglês era imperfeito, ou seja, justamente os grupos cujos resultados desfavoráveis logo provocariam a agitação hereditarista?

PROCEDIMENTOS DUVIDOSOS E VICIADOS: UM TESTEMUNHO PESSOAL

Os cientistas freqüentemente esquecem que entre os registros escritos, fonte básica para seus dados, e uma representação completa ou detalhada da experiência pode existir uma grande distância. Existem certas coisas que é preciso ver, tocar ou provar. No caso de que nos ocupamos, qual podia ser a reação do recruta estrangeiro ou negro e analfabeto que, angustiado e confuso, enfrentava a experiência desconhecida de ter que passar por um exame cujos motivos e conseqüências — a expulsão do exército, ou talvez o envio para a linha de frente — não lhe foram comunicados? Em 1968, um responsável pela aplicação dos testes assim evocava sua experiência no caso de testes Beta: "Era comovente ver o esforço... que aqueles homens, que muitas vezes não sabiam como segurar o lápis, tinham de fazer para responder as perguntas" (citado *in* Kevles). Havia um detalhe importante que Yerkes não percebera ou que ignorara deliberadamente: mesmo que o teste Beta só contivesse figuras, números e símbolos, sua realização exigia o uso do lápis e, em três de suas sete partes, o conhecimento dos números e da maneira de escrevê-los.

A FALSA MEDIDA DO HOMEM

A monografia de Yerkes é tão completa que permite reconstruir passo a passo o procedimento seguido pelos examinadores e assistentes na aplicação dos dois testes; reproduz em tamanho natural os impressos utilizados nos mesmos, bem como todo o material explicativo destinado aos examinadores; também inclui uma descrição completa das palavras e termos normalizados a serem empregados por esses últimos. Como me interessava averiguar com a maior exatidão possível quais podiam ser as reações dos examinadores e dos examinados, decidi aplicar o teste Beta (destinado aos analfabetos) a um grupo de cinqüenta e três estudantes que freqüentavam o curso que dei na Universidade de Harvard sobre o uso da biologia como arma social. Tratei de ater-me estritamente às instruções de Yerkes. Creio ter reconstituído com toda fidelidade a situação original, com uma exceção importante: meus alunos sabiam o que estavam fazendo, não tinham de escrever seus nomes na folha, e não tinham nada a perder com o teste. (Posteriormente, um amigo me sugeriu que eu deveria ter pedido seus nomes — e depois comunicar-lhes os resultados —, para reproduzir de alguma forma a angústia da situação original.)

Antes de começar, eu sabia que as contradições internas e os preconceitos invalidavam por completo as conclusões hereditaristas que Yerkes havia extraído dos resultados. No final de sua carreira, o próprio Boring qualificou essas conclusões de "disparatadas" (em uma entrevista realizada em 1962, citado *in* Kevles, 1968). Mas eu não sabia que as condições de realização dos testes eram tão draconianas que excluíam toda possibilidade de se levar a sério a afirmação de que aqueles recrutas se encontravam em um estado de ânimo para que pudessem manifestar seu nível inato de inteligência. Resumindo, a maioria devia acabar totalmente confusa ou morta de medo.

Os recrutas eram introduzidos em uma sala e sentavam-se diante de uma plataforma onde estavam instalados o examinador e o demonstrador. Ao pé da plataforma colocavam-se os auxiliares. Os examinadores tinham instruções para proceder "com cordialidade", porque "às vezes, os sujeitos que passam por este exame empacam e se recusam a trabalhar" (p. 163). Não se dizia nada aos recrutas sobre o teste e seus objetivos. O examinador limitava-se a dizer: "Aqui estão alguns papéis. Vocês não devem abri-los ou virá-los até que recebam ordem para fazer isso." Os homens então escreviam o nome, a idade e o nível de escolaridade (com a devida ajuda no caso dos analfabetos). Depois dessa rotina preliminar, o examinador dizia:

A TEORIA DO QI HEREDITÁRIO

Atenção! Observem este homem (apontando para o demonstrador). Ele (novamente apontando para a pessoa) vai fazer aqui (batendo no quadro-negro com uma varinha) o que vocês (apontando os diferentes membros do grupo) devem fazer em seus papéis (o examinador indica os vários papéis que estão à frente dos homens que formam o grupo; ergue um deles, aproxima-o do quadro-negro e volta a colocá-lo em seu lugar, aponta para o demonstrador e depois para o quadro-negro; por último, aponta a varinha para os sujeitos e seus papéis). Não façam perguntas. Esperem até que eu diga "Comecem!" (p. 163).

Em comparação, os homens que passavam pelo teste Alfa recebiam uma verdadeira enxurrada de informações (p. 157). Eis o que dizia o examinador:

Atenção! O propósito deste exame é averiguar até onde vocês são capazes de lembrar, pensar e realizar o que lhes é ordenado. Não estamos tentando verificar se vocês são loucos. Queremos determinar quais são as tarefas mais adequadas para vocês no Exército. Os resultados que obtiverem neste exame serão registrados em suas fichas de qualificação, bem como enviados ao seu comandante. Algumas das coisas que vocês têm de fazer serão fáceis. É possível que outras lhes pareçam difíceis. Não se espera que vocês obtenham um resultado perfeito, mas que façam o melhor possível... Escutem com atenção. Não façam perguntas.

A limitação de vocabulário imposta ao examinador encarregado de aplicar o teste Beta não se deve apenas à estupidez que Yerkes atribuía a esse tipo de recrutas. Muitos deles eram imigrantes recentes que não falavam inglês, de modo que as instruções deviam lhes ser apresentadas sobretudo através de figuras e gestos. Neste sentido, Yerkes observou o seguinte (p. 163): "Em um campo, foram obtidos resultados muito satisfatórios através do emprego de uma 'vitrina expositora' para as demonstrações. Deve-se também considerar a hipótese de recorrer a atores para o desempenho dessa função." Um dado particularmente importante não era comunicado aos sujeitos: a virtual impossibilidade de que alguém conseguisse concluir pelo menos três dos testes no prazo estabelecido, e que não se esperava que ninguém o fizesse.

Em cima da plataforma, a pessoa encarregada de realizar as demonstrações ficava em pé diante dos quadros com os testes, cobertos por uma cortina; a seu lado, também em pé, o examinador. Antes de cada um dos sete testes, a cortina era erguida para se mostrar o modelo (os sete estão reproduzidos na Figura 5.4); passava-se então à pantomima necessária à exposição das tarefas propostas. Em segui-

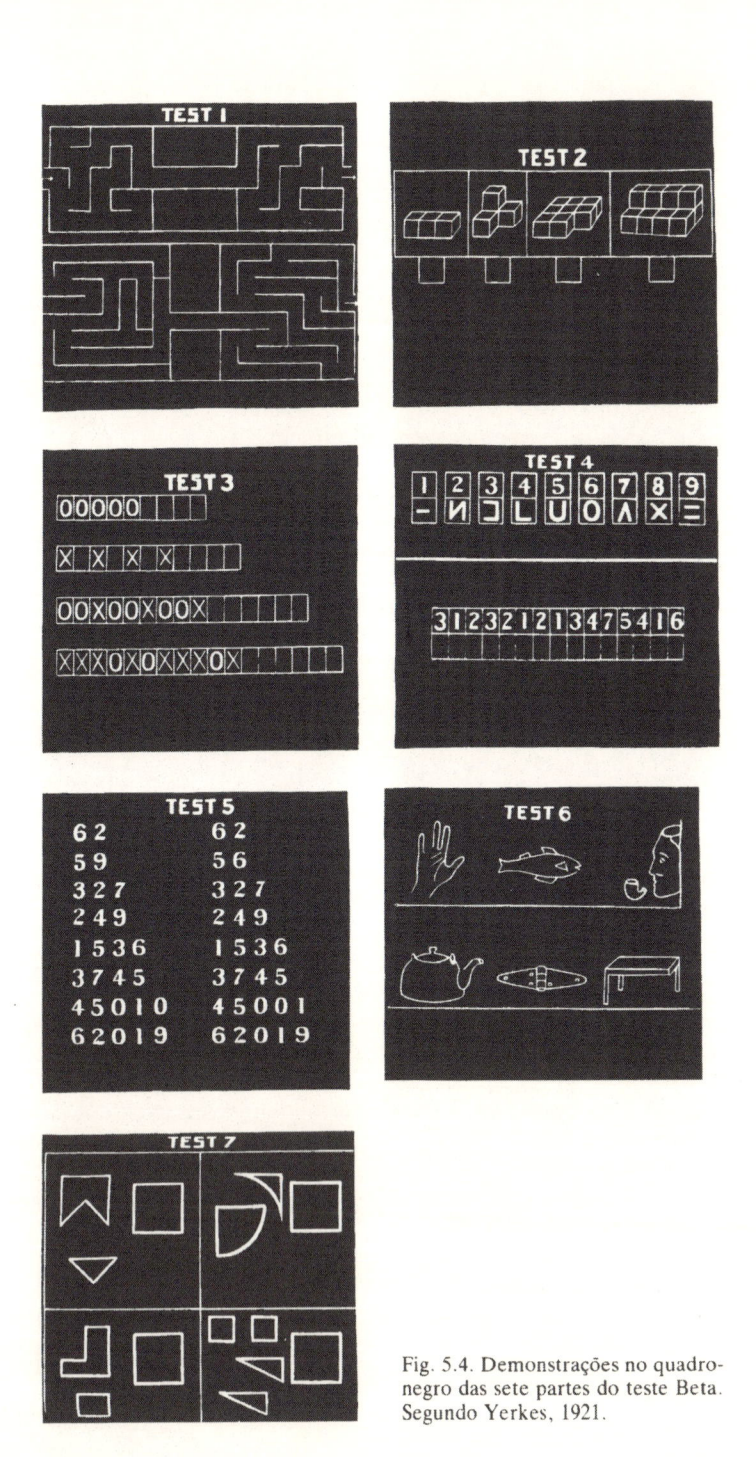

Fig. 5.4. Demonstrações no quadro-negro das sete partes do teste Beta. Segundo Yerkes, 1921.

A TEORIA DO QI HEREDITÁRIO

da, o examinador dava a ordem de iniciar, o demonstrador cobria o quadro e passavam para o modelo seguinte. Para a primeira prova — percorrer um labirinto — fazia-se a seguinte demonstração:

A lápis, lentamente e de forma vacilante, o demonstrador traça um caminho através do primeiro labirinto. Em seguida, o examinador indica o segundo labirinto e pede ao demonstrador que trace o caminho. Este comete o erro de se dirigir à rua sem saída situada no ângulo superior esquerdo do labirinto. O examinador não parece se dar conta do que o outro está fazendo até que este chega ao final da rua; então, sacode vigorosamente a cabeça, diz "Não, não", pega a mão do demonstrador e a leva até uma posição anterior, de onde pode reiniciar o trajeto. O demonstrador percorre o resto do labirinto vacilando apenas nos pontos ambíguos e procedendo com pressa em relação aos demais para indicar o tipo de comportamento a ser seguido. O examinador diz "Muito bem". Em seguida, apanha um dos impressos ao mesmo tempo em que diz "Olhem aqui", e traça uma linha imaginária que cruza a página da esquerda para a direita, atravessando cada labirinto que figura na mesma. Depois, diz "Muito bem. Adiante. Trabalhando (aponta os recrutas e, em seguida, as folhas). Apressem-se".

Esta passagem pode parecer ingenuamente divertida (foi a opinião de alguns dos meus alunos). Diante dela, a seguinte afirmação tem algo de diabólico.

Deve-se inculcar nos homens a idéia de que devem trabalhar depressa durante a prova do labirinto. O examinador e os ajudantes percorrem a sala apontando os sujeitos que não trabalham, e dizendo "Vamos, vamos, trabalhem, depressa". Ao cabo de dois minutos, o examinador diz "Alto! Virem a página e olhem a prova 2".

O examinador fazia então a demonstração da prova 2, que consistia em contar cubos, com modelos tridimensionais (meu filho ainda tinha alguns que sobraram do tempo em que era bebê). Observe-se que os recrutas que não sabiam escrever os números obtinham um resultado zero, mesmo que fossem capazes de contar corretamente todos os cubos. Quanto à prova 3, composta de várias seqüências em que se alternavam X e O, hoje qualquer pessoa reconhecerá que se trata da versão figurada do problema "qual é o número seguinte da seqüência?". A prova 4, dígitos e símbolos, requer a tradução de nove dígitos em seus correspondentes símbolos. Parece bastante fácil, mas a prova constava de noventa elementos e era impossível que alguém a completasse nos dois minutos estabelecidos para sua realização. Além disso, o sujeito que não sabia escrever os números

217

A FALSA MEDIDA DO HOMEM

tinha a grave desvantagem de se ver à frente de dois conjuntos de símbolos desconhecidos. A prova 5, verificação de números, propunha a comparação de seqüências numéricas de até onze dígitos, dispostas em duas colunas paralelas. Quando os números situados na mesma linha eram idênticos em ambas as colunas, pedia-se aos recrutas (através de gestos) que marcassem a linha com um X. Havia três minutos para o exame de cinqüenta seqüências, e poucos recrutas conseguiam terminar a prova. Também neste caso, quem não sabia escrever ou reconhecer os números era praticamente incapaz de realizá-la.

A prova 6, completar figuras, é a versão em imagens das questões de múltipla escolha — sobre produtos comerciais, astros do cinema ou do esporte, ou principais indústrias de diferentes cidades e estados —, incluídos no teste Alfa de inteligência inata. Vale a pena citar as instruções para sua aplicação:

> "Este aqui é o teste 6. Olhem. Um grupo de figuras." Quando todos localizavam o teste, diz-se: "Agora, observem." O examinador indica a mão e diz ao demonstrador: "Complete-a." Este nada faz, e assume um ar desconcertado. O examinador aponta a figura da mão, e depois o local onde falta um dedo, voltando a dizer, "Complete-a, complete-a." Então, o outro desenha o dedo. O examinador diz, "Correto". Em seguida, aponta o peixe e o local onde falta o olho, e diz "Complete-o." Quando o outro tiver desenhado o olho que falta, o examinador aponta as quatro figuras restantes e diz, "Complete todas". O outro completa os modelos lentamente e com um aparente esforço. Uma vez completados todos os modelos, o examinador diz "Muito bem. Adiante. Depressa!" Durante a realização desta prova, os ajudantes percorrem a sala e localizam os sujeitos que permanecem inativos; apontam suas folhas e dizem "Complete, complete", tentando fazer com que todos trabalhem. Ao cabo de 3 minutos, o examinador diz "Alto! Mas não virem a página."

Também vale a pena reproduzir o próprio exame (Figura 5.5). Boa sorte com a cauda do porco, a pata do caranguejo, a bola do jogo de boliche, a rede da quadra de tênis e o naipe de ouros, para não mencionar a corneta do gramofone (verdadeira armadilha para meus alunos)! Eis aqui as instruções de Yerkes para classificar esta prova:

Regras para cada item

Item 4. - Qualquer tipo de colher, em qualquer ângulo, acrescentado à mão direita, recebe um ponto. Uma colher na mão esquerda ou separada da figura não vale.

Item 5. - A chaminé deve estar no lugar correto. Fumaça acrescentada não vale.

Item 6. - Outra orelha situada no mesmo lado que a primeira não vale.

Fig. 5.5. Parte seis do teste Beta para avaliação da inteligência inata.

A FALSA MEDIDA DO HOMEM

Item 8. - Um mero quadrado, cruz, etc., colocado no lugar do selo recebe um ponto.
Item 10. - O que falta é o rebite. O anel do cabo pode ser omitido.
Item 13. - O que falta é uma pata.
Item 15. - A bola deve ser desenhada na mão direita do homem. Se for desenhada na mão da mulher, ou em movimento, não vale.
Item 16. - Uma simples linha indicando a rede recebe um ponto.
Item 18. - Qualquer desenho que represente a corneta, apontando em qualquer direção, é válido.
Item 19. - A mão e a esponja de pó devem ser desenhadas no lugar correto.
Item 20. - O que falta é o naipe de ouros. Não desenhar o punho da espada não deve ser considerado erro.

O sétimo e último teste, construção geométrica, pedia a decomposição de um quadrado em diferentes peças. Para completar as dez partes desta prova, o sujeito dispunha de dois minutos e meio.

Creio que tanto as condições de aplicação quanto o próprio caráter do exame impedem que se considere com seriedade a afirmação de que o teste Beta era um instrumento capaz de medir um suposto estado interno chamado inteligência. Apesar das recomendações de "cordialidade", o teste era aplicado com uma precipitação quase frenética. Embora não fosse possível terminar a tempo a maioria das partes, o examinador não fazia nenhuma advertência prévia sobre essa questão. Meus alunos elaboraram uma tabela onde registraram as tarefas que conseguiram ou não completar no tempo devido. Em duas delas, provas de dígitos e símbolos e verificação de números (4 e 5), só uns poucos alunos foram capazes de escrever com a rapidez necessária para completar os noventa e cinqüenta itens, apesar de todos terem compreendido as instruções. A excessiva dificuldade da terceira prova, contagem de cubos — que a maioria não conseguiu completar —, não se devia tanto ao número de elementos, mas à brevidade do prazo estabelecido para a sua realização.

TESTE	COMPLETO	INCOMPLETO
1	44	9
2	21	32
3	45	8
4	12	41
5	18	35
6	49	4
7	40	13

A TEORIA DO QI HEREDITÁRIO

Em suma, muitos recrutas não conseguiam ver ou ouvir o examinador; alguns não sabiam o que era passar por um teste ou, até mesmo, pegar num lápis. Muitos não compreendiam as instruções e ficavam completamente desnorteados. Os que as compreendiam só conseguiam completar uma parte muito pequena da maioria dos testes no prazo determinado. Além disso, como se a angústia e a confusão já não chegassem a níveis suficientemente elevados para invalidarem os resultados, os ajudantes andavam de um lado para o outro, apontando para diferentes recrutas e ordenando que se apressassem, em voz alta o bastante para que, como lhes fora recomendado, todos pudessem ouvi-los. Acrescente-se a isso o flagrante preconceito cultural que condicionava o teste 6, bem como os preconceitos mais sutis dirigidos aos que não sabiam escrever números ou que simplesmente não dominavam a escrita. O que se podia esperar além de resultados desastrosos?

O resumo estatístico permite comprovar a inadequação do teste, embora Yerkes e Boring tenham preferido interpretá-lo de outra maneira. A monografia apresenta em separado as distribuições de freqüência dos resultados obtidos em cada uma das partes. Como Yerkes achava que a inteligência inata tinha uma distribuição normal (o padrão consistiria num valor mais freqüente que corresponderia a um resultado intermediário, a partir do qual as freqüências decresceriam gradualmente em ambas as direções), esperava que os resultados obtidos em cada prova também apresentassem uma distribuição normal. Mas apenas dois dos testes, percorrer um labirinto e completar figuras (1 e 6), tiveram uma distribuição próxima da normal. (São também as provas que meus alunos acharam mais fáceis e que conseguiram concluir em menor tempo). Em todos os outros testes, a distribuição foi bimodal: um pico situado no valor intermediário e outro muito próximo do valor mínimo de zero (Fig. 5.6).

Para o senso comum, essa bimodalidade indica que os recrutas reagiam de maneiras diferentes diante das provas. Alguns compreendiam o que deviam fazer, e faziam-no de várias maneiras. Outros, por uma razão ou outra, não conseguiam entender as instruções, e obtinham zero. Dado o clima reinante de angústia, as dificuldades para ver e ouvir, e o fato de que, para a maioria dos recrutas, aquela era a primeira vez que passavam por um teste, seria insensato aceitar esses resultados como prova da estupidez inata dos que não alcançavam o nível de inteligência dos que obtinham algum ponto, embora Yerkes tenha contornado o problema exatamente dessa forma (ver pp. 221-222). (Meus próprios alunos demonstraram que as provas que permaneceram incompletas com mais freqüência eram as mes-

A FALSA MEDIDA DO HOMEM

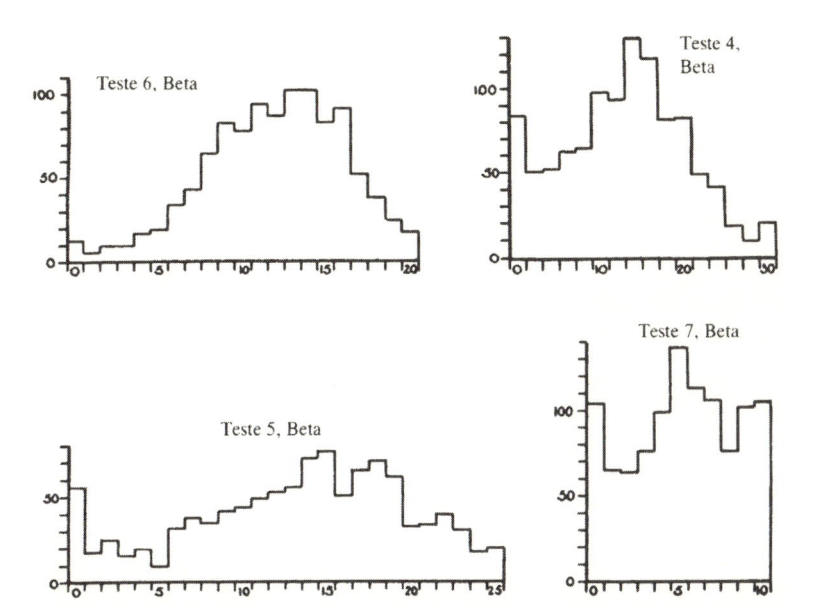

Fig. 5.6. Distribuição da freqüência de quatro das provas do teste Beta. Observe-se o elevado pico no valor zero nas provas 4, 5 e 7.

mas que na amostragem de Yerkes apresentavam um pico secundário situado no valor zero — as provas 4 e 5. A única exceção foi a prova 3, completada pela maioria de meus alunos, mas que na amostragem do exército havia produzido um pico bastante pronunciado no valor zero. Mas essa prova é o equivalente em imagens do problema de se determinar qual é o número seguinte de uma seqüência: uma prova pela qual meus alunos haviam passado em inúmeras ocasiões.)

Os estatísticos aprendem a suspeitar das distribuições que apresentam várias modas*. Em geral, essas distribuições indicam uma falta de homogeneidade no sistema, ou, para empregar uma linguagem mais simples, a existência de diferentes causas para diferentes modas. Neste tipo de casos, é válido o provérbio que recomenda não misturarmos "alhos com bugalhos". A presença de várias modas deveria ter despertado em Yerkes a suspeita de que seus testes não mediam uma entidade independente chamada inteligência. Em vez

---

* Moda: Termo estatístico que designa o valor ou número que ocorre com maior freqüência numa determinada série; foi ocasionalmente traduzido como pico. (N.R.)

222

A TEORIA DO QI HEREDITÁRIO

disso, seus técnicos encontraram a forma de redistribuir os resultados zero para obter uma confirmação das hipóteses hereditaristas (ver a seção seguinte).

Ah, sim, esqueci-me de dizer como se saíram meus alunos. É claro que muito bem. Outro resultado teria sido surpreendente, pois essas provas eram as antecessoras, embora muito mais simples, das provas pelas quais eles passaram várias vezes ao longo de suas vidas. Dos cinqüenta e três alunos, trinta e seis obtiveram a classificação A, e dezesseis a qualificação B. Além disso, mais de 10% (seis) obtiveram a qualificação C, correspondente à inteligência limítrofe, de modo que, segundo os critérios utilizados em alguns campos, só poderiam executar as obrigações do soldado raso.

A FALSIFICAÇÃO DOS RESUMOS ESTATÍSTICOS:
O PROBLEMA DOS VALORES ZERO

Se o teste Beta tropeçou no obstáculo da moda secundária situada no valor zero, o teste Alfa, por seu lado, resultou num desastre total pela mesma razão, muito mais agravada. No teste Beta, as modas situadas no valor zero eram importantes, mas nunca alcançaram a altura da moda primária situada em valores intermediários. Mas seis das oito provas Alfa apresentaram a moda primária no valor zero. (Das duas provas restantes, apenas uma apresentou uma distribuição normal — moda situada em um valor intermediário —, enquanto que a outra apresentava uma moda secundária situada no valor zero, se bem que menos elevada que a moda intermediária.) O mais comum era que a moda situada no valor zero se elevasse muito acima dos demais valores. Em uma das provas, quase 40% dos resultados foram zero (Fig. 5.7a). Em outra, o valor zero foi o único comum, e o resto dos resultados (em torno de um quinto do nível alcançado pelos do valor zero) apresentava uma distribuição plana que logo declinava ao chegar aos resultados mais altos (Fig. 5.7b).

Também neste caso o senso comum interpretaria a marcada predominância dos zeros como uma indicação de que muitos recrutas não entenderam as instruções, e que, portanto, as provas não têm qualquer validade. Na monografia de Yerkes, não é difícil encontrar indícios da perplexidade dos examinadores diante da elevada freqüência desses zeros e da sua tendência para interpretá-los do ponto de vista do senso comum. Eles eliminaram parte das provas do teste Beta (p. 372) porque produziam até 30,7% de resultados zero (se bem que continuassem a aplicar certas provas do teste Alfa que pro-

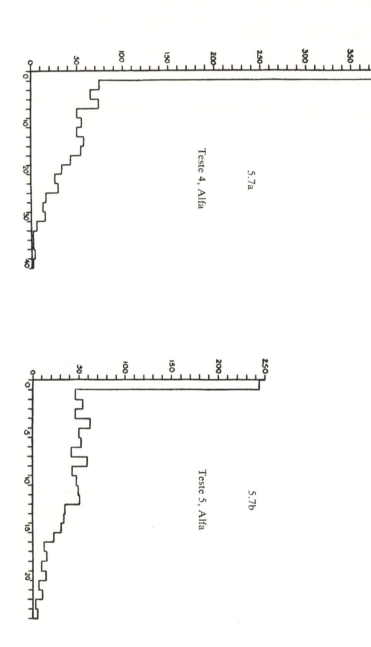

Fig. 5.7a, 5.7b. O zero era de longe o valor mais freqüente em várias das provas do teste Alfa.

A TEORIA DO QI HEREDITÁRIO

duziam uma porcentagem ainda maior de zeros). Reduziram a dificuldade dos elementos iniciais de várias provas "para reduzir o número de resultados zero" (p. 341). Introduziram entre os critérios para a incorporação de uma prova ao teste Beta a "facilidade de demonstração, a ser reconhecida pela baixa percentagem de resultados zero" (p. 273). Admitiram em várias ocasiões que a elevada freqüência de zeros não indicava que os recrutas fossem estúpidos, mas que a explicação fora insuficiente: "A grande quantidade de resultados zero, inclusive no caso de oficiais, indica que as instruções foram inadequadas" (p. 340). "Os primeiros informes insistiam que a principal dificuldade na aplicação dos testes era 'transmitir' aos sujeitos o que se desejava." A presença de uma elevada porcentagem de resultados zero era tomada como uma indicação de que na referida prova [o examinador] não conseguira "fazer-se entender" (p. 379).

Depois de tudo isso, seria de se esperar que Boring decidisse excluir esses zeros ou corrigir o resumo estatístico baseando-se na hipótese de que os recrutas teriam obtido mais pontos se houvessem compreendido o que deviam fazer. Em vez disso, "corrigiu" os resultados zero na direção oposta, rebaixando mesmo uma grande parte para incluí-los em uma categoria negativa.

Boring partiu do mesmo pressuposto hereditarista que invalidava toda a empresa: o de que os testes mediam, por definição, a inteligência inata. A montanha de zeros, portanto, era composta por todos aqueles cuja estupidez os impedira de realizar qualquer tarefa. Seria correto atribuir zero a todos? Afinal de contas, embora alguns fossem meramente estúpidos e, portanto, seu zero fosse merecido, outros haviam se salvado de uma classificação pior justamente porque o mínimo era zero. Se a prova tivesse problemas fáceis em número suficiente para introduzir distinções entre os resultados zero, seus resultados seriam ainda mais deficientes. Assim, Boring estabeleceu uma distinção entre um verdadeiro "zero matemático", valor mínimo intrínseco que, logicamente, não podia admitir reduções, e um "zero psicológico", ponto de partida arbitrário definido por uma prova determinada. (De um ponto de vista geral, a distinção de Boring era pertinente, mas, no contexto particular dos testes do exército, era absurda.)

> Um resultado zero, portanto, não significa de modo algum que o sujeito seja incapaz; não indica a interrupção da coisa medida, mas do instrumento de medida, ou seja, o teste... Na verdade, o indivíduo que não consegue obter um resultado positivo e recebe qualificação de zero obtém um resultado cujo valor varia em relação direta com seu grau de estupidez (p. 622).

A FALSA MEDIDA DO HOMEM

Boring, portanto, "corrigiu" os resultados zero calibrando-os com relação a outras provas da série em que o indivíduo em questão obtivera algum ponto. Se os resultados obtidos em outras provas eram bons, o sujeito não era penalizado duplamente pelos zeros; se, por outro lado, os resultados eram ruins, então os zeros eram convertidos em pontos negativos.

Esse método continha outro fator de distorção que acentuava um defeito grave do procedimento básico de Yerkes. Os zeros apenas indicavam que, por uma série de razões alheias à inteligência, muitos indivíduos não haviam conseguido compreender o que deviam fazer. Yerkes deveria tê-lo reconhecido, pois seus próprios informes provavam que, quando o grau de confusão e embaraço era menor, quase todos os sujeitos que no exame coletivo haviam obtido resultados zero conseguiam algum ponto quando realizavam a mesma prova ou outra similar num exame individual. Escreve ele (p. 406): "Em Greenleaf, verificou-se que a proporção de resultados zero na prova do labirinto baixava de 28% na escala Beta para 2% na escala de desempenho, e que, de forma similar, os resultados zero na prova de dígitos e símbolos baixavam de 49 para 6%."

Contudo, mesmo quando os estatísticos de Yerkes tinham a possibilidade de corrigir essa distorção descartando ou redistribuindo adequadamente os resultados zero, faziam exatamente o contrário. Impunham uma dupla penalidade transformando a maioria dos resultados zero em pontos negativos.

A FALSIFICAÇÃO DOS RESUMOS ESTATÍSTICOS:
COMO SE ESCAMOTEIAM AS CORRELAÇÕES ÓBVIAS COM O MEIO AMBIENTE

A monografia de Yerkes é um tesouro de informações para quem procura correlações ambientais dos resultados obtidos nos "testes de inteligência". Esta afirmação pode parecer paradoxal se pensarmos que Yerkes negou explicitamente qualquer determinação ambiental decisiva, e que continuou insistindo que os testes mediam a inteligência inata. Podemos mesmo suspeitar que sua cegueira o impediu de ler corretamente os próprios dados. Na verdade, a situação é ainda mais curiosa. Yerkes leu cuidadosamente seus dados, interrogou-se a respeito de cada uma das correlações com fatores ambientais e tratou de rejeitá-las através de argumentos que por vezes beiram o ridículo.

Em uma ou duas páginas mencionam-se aqui e ali alguns dados de menor importância. Para as 4 categorias, Yerkes encontrou fortes

A TEORIA DO QI HEREDITÁRIO

correlações entre o resultado médio dos testes e a incidência de anci-
lostomíase nos sujeitos examinados:

	Infectados	Não infectados
Alfa brancos	94,38	118,50
Beta brancos	45,38	53,26
Alfa negros	34,86	40,82
Beta negros	22,14	26,09

Estes resultados poderiam levá-lo a reconhecer que o estado de saúde, particularmente no caso de enfermidades relacionadas com a
pobreza, tinha alguma influência sobre os resultados obtidos. Contudo, embora não tenha descartado essa possibilidade, Yerkes deu
preferência a uma explicação diferente (p. 811): "A capacidade inferior inata pode determinar condições de vida propícias à ancilos-
tomíase."

Ao estudar a distribuição dos resultados por profissão, Yerkes
conjeturou que, como a inteligência é sempre recompensada, os resultados dos testes deviam variar conforme a competência profissional. Dividiu cada profissão em aprendizes, oficiais e mestres, e
tratou de encontrar uma hierarquia nos resultados obtidos pelos diferentes grupos. Mas não conseguiu encontrar qualquer regularidade.
Em vez de abandonar a hipótese, considerou que devia haver alguma
falha no processo de classificação dos sujeitos (pp. 831-832):

> Parece razoável supor que na indústria funciona um mecanismo
> de seleção através do qual os mentalmente mais hábeis ascendem do
> estágio de aprendizes ao de oficiais, assim como este último para o
> de mestres. Os que são mentalmente inferiores permaneceriam nos
> níveis de qualificação mais baixos ou seriam eliminados da profissão.
> Esta hipótese indica a conveniência de se questionar a validade do
> procedimento empregado nas entrevistas pessoais.

Entre as regularidades mais destacadas, Yerkes encontrou continuamente relações entre a inteligência e o grau de escolaridade. Calculou um coeficiente de correlação de 0,75 entre os resultados obtidos
nos testes e os anos de instrução. De 348 sujeitos com resultados
inferiores à média no teste Alfa, apenas 1 havia chegado à universidade (estudante de odontologia), 4 haviam concluído os estudos
secundários e apenas 10 haviam se limitado aos estudos primários.
Entretanto, Yerkes não concluiu que o maior grau de escolaridade
bastava para determinar a obtenção de melhores resultados nos testes; em vez disso, afirmou que os sujeitos dotados de maior inteli-

A FALSA MEDIDA DO HOMEM

gência inata passavam mais tempo na escola. "Todos esses dados, sem dúvida, corroboram a teoria de que a inteligência inata é um dos principais fatores condicionantes no prolongamento da escolaridade" (p. 780).

Ao considerar as diferenças entre os negros e os brancos, Yerkes destacou uma correlação mais marcada entre os resultados obtidos nos testes e o grau de escolaridade. Yerkes pronunciou uma observação social importante, mas acabou por atribuir-lhe a habitual distorção de caráter inatista (p. 760):

> Os recrutas brancos nascidos no estrangeiro têm um menor grau de escolaridade; mais da metade desse grupo só cursou até a quinta série, e um oitavo deles ou 12,5%, declarou não ter freqüentado nenhuma escola. Uma proporção surpreendentemente elevada de recrutas negros, apesar de terem crescido neste país, onde se supõe que a escola primária é não apenas gratuita mas também obrigatória, declarou não ter freqüentado a escola.

Segundo Yerkes, o fato de os negros não terem freqüentado a escola era decorrência de uma falta de interesse vinculada ao seu baixo nível de inteligência. Em nenhum momento ele menciona a discriminação (na época oficialmente aprovada, quando não imposta), as más condições operantes nas escolas destinadas aos negros, ou o fato de, devido às necessidades econômicas, os sujeitos pertencentes às classes pobres serem obrigados a abandonar a escola para trabalhar. Yerkes reconheceu que a qualidade das escolas podia variar, mas subestimou a influência desse fator e citou como prova decisiva da estupidez inata dos negros os maus resultados que haviam obtido nos testes, em contraste com os sujeitos brancos com o mesmo nível de escolaridade (p. 773):

> O nível de cada escola, é claro, não é o mesmo em todo o país, principalmente entre as escolas para crianças brancas e as escolas para crianças negras, de modo que o significado de "escolaridade até a quarta série" é muito diferente de um grupo para outro, mas, sem dúvida, esta variabilidade não explica as evidentes diferenças de inteligência existentes entre os grupos.

Na monografia de Yerkes estão registrados os dados que poderiam tê-lo induzido a mudar de opinião (supondo-se que tivesse abordado seu estudo com um certo grau de flexibilidade), mas ele nunca os empregou. Yerkes havia observado que existiam diferenças regionais no tipo de educação recebida pelos negros. A metade dos recrutas negros procedentes dos estados do sul só haviam freqüentado

A TEORIA DO QI HEREDITÁRIO

a escola até a terceira série, enquanto que a metade dos que provinham do norte haviam chegado até a quinta série (p. 760). No norte, 25% haviam concluído a escola primária, no sul, apenas 7%. Yerkes também observou (p. 734) que "a porcentagem de Alfas é muito menor, e a de Betas muito maior, no grupo do sul que no do norte". Muitos anos mais tarde, Ashley Montagu (1945) estudou as tabulações por estado elaboradas por Yerkes. Montagu confirmou a regularidade observada por Yerkes: o resultado médio do teste Alfa era de 21,31 para os negros de treze estados do sul, e de 39,90 para os nove estados do norte. Montagu observou também que os resultados médios dos negros nos quatro estados do norte com médias mais elevadas (45,31) eram superiores à média dos brancos de nove estados do sul (43,94). Descobriu que o mesmo ocorria com relação ao teste Beta, em que nos seis estados norte a média obtida pelos negros era de 34,63, enquanto que em quatorze estados do sul a média dos brancos era de 31,11. Como sempre, os hereditaristas tinham sua resposta preparada: os negros mais espertos haviam se mudado para o norte. As pessoas de boa vontade e dotadas de senso comum sempre acharam mais racional ver nesses dados um reflexo da qualidade da instrução, principalmente depois que Montagu também descobriu que existia uma correlação muito elevada entre o que um estado gastava com educação e do resultado médio obtido pelos recrutas dele provenientes.

Outra correlação persistente ameaçou as convicções hereditaristas de Yerkes, e o argumento a que recorreu para defendê-las converteu-se numa das principais armas sociais das campanhas políticas realizadas posteriormente em favor de restrições à imigração. Os resultados obtidos nos testes haviam sido tabulados por país de origem, e Yerkes descobriu neles o padrão tão acalentado pelos partidários da supremacia nórdica. Tomando como base os seus países de origem, ele dividiu os recrutas em: de um lado, ingleses, escandinavos e germânicos e, de outro, latinos e eslavos; então afirmou (p. 699): "as diferenças são consideráveis (uma variação máxima de quase dois anos de idade mental)"... em favor dos nórdicos, é claro.

Mas Yerkes reconheceu a existência de um problema em potencial. A maioria dos latinos e eslavos estava no país havia pouco tempo e falava mal o inglês, ou sequer o falava; a principal onda de imigração germânica encerrara-se bem antes. Segundo o procedimento de Yerkes, o fato não tinha qualquer importância. Os indivíduos que não sabiam falar inglês estavam em pé de igualdade com os demais. A eles era aplicado o teste Beta, supostamente capaz de medir a capacidade inata mesmo que o indivíduo fosse analfabeto ou não falasse

A FALSA MEDIDA DO HOMEM

inglês. Entretanto, os dados mostraram que a falta de familiaridade com a língua inglesa provocava uma evidente desvantagem. Dos recrutas brancos que obtiveram um resultado E no teste Alfa, e que, portanto, também passaram pelo teste Beta (pp. 382-383), os que falavam inglês obtiveram uma média de 101,6 neste último teste, enquanto que os que não o falavam só obtiveram uma média de 77,8. Na escala individual de desempenho, que eliminava o embaraço e a confusão na aplicação do teste Beta, os recrutas nativos e estrangeiros não apresentavam diferenças (p. 403). (Mas esses testes individuais só foram aplicados a um número muito restrito de sujeitos, e não afetaram as médias nacionais.) Yerkes teve de reconhecer (p. 395): "Existem indícios de que os indivíduos que padecem de dificuldades lingüísticas e de analfabetismo são penalizados em grau considerável no teste Beta, se comparados com os indivíduos não sujeitos a tais desvantagens."

Outra correlação era ainda mais incômoda. Yerkes descobriu que existia uma relação direta entre os resultados médios obtidos nos testes pelos recrutas de origem estrangeira e o seu tempo de residência nos Estados Unidos.

Anos de residência	Idade mental média
0 — 5	11,29
6 — 10	11,70
11 — 15	12,53
16 — 20	13,50
20 —	13,74

Esses dados não indicavam que as diferenças nos resultados obtidos não dependiam da inteligência inata, mas da familiaridade com o modo de vida americano? Yerkes admitiu essa possibilidade, mas continuou a confiar firmemente em uma solução hereditarista (p. 704):

> Portanto, ao que parece, o grupo que reside há mais tempo neste país obteve resultados um pouco melhores[10] nos testes de inteligência. É impossível determinar se a diferença deve-se à melhor adaptação do grupo mais americanizado à situação do exame, ou à intervenção

---

10. Observe-se até que ponto a seleção da palavras pode revelar a influência dos preconceitos. Esta diferença de quase dois anos e meio de idade mental (13,74 - 11,29) só representa resultados "um pouco melhores". Contudo a diferença menor (mas supostamente hereditária) de dois anos entre os grupos nórdico-germânico e latino-eslavo, fora descrita como "considerável".

230

A TEORIA DO QI HEREDITÁRIO

de algum outro fator. Pode ser, por exemplo, que os imigrantes mais inteligentes tenham obtido êxito e, portanto, permanecido no país; mas esse argumento é debilitado pelo fato de muitos imigrantes bem sucedidos retornarem à Europa. O melhor que podemos fazer é deixar que o futuro decida se essas diferenças representam uma verdadeira diferença de inteligência ou se são apenas um artefato do método de exame.

Os partidários da supremacia germânica não tardariam a resolver a questão: a imigração recente era formada pela escória européia — latinos e eslavos das classes inferiores. Os imigrantes estabelecidos no país havia mais tempo pertenciam em sua maioria às estirpes nórdicas superiores. A correlação com a quantidade de anos de residência nos Estados Unidos era determinada pela constituição genética.

Os testes mentais do exército poderiam ter constituído um impulso para uma série de reformas sociais, pois mostravam que as desvantagens ligadas a fatores ambientais impediam que milhões de pessoas tivessem a oportunidade de desenvolver suas aptidões intelectuais. Os dados indicavam reiteradamente a presença de correlações muito marcadas entre os resultados obtidos nos testes e os fatores ambientais. Também reiteradamente, quem formulou e aplicou esses testes inventou explicações tortuosas e arbitrárias para defender seus preconceitos hereditaristas.

Como devem ter sido fortes os preconceitos hereditaristas de Terman, Goddard e Yerkes, para impedi-los de verem o que estava bem diante de seus narizes! Terman afirmava seriamente que os bons orfanatos excluíam a possibilidade de explicar em termos de influência ambiental o baixo QI das crianças neles mantidas. Goddard aplicou os testes a imigrantes confusos e atemorizados que acabavam de fazer uma massacrante viagem em terceira classe, e achou que estava medindo sua inteligência inata. Yerkes fustigou seus recrutas, obteve uma enorme quantidade de resultados nulos que comprovaram apenas a sua inquietação e o seu desconcertamento, e, ainda assim, conseguiu inferir toda uma série de dados sobre as supostas capacidades inatas de grupos nacionais e raciais. Todas estas conclusões não podem ser atribuídas a alguma misteriosa "predisposição da época" pois houve críticos contemporâneos que também perceberam o seu caráter absurdo. Os hereditaristas americanos eram dogmáticos até mesmo pelos critérios da própria época. Mas o dogma encontrou correntes favoráveis que lhe valeram a aprovação geral, e teve conseqüências trágicas.

231

A FALSA MEDIDA DO HOMEM

A repercussão política dos dados do exército

A DEMOCRACIA PODE SOBREVIVER COM UMA IDADE MENTAL
MÉDIA DE TREZE ANOS?

Yerkes ficou perplexo diante da idade média de 13,08 anos dos recrutas brancos. Ainda que esse dado se harmonizasse com seus preconceitos e com os temores eugênicos dos americanos autênticos e prósperos, era demasiado bom para ser correto, ou demasiado baixo para ser aceitável. Yerkes reconheceu que os mais inteligentes haviam sido excluídos da amostragem: os oficiais alistados voluntariamente e "os especialistas em questões técnicas e empresariais isentos do serviço militar por serem imprescindíveis ao bom andamento das atividades industriais vinculadas à guerra" (p. 785). Mas essas exclusões eram compensadas pela eliminação prévia dos sujeitos cujo retardamento e deficiência mental eram imediatamente reconhecíveis. A média de treze anos podia ser um pouco baixa, mas não devia estar muito distante da realidade (p. 785).

Yerkes viu-se diante de duas possibilidades. Podia reconhecer que a cifra era absurda e rever seus métodos a fim de descobrir os defeitos capazes de produzir tal aberração. Se tivesse optado por essa atitude, não precisaria ter se aprofundado muito, pois havia três distorções importantes que se combinavam para reduzir a média àquele nível tão implausível. Primeiro, os testes não mediam a inteligência inata, mas o grau de instrução e de familiaridade com a cultura americana, e muitos recrutas, qualquer que fosse o seu nível de inteligência, padeciam de uma grave falta de instrução, residiam havia muito pouco tempo nos Estados Unidos ou eram muito pobres para ter alguma idéia das façanhas esportivas do campeão de beisebol Mathewson. Segundo, a série de procedimentos indicados pelo próprio Yerkes não fora obedecida. Cerca de dois terços da amostragem branca foram submetidos ao teste Alfa, e a grande proporção de resultados zero indicava que muitos deveriam ter sido submetidos ao teste Beta. Mas o tempo e a indiferença do Estado Maior opuseram-se a isso, e muitos recrutas não passaram pelo segundo teste. Por fim, Boring interpretou os valores nulos penalizando duplamente resultados que já eram (artificialmente) demasiado baixos.

A outra possibilidade que se oferecia a Yerkes era aceitar a cifra e continuar perplexo. É claro que optou pela segunda estratégia:

> A experiência clínica permitiu-nos conhecer aproximadamente qual é a capacidade e a habilidade mental de um homem com 13 anos de idade mental. Até agora, nunca havíamos imaginado que a habili-

A TEORIA DO QI HEREDITÁRIO

dade mental desse homem fosse igual ou quase igual a média do país. Por definição, quem tem uma idade mental entre os 7 e os 12 anos é um débil mental. Se devemos concluir, como se fez recentemente, que essa definição se refere a todos os que têm idades mentais inferiores a 13 anos, então quase a metade dos recrutas brancos (47,3%) seria composta por débeis mentais. Assim, a debilidade mental, na presente acepção do termo, parece ser muitíssimo mais freqüente do que a princípio se supôs.

Os colegas de Yerkes estavam igualmente perplexos. Goddard, o inventor do débil mental, começou a duvidar da própria criação: "Parece que estamos nas garras de um dilema: ou metade da população é débil mental, ou então a mentalidade de 12 anos realmente não se encaixa nos limites da debilidade mental" (1919, p. 352). Também ele optou pela solução de Yerkes e lançou um brado de alerta pela salvação da democracia americana:

> Caso se descubra que a inteligência do homem médio é de 13 anos — e não de 16 anos —, isso apenas confirmará o que alguns começam a suspeitar: ou seja, que o homem médio só pode se encarregar de seus assuntos com um grau moderado de prudência, só pode ganhar um salário bastante modesto, e está muito melhor quando cumpre ordens do que quando conduz sua própria vida. Em outras palavras, isso mostrará que a situação em que se encontra a sociedade humana está justificada por uma razão fundamental, e que, além disso, grande parte dos esforços que realizamos para mudar essa situação são pouco inteligentes já que não compreendemos qual é a natureza do homem médio (1919, p. 236).

O aziago número 13 converteu-se numa fórmula essencial entre os que tratavam de conter os movimentos em favor de uma política de bem estar social. Afinal de contas, se o homem médio é apenas um pouco melhor que um débil mental, então a pobreza tem uma origem fundamentalmente biológica, e nem a educação nem a melhoria das oportunidades de emprego podem contribuir para aliviá-la. Em um célebre discurso intitulado "A América está preparada para a democracia?", o diretor do departamento de psicologia de Harvard afirmou (W. McDougall, citado *in* Chase, 1977, p. 226):

> Os resultados dos testes do exército indicam que cerca de 75% da população não possui suficiente capacidade inata para atingir um desenvolvimento intelectual que lhe permita concluir os estudos secundários normais. A aplicação ampla de testes em escolares realizada pelo professor Terman e seus colegas leva a resultados muito similares.

A FALSA MEDIDA DO HOMEM

Num discurso de posse, o presidente da Colgate University, G. G. Cutten, declarou em 1922 (citado *in* Cravens, 1978, p. 224): "Não podemos conceber pior forma de caos que uma verdadeira democracia para uma população cuja inteligência média apenas supera os 13 anos."

Mais uma vez, um "fato" numérico, fácil de se reter, havia alcançado a posição de descoberta científica objetiva, enquanto que os erros e as falsificações que escondiam a falta de validade do mesmo permaneciam enterrados nos detalhes de uma monografia de oitocentas páginas que os propagandistas jamais leram.

OS TESTES DO EXÉRCITO E A AGITAÇÃO EM DEFESA DAS RESTRIÇÕES
À IMIGRAÇÃO: A MONOGRAFIA DE BRIGHAM SOBRE
A INTELIGÊNCIA AMERICANA

A média global de treze anos teve importantes repercussões políticas, mas sua capacidade de provocar danos sociais foi pequena se comparada com as cifras de Yerkes relativas às diferenças raciais e nacionais — os hereditaristas já podiam proclamar que a existência e a amplitude das diferenças de inteligência inata entre os grupos estavam definitivamente comprovadas. C. C. Brigham, discípulo de Yerkes e professor auxiliar de psicologia na Universidade de Princeton, declarou (1923, p. XX):

> Temos aqui uma investigação que é, sem dúvida, cem vezes mais confiável que todas as investigações anteriores, reunidas e postas em correlação. Estes dados do exército constituem a primeira contribuição realmente importante ao estudo das diferenças raciais em matéria de inteligência. Eles proporcionam uma base científica para nossas conclusões.

Em 1923, Brigham publicou um livro breve e esquematizado (alguns diriam "claro") para ser lido e utilizado por todos os propagandistas. *A Study of American Intelligence* (Brigham, 1923) converteu-se no principal veículo para traduzir em ação social os resultados dos testes do exército sobre as diferenças entre os grupos (ver Kamin, 1974 e Chase, 1977). O próprio Yerkes escreveu o prefácio e louvou a objetividade de Brigham:

> O autor não apresenta nem teorias nem opiniões, mas fatos. Cabe a nós aceitar sua confiabilidade e sua significação pois, como cidadão, nenhum de nós se pode dar ao luxo de ignorar a ameaça de degeneração da raça nem as relações evidentes que existem entre a imigração, o progresso e o bem-estar da nação (*in* Brigham, 1923, p. VII).

234

A TEORIA DO QI HEREDITÁRIO

Uma vez que todos os "fatos" expostos por Brigham a respeito das diferenças entre os grupos derivavam dos resultados dos testes do exército, a primeira coisa a ser feita era descartar a idéia de que os testes de Yerkes haviam medido outra coisa que não fosse pura inteligência inata. Brigham admitiu que o teste Alfa, além da capacidade inata, podia registrar também os efeitos da educação formal, já que a realização do teste exigia que o sujeito soubesse ler e escrever. Por outro lado, o teste Beta podia registrar a inteligência inata não contaminada: "O exame Beta não recorre de forma alguma ao inglês e de nenhum modo se pode considerar que suas provas meçam o nível de educação" (p. 100). De qualquer forma, acrescentava ele para completar a coisa, pouco importa que os testes também registrem o que Yerkes havia chamado de "a melhor adaptação do grupo mais americanizado à situação de exame" (p. 93), uma vez que (p. 96):

> Se os testes utilizados contivessem um tipo misterioso de situação que fosse "tipicamente americana", seria uma sorte para nós pois estamos nos Estados Unidos, e o propósito de nossa enquete consiste em obter uma medida da qualidade de nossa imigração[11]. Evidentemente, a incapacidade de responder positivamente a uma situação "tipicamente americana" constitui uma característica indesejável.

Depois de haver provado que os testes mediam a inteligência inata, Brigham dedicou a maior parte de seu livro a dissipar certas idéias correntes que podiam pesar contra essa hipótese fundamental. Por exemplo, os testes do exército haviam indicado que os judeus (em sua maioria imigrantes recentes) tinham uma inteligência bastante baixa. Essa descoberta não estava em contradição com as notáveis realizações de muitos eruditos, estadistas e artistas judeus? Brigham sugeriu que os judeus podiam ter uma amplitude de variação maior que outros grupos; uma média baixa não excluía a presença de alguns gênios no extremo superior da escala. De qualquer forma, acrescentava Brigham, é provável que atribuamos demasiada importância à herança judaica de algumas personalidades notáveis porque o fato é surpreendente: "O judeu dotado é reconhecido por todos não apenas pela sua capacidade, mas também por ser judeu" (p. 190). "Assim, nossas cifras tendem mais a desmentir a crença geral de que o judeu possui uma inteligência superior" (p. 190).

---

11. Em todo o livro, ele afirma que seu objetivo é medir e interpretar as diferenças inatas de inteligência.

A FALSA MEDIDA DO HOMEM

Mas o que dizer a respeito da diferença entre os resultados obtidos pelos negros do norte e do sul? Uma vez que Yerkes também demonstrara que, em média, os negros do norte freqüentavam a escola durante mais anos que os do sul, não se deveria concluir que essa diferença correspondia antes a diferenças no nível de escolaridade que a uma variação da capacidade inata? Brigham admite que a educação pode ter uma influência pequena (p. 191), mas expõe duas razões para atribuir a superioridade dos resultados obtidos pelos negros do norte a uma vantagem na constituição biológica: primeiro, "a maior proporção de sangue branco" entre os negros do norte; segundo, "a influência de fatores econômicos e sociais, como os salários mais elevados, as melhores condições de vida, a igualdade de privilégios escolares e um ostracismo social menos acentuado, que tendem a atrair os negros mais inteligentes para o norte" (p. 192).

Com a questão da imigração, Brigham enfrentou o maior desafio à sua tese hereditarista. Até Yerkes havia declarado seu agnosticismo — única ocasião em que considerou a possibilidade de adotar uma hipótese diferente da inatista — quanto às causas que levavam os imigrantes com um tempo de residência maior nos Estados Unidos a obterem resultados cada vez melhores (ver p. 229). Sem dúvida, o fenômeno era considerável e sua regularidade chamava a atenção. Sem exceções (ver o quadro à p. 229), cada período de cinco anos de residência trazia consigo uma elevação no número de pontos obtidos no teste, e a diferença total entre os recém-chegados e os que tinham mais tempo de residência alcançava os dois anos e meio de idade mental.

Brigham recorreu a uma argumentação circular para evitar a ameaçadora possibilidade de ter de aceitar uma explicação baseada em fatores ambientais. Começou por considerar pressuposto aquilo que se propunha a demonstrar. Rechaçou *a priori* a possibilidade de uma influência de fatores ambientais, aceitando como demonstrada a afirmação por demais discutível de que o teste Beta permitia medir a inteligência inata em estado puro, independentemente do que pudesse acontecer no caso do teste Alfa, que exigia que o sujeito soubesse ler e escrever. Assim, o fato de os imigrantes mais recentes obterem resultados inferiores podia ter uma explicação biológica, uma vez que a diminuição na escala combinada não dependeria exclusivamente das diferenças observadas nos resultados obtidos no teste Alfa:

> A hipótese de um incremento da inteligência supostamente ligado ao maior tempo de residência deve ser atribuída a um possível erro no método de medição da inteligência, porque, como o que estamos medindo é a inteligência natural ou inata, todo incremento dos resul-

236

A TEORIA DO QI HEREDITÁRIO

tados obtidos em nossos testes, imputável a qualquer outro fator, só pode ser atribuído a algum erro... Se todos os integrantes de nossos grupos com cinco anos de residência tivessem passado, em iguais proporções, pelos testes Alfa e Beta, bem como pelos exames individuais, todos teriam recebido o mesmo tratamento e sua relação teria sido demonstrada sem qualquer possibilidade de erro (p. 100).

Segundo Brigham, se as diferenças entre os grupos de residentes são inatas, então são explicadas por algum defeito técnico na elaboração da escala combinada a partir das proporções variáveis de Alfas e Betas. Essas diferenças não podem ser decorrência de uma falha dos testes em si, portanto, também não podem, por definição, indicar a influência de fatores ambientais vinculados a um incremento da familiaridade dos sujeitos com os costumes e a língua dos Estados Unidos.

Brigham estudou os resultados obtidos nos testes Alfa e Beta e, depois de comprovar que também neste último caso se mantinham as diferenças entre os grupos de residência, formulou a hipótese inverossímil de que os imigrantes recentes eram cada vez menos inteligentes. "Realmente comprovamos", afirmava ele (p. 102), "que em cada tipo de exame [Alfa e Beta] o incremento é aproximadamente o mesmo. Isto indica, portanto, que os grupos de cinco anos de residência apresentam diferenças reais de inteligência inata, e não se distinguem pelo maior ou menor grau de desvantagens vinculadas a fatores lingüísticos ou educativos."

> Em vez de considerar que nossa curva indica um crescimento da inteligência em função do tempo de residência, devemos adotar o ponto de vista inverso e admitir a hipótese de que essa curva indica uma degeneração gradual do tipo de imigrante submetido aos testes do exército, considerados por períodos de cinco anos a contar de 1902 (pp. 110-11). ...A inteligência média das sucessivas ondas de imigrantes tem baixado progressivamente (p. 155).

Mas por que os imigrantes recém-chegados deveriam ser mais estúpidos? Para resolver esse enigma, Brigham recorreu ao principal teórico do racismo de sua época, o americano Madison Grant (autor de *The Passing of the Great Race*), e no Conde Georges Vacher de Lapouge, vetusta relíquia da idade de ouro da craniometria francesa. Brigham sustentou que os povos europeus são mesclas, em proporções diferentes, de três raças originais: 1) os nórdicos, "uma raça de soldados, marinheiros, aventureiros e exploradores mas, sobretudo, chefes, organizadores e aristocratas... o feudalismo, as distinções de classe e o orgulho racial dos europeus procedem em sua

A FALSA MEDIDA DO HOMEM

maior parte do norte". São "dominadores, individualistas, seguros de si... e, por conseguinte, geralmente são protestantes" (Grant, citado *in* Brigham, p. 183); 2) os alpinos, que são "submissos à autoridade, tanto política quanto religiosa, e, portanto, geralmente pertencem à Igreja Católica Romana" (Grant, *in* Brigham, p. 183); a respeito destes últimos, Vacher de Lapouge afirmou que eram "o escravo perfeito, o servo ideal, o súdito modelo" (p. 183); 3) os mediterrâneos, elogiados por Grant, graças às suas realizações na Antigüidade greco-romana, mas depreciados por causa dos resultados obtidos nos testes, inferiores até mesmo aos dos alpinos.

Em seguida, Brigham tratou de calcular as proporções de sangue nórdico, alpino e mediterrâneo que possuíam os diferentes povos europeus, e examinou os resultados obtidos nos testes do exército a partir dessa perspectiva científica e racial, em lugar de fazê-lo segundo o critério político do país de origem. Assim, calculou as seguintes médias de inteligência: nórdico, 13,28; alpino, 11,67; mediterrâneo, 11,43.

Assim, chegava-se facilmente a uma explicação inatista da progressiva diminuição de inteligência dos grupos de residência considerados por períodos de cinco anos. Nas duas décadas precedentes, o caráter da imigração havia experimentado uma mudança muito grande. Até então, os imigrantes haviam sido principalmente nórdicos; desde então, o foco de imigração havia-se deslocado da Alemanha, Escandinávia e Ilhas Britânicas para a escória do sul e do leste da Europa — italianos, gregos, turcos, húngaros, poloneses, russos e outros eslavos (inclusive os judeus, "eslavos alpinos", segundo a definição racial de Brigham) —, com o que o país foi infestado por alpinos e mediterrâneos. A inferioridade desses imigrantes recentes era um fato que não admitia qualquer discussão (p. 202):

> O orador de 4 de julho já pode proferir do alto de seu palanque o nome de Kosciusko para convencer as pessoas de que na Polônia o nível intelectual é elevado: o que não pode fazer é modificar a distribuição da inteligência entre os imigrantes poloneses.

Mas Brigham compreendeu que sua tese inatista ainda tinha dois obstáculos pela frente. Ele havia provado que os testes do exército mediam a inteligência inata, mas temia que alguns adversários ignorantes tratassem de atribuir os resultados elevados dos nórdicos ao fato de nesse grupo existirem muitos falantes nativos de inglês.

Portanto, dividiu o grupo nórdico em falantes nativos procedentes do Canadá e das Ilhas Britânicas — cujo resultado médio era de 13,84 —, e "não falantes de inglês", procedentes principal-

A TEORIA DO QI HEREDITÁRIO

mente da Alemanha, Holanda e Escandinávia — cujo resultado médio era de 12,97. Mais uma vez, Brigham havia praticamente provado que os testes do exército mediam a familiaridade com a língua e os costumes do país, como afirmavam os partidários de uma explicação baseada em fatores ambientais; mas voltou a apelar para um embuste inatista. A disparidade entre os nórdicos de língua inglesa e os que falavam outras línguas era a metade da existente entre os nórdicos e os mediterrâneos. Uma vez que as diferenças entre os nórdicos só podiam corresponder à influência de fatores ambientais como a língua e a cultura (Brigham reconhecia isso), por que não atribuir a variação entre os europeus à mesma causa? Afinal de contas, os nórdicos que não eram de língua inglesa estavam, em geral, mais familiarizados com os costumes americanos, e isso já seria o suficiente para que obtivessem resultados superiores aos obtidos pelos alpinos e os mediterrâneos. Brigham chamou-os de "não ingleses" e valeu-se deles para pôr à prova a hipótese sobre a influência da língua. Mas, na verdade, só sabia quais eram seus países de origem, e não qual era o seu grau de familiaridade com o inglês. Em geral, os chamados nórdicos "não ingleses" haviam chegado aos Estados Unidos muito antes dos alpinos e mediterrâneos. Muitos falavam bem o inglês e haviam passado tempo suficiente nos Estados Unidos para dominar os segredos do jogo de boliche e conhecer os produtos comerciais e os astros do cinema. Se, com esse mediano conhecimento da cultura americana, haviam obtido resultados que lhes atribuíam quase um ano a menos que a idade mental dos nórdicos "ingleses", por que não atribuir a desvantagem maior — de quase dois anos — dos alpinos e mediterrâneos à falta de maior familiaridade destes com os costumes americanos? Sem dúvida, é mais econômico utilizar a mesma explicação quando se trata de efeitos similares. Ao invés disso, Brigham reconheceu a influência dos fatores ambientais para explicar a disparidade entre os nórdicos, e recorreu ao inatismo para explicar os resultados inferiores obtidos pelos europeus do sul e do leste, que tanto depreciava (pp. 171-172):

> Evidentemente, existem poderosas razões históricas e sociológicas que explicam a inferioridade do grupo nórdico não falante de inglês. Por outro lado, se, contrariamente ao que indicam os fatos, alguém quiser negar a superioridade da raça nórdica argumentando que o fator lingüístico favorece de alguma forma misteriosa esse grupo no momento de passar pelo teste, poderia excluir da amostragem nórdica os nórdicos de língua inglesa, e, ainda assim, subsistiria a notável superioridade dos nórdicos não falantes de inglês sobre os grupos alpino e mediterrâneo, sinal evidente de que a causa profunda das diferenças por nós demonstradas não é a língua, mas a raça.

A FALSA MEDIDA DO HOMEM

Uma vez contornada essa dificuldade, Brigham viu-se à frente de outra que não pôde contornar completamente. Ele havia atribuído os resultados cada vez mais baixos obtidos pelos sucessivos grupos de imigrantes considerados por períodos de cinco anos à redução da porcentagem de nórdicos entre seus integrantes. Mas teve que reconhecer que isso constituía um inquietante anacronismo. A onda imigratória nórdica começara a diminuir muito tempo antes e a proporção de alpinos e mediterrâneos fora relativamente constante nos dois ou três grupos qüinqüenais mais recentes. Contudo, os resultados continuavam a baixar, e a composição racial permanecia constante. Isso não indicaria, pelo menos, a influência da língua e da cultura? Afinal de contas, Brigham evitara a hipótese biológica ao explicar as notáveis diferenças entre os grupos nórdicos; por que então não abordar da mesma forma as diferenças análogas existentes entre os grupos alpino e mediterrâneo? Também neste caso, o preconceito pôde mais que o senso comum, e Brigham inventou uma explicação inverossímil para a qual, como ele próprio reconheceu, não dispunha de provas diretas. Como os resultados obtidos pelos alpinos e os mediterrâneos eram cada vez mais baixos, as nações que abrigavam essa escória, com o passar do tempo, haviam passado a enviar contingentes com características biológicas cada vez piores (p. 178).

> O declínio da inteligência deve-se a dois fatores: a mudança da composição racial das levas de imigrantes que chegam a este país; o envio de representantes cada vez mais inferiores de cada raça.

Brigham previa um futuro sombrio para os Estados Unidos. A ameaça européia já era bastante grave, mas o país defrontava-se com outro problema mais sério e específico (p. XXI):

> Paralelamente aos deslocamentos desses europeus, ocorreu o evento mais sinistro da história deste continente: a importação do negro.

Brigham concluía seu opúsculo com um apelo político, advogando a adoção de um enfoque hereditarista em duas das questões políticas mais controversas de seu tempo: a restrição à imigração e o controle eugênico da reprodução (pp. 209-210):

> O declínio da inteligência americana será mais veloz que o da inteligência dos grupos nacionais europeus devido à presença do negro neste país. Esta é a nua e crua realidade, ainda que desagradável, de-

240

A TEORIA DO QI HEREDITÁRIO

monstrada pelo nosso estudo. Entretanto, a degeneração da inteligência americana não é inevitável se forem adotadas disposições legais que assegurem uma evolução contínua e ascendente.

Sem dúvida, as medidas que devem ser adotadas para se preservar ou incrementar nossa atual capacidade intelectual deverão ser ditadas pela ciência, e não pelas considerações de caráter político. A imigração não só deve ser limitada como também muito seletiva. E a revisão das leis relativas à imigração e à naturalização só permitirá um pequeno alívio das dificuldades que enfrentamos. As medidas realmente importantes são as que apontam para a prevenção da propagação das estirpes deficientes na população atual.

Como já dissera Yerkes a respeito de Brigham: "O autor não apresenta teorias ou opiniões, mas fatos."

O TRIUNFO DAS RESTRIÇÕES À IMIGRAÇÃO

Os testes do exército tiveram uma série de aplicações sociais. Seu efeito mais duradouro ocorreu sem dúvida no próprio campo dos testes mentais. Eles foram os primeiros testes de QI escritos a obter aceitação geral, e proporcionaram os elementos técnicos necessários à implementação da ideologia hereditarista que, contra os desejos de Binet, defendia a aplicação de testes e a classificação de todas as crianças.

Outros propagandistas usaram os resultados dos testes do exército para defender a segregação racial e limitar o acesso dos negros à educação superior. Cornelia James Cannon, escrevendo para o *Atlantic Monthly* em 1922, observou que 89% dos negros haviam obtido resultados que comprovavam a sua debilidade mental (citado *in* Chase, 1977, p. 263):

> É necessário que nos concentremos na criação de escolas primárias, no treinamento de atividades, hábitos e ocupações que não exijam um nível mental superior. Particularmente no sul... a educação das crianças brancas e de cor em escolas separadas pode ser justificada por motivos distintos do preconceito racial... Um sistema de escola pública que deve preparar para a vida jovens pertencentes a uma raça que, em 50% dos casos, nunca alcança uma idade mental de 10 anos ainda apresenta numerosas imperfeições.

Mas os dados obtidos através dos testes do exército tiveram uma repercussão mais imediata e profunda no grande debate sobre a imigração, por essa época ser um assunto político de grande importância,

A FALSA MEDIDA DO HOMEM

no qual a eugenia obteve o seu maior triunfo. A questão da restrição estava no ar, e poderia muito bem ocorrer sem o apoio da ciência. (Basta pensar no amplo espectro dos partidários das limitações: desde os sindicatos tradicionais de artesãos, que temiam a entrada maciça no país de mão-de-obra barata, até os jingoístas e os americanos de raízes mais antigas no país, que viam os imigrantes como anarquistas atiradores de bombas e que contribuíram para fazer de Sacco e Vanzetti mártires.) Mas a ocasião e, principalmente, o caráter peculiar do *Restriction Act* de 1924 revelam claramente a pressão exercida pelos cientistas e os eugenistas, que usaram como sua arma mais poderosa os dados obtidos nos testes do exército (ver Chase, 1977; Kamin, 1974; e Ludmerer, 1972).

Henry Fairfield Osborn, administrador da Universidade de Columbia e presidente do Museu Americano de História Natural, escreveu em 1923 a seguinte passagem, que não consigo ler sem sentir um calafrio quando penso nas horrendas cifras de baixas durante a Primeira Guerra:

> Creio que os testes valeram o custo da guerra, inclusive em vidas humanas, se serviram para que nosso povo compreendesse bem, de uma forma que ninguém pode atribuir à influência de preconceitos, quais são as carências intelectuais deste país e os diferentes graus de inteligência das diversas raças que a ele chegam. Aprendemos de uma vez por todas que o negro não é como nós. Quanto às muitas raças e sub-raças que existem na Europa, aprendemos que algumas delas, a quem atribuímos um nível de inteligência talvez superior ao nosso [leia-se o judeu], são na verdade muito inferiores.

Durante os debates no Congresso que levaram à aprovação do *Immigration Restriction Act* de 1924, foram invocados continuamente os dados obtidos no exército. Os eugenistas exerceram pressão não apenas para que se limitasse a imigração, mas também para que se modificasse o caráter da mesma, através da imposição de quotas muito restritas às nações integradas por raças inferiores; este aspecto da lei de 1924 jamais teria sido aprovado, ou mesmo considerado, se não fosse pelos dados obtidos no exército e pela propaganda eugenista. Em suma, tratava-se de impedir a entrada dos europeus do sul e do leste da Europa, ou seja, das nações alpinas e mediterrâneas, cujos imigrantes haviam obtido os resultados mais baixos nos testes do exército. Os eugenistas empreenderam e ganharam uma das maiores batalhas do racismo científico em toda a história dos Estados Unidos. O primeiro *Restriction Act*, de 1921, havia estabelecido quotas anuais de 3% para os imigrantes pertencentes a qualquer das

A TEORIA DO QI HEREDITÁRIO

nacionalidades residentes no país. A propaganda eugenista conseguiu que o *Restriction Act* de 1924 reduzisse as quotas para 2% no caso dos imigrantes pertencentes a todas as nacionalidades registradas no censo de 1890. Os números de 1890 continuaram a ser empregados até 1930. Por que os de 1890 e não os de 1920, se o ato fora aprovado em 1924? O ano de 1890 foi um divisor de águas na história da imigração. Até essa data, os imigrantes do sul e do leste da Europa eram relativamente poucos; mas a partir de então começaram a predominar. Ou seja, uma medida cínica mas eficaz. "A América deve continuar sendo americana", afirmou Calvin Coolidge ao sancionar o projeto de lei.

A RETRATAÇÃO DE BRIGHAM

Seis anos depois de seus dados terem contribuído de forma tão decisiva para a fixação de quotas por nacionalidade, Brigham mudou profundamente sua atitude. Reconheceu que o resultado de um teste não podia ser reificado e considerado como uma entidade localizada na cabeça de uma pessoa:

> A maioria dos psicólogos que trabalham no terreno dos testes incorreu em uma falácia verbal que os faz passar, misteriosamente e sem dificuldade, do resultado obtido no teste à hipotética faculdade sugerida pelo nome dado ao teste. Assim, falam de discriminação sensorial, percepção, memória, inteligência e coisas similares, quando na verdade só estão se referindo a determinada situação objetiva, que corresponde ao teste dado (Brigham, 1930, p. 159).

Além disso, Brigham percebeu então que duas razões invalidavam o uso dos dados obtidos no exército como medidas de inteligência inata. Arrependeu-se de ambos os erros com uma humildade poucas vezes registrada na literatura científica. Em primeiro lugar, reconheceu que os testes Alfa e Beta não podiam ser combinados em uma mesma escala, como ele e Yerkes haviam feito para conseguir as médias correspondentes às diferentes raças de nacionalidades. Os testes mediam coisas diferentes, e, de qualquer forma, nenhum dos dois tinha coerência interna. Cada nação era representada por uma amostragem de recrutas que haviam passado pelos testes Alfa e Beta em proporções diferentes. As nações não admitiam nenhum tipo de comparação (Brigham, 1930, p. 164):

> Como este método, que consiste em amalgamar os Alfas e os Betas para se obter uma escala combinada, foi utilizado pelo autor em sua análise anterior dos testes do exército aplicados a amostragens de recru-

243

A FALSA MEDIDA DO HOMEM

tas procedentes do estrangeiro, tanto este estudo quanto sua superestrutura hipotética de diferenças raciais tornam-se insustentáveis.

Em segundo lugar, Brigham reconheceu que os testes haviam medido o grau de familiaridade com a língua e a cultura dos Estados Unidos, e não a inteligência inata:

> Em se tratando da comparação de indivíduos ou grupos, é evidente que os testes em vernáculo só podem ser utilizados no caso dos indivíduos que tiveram as mesmas oportunidades de aquisição do vernáculo empregado no teste. Essa exigência exclui a utilização de tais testes nos estudos comparativos de indivíduos criados em lares onde não se emprega esse vernáculo, ou onde se empregam duas línguas vernáculas diferentes. Esta última condição é freqüentemente desrespeitada no caso de estudos sobre crianças nascidas no país, mas cujos pais falam uma língua diferente. Isto é importante porque não se conhecem bem os efeitos do bilingüismo... Os testes de que dispomos não permitem a realização de estudos comparativos dos diferentes grupos nacionais e raciais... Um dos estudos raciais comparativos mais pretensiosos — realizado pelo próprio autor — carecia de qualquer fundamento (Brigham, 1930, p. 165).

Brigham pagou sua dívida pessoal, mas não pôde desfazer o que os testes haviam produzido. As quotas continuaram em vigor, e a imigração procedente do sul e do leste da Europa reduziu-se a um mínimo. Durante toda a década de 1930, os refugiados judeus, prevendo o holocausto, tentaram imigrar para os Estados Unidos, mas não foram aceitos. As quotas estabelecidas, bem como a persistente propaganda eugenista, impediram a sua entrada mesmo nos anos em que as exageradas quotas destinadas às nações do oeste e do norte da Europa não chegavam a ser cobertas. Chase (1977) calculou que essas quotas impediram a entrada de 6.000.000 de imigrantes do sul, do centro e do leste da Europa entre 1924 e o desencadeamento da Segunda Guerra Mundial (supondo que a imigração houvesse continuado com a taxa anterior a 1924). Sabemos o que aconteceu com muitos dos que desejavam abandonar seus países mas não tinham para onde ir. Os caminhos da destruição muitas vezes são indiretos, mas as idéias podem se converter em meios tão eficazes quanto os canhões e as bombas.

6

O verdadeiro erro
de Cyril Burt

A análise fatorial e a reificação da inteligência

O insigne mérito da escola inglesa de psicologia, a partir de Sir Francis Galton, foi valer-se da análise matemática para transformar o teste mental, até então um desacreditado embuste de charlatães, num instrumento de precisão científica indiscutível.

CYRIL BURT, 1921, p. 130

O caso de Sir Cyril Burt

Se eu quisesse levar uma vida de ócio, teria escolhido ser um gêmeo univitelino, separado de meu irmão no momento do nascimento e criado em uma classe social diferente. Poderíamos então alugar nossos préstimos a preços de ouro a uma infinidade de cientistas sociais. Porque seríamos raríssimos representantes da única experiência natural realmente capaz de estabelecer uma distinção entre os efeitos de origem genética e os efeitos vinculados a fatores ambientais observados nos seres humanos: seríamos indivíduos geneticamente idênticos criados em ambientes diferentes.

Os estudos sobre os gêmeos univitelinos deveriam, portanto, ocupar um lugar de honra na literatura sobre a hereditariedade do QI. E seria assim, não fosse por um problema: os gêmeos univitelinos são raríssimos. Poucos pesquisadores conseguiram reunir mais de vinte pares de gêmeos desse tipo. Contudo, em meio a essa penúria, um estudo parecia destacar-se dos demais: o de Sir Cyril Burt (1883-1971). Sir Cyril, decano dos especialistas em testes mentais, havia seguido duas carreiras sucessivas que lhe permitiram destacar-se tanto na teoria quanto na prática da psicologia da educação. Durante vinte anos, foi o psicólogo oficial do London County Council, responsável pela aplicação e interpretação dos testes mentais nas escolas de Londres. Em seguida, sucedeu a Charles Spearman como professor responsável pela cátedra de psicologia mais prestigiosa da Grã-Bretanha: a do University College de Londres (1932-1950). Durante seus longos anos de aposentadoria, Sir Cyril publicou vários artigos em apoio à tese hereditarista, mencionando a existência de uma correlação muito elevada entre os QIs de gêmeos idênticos criados em ambientes distintos. O estudo de Burt destacou-se dos demais

A FALSA MEDIDA DO HOMEM

porque ele conseguiu reunir 53 pares de gêmeos desse tipo, ou seja, mais que o dobro da quantidade encontrada por qualquer um de seus predecessores. Não é surpreendente que Arthur Jensen tenha usado as cifras de Sir Cyril como base principal de seu célebre artigo (1969) sobre o caráter supostamente hereditário e definitivo das diferenças de inteligência entre os brancos e os negros dos Estados Unidos.

A história da ruína de Burt é mais do que conhecida. Um psicólogo de Princeton, Leon Kamin, foi o primeiro a observar que, enquanto a amostragem de gêmeos estudada por Burt passara, em uma série de publicações, de menos de vinte para mais de cinqüenta, a correlação média entre os pares com relação ao QI só variava na terceira casa decimal: circunstância tão inverossímil no terreno da estatística que vem a coincidir com aquilo que denominamos *impossível*. Posteriormente, em 1976, Oliver Gillie, correspondente médico do *Sunday Times* de Londres, acusou Burt não só de ter incorrido em uma negligência imperdoável, mas também de ter realizado uma falsificação deliberada. Gillie descobriu, entre muitas outras coisas, que as duas "colaboradoras" de Burt, uma tal de Margaret Howard e uma tal de J. Conway, as duas mulheres que supostamente coletaram e processaram seus dados, jamais haviam existido ou, pelo menos, não poderiam ter estado em contato com Burt durante o tempo em que ele escreveu os artigos em que apareciam seus nomes. Essas acusações incentivaram reavaliações das "provas" apresentadas por Burt em favor de sua rígida tese hereditarista. E, de fato, descobriu-se que outros estudos de importância crucial também eram fraudulentos, particularmente as correlações de QI entre parentes próximos (demasiado boas para serem verdadeiras, e, aparentemente, elaboradas a partir de distribuições estatísticas ideais, não de medições reais — Dorfman, 1978), e os dados sobre o declínio do nível de inteligência na Grã-Bretanha.

Num primeiro momento, a tendência dos partidários de Burt foi considerar essas acusações como fruto de uma conjuração esquerdista mal dissimulada, cujo objetivo era usar a retórica para desacreditar a tese hereditarista. H. J. Eysenck escreveu à irmã de Burt: "Acho que todo o assunto não é mais que a trama de um grupo ultra-esquerdista de partidários da importância dos fatores ambientais, decididos a se valerem dos fatos científicos para fazer um jogo político. Estou convencido de que o futuro reabilitará Sir Cyril no que se refere à sua honra e à sua integridade". Arthur Jensen, que se referira a Burt como um "nobre nato" e "um dos maiores psicólogos do mundo", teve de reconhecer que os dados sobre os gêmeos idênticos não eram confiáveis, embora atribuísse a sua inexatidão apenas à negligência.

O VERDADEIRO ERRO DE CYRIL BURT

Creio que a magnífica biografia "oficial" de Burt recentemente publicada por L. S. Hearnshaw (1979) resolve o problema até onde permitem os dados disponíveis (a irmã de Burt encarregou-o da redação da obra antes que surgisse qualquer acusação). Hearnshaw, inicialmente um admirador incondicional de Burt, cujas atitudes intelectuais tende a compartilhar, concluiu que todas as acusações são verdadeiras — e não apenas isso. Hearnshaw inclusive me convenceu de que a enormidade e a extravagância da fraude de Burt obrigam-nos a considerar essa fraude não como o programa "racional" de um ser perverso que tenta salvar seu dogma hereditarista quando já sabe que perdeu a partida (confesso que foi isso que pensei em um primeiro momento), mas como a obra de um homem doente e torturado. (Isso, evidentemente, não resolve o problema mais grave: determinar por que dados tão obviamente falsificados foram aceitos durante tanto tempo, e que conclusões podem ser tiradas dessa vontade de aceitação com respeito aos fundamentos de nossos pressupostos hereditaristas.)

Hearnshaw acredita que Burt deu início às suas falsificações em princípios da década de 1940, e que sua obra precedente era honesta, se bem que viciada por determinadas convicções *a priori* muito rígidas, e freqüentemente padecendo de uma falta de seriedade e de uma superficialidade imperdoáveis até mesmo pelos critérios da época. O mundo de Burt começou a desmoronar durante a guerra, sem dúvida em parte como conseqüência de seus próprios atos. Os dados de suas pesquisas foram destruídos durante o bombardeio de Londres; seu casamento fracassou; foi excluído de seu próprio departamento quando tentou manter-se no cargo ao completar a idade regulamentar para a aposentadoria; foi destituído do cargo de diretor da revista por ele fundada por também se negar a ceder o poder na data que ele mesmo fixara; seu dogma hereditarista já não correspondia à mentalidade de uma época que acabava de assistir ao holocausto. Além disso, Burt parecia sofrer da doença de Ménières, uma perturbação dos órgãos reguladores do equilíbrio que muitas vezes provoca conseqüências negativas na personalidade.

Hearnshaw menciona quatro casos de fraude na última fase da carreira de Burt. Já me referi a três deles (a invenção dos dados sobre os gêmeos univitelinos, as correlações de QI entre parentes próximos e o declínio de nível de inteligência na Grã-Bretanha). O quarto, em muitos sentidos, é o mais bizarro de todos pois a tese de Burt era tão absurda e suas manipulações tão evidentes que podiam ser reveladas com facilidade. Não podia se tratar de um ato realizado por um homem mentalmente são. Burt tentou cometer

A FALSA MEDIDA DO HOMEM

um ato de parricídio intelectual ao declarar que ele, e não seu prede-
cessor e mentor Charles Spearman, era o pai da técnica denominada
"análise fatorial" em psicologia. Spearman desenvolveu a essência
dessa técnica num famoso artigo de 1904. Burt nunca pôs em dúvida
essa prioridade — na verdade, ele a afirmou constantemente — enquanto Spearman se manteve na cátedra do University College, mais
tarde ocupada por Burt. De fato, em seu famoso livro sobre a análise
fatorial (1940), Burt afirma que "a preeminência de Spearman é
reconhecida por todos os analistas" (1940, p. X).

A primeira tentativa de Burt de reescrever a história ocorreu
enquanto Spearman ainda estava vivo, e valeu-lhe uma resposta áspe-
ra do titular honorário de sua cátedra. Burt retratou-se de imediato
e enviou a Spearman uma carta que é um exemplo insuperável de
aceitação e servilismo: "Sem dúvida, a prioridade é sua... Tenho-me
perguntado onde me equivoquei. O mais sensato seria que eu enume-
rasse minhas afirmações e que o senhor, como meu antigo professor
primário, assinalasse com uma cruz onde seu aluno errou e uma
marca onde seu pensamento foi corretamente interpretado."

Mas, uma vez morto Spearman, Burt desencadeou uma campanha que, pelo resto de sua vida, "foi-se tornando cada vez mais desenfreada, obsessiva e extravagante" (Hearnshaw, 1979). Hearnshaw
escreve (1979, pp. 286-287): "Os rumores contra Spearman, que no
final da década de 1930 eram apenas audíveis, foram se intensificando
até se converterem numa ruidosa campanha de difamação em cuja
última etapa Burt chegou mesmo a arrogar-se toda a fama de Spearman. Burt parecia estar obcecado pelas questões de prioridade, e
foi se tornando cada vez mais suscetível e egocêntrico." A falsa história de Burt era bastante elementar: Karl Pearson havia inventado
a técnica da análise fatorial (ou uma técnica muito parecida) em
1901, três anos antes do aparecimento do artigo de Spearman. Mas
Pearson não a havia aplicado aos problemas psicológicos. Burt compreendeu essas possíveis aplicações e introduziu a técnica nos estudos
sobre os testes mentais, acrescentando de passagem uma série de
modificações e aperfeiçoamentos fundamentais. A filiação, portanto,
iria de Pearson a Burt. O artigo de Spearman de 1904 representaria
apenas um desvio.

Burt contou sua história repetidas vezes. Chegou mesmo a con-
tá-la usando um de seus muitos pseudônimos numa carta enviada
à sua própria revista, assinada por um certo Jacques Lafitte, um
desconhecido psicólogo francês. Com a exceção de Voltaire e Binet,
o sr. Lafitte citava apenas fontes inglesas, e declarava: "Com certeza,
a primeira formulação explícita e adequada foi a demonstração do

250

O VERDADEIRO ERRO DE CYRIL BURT

método dos eixos principais por Karl Pearson em 1901." Entretanto, depois de uma hora de investigação, qualquer um poderia demonstrar que a história de Burt era pura invenção — em nenhuma de suas obras anteriores a 1947 ele citava o nome de Pearson, e em todos seus estudos precedentes a análise fatorial era atribuída a Spearman, sem que ficasse dúvida quanto ao caráter derivativo de seus próprios métodos.

A análise fatorial deve ter sido algo muito importante para que Burt procurasse alcançar a fama reescrevendo a história a fim de se fazer passar por seu inventor. Contudo, a despeito de toda a ampla difusão do tema do QI na história dos testes mentais, praticamente nada se escreveu (fora dos círculos profissionais) sobre o papel, a repercussão e a importância da análise fatorial. Suspeito que esse desinteresse se deve principalmente às dificuldades matemáticas dessa técnica. O QI, uma escala linear inicialmente introduzida como medida aproximativa e empírica, é fácil de compreender. A análise fatorial, derivada de uma teoria estatística abstrata e baseada na busca da estrutura "subjacente" em grandes matrizes de dados, é, para dizê-lo sem rodeios, uma desgraça. Contudo, a análise fatorial é imprescindível para qualquer um que deseje compreender a história dos testes mentais em nosso século e a justificação de sua vigência na atualidade. Porque, como bem assinalou Burt (1914, p. 36), a história dos testes mentais contêm duas linhas principais e relacionadas entre si: os métodos de escala de idade (os testes de QI idealizados por Binet) e os métodos baseados nas correlações (análise fatorial). Além disso, como Spearman continuamente enfatizou ao longo de toda a sua carreira, a justificação teórica do uso de uma escala unilinear de QI baseia-se na própria análise fatorial. A campanha de Burt pode não ter sido correta mas a tática que adotou para conseguir fama não poderia ser melhor: no panteão da psicologia, existe um lugar de honra permanente reservado ao homem que desenvolveu a análise fatorial.

Comecei minha carreira de biólogo utilizando a análise fatorial para estudar a evolução de um grupo de répteis fósseis. Haviam me ensinado essa técnica como se ela tivesse sido deduzida por meio da lógica pura a partir de primeiros princípios. Na verdade, quase todos os procedimentos que a integram foram inventados para justificar certas teorias da inteligência. Apesar de se tratar de um instrumento matemático puramente dedutivo, a análise fatorial foi inventada em um determinado contexto social e obedecendo a motivos muito bem definidos. E, embora sua base matemática seja inatacável, sua utilização como instrumento para se investigar a estrutura física

A FALSA MEDIDA DO HOMEM

do intelecto sempre padeceu, desde o início, de profundos erros conceituais. O erro principal, de fato, vincula-se a um dos temas mais importantes deste livro: a reificação — neste caso, a idéia de que um conceito tão impreciso e tão dependente do contexto social como a inteligência pode ser identificado como uma "coisa" única localizada no cérebro e dotada de um determinado grau de hereditariedade, e que, portanto, pode ser medida e receber um valor numérico específico que permite uma classificação unilinear das pessoas em função da quantidade de inteligência que cada um supostamente possui. Ao identificar um eixo fatorial matemático com o conceito de "inteligência geral", Spearman e Burt forneceram uma justificação teórica da escala unilinear que Binet havia proposto como simples guia empírico aproximativo.

O intenso debate sobre a obra de Cyril Burt girou exclusivamente em torno da fraude que urdiu no final de sua carreira. Esse enfoque impediu que se apreciasse a profunda influência de Sir Cyril Burt, o especialista em testes mentais que mais se empenhou para desenvolver um modelo de inteligência baseado na análise fatorial, sob cuja perspectiva esta aparece como uma "coisa" real e à parte. A empresa de Burt baseava-se no erro da reificação. A fraude que urdiu no final de sua carreira foi a reação tardia de um homem derrotado; por outro lado, o erro "honesto" que cometeu em sua primeira fase teve repercussões ao longo de nosso século e afetou milhões de vidas.

Correlação, causa e análise fatorial

Correlação e causa

O espírito de Platão recusa-se a morrer. Não conseguimos escapar da tradição filosófica segundo a qual tudo quanto vemos e medimos no mundo é apenas a representação imperfeita e superficial de uma realidade subjacente. Grande parte do fascínio pela estatística tem raízes numa crença arraigada — e nunca devemos confiar em crenças arraigadas — de que as medidas abstratas que resumem amplos quadros de dados com certeza expressam algo mais real e mais fundamental que os próprios dados. (Uma parte considerável da formação profissional do estatístico consiste em realizar um esforço deliberado para neutralizar essa crença.) A técnica da *correlação* tem-se prestado particularmente a esse tipo de abuso porque parece proporcionar uma via para inferências sobre a causalidade (o que às vezes realmente ocorre — mas só às vezes).

252

O VERDADEIRO ERRO DE CYRIL BURT

A correlação avalia a tendência de variação de uma medida em conjunto com outra. Quando uma criança cresce, por exemplo, tanto seus braços quanto suas pernas se alongam; essa tendência conjunta de mudança numa mesma direção é chamada *correlação positiva*. Nem todas as partes do corpo exibem tais correlações positivas durante o crescimento. Por exemplo, os dentes não crescem depois de nascer. A relação entre o comprimento do primeiro incisivo e o comprimento das pernas a partir, digamos, dos dez anos até a idade adulta representa uma *correlação nula*: as pernas se alongam enquanto os dentes não mudam em absoluto. Outras correlações podem ser negativas: uma medida cresce e a outra decresce. Começamos a perder neurônios em uma idade desesperadamente precoce, e eles nunca são substituídos. Assim, a relação entre o comprimento da perna e o número de neurônios depois de certa fase da infância constitui uma *correlação negativa* — o comprimento da perna aumenta enquanto o número de neurônios diminui. Observe-se que não falei de causalidade. Não sabemos por que existem essas correlações, ou por que não existem; só sabemos se estão ou não presentes.

A medida normal da correlação é denominada coeficiente de correlação de Pearson (produto momento) ou, de maneira mais simples, coeficiente de correlação, e seu símbolo é *r*. O coeficiente de correlação é +1 para uma correlação positiva perfeita, 0 para uma correlação nula, e −1 para uma correlação negativa perfeita[1].

De maneira aproximada, podemos dizer que *r* mede a forma de uma elipse formada pelos pontos de um diagrama (ver Fig. 6.1). As elipses mais estreitas representam correlações altas: a mais estreita, a linha reta, corresponde a um *r* de 1,0. As elipses mais arredondadas representam correlações mais baixas, e a mais arredondada, o círculo, corresponde à correlação nula (o aumento de uma medida não permite prever se a outra aumenta, decresce ou permanece estável).

---

1. O *r* de Pearson não constitui uma medida adequada para todos os tipos de correlações porque só avalia o que os estatísticos chamam de intensidade da relação linear entre duas medidas: a tendência de todos os pontos a se situarem em uma única linha reta. Outras relações de dependência estrita não atribuirão a *r* um valor de 1,0. Por exemplo, se cada aumento de duas unidades em uma variável correspondesse a um aumento de 2^2 unidades em outra variável, *r* acabaria por ser menor que 1,0 embora ambas as variáveis tenham apresentado uma "correlação" perfeita no sentido corrente do termo. Sua representação gráfica não seria uma linha reta, mas uma parábola. Assim, portanto, o *r* de Pearson mede a intensidade da semelhança linear.

253

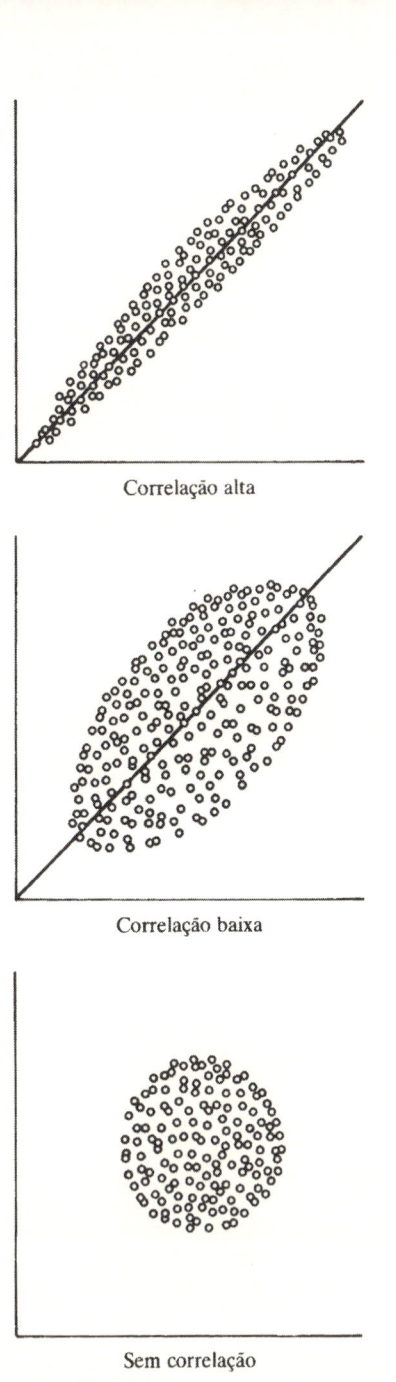

Correlação alta

Correlação baixa

Sem correlação

Fig. 6.1 A força da correlação como função da configuração de uma elipse de pontos. Quanto mais alongada for a elipse, mais elevada será a correlação.

O VERDADEIRO ERRO DE CYRIL BURT

Apesar de fácil de calcular, o coeficiente de correlação tem sido objeto de numerosos erros de interpretação. Podemos explicá-lo através de um exemplo. Suponhamos que represento em um diagrama os diferentes comprimentos dos braços e das pernas durante o crescimento de uma criança. Obterei uma correlação elevada que se apresenta como duplamente interessante. Primeiro, terei realizado uma *simplificação*. Com efeito, as duas dimensões iniciais (comprimento das pernas e comprimento dos braços) terão se reduzido a uma. Uma vez que a correlação é tão marcada, podemos dizer que a própria linha (uma única dimensão) representa praticamente toda a informação que antes aparecia de forma bidimensional. Em segundo lugar, agora podemos fazer uma inferência razoável sobre a *causa* dessa redução a uma única dimensão. A correlação entre os comprimentos dos braços e das pernas é muito estreita porque ambas são medidas parciais de um mesmo fenômeno biológico subjacente, ou seja, o próprio crescimento.

Contudo, para que ninguém imagine que a correlação representa um método mágico para se detectar a causa de forma inequívoca, consideremos a relação entre a minha idade e o preço da gasolina nos últimos dez anos. Trata-se de uma correlação quase perfeita, mas ninguém pensará que existe uma causa comum. A existência da correlação não permite tirar qualquer conclusão quanto à causa. Nem sequer é certo que as correlações estreitas correspondam com mais probabilidade a alguma causa que as menos marcadas — afinal, a correlação entre a minha idade e o preço da gasolina é de quase 1,0. No caso dos comprimentos dos braços e das pernas, falei de causa não porque sua correlação fosse elevada, mas pelo que se sabe sobre a base biológica desses fenômenos. A causa não pode ser inferida da simples existência da correlação, mas de alguma coisa diferente, se bem que uma correlação inesperada pode nos induzir a buscar causas — devemos ter sempre em mente, porém, que elas podem não existir. Sem dúvida, a imensa maioria das correlações que ocorrem neste mundo não é de natureza causal. Tudo aquilo que durante os últimos anos tem decrescido de forma regular apresentará uma correlação muito pronunciada, como a distância entre a Terra e o cometa Halley (que também tem se reduzido ultimamente)*, mas nem mesmo o mais dedicado dos astrólogos conseguirá descobrir um nexo causal na maioria dessas relações. A idéia injustificada de que a correlação remete a uma causa é, provavelmente, um dos dois ou três erros mais graves e mais freqüentes do raciocínio humano.

Poucas pessoas se deixarão enganar por uma redução ao absurdo tão óbvia como a correlação entre idade e gasolina. Mas conside-

---

*O livro foi publicado originalmente em 1981 (N.R.)

A FALSA MEDIDA DO HOMEM

remos um caso intermediário. Apresentam-me um quadro de dados com as distâncias que vinte crianças podem atingir lançando uma bola de beisebol. Represento graficamente esses dados e calculo um *r* que se mostra elevado. Suponho que a maioria das pessoas compartilhará de minha intuição de que se trata de uma correlação significativa; contudo, se carecemos de mais informações, a correlação por si mesma não nos diz nada sobre as causas subjacentes. Pois posso propor pelo menos três interpretações causais distintas e plausíveis para essa correlação (a interpretação verdadeira é provavelmente uma combinação das três):

1. Trata-se simplesmente de crianças de idades diferentes; as maiores lançam a bola mais longe.

2. As diferenças correspondem a diferentes graus de prática e treinamento. Algumas crianças são astros da Liga Infantil e são capazes de dizer em que ano Roger Hornsby conseguiu a marca de .424 (1924... eu fui uma dessas crianças atrevidas); outras só conhecem Billy Martin porque ele aparece em anúncios de cerveja.

3. As diferenças correspondem a disparidades da capacidade inata que nem o treinamento mais intenso pode apagar. (A situação seria ainda mais complexa se a amostragem incluísse meninos e meninas educados segundo os padrões convencionais. A correlação poderia ser então atribuída principalmente a uma quarta causa: as diferenças sexuais; e, com isso, teríamos também que nos perguntar sobre a causa da diferença sexual: instrução, constituição inata, ou uma combinação entre o inato e o adquirido.)

Em suma, a maioria das correlações não é causal; quando as correlações são causais, a existência e a importância da correlação raramente especificam a natureza da causa.

Correlação em mais de duas dimensões

Esses exemplos bidimensionais são fáceis de se compreender (por mais difícil que seja a sua interpretação). Mas o que acontece com as correlações entre mais de duas medidas? Um corpo é composto de muitas partes e não apenas de braços e pernas; assim, pode nos interessar averiguar como se relacionam várias medidas entre si durante o crescimento. Suponhamos, por razões de simplicidade, que acrescentamos só mais uma medida, o comprimento da cabeça, para obter um sistema de três dimensões. Podemos descrever de duas maneiras a estrutura de correlação entre as três medidas:

O VERDADEIRO ERRO DE CYRIL BURT

	braço	perna	cabeça
braço	1,0	0,91	0,72
perna	0,91	1,0	0,63
cabeça	0,72	0,63	1,0

Fig. 6.2. Matriz de correlação para três medidas

1. Podemos reunir todos os coeficientes de correlação entre pares de medidas. Num único quadro ou *matriz* de coeficientes de correlação (Fig. 6.2). A linha que vai do vértice superior esquerdo ao vértice inferior direito indica a correlação necessariamente perfeita de cada variável consigo mesmo. Essa linha é denominada diagonal principal, e todas as correlações situadas nelas são de 1,0. A matriz é simétrica com relação à diagonal principal, pois a correlação entre a medida 1 e a medida 2 é a mesma que a correlação entre 2 e 1. Assim, os três valores situados acima ou abaixo da diagonal principal são as correlações que nos interessam: braços e pernas, braços e cabeça, pernas e cabeça.

2. Podemos traçar num gráfico tridimensional os pontos correspondentes a todos os indivíduos (Fig. 6.3). Uma vez que todas as correlações são positivas, os pontos se dispõem em forma de elipsóide (ou bola de *rugby*). (Em duas dimensões, formam uma elipse.) Uma linha que passa pelo eixo principal do elipsóide expressa as correlações positivas mais elevadas entre todas as medidas.

Podemos compreender, tanto mental quanto visualmente, este caso tridimensional. Mas, e os casos de 20 ou 100 dimensões? Se medíssemos 100 partes de um corpo em crescimento, nossa matriz de correlações conteria 10.000 números. Para representar graficamente essa informação, teríamos de utilizar um espaço de 100 dimensões, dotado de 100 eixos perpendiculares entre si, que representariam as medidas originais. Ainda que esses 100 eixos não constituam nenhum problema do ponto de vista matemático (em termos técnicos, constituem um hiperes-

A FALSA MEDIDA DO HOMEM

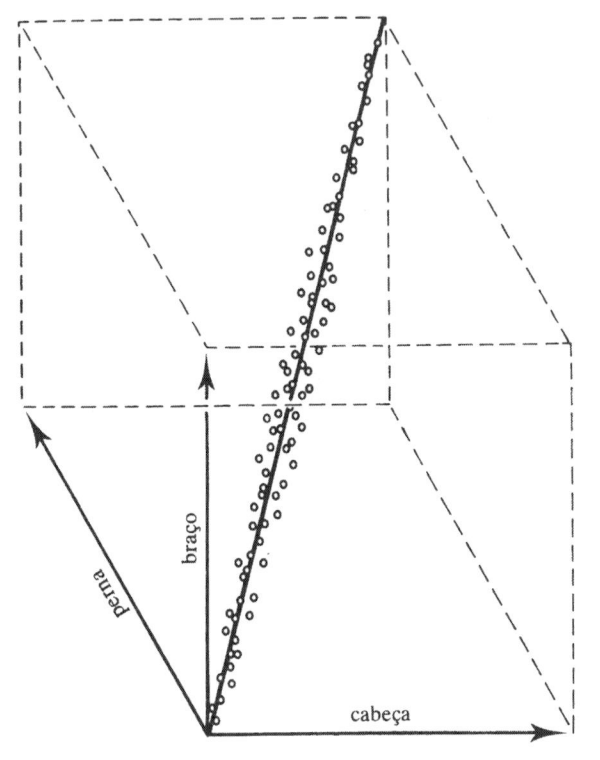

Fig. 6.3. Gráfico tridimensional mostrando as correlações para três medidas

paço), não podemos representá-los graficamente em nosso mundo euclidiano tridimensional.

Essas 100 medidas de um corpo em crescimento não correspondem provavelmente a 100 fenômenos biológicos diferentes. Assim como a maior parte das informações do nosso exemplo tridimensional poderia ser reduzida a uma única dimensão (o eixo principal do elipsóide), também nossas 100 medidas poderiam ser simplificadas e reduzidas a uma quantidade menor de dimensões. Sem dúvida, uma parte da informação se perderia, como quando reduzimos do elipsóide longo e estreito — mas que, não obstante, era uma estrutura tridimensional — a única linha que representa seu eixo principal. Mas podemos estar dispostos a aceitar essa perda em troca de uma simplificação, e da possibilidade de interpretar as dimensões que retemos do ponto de vista biológico.

O VERDADEIRO ERRO DE CYRIL BURT

A análise fatorial e seus objetivos

Com este exemplo, chegamos à essência dos objetivos da *análise fatorial*. A análise fatorial é uma técnica matemática utilizada para se reduzir um sistema complexo de correlações a um número menor de dimensões. Consiste, literalmente, em decompor uma matriz em fatores, em geral uma matriz de coeficiente de correlação. (Talvez o leitor se lembre de um exercício de álgebra que fazia na escola secundária chamado "fatoração", que consistia em simplificar expressões terrivelmente complexas extraindo-se os multiplicadores comuns de cada componente.) Do ponto de vista geométrico, o processo de fatoração consiste em colocar eixos num elipsóide formado por pontos. No caso das 100 dimensões, é pouco provável que consigamos incluir informações suficientes numa única linha coincidente com o eixo principal da hiperelipsóide; — linha denominada *primeiro componente principal*. Precisaremos de outros eixos. Por convenção, representamos a segunda dimensão com uma linha *perpendicular* ao primeiro componente principal. Este segundo eixo, ou *segundo componente principal*, é definido como sendo a linha que expressa mais variáveis restantes que qualquer outra possível linha perpendicular ao primeiro componente principal. Se, por exemplo, o hiperelipsóide fosse chato como um linguado, o primeiro componente principal também passaria pelo centro, em sentido longitudinal, e o segundo componente principal também passaria pelo centro, mas em sentido transversal. As linhas seguintes teriam que ser perpendiculares a todas as anteriores, e expressariam quantidades cada vez menores de variáveis restantes. Pode acontecer que cinco componentes principais expressem quase a totalidade das variantes do nosso hiperelipsóide — o hiperelipsóide desenhado em 5 dimensões pode ser suficientemente parecido com o original para nos darmos por satisfeitos, da mesma forma que uma pizza ou um linguado desenhados em duas dimensões podem expressar toda a informação de que necessitamos, embora em ambos os casos os originais tenham três dimensões. Se decidimos deter-nos em cinco dimensões, podemos conseguir uma simplificação considerável em troca de uma perda mínima de informação. Podemos apreender conceitualmente as cinco dimensões, e até mesmo interpretá-las biologicamente.

Uma vez que a decomposição em fatores é realizada sobre uma matriz de correlações, utilizarei uma representação geométrica dos mesmos coeficientes de correlação para poder explicar melhor como funciona a técnica. As medidas originais podem ser representadas

259

A FALSA MEDIDA DO HOMEM

como vetores do comprimento de uma unidade[2], que se irradiam a partir de um ponto comum. Se duas medidas apresentam uma correlação muito elevada, seus vetores estão muito próximo um dos outros. O co-seno do ângulo formado por qualquer par de vetores repre-

---

2. (Nota para os aficcionados — os outros poderão perfeitamente pulá-la.) O procedimento que estou analisando aqui tem a denominação técnica de "análise dos componentes principais", que não coincide exatamente com a análise fatorial. Na análise dos componentes principais, conservamos toda a informação nas medidas originais e acrescentamos novos eixos seguindo o mesmo critério usado na análise fatorial por componentes principais: o primeiro eixo expressa mais dados que qualquer outro, e os eixos subseqüentes estão em ângulo reto em relação ao resto dos eixos e abarcam quantidades gradualmente decrescentes de informação. Na análise fatorial propriamente dita, decidimos de antemão (através de diversos procedimentos) não incluir toda a informação em nossos eixos fatoriais. Mas as duas técnicas — a análise fatorial propriamente dita, por componentes principais, e a análise dos componentes principais — desempenham a mesma função conceitual e só diferem com relação à forma de se realizar o cálculo. Em ambas, o primeiro eixo (o *g* de Spearman para os testes de inteligência) é a dimensão "mais adequada" para expressar mais informação em um conjunto de vetores.

Mais ou menos há uma década, tem se difundido nos meios estatísticos uma confusão semântica que tende a limitar o uso do termo "análise fatorial" à rotação de eixos que normalmente ocorre depois de se terem calculado os componentes principais e a aplicar a denominação "análise dos componentes principais" tanto à análise dos componentes principais propriamente dita (onde se conserva toda a informação) quanto à análise fatorial por componentes principais (que implica uma redução das dimensões e uma perda de informação). Essa mudança de definição está em total desacordo com a história desse tema e de sua terminologia. Spearman, Burt e muitos outros especialistas em psicometria trabalharam durante décadas neste terreno antes que Thurstone e outros inventassem as rotações dos eixos. Eles realizaram todos os cálculos segundo a orientação dos componentes principais e se autodenominaram "analistas fatoriais". Portanto, continuo utilizando o termo "análise fatorial" em seu sentido original, que inclui qualquer forma de orientação dos eixos: componentes principais ou componentes rotados, ortogonais ou oblíquos.

Também empregarei uma abreviatura corrente, embora um tanto imprecisa, para me referir à função dos eixos fatoriais. Tecnicamente, os eixos fatoriais expressam a variação das medidas originais. Como habitualmente se faz, direi que esses eixos "explicam" ou "expressam" a informação, o que corresponde ao sentido comum (mas não técnico) do termo informação. Ou seja, quando o vetor de uma variável original se projeta com força sobre um conjunto de eixos fatoriais, só uma pequena parte de sua variação fica sem resolução nas dimensões superiores situadas fora do sistema dos eixos fatoriais.

260

O VERDADEIRO ERRO DE CYRIL BURT

senta o coeficiente de correlação entre eles. Se dois vetores se superpõem, sua correlação é perfeita, ou 1,0; o co-seno de 0° (zero grau) é 1,0. Se dois vetores formam um ângulo reto, são completamente independentes e sua correlação é nula; o co-seno de 90° é 0. Se dois vetores apontam para direções opostas, sua correlação é perfeitamente negativa, ou seja, −1,0; o co-seno de 180° é −1,0. Uma matriz de coeficientes de correlação muito elevados será representada por um conglomerado de vetores separados entre si por pequenos ângulos (Fig. 6.4). Quando decompomos em fatores esse conglomerado,

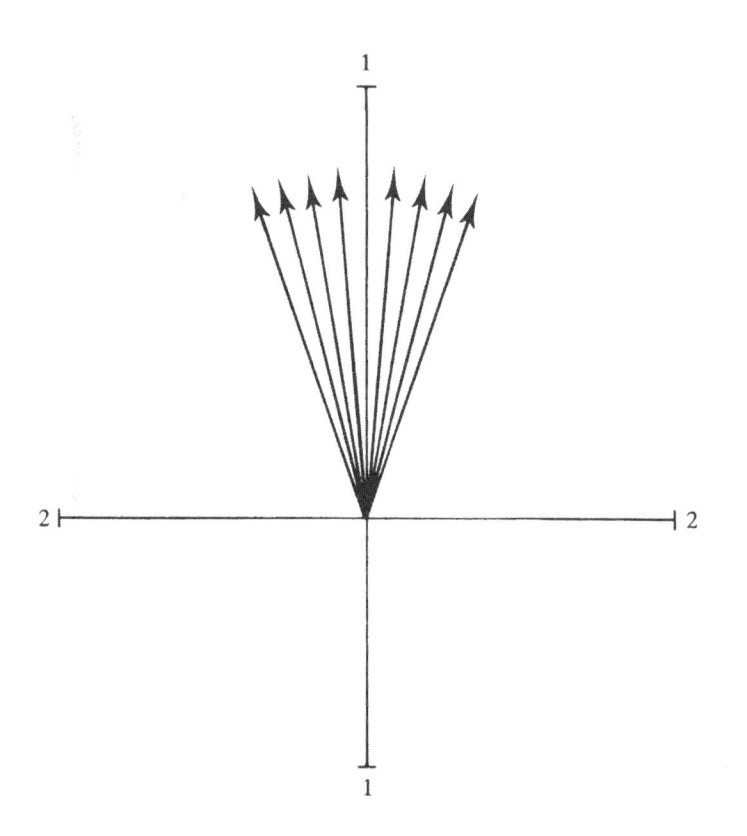

Fig. 6.4. Representação geométrica das correlações entre oito testes quando todos os coeficientes de correlação são elevados e positivos. O primeiro componente principal, 1, está perto de todos os vetores, ao passo que o segundo, 2, encontra-se em ângulo reto com o primeiro e não expressa muita informação nos vetores.

A FALSA MEDIDA DO HOMEM

calculando os componentes principais para obter um conjunto mais reduzido de dimensões, escolhemos como primeiro componente o eixo que tem maior capacidade de expressão, uma espécie de média global entre todos os vetores. Essa capacidade de expressão é calculada projetando-se cada vetor sobre o eixo. Para isso, traça-se uma linha a partir da extremidade do vetor até o eixo, perpendicularmente a esse eixo. A proporção entre o comprimento projetado sobre o eixo e o comprimento real do vetor mede a porcentagem de informação de um vetor que esse eixo pode expressar. (Isto é difícil de explicar com palavras, mas acho que a Figura 6.5 dissipará qualquer confusão). Se um vetor está situado próximo ao eixo, este expressa grande parte de sua informação. Quando mais um vetor se afastar

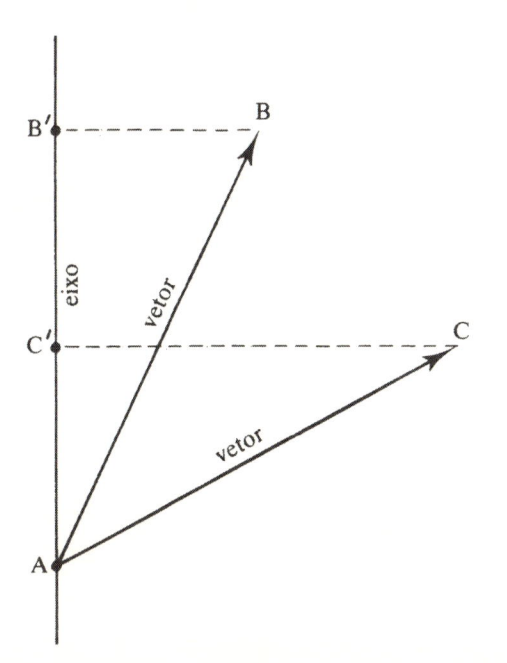

Fig. 6.5. Cálculo da quantidade de informação de um vetor expressada por um eixo. Trace uma linha a partir da extremidade do vetor até o eixo, perpendicular a esse eixo. A quantidade de informação expressada pelo eixo é a razão entre o comprimento projetado sobre o eixo e o comprimento real do vetor. Se um vetor está situado próximo ao eixo, essa razão é elevada e o eixo expressa a maior parte da informação do vetor. O vetor AB está próximo ao eixo e a razão entre a projeção AB' e o vetor AB é elevada. O vetor AC está longe do eixo e a razão entre seu comprimento projetado AC' e o próprio vetor AC é baixa.

O VERDADEIRO ERRO DE CYRIL BURT

do eixo — a separação máxima é de 90° —, menor será a quantidade de informação que o eixo é capaz de explicar.

Situamos o primeiro componente principal (o eixo) de tal modo que possa expressar mais informação de todos os vetores que qualquer outro eixo. No caso de nossa matriz de coeficientes de correlação altamente positivos, representada através de um conglomerado muito apertado de vetores, o primeiro componente principal passa pelo centro do conjunto (Fig. 6.4). O segundo componente principal se situa perpendicularmente ao primeiro e expressa o máximo de informação restante. Mas se o primeiro componente já tiver expressado grande parte da informação de todos os vetores, o segundo eixo principal, e os seguintes, só poderão dar conta da pequena quantidade de informação restante (Fig. 6.4).

Esses sistemas de correlações positivas muito elevadas são bastante freqüentes na natureza. Por exemplo, em meu primeiro estudo de análise fatorial, considerei quatorze medidas relativas aos ossos de vinte e duas espécies de répteis pelicossauros (animais fósseis dotados de uma barbatana dorsal, freqüentemente confundidos com dinossauros, mas que na verdade são os antepassados dos mamíferos). Meu primeiro componente principal expressava 97,1% da informação contida nos quatorze vetores, restando apenas 2,9% para os eixos seguintes. Meus quatorze vetores formavam um conglomerado muito compacto (praticamente todos se sobrepunham); o primeiro eixo passava pelo centro do conglomerado. O comprimento do corpo dos meus pelicossauros variava de menos de 70 centímetros até mais de 3 metros. Todos eram muito parecidos entre si e os animais grandes tinham medidas maiores para os quatorze ossos. Todos os coeficientes de correlação dos ossos entre si eram muito elevados; de fato, o mais baixo era um enorme 0,912. O que não é surpreendente.

Afinal de contas, os animais grandes têm ossos grandes, e os animais pequenos têm ossos pequenos. Posso interpretar meu primeiro componente principal como um fator abstrato de tamanho e, desse modo, reduzir (com uma perda mínima de informação) minhas quatorze medidas originais e uma única dimensão interpretada como o tamanho corporal em crescimento. Neste caso, a análise fatorial permitiu que se obtivesse tanto uma *simplificação*, mediante uma redução do número de dimensões (de quatorze para uma só), quanto uma *explicação*, mediante uma interpretação biológica plausível do primeiro eixo como fator de tamanho.

Mas — e aqui se trata de um enorme *mas* —, antes de nos regozijarmos e entoarmos louvores à análise fatorial como panacéia

A FALSA MEDIDA DO HOMEM

para a compreensão dos sistemas complexos de correlação, devemos reconhecer que ela está sujeita às mesmas precauções e objeções observadas anteriormente durante o exame dos coeficientes de correlação. Nas seções seguintes, abordarei dois problemas muito importantes.

O erro da reificação

O primeiro componente principal é uma abstração matemática que pode ser calculada para qualquer matriz de coeficientes de correlação; não é uma "coisa" dotada de realidade física. Os especialistas em análise fatorial freqüentemente cederam à tentação da *reificação*, ou seja, de atribuir um *significado físico* a todos os componentes principais muito marcados. Em alguns casos, isso se justifica; parece-me que eu tinha razões suficientes para interpretar meu primeiro eixo dos pelicossauros como um fator de tamanho. Mas uma afirmação desse tipo nunca pode se basear apenas na matemática; é imprescindível contar com outros conhecimentos relativos à natureza física das próprias medidas, pois os sistemas de correlações absurdos também têm componentes principais, e estes podem expressar mais informações que os componentes de outros sistemas que não são absurdos. A análise fatorial de uma matriz de correlações da minha idade, da população do México, do preço do queijo suíço, do peso da minha tartaruga de estimação e da distância média entre as galáxias durante os últimos dez anos apresentará um primeiro componente principal muito marcado. Como todas as correlações são muito positivas, é provável que esse componente expresse uma porcentagem de informação tão elevada quanto o primeiro eixo de meu estudo sobre os pelicossauros. Mas também não terá qualquer significado físico esclarecedor.

Nos estudos sobre a inteligência, a análise fatorial foi aplicada a matrizes de correlação entre diferentes testes mentais. Por exemplo, podem-se aplicar dez testes a cem pessoas. Cada entrada significativa na matriz de correlações de dez por dez é um coeficiente de correlação entre os resultados obtidos em dois testes aplicados a cada uma das cem pessoas. Desde o início da utilização dos testes mentais, sabemos — e ninguém ficará surpreso ao saber disso — que a maioria desses coeficientes de correlação são positivos: ou seja, que as pessoas que obtêm resultados elevados em um tipo de teste tendem, em geral, a obter resultados também positivos em outros testes. A maioria das matrizes de correlações de testes mentais contêm princi-

O VERDADEIRO ERRO DE CYRIL BURT

palmente correlações positivas. A partir dessa observação fundamental, desenvolveu-se a análise fatorial. Charles Spearman praticamente inventou essa técnica em 1904 como instrumento para inferir causas partindo de matrizes de correlações de testes mentais.

Uma vez que a maioria dos coeficientes de correlação da matriz é positiva, a análise fatorial deve produzir um primeiro componente principal bastante marcado. Em 1904, Spearman calculou indiretamente esse componente, e logo chegou à conclusão essencialmente falsa que vem afligindo a análise fatorial desde então: reificou esse componente transformando-o numa "entidade", e tentou atribuir-lhe uma interpretação causal inequívoca. Chamou-o de *g*, ou inteligência geral, e supôs que havia descoberto uma qualidade unitária subjacente a todas as atividades mentais cognitivas, uma qualidade que podia ser expressada através de um número único e que podia ser utilizada na classificação das pessoas ao longo de uma escala unilinear de valor intelectual.

O *g* de Spearman — o primeiro componente principal da matriz de correlações de testes mentais — nunca chegou a desempenhar o papel preponderante que o primeiro componente desempenha em muitos estudos sobre o crescimento (como no caso dos meus pelicossauros). Quando muito, *g* expressa entre 50 e 60% da informação contida na matriz de testes. As correlações entre os testes normalmente são muito menos pronunciadas que as correlações entre duas partes de um corpo em crescimento. Na maioria dos casos, a correlação mais elevada de uma matriz de testes está longe de alcançar o valor *mais baixo* da minha matriz pelicossáurica: 0,912.

Embora *g* nunca chegue a alcançar a capacidade de expressão do primeiro componente principal de alguns estudos sobre o crescimento, sua respeitável capacidade de expressão não me parece acidental. Há razões causais subjacentes às correlações positivas da maioria dos testes mentais. Mas que razões? Não podemos deduzi-las de um primeiro componente principal poderoso, como tampouco podemos deduzir a causa de um único coeficiente de correlação a partir de sua magnitude. Não podemos reificar *g*, considerar *g* uma "coisa", a menos que disponhamos de informações convincentes, independentes do próprio fato da correlação.

A situação dos testes mentais lembra o caso hipotético, que já examinei anteriormente, da correlação entre lançar e rebater uma bola de beisebol. A relação é muito definida, e temos o direito de considerá-la não acidental. Mas não podemos deduzir a causa partindo da correlação, e essa causa é, sem dúvida, complexa.

A FALSA MEDIDA DO HOMEM

O *g* de Spearman presta-se particularmente a interpretações ambíguas, principalmente porque as duas hipóteses causais mais contraditórias são compatíveis com ele: 1) *g* reflete um nível herdado de agudeza mental (algumas pessoas obtêm bons resultados na maior parte dos testes porque nasceram mais inteligentes); ou 2) *g* reflete as vantagens e desvantagens vinculadas ao meio ambiente (algumas pessoas obtêm bons resultados na maior parte dos testes porque receberam uma educação adequada, foram bem alimentadas durante o crescimento, viveram em lares onde os livros eram comuns, e seus pais trataram-nas com carinho). Se, teoricamente, a simples existência de *g* pode ser interpretada tanto de maneira puramente hereditária quanto de maneira puramente ambientalista, então sua mera presença — e até mesmo sua relativa importância — não pode justificar a reificação. A tentação de reificar é muito forte. A idéia de que descobrimos algo "subjacente" às aparências de um amplo conjunto de coeficicientes de correlação, algo talvez mais real que as próprias medidas superficiais, pode ser inebriante. É a essência de Platão, a realidade eterna, abstrata, que está subjacente às aparências superficiais. Mas trata-se de uma tentação a que devemos resistir, pois não corresponde a uma verdade da natureza, mas a um antigo preconceito do pensamento.

A rotação e a não necessidade dos componentes principais

Outro argumento, mais técnico, demonstra claramente a ilegitimidade da reificação automática dos componentes principais. Se os componentes principais representassem o único recurso para a simplificação de uma matriz de correlações, seria lícito atribuir-lhes uma posição especial. Mas eles são apenas um dos muitos métodos de inserção de eixos num espaço multidimensional. Os componentes principais exibem uma disposição geométrica precisa, especificada pelo critério seguido para sua construção, ou seja, o primeiro componente principal expressará o máximo de informação num conjunto de vetores, e os componentes subseqüentes serão perpendiculares entre si. Mas esse critério não é algo sacrossanto; os vetores podem ser expressados por qualquer conjunto de eixos situados dentro do seu espaço. Em alguns casos, os componentes principais fornecem informações esclarecedoras, mas com freqüência outros critérios são mais úteis.

Consideremos a seguinte situação, em que outro esquema de inserção de eixos pode ser preferível. Na figura 6.6, represento as correlações entre quatro testes mentais: dois de aptidão verbal, e

O VERDADEIRO ERRO DE CYRIL BURT

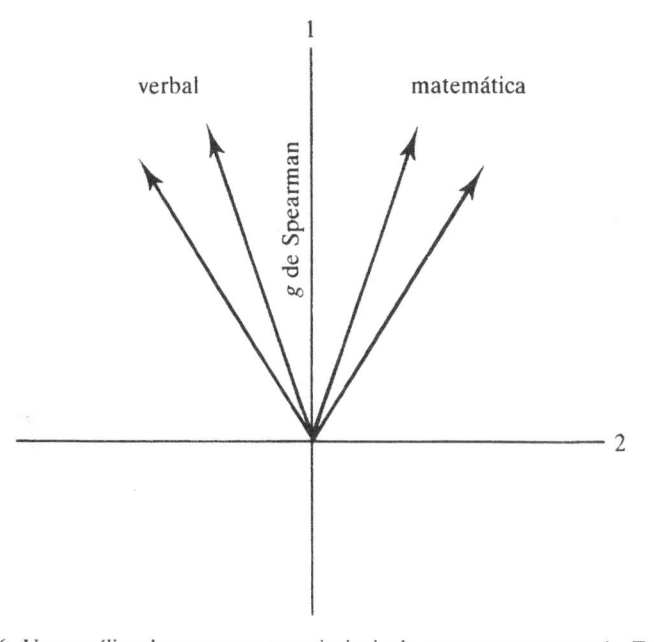

Fig. 6.6. Uma análise de componentes principais de quatro testes mentais. Todas as correlações são elevadas, e o primeiro componente principal, o fator g de Spearman, expressa a correlação inteira. Mas este tipo de análise não expressa de forma adequada os fatores de grupo relativos às aptidões matemática e verbal.

dois de aptidão aritmética. Observa-se claramente a existência de dois "conglomerados", embora as correlações entre todos os testes sejam positivas. Suponhamos que nos interesse identificar esses conglomerados mediante a análise fatorial. Se utilizarmos componentes principais, é provável que não consigamos reconhecê-los. O primeiro componente principal (o g de Spearman) passa exatamente pelo centro, entre os dois conglomerados. Não está próximo a nenhum vetor e expressa uma quantidade aproximadamente igual de cada um, o que equivale a ocultar a existência dos conglomerados verbal e aritmético. Esse componente é uma entidade? Existe uma "inteligência geral"? Ou o fator g, neste caso, é apenas uma média carente de significado, baseada no amálgama incorreto de dois tipos distintos de informação?

Podemos captar os conglomerados verbal e aritmético no segundo componente principal (denominado "fator bipolar" porque certas projeções sobre ele serão positivas, enquanto que outras serão nega-

A FALSA MEDIDA DO HOMEM

tivas, quando os vetores se situam em ambos os lados do primeiro componente principal). Neste caso, os testes verbais projetam-se sobre o lado negativo do segundo componente, e os testes aritméticos sobre o lado positivo. Mas, se o primeiro componente principal dominasse todos os vetores, talvez não conseguíssemos distinguir os conglomerados, pois as projeções sobre o segundo componente seriam então pequenas, constituindo uma configuração facilmente negligenciada (ver fig. 6.6).

Durante a década de 1930, os especialistas em análise fatorial inventaram métodos para resolver esse dilema e descobrir conglomerados de vetores freqüentemente obscurecidos pelos componentes principais. Conseguiram fazer isso pela rotação de eixos fatoriais, que abandonaram a orientação de componentes principais para ocupar novas posições. O objetivo comum das rotações, que obedecem a uma série de critérios, consiste em situar os eixos perto dos conglomerados. Na figura 6.7, por exemplo, utilizamos o critério: situar os eixos perto dos vetores que ocupam uma posição extrema ou peri-

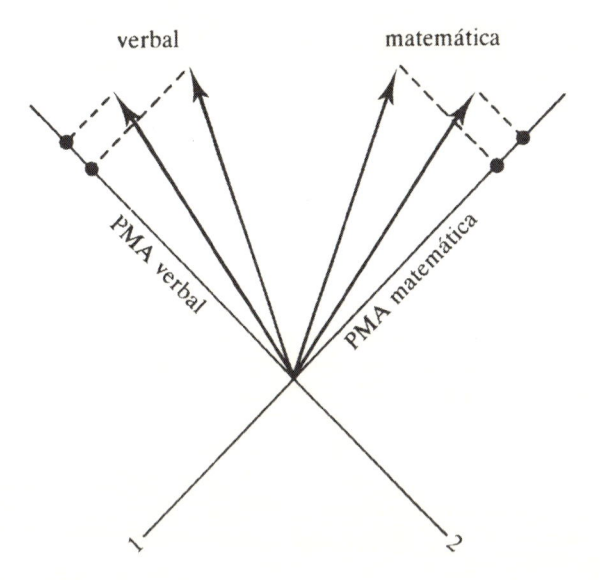

Fig. 6.7. Eixos fatoriais rotados para os mesmos quatro testes mentais representados na Figura 6.6. Os eixos estão agora situados perto dos vetores da periferia do conglomerado. Agora, os fatores de grupo ligados às aptidões verbal e matemática aparecem bem identificados (vejam-se as elevadas projeções sobre os eixos, marcadas com pontos), mas o fator *g* desapareceu.

O VERDADEIRO ERRO DE CYRIL BURT

férica no conjunto total. Se agora expressamos todos os vetores sobre esses eixos rotados, podemos localizar os conglomerados sem qualquer dificuldade; porque os testes aritméticos têm uma projeção elevada no eixo 1 e uma projeção baixa no eixo 2, enquanto que os testes verbais têm uma projeção elevada no eixo 2 e uma projeção baixa no eixo 1. Além disso, *g desapareceu*. Não mais encontramos um "fator geral" de inteligência, algo que possa ser reificado num único número que expressaria uma habilidade global. Entretanto, não houve nenhuma perda de informação. Os dois eixos rotados expressam tanta informação nos quatro vetores quanto expressavam os dois componentes principais. Eles simplesmente distribuem de outro modo a mesma informação sobre os eixos que a expressam. Como poderíamos afirmar que *g* é uma entidade, se só aparece como uma das muitas maneiras possíveis de situar os eixos em um conjunto de vetores?

Em suma, a análise fatorial simplifica grandes conjuntos de dados reduzindo a quantidade de dimensões, e, em troca de certa perda de informação, permite reconhecer a presença de uma estrutura ordenada nesse grupo mais reduzido de dimensões. Como instrumento de simplificação, mostrou-se muito valiosa em várias disciplinas. Mas com freqüência os especialistas em análise fatorial foram além da simplificação e tentaram definir fatores como entidades causais. Trata-se da reificação, um erro que falseou essa técnica desde o seu nascimento. Estava "presente no momento de sua criação", uma vez que Spearman inventou a análise fatorial para estudar a matriz de correlações dos testes mentais e, em seguida, reificou seu componente principal transformando-o em *g*, ou inteligência inata geral. A análise fatorial pode ajudar-nos a compreender as causas orientando-nos para certo de tipo de informação situada além do aspecto matemático das correlações. Mas os fatores em si não são coisas nem causas; são abstrações matemáticas. Uma vez que o mesmo conjunto de vetores (ver Figs. 6.6 e 6.7) pode ser dividido entre *g* e um pequeno eixo residual, ou em dois eixos de igual potência capazes de identificar os conglomerados verbal e matemático dispensando totalmente o *g*, não podemos afirmar que "a inteligência geral" de Spearman constitui uma entidade inelutável que seja necessariamente a causa e o fundamento das correlações existentes entre os diferentes testes mentais. Mesmo se optarmos por afirmar que *g* não é um produto do acaso, nem sua força nem sua posição geométrica permitem determinar qual é o seu significado do ponto de vista causal — se não por outro motivo, porque as suas características ajustam-se igualmente a duas concepções de inteligência radicalmente opostas: uma hereditarista e outra ambientalista.

A FALSA MEDIDA DO HOMEM

Charles Spearman e a inteligência geral

A teoria bifatorial

Os coeficientes de correlação são agora tão onipresentes e habituais quanto as baratas de Nova York. Basta apertar um botão ou usar uma fita magnética, e até mesmo a calculadora de bolso mais barata produz coeficientes de correlação. Embora indispensáveis, esses coeficientes são utilizados sem que se tenha consciência da sua real importância, como simples instrumentos automáticos em qualquer análise estatística envolvendo mais de uma medida. Assim, é fácil esquecer que já foram aclamados como uma descoberta sensacional no domínio da pesquisa, como um instrumento novo e apaixonante para a descoberta de estruturas subjacentes a quadros de dados brutos. Podemos perceber esse entusiasmo lendo os primeiros artigos do grande biólogo e estatístico americano Raymond Pearl (ver Pearl, 1905 e 1906, e Pearl and Fuller, 1905). Pearl obteve seu doutorado no início do século e, a partir de então, como um menino com um brinquedo novo, dedicou-se a calcular as correlações de tudo o que encontrava pela frente, desde a correlação entre o comprimento das minhocas e a quantidade de seus anéis (como não encontrou nenhuma relação, supôs que o aumento do comprimento indica anéis maiores, não uma quantidade maior de anéis, até a correlação entre o tamanho da cabeça humana e a inteligência (encontrou uma correlação muito pequena, mas atribuiu-a ao efeito indireto de uma alimentação mais rica).

Charles Spearman, eminente psicólogo e também um brilhante estatístico[3], começou a estudar as correlações entre os testes mentais naquela época de euforia. Spearman observou que, quando se aplicam dois testes mentais a uma grande quantidade de pessoas, o coeficiente de correlação entre eles quase sempre é positivo. Meditou sobre esse fato e imaginou se não seria possível extrair alguma generalização mais ampla. A correlação positiva indicava claramente que nenhum dos testes media um atributo independente do funcionamento mental. Havia uma estrutura mais simples por trás dessas correlações positivas tão freqüentes. Mas, que estrutura? Spearman imaginou duas possibilidades. Primeiro, as correlações positivas poderiam ser reduzidas a um pequeno conjunto de atributos independentes, as "faculdades" da fre-

---

3. Spearman interessava-se particularmente pelos problemas vinculados à correlação, e inventou uma medida para a associação de duas variáveis que, provavelmente, perde em importância apenas para o *r* de Pearson: o chamado coeficiente de correlação ranqueada de Spearman.

270

O VERDADEIRO ERRO DE CYRIL BURT

nologia e de outras escolas formadas durante os primórdios da psicologia. Talvez a mente tivesse "compartimentos" separados para as aptidões aritmética, verbal e espacial, por exemplo. Spearman denominou "oligárquicas" essas teorias da inteligência. Em segundo lugar, as correlações positivas poderiam ser reduzidas a um único fator geral subjacente, uma concepção que Spearman denominou "monárquica". Em ambos os casos, Spearman reconheceu que os fatores subjacentes — fossem eles poucos (oligárquicos) ou apenas um (monárquico) — não abarcavam toda a informação de uma matriz de coeficientes de correlação positivos para um grande número de testes mentais. Restava uma "variação residual" constituída pela informação específica de cada teste, que não mantinha nenhuma relação com o resto. Em outras palavras, cada teste teria seu componente "anárquico". Spearman chamou de s, ou informação específica, a variação subjacente de cada teste. Assim, segundo ele, um estudo da estrutura subjacente podia levar a uma "teoria bifatorial", em que cada teste conteria certa informação específica (seu s) e também refletiria a atividade de um único fator subjacente, que Spearman chamou de g, ou inteligência geral. Ou então, cada teste poderia conter a sua informação específica e também que informações correspondentes a uma ou várias faculdades independentes e subjacentes: uma teoria multifatorial. Se a teoria mais simples, a bifatorial, fosse correta, todos os atributos comuns da inteligência poderiam ser reduzidos a uma única entidade subjacente, uma verdadeira "inteligência geral", que poderia ser medida em cada pessoa e proporcionar um critério inequívoco para a hierarquização segundo o valor mental.

Charles Spearman desenvolveu a análise fatorial — que continua sendo a técnica mais importante no domínio da estatística de variáveis múltiplas — com um processo que lhe permitiria decidir entre teoria bifatorial e a teoria multifatorial, averiguar se a variação comum em uma matriz de coeficientes de correlação podia ser reduzida a um único fator "geral" ou se só podia ser reduzida a vários fatores "de grupo" independentes. Descobriu uma única "inteligência", optou pela teoria bifatorial e, em 1904, publicou um artigo que mais tarde um homem que impugnou seu resultado mais importante avaliou nos seguintes termos: "Nenhum acontecimento da história dos testes mentais mostrou-se tão válido e importante quanto a proposição da famosa teoria bifatorial de Spearman." (Guilford, 1936, p. 155). Exultante, e com a sua característica falta de modéstia, Spearman deu ao artigo de 1904 um título grandiloqüente: "A inteligência geral objetivamente medida e determinada". Dez anos mais tarde (1914, p. 237), escrevia entusiasmado: "O futuro da pesquisa

A FALSA MEDIDA DO HOMEM

sobre a hereditariedade das aptidões deve concentrar-se na teoria 'bifatorial'. Só ela parece capaz de reduzir a uma ordem transparente o desconcertante caos dos fatos. Através dela, os problemas tornam-se claros; em muitos aspectos, suas respostas já são previsíveis; e a todas as questões ela assegura a possibilidade de uma solução definitiva."

O método das diferenças tetrádicas

Em seus primeiros trabalhos, Spearman não utilizou o método dos componentes principais descrito nas páginas (259-261). Elaborou um procedimento mais simples, embora também mais tedioso, que se adaptava melhor a uma época em que não existiam computadores e todos os cálculos deviam ser feitos a mão[4]. Spearman calculou toda a matriz de coeficientes de correlação entre todos os pares de testes; tomou todos os grupos possíveis de quatro medidas, e calculou para cada um deles um número que denominou "diferença tetrádica". O seguinte exemplo deixa claro em que consiste a diferença tetrádica e explica o uso que Spearman fez dela para verificar se a variação comum da matriz podia ser reduzida a um fator geral único, ou se só podia ser reduzida a vários fatores de grupo.

Suponhamos que queremos calcular a diferença tetrádica de quatro medidas tiradas de uma série de camundongos que compreende desde recém-nascidos até adultos: comprimento das patas, espessura das patas, comprimento da cauda e espessura da cauda. Calculamos todos os coeficientes de correlação entre os pares de variáveis e comprovamos, como era de se esperar, que todos são positivos: à medida que os camundongos crescem, as partes de seu corpo tornam-se maiores. Contudo, queremos saber também se a variação comum nas correlações positivas depende de um único fator geral — o crescimento — ou de dois componentes distintos do crescimento, neste caso um fator vinculado às patas e outro fator vinculado à cauda, ou um fator vinculado ao comprimento e outro fator vinculado à espessura. Spearman dá a seguinte fórmula para a diferença tetrádica:

$$r_{13} \times r_{24} - r_{23} \times r_{14}$$

---

4. O *g* calculado através da fórmula tetrádica é o equivalente conceitual e quase que o equivalente matemático do primeiro componente principal (descrito nas páginas 259-261) utilizado na análise fatorial moderna.

O VERDADEIRO ERRO DE CYRIL BURT

onde *r* é o coeficiente de correlação e os dois índices representam as duas medidas correlacionadas (neste caso, 1 é o comprimento das patas, 2 é a espessura das patas, 3 é o comprimento da cauda e 4 é a espessura da cauda, de modo que r_{13} é o coeficiente de correlação entre a primeira e a terceira medida, ou entre o comprimento das patas e o comprimento da cauda). Em nosso exemplo, a diferença tetrádica é:

(comprimento das patas e comprimento da cauda) × (espessura das patas e espessura da cauda) − (espessura das patas e comprimento da cauda) × (comprimento das patas e espessura da cauda)

Segundo Spearman, as diferenças tetrádicas de zero implicam a existência de um único fator geral, enquanto que os valores positivos e os negativos indicam a presença de fatores de grupo. Suponha-se, por exemplo, que o crescimento dos camundongos depende de fatores de grupo vinculados ao comprimento geral do corpo e à espessura geral do corpo. Neste caso, obteríamos um elevado valor positivo para a diferença tetrádica porque os coeficientes de correlação entre comprimento e comprimento ou entre espessura e espessura tenderiam a ser maiores que os coeficientes de correlação entre um comprimento e uma espessura. (Observe-se que a parte esquerda da equação tetrádica só contém comprimentos com comprimentos ou espessuras com espessuras, enquanto que a parte direita só contém comprimentos com espessuras.) Mas, se um único fator geral de crescimento determina o tamanho dos camundongos, a correlação entre comprimentos e espessuras seria tão elevada quanto uma correlação de comprimentos e comprimentos ou de espessuras e espessuras, de modo que a diferença tetrádica seria zero. A Fig. 6.8 mostra uma matriz de correlações hipotética para as quatro medidas, com uma diferença tetrádica de zero (os valores provêm de um exemplo dado por Spearman em outro contexto, 1927, p. 74). A Fig. 6.8 também apresenta outra matriz hipotética com uma diferença tetrádica positiva e a conclusão de que (se outras tétradas exibirem o mesmo padrão) é necessário reconhecer a existência de fatores de grupo vinculados ao comprimento e à espessura.

A matriz superior da Fig. 6.8 ilustra outro dado importante, com uma influência constante na história da análise fatorial em psicologia. Observe-se que, embora a diferença tetrádica seja zero, os coeficientes de correlação não devem necessariamente ser (e quase nunca o são) iguais. Neste caso, a correlação entre espessura das

A FALSA MEDIDA DO HOMEM

	CP	EP	CC	EC
CP	1,0			
EP	0,80	1,0		
CC	0,60	0,48	1,0	
EC	0,30	0,24	0,18	1,0

Diferença tetrádica:
$0,60 \times 0,24 - 0,48 \times 0,30$
$0,144 - 0,144 = 0$
ausência de fatores
de grupo

	CP	EP	CC	EC
CP	1,0			
EP	0,80	1,0		
CC	0,40	0,20	1,0	
EC	0,20	0,40	0,50	1,0

Diferença tetrádica:
$0,40 \times 0,40 - 0,20 \times 0,20$
$0,16 - 0,04 = 0,12$
fatores de grupo para
os comprimentos
e as espessuras

Fig. 6.8. Diferenças tetrádicas de zero (acima) e de valor positivo (abaixo) extraídas de matrizes de correlação hipotéticas para quatro medidas: CP = comprimento da perna; EP = espessura da perna; CC = comprimento da cauda, e EC = espessura da cauda. A diferença tetrádica positiva indica a existência de fatores de grupo para os comprimentos e as espessuras.

O VERDADEIRO ERRO DE CYRIL BURT

patas e comprimento das patas é de 0,80, enquanto que a correlação entre o comprimento da cauda e a espessura da cauda é de apenas 0,18. Essas diferenças correspondem a diferentes graus de "saturação" de g, o fator geral único quando as diferenças tetrádicas são de zero. As medidas das patas têm saturações mais elevadas que as medidas da cauda, ou seja, aproximam-se mais de g ou expressam-no melhor (em termos modernos, estão mais próximas do primeiro componente principal em representações geométricas como a da Fig. 6.6). As medidas da cauda têm menor carga de g[5]. Essas medidas contêm pouca variação comum e devem ser explicadas fundamentalmente pelos seus s, ou seja, pela informação específica de cada medida. Passando agora para os testes mentais: se g representa a inteligência geral, então os testes mentais mais saturados de g são os melhores substitutos da inteligência geral, enquanto que os testes com escassa incidência de g (e elevados valores de s) não podem ser utilizados como boas medidas do valor mental geral. A importância da carga de g converte-se no critério ideal para se determinar se um dado teste mental (de QI, por exemplo) é ou não uma boa medida da inteligência geral.

O procedimento tetrádico de Spearman é muito trabalhoso quando se trata de matrizes de correlações que abarcam uma grande quantidade de testes. Cada diferença tetrádica deve ser calculada em separado. Se a variação comum só corresponde a um único fator geral, as tétradas devem ser iguais a zero. Mas, como em todos os procedimentos estatísticos, nem todos os casos coincidem com os valores previstos (quando se lança uma moeda, a probabilidade é de 50% de cara e 50% de coroa, mas em sessenta e quatro séries de seis lançamentos é possível obter uma série de seis "caras" sucessivas). Certas diferenças tetrádicas serão positivas ou negativas ainda que só exista um g e o valor previsto seja zero. Assim, Spearman calculou todas as diferenças tetrádicas e procurou descobrir as distribuições de freqüência normais com uma diferença tetrádica de zero, sinal, segundo ele, da existência de g.

O g de Spearman e a grande renovação da psicologia

Charles Spearman calculou todas as suas tétradas, encontrou uma distribuição bastante próxima da normal, com uma média bem

---

5. Os termos "saturação" e "carga" referem-se à correlação entre um teste e um eixo fatorial. Se um teste tem uma forte "carga" de um fator, então a maior parte de sua informação é expressada por esse fator.

A FALSA MEDIDA DO HOMEM

próxima de zero, e declarou que a variação comum dos testes mentais correspondia a um único fator subjacente, o *g* de Spearman, ou inteligência geral. Ele não escondeu sua satisfação, pois julgava ter descoberto aquela entidade fugidia, capaz de fazer da psicologia uma verdadeira ciência. Encontrara a essência inata da inteligência, a realidade subjacente a todas as medidas superficiais e inadequadas com que até então se havia tentado descobri-la. O *g* de Spearman seria a pedra filosofal da psicologia, a "coisa" sólida, quantificável — a partícula fundamental que abriria o caminho para uma ciência exata, tão sólida e basilar quanto a física.

Em seu artigo de 1904, Spearman proclamou a onipresença de *g* em todos os processos considerados intelectuais: "Todos os ramos da atividade intelectual têm uma função fundamental em comum... Enquanto que os elementos restantes ou específicos parecem ser, em cada caso, totalmente diferentes entre si... Este *g,* longe de se limitar a um pequeno conjunto de aptidões com intercorrelações efetivamente medidas e dispostas em um determinado quadro, pode intervir em qualquer tipo de aptidão."

As matérias escolares convencionais, na medida em que refletem antes a aptidão que a simples aquisição de informações, apenas permitem entrever vagamente a essência única oculta no interior: "Todos os exames relativos às diferentes faculdades específicas, sensoriais, escolares e de qualquer outro tipo podem ser considerados como outras tantas avaliações, obtidas isoladamente, da Função Intelectiva comum" (1904, p. 273). Assim, Spearman tentou resolver um dilema tradicional na educação da elite britânica: como o estudo dos clássicos poderia contribuir para a melhor formação de soldados e estadistas? "Em vez de dar prosseguimento à objeção inútil, segundo a qual notas altas em sintaxe grega não se prestam a determinar se um homem tem ou não capacidade para comandar tropas ou governar províncias, o que pretendemos é, pelo menos, estabelecer o grau de exatidão dos diferentes instrumentos de medição da Inteligência Geral" (1904, p. 277). Em vez de nos dedicarmos a argumentações infrutíferas, temos simplesmente de determinar a carga de *g* da gramática latina e da perspicácia militar. Se ambas se aproximam de *g,* então a habilidade na conjugação poderá ser uma boa estimativa da futura habilidade de comando.

Existem diferentes estilos de se fazer ciência, todos eles legítimos e parcialmente válidos. O taxonomista que se deleita registrando as peculiaridades de cada nova espécie de besouros pode ter pouco interesse pela redução, a síntese ou a busca da essência da "besouridade" — se é que tal coisa existe! No extremo oposto, em que

O VERDADEIRO ERRO DE CYRIL BURT

se situa Spearman, as aparências externas deste mundo só constituem guias superficiais para se remontar até uma realidade subjacente mais simples. De acordo com uma idéia muito difundida (rejeitada, contudo, por alguns profissionais), a física é a ciência que vai mais longe na redução da aparente complexidade de nosso mundo material às causas fundamentais e quantificáveis que o constituem. Os reducionistas que, como Spearman, trabalham no terreno das chamadas ciências brandas da biologia dos organismos — a psicologia ou a sociologia — padecem com freqüência da "inveja da física". Daí a tentativa de praticar sua ciência conforme a vaga idéia que têm da física, buscando leis simplificadoras e partículas elementares. Spearman descreve assim as grandes esperanças que tinha de poder estabelecer uma ciência da cognição (1923, p. 30):

> Para além das regularidades dos fatos, que podem ser observados mesmo sem sua ajuda, ela [a ciência] descobre outras mais recônditas, mas por isso mesmo mais amplas, às quais confere o nome de leis... Quando tratamos de encontrar algum acesso a esse ideal, só podemos encontrar algo assim na ciência física, baseada nas três leis fundamentais do movimento. Assim, paralelamente a essa *physica corporis* [física dos corpos], hoje buscamos a *physica animae* [física da alma].

Com *g* como partícula elementar, quantificada, a psicologia poderia ocupar seu devido lugar entre as verdadeiras ciências. "Com base nestes princípios", escrevia Spearman em 1923 (p. 355), "temos o direito de esperar que, finalmente, obteremos o fundamento genuinamente científico por tão longo tempo negado à psicologia, de modo que ela possa então assumir o seu lugar entre as outras ciências fundamentadas em princípios sólidos, inclusive a física." Spearman chamou sua obra de "uma revolução copernicana de ponto de vista" (1927, p. 411) e rejubilou-se com o fato de "esta Gata Borralheira das ciências ter tido a audácia de aspirar ao nível conquistado pela gloriosa física triunfante" (1937, p. 21).

O g *de Spearman e a justificativa teórica do QI*

Spearman, o teórico, o pesquisador da unidade por redução a causas subjacentes, freqüentemente empregava termos muito pouco elogiosos para se referir aos objetivos dos que se dedicavam aos testes de QI. Em 1931, referiu-se ao QI como sendo "a simples média de subtestes recolhidos e combinados entre si de um modo absolutamente sem pé nem cabeça". Lamentava que aquela "salada de testes"

A FALSA MEDIDA DO HOMEM

fosse dignificada com o nome "de inteligência". De fato, embora houvesse descrito o seu *g* como inteligência geral em 1904, Spearman abandonou a palavra inteligência devido à irremediável ambigüidade que lhe fora imposta como conseqüência das intermináveis discussões e práticas incoerentes dos especialistas em testes mentais (1927, p. 412; 1950, p. 67).

Contudo, seria um erro — na verdade estaria em total oposição à opinião do próprio Spearman — considerá-lo um oponente dos testes de QI. Ele depreciava o empirismo sem base teórica dos pesquisadores e a sua tendência para elaborar testes reunindo elementos aparentemente díspares sem oferecer qualquer justificativa para a adoção de procedimento tão estranho, além da simples afirmação de que os resultados seriam bons. Contudo, reconhecia que os testes de Binet funcionavam, e louvava a renovação que haviam introduzido: "Essa grande investigação [a escala de Binet] transformou completamente a situação. Os testes, até há pouco desprezados, foram entusiasticamente adotados em todos os países. E em todos os lugares a sua aplicação prática obteve um sucesso brilhante" (1914, p. 312).

Embora acreditasse que os especialistas em testes de QI estavam certos ao reunir toda uma série de elementos díspares em uma escala única, Spearman irritava-se porque eles se recusavam a reconhecer a teoria subjacente a esse procedimento e continuavam a limitar seu trabalho ao mais tosco empirismo.

Spearman sustentou com veemência que a justificação dos testes de Binet estava na sua teoria do fator *g* como única realidade subjacente a todas as atividades cognitivas. Os testes de QI funcionavam bem porque, sem que seus criadores soubessem, proporcionavam uma medida razoavelmente exata de *g*. Cada prova tinha determinada carga de *g*, juntamente com a sua própria informação específica (ou *s*), mas essa carga de *g* variava entre quase zero e quase 100%. Paradoxalmente, a medida mais exata de *g* seria o resultado médio de um vasto conjunto de provas dos mais diversos tipos. Cada uma delas, até certo ponto, proporcionària uma medida de *g*. A variedade garante que os fatores *s* das diferentes provas variarão em todas as direções possíveis e acabarão por se anular mutuamente. Restará apenas *g*, o fator comum a todas as provas. A avaliação do QI funciona porque mede *g*.

> Há uma explicação imediata para o êxito de seu curioso procedimento, que consiste em... agrupar testes com características mais díspares. Pois, se cada resultado depende de dois fatores, um que sempre varia de forma aleatória e outro que é sempre o mesmo, fica evidente

O VERDADEIRO ERRO DE CYRIL BURT

que, em média, as variações aleatórias tenderão a se neutralizar mutuamente, deixando que predomine apenas o outro fator, o constante (1914, p. 313; ver também 1923, p. 6, e 1927, p. 77).

A "mistura de todos os tipos de medida" de Binet representava uma decisão teórica correta e não era a simples intuição de um técnico experiente: "Assim, esse princípio, o de fazer uma mistura, que poderia parecer o mais arbitrário e mais absurdo dos princípios, tinha na verdade uma profunda base teórica e uma grande utilidade prática" (Spearman, citado *in* Tuddenham, 1962, p. 503).

O *g* de Spearman e seu corolário, a inteligência como entidade única e mensurável, forneceram a única justificativa teórica promissora que as teorias hereditaristas do QI jamais tiveram. No início do século XX, quando alcançou uma posição de destaque, o campo dos testes mentais desenvolveu duas correntes de pesquisa que Cyril Burt caracterizou corretamente em 1914 (p. 36) como métodos baseados nas correlações (análise fatorial) e nos métodos de escala de idade (testes de QI). Recentemente, Hearnshaw voltou a lembrar esse fato na sua biografia de Burt (1979, p. 47): "A novidade na primeira década do século XX não surgiu no conceito de inteligência em si, mas na sua definição operacional em termos de técnicas correlacionais e na elaboração de métodos adequados de medida."

Ninguém reconheceu melhor que Spearman a estreita relação existente entre o seu modelo de análise fatorial e as interpretações hereditaristas dos testes de QI. Num artigo publicado em 1914 na *Eugenics Review*, ele profetizou a união dessas duas grandes tradições dos testes mentais: "Cada uma dessas duas linhas de investigação fornece um respaldo particularmente oportuno e indispensável à outra... Por maior que tenha sido o valor dos testes de Simon-Binet, mesmo tendo sido aplicados em meio a uma obscuridade teórica, sua eficácia será mil vezes maior quando empregados com pleno conhecimento de sua natureza e de seu mecanismo essenciais." No final de sua carreira, quando sua maneira de praticar a análise fatorial passou a ser atacada (ver pp. 313-320), Spearman defendeu o valor *g* afirmando que este proporcionava a justificativa do QI: "Estatisticamente, esta determinação fundamenta-se na sua extrema simplicidade. Psicologicamente, tem o mérito de fornecer a única base a conceitos tão úteis quanto de 'aptidão geral', ou 'QI' " (1939, p. 79).

Na verdade, nem sempre os especialistas em testes mentais mostraram-se dispostos a aceitar os apelos de Spearman no sentido da adoção de *g* como justificativa da sua prática. Muitos rechaçaram a teoria e continuaram a insistir na utilidade prática como justificativa

279

A FALSA MEDIDA DO HOMEM

única para os seus esforços. Mas não falar da teoria não quer dizer que ela não exista. A reificação do QI como entidade biológica baseou-se na convicção de que o *g* de Spearman mede uma "coisa" única, fundamental, reduzível a uma escala, e que está localizada no cérebro humano, um parecer adotado por muitos dos especialistas em testes mentais com maiores inclinações teóricas (ver Terman *et al.*, 1917, p. 152). C. C. Brigham não se retratou apenas porque reconheceu tardiamente que os testes mentais do exército haviam considerado propriedades inatas elementos que não passavam de evidentes medidas culturais (pp. 242-243). Ele também deixou claro que a combinação dos testes não podia fornecer um *g* único e claramente definido e que, portanto, os resultados desses testes não podiam ser considerados medidas de inteligência (Brigham, 1930). E tenho pelo menos uma coisa a dizer a favor de Arthur Jensen: ele reconhece que a sua teoria hereditarista do QI depende da validade de *g*, e grande parte de seu recente livro (1979) é dedicada à defesa do argumento de Spearman em sua forma original. Uma compreensão adequada dos erros conceituais da formulação de Spearman é um pré-requisito para que se possa criticar as teses hereditaristas sobre o QI no que elas têm de fundamental, e não apenas nos emaranhados de detalhes dos procedimentos estatísticos.

Spearman e a reificação de g

Spearman não se contentou em achar que havia descoberto um fator único e abstrato, subjacente aos resultados empíricos dos testes mentais. E tampouco se deu por satisfeito ao identificar esse fator com o que chamamos de inteligência[6]. Sentiu-se na obrigação de pedir mais ainda ao seu *g*: era preciso que oferecesse a medida de uma propriedade física do cérebro; *g* tinha de ser uma "coisa" no sentido mais direto e material. Mesmo que a neurologia não houvesse descoberto substância alguma que pudesse ser identificada com *g*, o desempenho do cérebro nos testes mentais provava que esse substrato físico existia. Assim, mais uma vez atormentado pela inveja

---

6. Pelo menos na primeira fase de sua obra. Mais tarde, como já vimos, abandonou a palavra inteligência como conseqüência da exasperante ambigüidade verificada em seu uso corrente. Mas não deixou de considerar *g* como a única essência cognitiva que poderia ser chamada de inteligência se o termo não fosse desfigurado pela linguagem corrente, bem como pela linguagem técnica.

O VERDADEIRO ERRO DE CYRIL BURT

dá física, Spearman teve a "audácia de prescindir de todos os fenômenos efetivamente observáveis da mente para inventar uma entidade subjacente que, por analogia com a física, foi chamada de energia mental" (1927, p. 89).

Spearman considerou a propriedade fundamental de *g* — sua maior ou menor influência sobre as operações mentais — e tentou imaginar qual entidade física melhor se ajustava a esse tipo de comportamento. Que outra coisa, afirmava ele, senão uma forma de energia presente em todo cérebro é capaz de ativar um conjunto de "motores" específicos em diferentes partes desse órgão? Quanto mais energia, maior ativação geral e mais inteligência. Spearman escreveu o seguinte (1923, p. 5):

> Essa contínua tendência, manifestada pela mesma pessoa, para a obtenção de resultados positivos por maior que seja a variação de forma e conteúdo — ou seja, qualquer que seja o aspecto do conhecimento consciente em questão — parece ser explicável apenas por algum fator situado num nível mais profundo que o dos fenômenos do consciente. Assim, surge o conceito de um hipotético fator geral puramente quantitativo, subjacente a todos os comportamentos cognitivos de qualquer espécie... Enquanto não dispomos de outras informações, consideremos que esse fator consiste em uma espécie de "energia" ou "poder" que alimenta todo o córtex (ou talvez até mesmo todo o sistema nervoso).

Se *g* é uma energia geral presente em todo o córtex cerebral, então os fatores *s* específicos de cada prova devem ter localizações mais definidas, devem representar grupos específicos de neurônios, ativados de diferentes modos pela energia identificada por *g*. Os fatores *s*, escreveu Spearman (e não de maneira apenas metafórica) são máquinas ativadas por um fluxo de *g*.

> Além disso, cada operação diferente deve necessariamente depender de algum fator específico e peculiar a ela. Também para esse fator postulou-se a existência de um substrato fisiológico, ou seja, um grupo de neurônios especialmente empregado para esse tipo particular de operação. Assim, esses grupos de neurônios funcionariam como "motores" alternativos entre os quais o suprimento comum de "energia" poderia ser alternadamente distribuído. O resultado positivo das diferentes ações seria sempre uma decorrência, em parte, do potencial energético do conjunto do córtex cerebral, e, em parte, da eficácia do grupo de neurônios que intervém em cada caso. A influência relativa dos dois fatores poderia variar muito conforme o tipo de operação; algumas dependeriam mais do potencial energético, enquanto que outras dependeriam mais da eficiência do motor (1923, pp. 5-6).

A FALSA MEDIDA DO HOMEM

Ficavam assim explicadas provisoriamente as diferentes cargas de *g* dos diferentes testes: uma operação mental podia depender fundamentalmente da natureza de seu motor (alta carga de *s* e baixa carga de *g*), enquanto que outra podia depender da quantidade de energia geral empregada na ativação de seu motor (alta carga de *g*).

Spearman estava tão seguro de ter descoberto a base da inteligência que proclamou seu conceito como sendo imune a qualquer refutação. Confiava em que os fisiólogos descobririam uma energia física correspondente a *g*: "Parece haver sólidas razões para se esperar que algum dia seja descoberta uma energia material como a que postulam os psicólogos" (1927, p. 407). Com essa descoberta, afirmava Spearman, "a fisiologia conheceria seu maior triunfo" (1927, p. 408). Mas, mesmo que não se descobrisse uma energia física, deveria existir algum tipo de energia, ainda que diferente:

> E se acontecer o pior, e nunca se descobrir a explicação fisiológica procurada, nem por isso os fatos mentais deixarão de existir. Se, por sua natureza, esses fatos não admitem melhor explicação que a existência de uma energia subjacente, então esta última terá de se conformar, afinal de contas, apenas com aquilo que há muito postulam os mais destacados psicólogos: terá de ser considerada como sendo puramente mental (1927, p. 408).

Spearman, pelo menos em 1927, não levou em consideração a alternativa óbvia: sua tentativa de reificar *g* podia ser infundada.

Ao longo de toda a sua carreira, Spearman tentou descobrir outras regularidades do funcionamento mental que pudessem confirmar a teoria da energia geral e dos motores específicos. Enunciou (1927, p. 133) uma "lei do rendimento constante", segundo a qual a interrupção de uma atividade mental colocaria em funcionamento outra atividade mental de igual intensidade. Assim, afirmava ele, a energia geral não diminui e tem sempre de ativar alguma coisa. Por outro lado, a fadiga seria "transferida seletivamente", ou seja, o cansaço em certa atividade mental provocaria o cansaço em alguns setores a ela relacionados, mas não em outros (1927, p. 318). Assim, a fadiga não pode ser atribuída a uma "diminuição do suprimento de energia psico-fisiológica geral", mas deve corresponder à ação de um conjunto de toxinas que atacam de maneira seletiva um determinado tipo de neurônios. A fadiga, afirmava Spearman, "não se refere basicamente à energia, mas aos motores" (1927, p. 318).

O VERDADEIRO ERRO DE CYRIL BURT

Contudo, como ocorreu tantas vezes na história dos testes mentais, Spearman começou a ter cada vez mais dúvidas e acabou por se retratar no seu último livro (publicado postumamente em 1950), onde apresenta a teoria da energia e dos motores como uma loucura de juventude (embora a tivesse defendido apaixonadamente na meia-idade). Spearman abandonou até mesmo a tentativa de reificação dos fatores, reconhecendo tardiamente que uma abstração matemática não tem de corresponder necessariamente a uma realidade física. O grande teórico havia passado para o lado do inimigo e agora se apresentava como um cauteloso empirista (1950, p. 25):

> Não somos obrigados a responder perguntas tais como: Os "fatores" têm alguma existência "real"? Eles admitem uma verdadeira "medição"? A noção de "habilidade" envolve em sua base algum tipo de causa ou poder? Ou tem apenas um caráter descritivo?... Sem dúvida, em seu momento e em seu lugar esses temas eram justificáveis. Em sua maturidade, o próprio autor entregou-se a eles sem reticências. *Dulce est desipere in loco* [é agradável ser insensato de vez em quando — citação de Horácio]. Mas, para os fins que atualmente busca, sentiu-se obrigado a manter-se dentro dos limites do mais puro empirismo, que, em sua opinião, consiste apenas em descrever e predizer... O resto reduz-se praticamente a uma ilustração através de metáforas e símiles.

A história da análise fatorial está repleta de tentativas frustradas de reificação. Não nego que possam ser encontrados padrões de causalidade e razões físicas subjacentes, e concordo com Eysenck quando este afirma (1953, p. 113): "Em determinadas circunstâncias, os fatores podem ser interpretados como influências causais hipotéticas, subjacentes e determinantes das relações observadas entre um conjunto de variáveis. Só quando são interpretados dessa forma eles se tornam interessantes e significativos para a psicologia." Minha crítica dirige-se contra a prática de supor que a simples existência de um fator autoriza a especulação causal. O alerta dos especialistas em análise fatorial não foram suficientes para impedir que a nossa tendência platônica de procurar essências subjacentes continuasse a prevalecer sobre a prudência. Hoje, passado tanto tempo, podemos rir do psiquiatra T. V. Moore, que, em 1933 postulou a existência de genes específicos para as depressões de natureza catatônica, delirante, maníaca, cognitiva e constitucional porque a sua análise fatorial agrupava as supostas medidas dessas síndromes em eixos diferentes (*in* Wolfle, 1940). Ainda assim, em 1972 dois autores descobriram uma relação entre a produção de leite e a exuberância da vocalização

283

A FALSA MEDIDA DO HOMEM

no minúsculo décimo-terceiro eixo de uma análise fatorial de dezenove eixos relativos aos hábitos musicais de diferentes culturas — e isso levou-os a afirmar que "essa fonte suplementar de proteínas explica muitos casos de vocalização vigorosa" (Lomax and Berkowitz 1972, p. 232).

A reificação automática não é válida por duas razões principais. Primeiro, porque conforme a breve análise encontrada nas pp. 266-269, e o estudo mais abrangente das pp. 313-335, nenhum conjunto de fatores pode aspirar a ser o único em concordância com o mundo real. Toda matriz de correlações positivas pode ser dividida em fatores, como fez Spearman, de maneira que de um lado fique g e, de outro, um conjunto de fatores subsidiários, ou, como fez Thurstone, em um conjunto de fatores de "estrutura simples" que normalmente carecem de uma direção única dominante. Como ambas as soluções expressam a mesma quantidade de informação, elas são idênticas do ponto de vista matemático. Entretanto, levam a interpretações psicológicas opostas. Como podemos afirmar que uma delas, ou a outra, é reflexo da realidade?

Em segundo lugar, qualquer conjunto de fatores pode ser interpretado de várias maneiras. Spearman considerou que a importância de seu fator g demonstrava a existência de uma única realidade subjacente a todas as atividades mentais cognitivas, uma energia geral localizada no cérebro. Entretanto, o mais cérebre colega inglês de Spearman em termos de análise fatorial, Sir Godfrey Thomson, aceitou os resultados matemáticos do primeiro, mas empenhou-se em interpretá-los de uma maneira oposta. Spearman afirmava que o cérebro podia ser dividido em um conjunto de motores específicos, alimentados por uma energia geral. Thomson, utilizando os mesmos dados, deduziu que o cérebro não possuía estruturas especializadas. As células nervosas, afirmava ele, são excitadas plenamente ou não o são em absoluto, estão conectadas ou desconectadas, sem estágios intermediários. Cada teste mental põe em atividade um conjunto aleatório de neurônios. Os testes com elevada carga de g captam um numeroso grupo de neurônios em estado ativo; outros, com baixa carga de g, simplesmente têm como objeto uma quantidade menor de cérebro não estruturado. Thomson concluía (1939): "Longe de estar dividida em uns poucos 'fatores unitários', a mente é um complexo rico e comparativamente indiferenciado de inumeráveis influências; e, do lado fisiológico, é uma intrincada rede de possibilidades de intercomunicação." Se a mesma configuração matemática pode levar a interpretações tão divergentes, como pode qualquer delas aspirar a representar a realidade?

O VERDADEIRO ERRO DE CYRIL BURT

Spearman e a herança de g

Duas das principais teses de Spearman figuram na maioria das teorias hereditaristas dos testes mentais: a identificação da inteligência com uma "coisa" unitária, e a inferência de que a mesma tem um substrato físico. Mas essas teses não constituem a totalidade do argumento hereditarista: uma substância física única pode ter mais ou menos força devido à influência do ambiente e da educação, e não por efeito de diferenças inatas. Faltava um argumento mais direto em favor da hereditariedade de g, e Spearman tratou de fornecê-lo. Mais uma vez Spearman partiu da identificação de g e s com energia e motores. Afirmou que os fatores s correspondiam ao nível de educação, mas que a intensidade do g de cada pessoa correspondia exclusivamente à sua capacidade herdada. Como pode a educação influir sobre g, perguntava Spearman (1972, p. 392), se g deixa de crescer por volta dos dezesseis anos enquanto que a educação pode prosseguir indefinidamente? Como pode a escolaridade alterar g se este mede o que Spearman chamava de capacidade de *edução* (de sintetizar e estabelecer relações) e não a capacidade de *retenção* (de aprender dados e relembrá-los), e a função da escola se limita à transmissão de conhecimentos? Os motores podem ser preenchidos com informação e moldados pela educação, mas a energia geral do cérebro depende de sua estrutura inata:

> O efeito da instrução limita-se ao fator específico e não influi em absoluto sobre o fator geral; fisiologicamente falando, certos neurônios habituam-se a certos tipos de ação, mas a energia livre do cérebro permanece intacta... Embora não haja dúvidas de que o desenvolvimento de capacidades específicas depende em grande medida das influências ambientais, o desenvolvimento da capacidade geral é regido quase que exclusivamente pela hereditariedade (1914, pp. 233-234).

O QI, como medida de g, corresponde a uma inteligência geral inata; a questão da hereditariedade permitiu que se consumasse o casamento entre as duas grandes correntes da medição da inteligência (os testes de QI e a análise fatorial).

A respeito da fastidiosa questão das diferenças entre os grupos humanos, as idéias de Spearman coincidiam com as crenças habituais dos cientistas do sexo masculino que mais se destacavam então na Europa Ocidental (ver Fig. 6.9). Sobre os negros, ele escreveu o seguinte (1927, p. 379), invocando g para interpretar os testes mentais do exército:

285

A FALSA MEDIDA DO HOMEM

Na média de todos os testes, os indivíduos de cor apresentaram cerca de dois anos de atraso com relação aos brancos; sua inferioridade manifestou-se nos dez testes, mas foi mais pronunciada exatamente nos que são reconhecidamente os mais carregados de *g*.

Em outras palavras, os negros obtinham piores resultados nos testes em que as correlações com *g*, ou seja, a inteligência geral, eram mais elevadas.

Sobre os brancos procedentes do sul e do leste da Europa, Spearman escreveu o seguinte (1927, p. 379), louvando o *American Immigration Restriction Act* de 1924:

A conclusão geral, enfatizada pela quase totalidade dos investigadores, é que, com relação à "inteligência", a raça germânica tem uma notável vantagem sobre a sul-européia. E este resultado parece ter tido conseqüências práticas de importância capital na elaboração das

Fig. 6.9. Estereótipo racista de um financista judeu, da primeira página do artigo de Spearman de 1914 (ver Bibliografia). Spearman utilizou esta figura para criticar teses que vinculavam fatores de grupo a determinados aspectos da inteligência. Contudo, a sua publicação ilustra o que se considerava aceitável naquele tempo.

O VERDADEIRO ERRO DE CYRIL BURT

severas leis norte-americanas recentemente promulgadas para regulamentar a entrada de imigrantes no país.

Ainda assim, seria incorreto atribuir a Spearman a responsabilidade pela formulação de uma teoria hereditarista explicando as diferenças de inteligência entre os grupos humanos. O que ele fez foi contribuir com alguns componentes fundamentais, particularmente o argumento de que a inteligência é uma "coisa" inata, única e mensurável. Além disso, Spearman também endossou as idéias tradicionais sobre a origem das diferenças médias de inteligência entre raças e grupo nacionais. Mas não insistiu no caráter supostamente inelutável das diferenças. Na verdade, chegou mesmo a atribuir as diferenças entre os sexos à influência da educação e às convenções sociais (1927, p. 229) e praticamente não se referiu às classes sociais. Além disso, ao discutir as diferenças raciais, Spearman sempre acrescentava à sua tese hereditarista o argumento de que, dada a variação dentro de cada grupo racial ou nacional, muito mais ampla que a pequena diferença média entre os grupos, muitos membros de uma raça "inferior" possuíam uma inteligência superior à inteligência média de um grupo "superior" (1927, p. 380, por exemplo).

Spearman também reconheceu a força política das teses hereditaristas, embora nunca tenha abjurado as teses nem a política: "Todos os grandes esforços para aprimorar o gênero humano através da educação chocam-se contra a apatia dos que afirmam que o único método viável é o da procriação seletiva" (1927, p. 376).

Mas, o que é mais importante, Spearman parece nunca ter se interessado muito pelo tema das diferenças hereditárias entre os povos. O vigor dos debates crescia, os escritos se avolumavam e ele, que inventara o fator *g* e contribuíra com um argumento fundamental para a escola hereditarista, mantinha-se à distância, em aparente apatia. Havia estudado a análise fatorial porque queria compreender a estrutura do cérebro humano, e não para utilizá-la como guia para medir as diferenças entre grupos ou mesmo entre indivíduos. Spearman pode até ser responsabilizado indiretamente, mas não foi ele, e sim Cyril Burt, seu sucessor na cátedra de psicologia do University College, quem engendrou a união politicamente poderosa do QI e da análise fatorial dentro do quadro de uma teoria hereditarista da inteligência. Spearman pode não ter dado muita importância à questão, mas, para Sir Cyril Burt, o caráter inato da inteligência transformou-se em idéia fixa.

A FALSA MEDIDA DO HOMEM

Cyril Burt e a síntese hereditarista

A origem do hereditarismo intransigente de Burt

Cyril Burt publicou seu primeiro artigo em 1909. Nele, afirmava que a inteligência era inata e que as diferenças entre as classes sociais dependiam em grande medida da hereditariedade, e invocava como principal justificativa o fator *g* de Spearman. O último artigo de Burt num periódico importante foi publicado postumamente em 1972. Tratava-se mais uma vez da mesma cantilena: a inteligência é inata, e a existência do fator *g* de Spearman demonstra isso. Porque, se Cyril Burt teve alguma qualidade, sem dúvida foi a persistência. No artigo de 1972, ele declara o seguinte:

> As duas principais conclusões a que chegamos parecem evidentes e acima de qualquer dúvida. A hipótese de um fator geral que interviria em todos os processos cognitivos, sugerida a título provisório com base nos argumentos extraídos da neurologia e da biologia, é plenamente confirmada pelas provas estatísticas; e a afirmação de que as diferenças com relação a esse fator geral dependem em grande medida da constituição genética dos indivíduos parece indiscutível. O conceito de uma capacidade cognitiva inata e geral, que se depreende desses dois pressupostos, concorda totalmente, apesar de se tratar sem dúvida de uma pura abstração, com os fatos empíricos (1972, p. 188).

Só a intensidade dos adjetivos de Sir Cyril havia mudado. Em 1912, sua argumentação era "conclusiva"; por volta de 1972, tornara-se "indiscutível".

A análise fatorial está no próprio âmago da definição de inteligência como capacidade i.g.c. (inata, geral, cognitiva), proposta por Burt. Em sua principal obra sobre a análise fatorial (1940, p. 216), Burt expôs sua maneira peculiar de utilizar a tese de Spearman. A análise fatorial demonstra que "existe um fator *geral* que intervém em todos os processos *cognitivos*", e "esse fator geral parece ser em grande parte, quando não em sua totalidade, herdado ou *inato*" — mais uma vez, uma capacidade i.g.c. Três anos antes (1939, pp. 10-11), ele usara um tom ainda mais veemente para afirmar o caráter inevitavelmente hereditário de *g*:

> Esse fator intelectual geral, central e onipresente, apresenta uma outra característica também revelada pelos testes e pelas estatísticas. Parece ser herdado, ou pelo menos inato. Nem o conhecimento nem a prática, nem o interesse nem a aplicação conseguirão incrementá-lo.

288

O VERDADEIRO ERRO DE CYRIL BURT

Outros, inclusive o próprio Spearman, já haviam estabelecido a relação entre o *g* e a hereditariedade. Mas apenas Sir Cyril dedicou-se com tanto vigor e persistência ao tema que, e apenas em suas mãos, converteu-se num instrumento político tão poderoso. A posição inflexível de Burt baseava-se na combinação do preconceito hereditarista com a reificação da inteligência como entidade única e mensurável.

Já discuti as raízes do segundo componente: a inteligência como fator reificado. Mas como surgiu na concepção de vida de Burt, o primeiro componente, o hereditarismo rígido? Não foi uma conseqüência lógica da análise fatorial, que não autoriza a inferência (ver pp. 264-266). Não tentarei responder a essa pergunta referindo-me às características psicológicas de Burt ou à sua época (embora Hearnshaw, 1979, tenha sugerido algo nesse sentido). Interessa-me mostrar que o hereditarismo de Burt não se baseava em suas investigações empíricas (fossem elas honestas ou fraudulentas), mas que constituía uma concepção *a priori* imposta a um conjunto de dados que supostamente a comprovava. E essa concepção, fanaticamente defendida por Burt, transformou-se numa idéia fixa e acabou por distorcer sua capacidade de julgamento e incitá-lo à fraude[7].

BURT E A PRIMEIRA "DEMONSTRAÇÃO" DO INATISMO

Ao longo de sua extensa carreira, Burt citou continuamente o seu primeiro ensaio de 1909 para defender o caráter inato da inteligência. Contudo, esse estudo padece tanto de um defeito lógico (raciocínio circular) quanto de uma base empírica notoriamente exígua e superficial. Este trabalho demonstra apenas uma coisa: que Burt iniciou seu estudo com uma convicção *a priori* do caráter inato essa inteligência, e que incorreu num círculo vicioso ao tentar justificar retroativamente essa crença inicial. As "provas" — ou o que se apresentava como tal — eram apenas uma fachada.

No começo do ensaio de 1909, Burt propunha-se a alcançar três objetivos. Os dois primeiros refletiam a influência da obra precursora de Spearman no terreno da análise fatorial ("a inteligência geral

---

7. Sobre a crença de Burt no caráter inato da inteligência, Hearnshaw escreve o seguinte (1979, p. 49): "Era para ele quase um artigo de fé, que estava disposto a defender contra qualquer crítica, e não mais uma hipótese passível de refutação através de provas empíricas. É difícil deixar de notar que, desde o início, Burt sempre manifestou uma confiança excessiva no caráter definitivo e correto de suas conclusões.

A FALSA MEDIDA DO HOMEM

pode ser detectada e medida?"; "é possível determinar a sua natureza e analisar o seu significado?"). O terceiro reflete uma preocupação do próprio Burt: "O seu desenvolvimento depende fundamentalmente da influência do ambiente e daquilo que o indivíduo adquire, ou depende mais da herança de um caráter racial ou de um traço familiar?" (1909, p. 96).

Burt não só declarava que esta terceira pergunta era "em muitos sentidos a mais importante", como também revelava a resposta ao explicar as razões que lhe atribuíam tal importância:

> ... cada vez acredita-se que as características inatas da família influem mais na evolução que as características adquiridas pelo indivíduo, assim como a compreensão de que o humanitarismo e a filantropia podem impedir a eliminação natural das estirpes inadequadas; dadas estas duas características da sociologia contemporânea, a questão da hereditariedade da aptidão reveste-se de fundamental importância (1909, p. 169).

Burt selecionou quarenta e três rapazes de duas escolas de Oxford: trinta filhos de pequenos comerciantes procedentes de uma escola primária comum e treze rapazes de classe alta procedentes de uma escola preparatória. Para essa "demonstração experimental do caráter hereditário da inteligência" (1909, p. 179), baseada em uma amostra tão ridiculamente pequena, Burt aplicou a cada menino doze testes de "funcionamento mental, com diferentes graus de complexidade". (A maioria desses testes não era diretamente cognitiva no sentido habitual, assemelhando-se antes aos velhos testes fisiológicos galtonianos de atenção, memória, discriminação sensorial e tempos de reação.) Em seguida, Burt obteve "cuidadosas avaliações empíricas da inteligência" de cada menino. Para isso, não aplicou rigorosamente os testes de Binet, mas pediu a uma série de observadores "experientes" que classificassem os meninos segundo o grau de inteligência, independentemente de seus conhecimentos escolares. Essas classificações foram por ele obtidas através dos diretores das escolas, por vários professores e por "dois rapazes competentes e imparciais". Era a época do apogeu do colonialismo e do arrojo britânicos, e Burt assim explicou aos meninos o significado da inteligência:

> Supondo que tivessem de escolher um chefe para dirigir uma expedição a um país desconhecido, qual destes 30 rapazes os senhores escolheriam como o mais inteligente? E se ele não pudesse sê-lo, qual seria o seguinte na sua escolha? (1909, p. 106).

O VERDADEIRO ERRO DE CYRIL BURT

Burt então investigou as correlações entre os resultados obtidos nos doze testes e as classificações produzidas por seus especialistas. Comprovou que cinco testes apresentavam coeficientes de correlação com a inteligência superiores a 0,5, e que as correlações baixas correspondiam aos testes relacionados com "os sentidos inferiores — o tato e a percepção de peso", enquanto que as melhores correlações correspondiam aos testes em que os elementos cognitivos eram mais evidentes. Burt, convencido de que os doze testes mediam a inteligência, procedeu ao exame dos resultados e concluiu que os meninos pertencentes à classe alta haviam obtido melhores resultados que os de classe média baixa em todos os testes, salvo nos relativos à percepção de peso e ao tato. Portanto, os meninos de classe alta deviam ser mais espertos.

Mas a superioridade intelectual dos meninos de classe alta é inata ou adquirida como decorrência de determinadas vantagens familiares e escolares? Burt propôs quatro argumentos para descartar a influência do ambiente:

1. O ambiente dos meninos de classe média baixa não pode ser tão pobre a ponto de criar uma diferença, pois seus pais estão em condições de pagar os nove *pence* por semana exigidos pela escola: "Ora, no caso das classes sociais mais baixas, a inferioridade geral dos testes mentais poderia ser atribuída à influência negativa do ambiente e das condições pós-natais... Mas esse não pode ser o caso de meninos que freqüentam a Escola Primária Central, cuja tarifa é de 9 *pence* por semana" (1909, p. 173). Em outras palavras, a influência ambiental só conta quando se trata de meninos que estão à beira da inanição.

2. As "influências educativas do lar e da vida social" parecem pouco importantes. Ao formular esta apreciação, cujo caráter subjetivo reconhecia, Burt baseava-se numa intuição aguçada por anos de experiência sentida "na carne". "Neste caso, entretanto, trata-se de argumentos especulativos pouco convincentes para quem não tenha um conhecimento direto do comportamento real dos meninos."

3. A própria natureza dos testes exclui grande parte da influência ambiental. Como os testes de percepção e de comportamento motor, não pressupõem "um grau apreciável de habilidade ou conhecimento adquiridos... Existem, portanto, razões para se crer que as diferenças comprovadas são fundamentalmente inatas" (1909, p. 180).

4. A reavaliação dos meninos levada a efeito meses depois, quando vários deles já haviam entrado na vida profissional ou passado para outras escolas, não produziu maiores modificações na classificação. (Nunca ocorreu a Burt que a influência fundamental do am-

A FALSA MEDIDA DO HOMEM

biente podia ser exercida durante os primeiros anos de vida, e não apenas em situações imediatas?)

Todos esses argumentos, bem como o projeto global do estudo, apresentam a dificuldade de se basearem num raciocínio evidentemente circular. A tese de Burt apoiava-se em determinadas correlações entre os resultados obtidos nos testes e uma classificação da inteligência elaborada por observadores "imparciais". (Os argumentos relativos ao próprio "caráter" dos testes são secundários, porque Burt não os teria levado em consideração se não se houvessem correlacionado com avaliações de inteligência obtidas independentemente.) Para interpretar as correlações e para poder utilizar os próprios testes é preciso conhecer o significado dessas classificações subjetivas. Porque, se as classificações elaboradas pelos professores, pelos diretores e pelos colegas — cuja sinceridade não se trata de questionar — refletissem mais as vantagens da educação que as bênçãos preferenciais da genética, então as categorias corresponderiam basicamente a diferenças ambientais, e os resultados dos testes só implicariam uma nova (e mais imperfeita) medida da mesma coisa. Burt utilizou a correlação entre dois critérios como prova do caráter hereditário sem ter demonstrado jamais que alguns desses critérios medisse realmente a propriedade que escolhera analisar.

De qualquer modo, todos esses argumentos em favor da hereditariedade são indiretos. Burt também reivindicou, como argumento definitivo, uma prova direta da hereditariedade: existia uma correlação entre a inteligência dos meninos e a de seus pais.

> Em todo processo relacionado com a inteligência, estes meninos de classes superiores assemelham-se aos pais por serem igualmente superiores... A habilidade para responder a esses testes não depende de circunstâncias fortuitas nem da instrução, mas de uma qualidade inata. Portanto, a semelhança dos meninos com os seus pais no que diz respeito ao grau de inteligência tem de depender da hereditariedade. Assim, dispomos de uma demonstração experimental de que a inteligência é hereditária (1909, p. 181).

Mas como Burt mediu a inteligência dos pais? A resposta, notável até mesmo do ponto de vista de Burt, é que ele não a mediu: limitou-se a supô-la, baseando-se nas suas profissões e no seu nível social. Pais de classe alta, com profissões que exigem certo nível intelectual devem ser dotados de uma inteligência superior à dos comerciantes. Mas o objetivo do estudo era determinar se os resultados obtidos nos testes refletiam a existência de qualidades inatas ou condições sociais mais ou menos vantajosas. Portanto, não se

O VERDADEIRO ERRO DE CYRIL BURT

pode dar um giro completo e deduzir diretamente a inteligência baseando-se no nível social.

Sabemos que os últimos estudos de Burt sobre a hereditariedade foram fraudulentos. Contudo, seus trabalhos iniciais, honestos, padecem de vícios fundamentais que os tornam igualmente inválidos. A exemplo do estudo de 1909, as obras posteriores de Burt sempre defenderam o caráter inato da inteligência invocando correlações entre a inteligência dos pais e a de sua prole. E a avaliação da inteligência dos pais sempre foi inferida a partir do seu nível social, nunca por meio de testes.

Por exemplo, depois de encerrar esse estudo em Oxford, Burt empreendeu em Liverpool um programa mais amplo de aplicação de testes mentais. Um de seus principais argumentos em favor do caráter inato da inteligência baseava-se na existência de elevadas correlações entre pais e filhos; contudo, Burt nunca publicou os resultados obtidos pelos pais. Cinqüenta anos depois, ao ler o trabalho, L. S. Penrose notou a ausência desses dados e perguntou a Burt que procedimento ele utilizara para medir a inteligência dos pais. Burt, já bem velho, respondeu o seguinte (*in* Hearnshaw, 1979, p. 29):

> A inteligência dos pais foi avaliada tomando-se por base as profissões que desempenhavam e verificada por meio de entrevistas pessoais; além disso, para normalizar essas avaliações subjetivas, cerca de uma quinta parte foi submetida a testes.

Hearnshaw assim comenta essa resposta (1979, p. 30): "Esta primeira incursão de Burt pelo terreno da genética caracteriza-se por uma base empírica muito débil e conclusões imprudentes. Eis aqui, já no começo de sua carreira, os germes da posterior enfermidade."

E, quando aplicava testes aos sujeitos, Burt geralmente não publicava os resultados efetivamente obtidos, mas apenas dados "ajustados" conforme a sua própria avaliação da margem de erro desses testes e a definição subjetiva de inteligência proposta por ele e outros especialistas. Numa de suas obras principais, Burt admite que (1921, p. 280):

> Não me ative aos simples resultados dos testes. Analisei-os cuidadosamente com os professores, e, sempre que a opinião do professor sobre os méritos relativos de seus alunos parecia justificar uma avaliação superior, introduzi as correções pertinentes.

Tal procedimento pode responder a uma intenção louvável. Supõe o reconhecimento de que um simples número, calculado a partir

A FALSA MEDIDA DO HOMEM

de uma breve série de testes, é incapaz de expressar uma noção tão sutil quanto a inteligência. É um procedimento que permite registrar o julgamento autorizado dos professores e de outras pessoas que conhecem bem o sujeito. Contudo, também desqualifica qualquer tentativa de representar determinada hipótese como suscetível de uma verificação objetiva e rigorosa. Porque, se se pensa de antemão que os meninos de boa família são os que têm uma inteligência inata superior, então em que direção deverão ser ajustados os resultados dos testes?[8]

A despeito da exiguidade de sua amostra, da ilogicidade de seus argumentos e do caráter duvidoso de seus procedimentos, Burt concluiu seu artigo de 1909 com uma afirmação de triunfo pessoal (p. 176):

> Portanto, a inteligência dos pais pode ser herdada, a inteligência individual pode ser medida e a inteligência geral pode ser analisada; e podem ser analisadas, medidas e herdadas em um grau que até o presente poucos psicólogos se atreveram legitimamente a defender.

Em 1921, quando voltou a utilizar esses dados num artigo para a *Eugenics Review*, Burt acrescentou "provas" adicionais baseadas em amostras ainda menores. Ao analisar o caso das duas filhas de Alfred Binet, observou que o pai mostrara-se pouco propenso a relacionar sinais físicos com capacidade mental, e salientou que a filha de aspecto teutônico — loira, olhos azuis e cabeça grande — era objetiva e franca, enquanto que a outra, mais morena, tendia a ser sentimental e carecia de sentido prático. *Touché!*

Burt não era tolo. Confesso que comecei a ler seus trabalhos com a impressão — alimentada por uma série de artigos sensacionalistas sobre o caráter fraudulento da sua obra — de que ele não passava de um charlatão astuto e pérfido. Sem dúvida, chegou a sê-lo, e por uma complexa série de razões (ver pp. 247-252). Mas, à medida que avançava em minha leitura, passei a sentir respeito por sua imensa erudição, sua notável sensibilidade em muitos terre-

---

8. Por vezes, Burt incorreu num círculo vicioso ainda mais grave, afirmando que os testes tinham de medir a inteligência inata porque para isso haviam sido criados: "De fato, a partir de Binet praticamente todos os investigadores que trataram de criar 'testes de inteligência' buscaram fundamentalmente uma medida da capacidade *inata*, diferente do conhecimento ou da habilidade adquiridos. Conforme esta interpretação, é evidente que carece de sentido perguntar em que medida a 'inteligência' depende do ambiente, e em que medida depende da constituição inata: a própria definição pleiteia e resolve a questão" (1943, p. 88).

O VERDADEIRO ERRO DE CYRIL BURT

nos e pela sutileza e complexidade de seu raciocínio; e acabei por apreciá-lo a despeito de mim mesmo. E, contudo, esta avaliação torna ainda mais desconcertante a extraordinária debilidade de seu raciocínio sobre o caráter inato da inteligência. Se não tivesse sido mais que um tolo, a estupidez de seus argumentos teria indicado pelo menos a coerência do seu caráter.

Meu dicionário define *idée fixe*, ou idéia fixa, como "uma idéia persistente e obsessiva, com freqüência delirante, da qual a pessoa não consegue escapar". O caráter inato da inteligência era a idéia fixa de Burt. Quando aplicava suas habilidades intelectuais em outros terrenos, raciocinava corretamente, com sutileza e freqüentemente com grande perspicácia. Quando, pelo contrário abordava o tema do caráter inato da inteligência, surgiam vendas e sua racionalidade desaparecia diante do dogma hereditarista que lhe dera fama e que acabaria por determinar a sua ruína intelectual. Tal dualidade de estilos na argumentação de Burt pode até parecer notável. Contudo, mais notável ainda é o fato de tantas pessoas terem aceitado as teses de Burt sobre a inteligência quando seus argumentos e seus dados — todos acessíveis em publicações de ampla difusão — estavam repletos de erros patentes e afirmações capciosas. Que melhor demonstração de que o dogma compartilhado se esconde atrás da máscara da objetividade?

ARGUMENTOS POSTERIORES

Talvez eu tenha sido injusto ao concentrar minha crítica no primeiro trabalho de Burt. Talvez a loucura da juventude não tardasse em ceder diante da sabedoria e da cautela da idade madura. Não, nada disso: se Burt teve alguma qualidade foi a de ser ontogeneticamente coerente. O argumento de 1909 nunca mudou, nunca se refinou, e acabou por se basear em dados fabricados. O caráter inato da inteligência continuou a funcionar como um dogma. Vejamos o argumento fundamental do mais famoso livro de Burt, *The Backward Child* (1937), escrito no momento culminante de sua carreira e antes do recurso à fraude deliberada.

O retardamento, observa Burt, é definido pelo rendimento na escola, e não pelos resultados obtidos nos testes de inteligência: as crianças retardadas são as que apresentam mais de um ano de atraso nas tarefas escolares. Burt afirma que os efeitos do ambiente — supondo-se que tenham alguma importância — deveriam influir mais sobre esse tipo de criança (as mais atrasadas na escola são as que sofrem de deficiências genéticas mais graves). Burt, portanto, abor-

A FALSA MEDIDA DO HOMEM

dou o estudo estatístico do ambiente estabelecendo uma correlação entre a porcentagem de crianças retardadas e os níveis de pobreza dos bairros de Londres. Obteve uma quantidade impressionante de correlações elevadas: 0,73 com relação à porcentagem de pessoas situadas abaixo do limite da pobreza; 0,98 com relação à superpopulação; 0,68 com relação ao desemprego; e 0,93 com relação à mortalidade infantil. À primeira vista, esses dados pareceriam demonstrar o predomínio da influência ambiental sobre o retardamento. Mas Burt alega outra possibilidade: talvez as estirpes inatamente inferiores sejam as que se agrupam nos piores bairros, de forma que o grau de pobreza só seria uma medida imperfeita da incapacidade genética.

Guiado por sua idéia fixa, Burt optou pela hipótese da estupidez inata como causa primordial da pobreza (1937, p. 105). Seu principal argumento fundamentava-se nos testes de QI. A maioria das crianças retardadas obtém um desvio típico de 1 a 2 abaixo da média (70-85), num âmbito tecnicamente denominado "retardamento mental leve". Uma vez que o QI registra a inteligência inata, a maioria das crianças retardadas sai-se mal na escola porque é formada por retardados e não (ou só indiretamente) porque é constituída por pobres. Burt incorre outra vez no mesmo círculo vicioso: deseja provar que a deficiência da inteligência inata é a principal causa do fracasso na escola; ele sabe perfeitamente que a ligação entre o QI e o inatismo é um problema ainda não resolvido nos intensos debates sobre o significado do QI; em reiteradas ocasiões, admite que o teste de Stanford-Binet é, quando muito, uma medida imperfeita do inatismo (por exemplo, 1921, p. 20). Contudo, usando os resultados dos testes como guia, conclui:

> Em muito mais que a metade dos casos, o retardamento parece ser conseqüência principalmente de fatores mentais intrínsecos; trata-se, portanto, de algo primário, inato e, assim, sem qualquer esperança de cura (1937, p. 110).

Consideremos a curiosa definição de inato que Burt oferece nessa passagem. Uma característica inata, congênita e, tal como Burt emprega o termo, herdada é aquela que faz parte da constituição biológica do organismo. Mas não basta demonstrar que uma característica representa a natureza não afetada por influências externas para provar que ela é inalterável. Burt, por exemplo, herdou a sua miopia. Nenhum médico reconstruiu seus olhos guiando-se por um modelo perfeito; mas Burt usava óculos... e a única deficiência de sua visão era de natureza conceitual.

O VERDADEIRO ERRO DE CYRIL BURT

The Backward Child também está repleto de afirmações tangenciais que refletem os preconceitos hereditaristas do autor. A respeito de uma desvantagem ambiental — a freqüência com que os pobres se resfriam — Burt menciona uma predisposição hereditária (bastante plausível) mostrando uma surpreendente capacidade de descrição irônica:

> ...acontece principalmente naquelas pessoas cujos rostos exibem determinados defeitos de desenvolvimento — a testa redonda e recuada, o rosto protuberante, o nariz curto e torto, os lábios grossos — que se combinam para dar à criança dos bairros pobres um aspecto negróide ou quase simiesco... "Símios que mal são antropóides", segundo o comentário de um diretor de escola que apreciava resumir suas observações em uma frase (1937, p. 186).

Burt interroga-se sobre o êxito intelectual dos judeus e o atribui, em parte, à miopia hereditária que os afasta das quadras de esporte e os predispõe ao estudo dos livros de contabilidade.

> Antes da invenção dos óculos, o judeu, cuja existência depende da capacidade de conservar e ler livros de contabilidade, teria se tornado profissionalmente incapacitado aos cinqüenta anos, no caso de apresentar a tendência costumeira à hipermetropia; enquanto que o míope (como posso testemunhar pessoalmente)... pode prescindir dos óculos sem grande perda de eficiência nos trabalhos a curta distância (1937, p. 219).

A CEGUEIRA DE BURT

O poder obscurecedor do preconceito hereditarista de Burt pode ser melhor apreciado quando se estuda o enfoque por ele empregado em outros temas que não a inteligência. Porque, nesses casos, Burt sempre demonstrava uma cautela digna de elogios. Reconhecia a complexidade das causas e a sutil influência que pode exercer o ambiente. Protestava contra as suposições simplistas e evitava emitir sua opinião até poder contar com provas suficientes. Entretanto, assim que retomava seu tema favorito — a inteligência —, voltavam a prevalecer os preconceitos e o catecismo hereditarista.

Burt escreveu páginas muito expressivas sobre o efeito debilitante dos ambientes pobres; observou que 23% dos jovens *cockneys**

---

*Naturais de Londres, especialmente da classe trabalhadora nascida no East End (lado leste) da cidade, e que falam um dialeto característico do inglês. (N.T.)

A FALSA MEDIDA DO HOMEM

entrevistados jamais haviam visto um campo ou um pedaço de grama, "nem sequer num parque público"; 64% deles jamais haviam visto um trem e 98% não conheciam o mar. A seguinte passagem, apesar de certa condescendência paternalista e do uso de estereótipos, apresenta uma vívida imagem da pobreza dos lares da classe trabalhadora e de seu efeito intelectual sobre as crianças (1937, p. 127):

> O pai e a mãe ignoram praticamente tudo sobre qualquer outro tipo de vida que não seja o seu próprio, e não têm tempo, disponibilidade, capacidade ou disposição para ensinar o pouco que sabem. A mãe só abre a boca para falar da limpeza e da cozinha, ou para repreender os filhos. Quanto ao pai, quando não trabalha, consegue passar a maior parte do tempo "num canto", dando repouso ao corpo extenuado, ou, sem casaco e com o chapéu na cabeça, chupando seu cachimbo junto ao fogo, imerso em lúgubre silêncio. O vocabulário que a criança assimila reduz-se a uma centena de palavras, em sua maioria inadequadas, vulgares ou mal pronunciadas, e o resto irreproduzível na sala de aula. Em casa, não existe literatura digna desse nome, e o universo da criança está confinado à paredes de tijolos e a uma mortalha de fumaça. Do início ao fim do ano, pode ser que não vá mais longe que à loja ou ao campo de recreação mais próximos. O campo ou o litoral são para elas meras palavras, que sugerem obscuramente lugares para onde se envia quem tenha sofrido algum acidente, e que provavelmente imagina através de uma fotografia que exibe a legenda "lembrança de Southend", ou de alguma "lembrança de Margate" com uma moldura de conchas, que seus pais trouxeram quando ali passaram um feriado, algumas semanas depois do casamento.

Burt acrescentava o seguinte comentário feito por um "robusto motorista de ônibus": "Livro não é coisa pra criança que tem que ganhar a vida. É só pra gente metida a besta."

Burt era capaz de aplicar seus conhecimentos a qualquer tema que não fosse a inteligência. Como, por exemplo, ao discorrer sobre o canhotismo e à delinquência juvenil. Burt escreveu extensamente sobre a causa da delinquência, que atribuía a complexas relações entre as crianças e seu ambiente: "O problema nunca está apenas na 'criança problemática'; está sempre nas relações entre essa criança e seu ambiente" (1940, p. 243). Se um comportamento deficiente recebe esse tipo de explicação, por que não aplicá-la também ao rendimento intelectual deficiente? Talvez Burt houvesse novamente se fundamentado nos resultados dos testes, e, percebendo que os delinquentes obtinham bons resultados, concluíra que seu mau comportamento não podia ser atribuído à estupidez inata. Mas, na verda-

O VERDADEIRO ERRO DE CYRIL BURT

de, os resultados obtidos pelos delinqüentes eram às vezes tão ruins quanto os das crianças pobres que Burt considerara deficientes congênitos em matéria de inteligência. Entretanto, reconhecia que o QI dos delinqüentes podia não constituir uma medida exata da capacidade herdada, já que eles resistiam à aplicação dos testes:

> Em geral, os delinqüentes sentem pouca inclinação e grande repulsa diante do que provavelmente lhes parece ser outra prova escolar. Desde o início, esperam mais o fracasso que o êxito, mais as reprovações que os elogios... Na verdade, se não se consegue evitar suas suspeitas e não se obtém sua colaboração recorrendo a táticas extremamente cuidadosas, os resultados obtidos nos testes serão muito inferiores à sua verdadeira capacidade... Entre as causas da delinqüência juvenil... não há dúvidas de que a importância da inferioridade intelectual tenha sido exagerada por aqueles que, confiando apenas na escala de Binet-Simon, passaram por cima dos fatores que tendem a baixar os resultados (1921, pp. 189-190).

Mas por que então não dizer que também a pobreza provoca a mesma falta de interesse e a mesma expectativa de fracasso?

Burt (1937, p. 270) considerava o canhotismo uma "incapacidade motora... que interfere principalmente nas tarefas comuns da escola". Como psicólogo chefe das escolas de Londres, estudou profundamente as causas desse estado. Já que neste caso estava livre de qualquer convicção *a priori*, considerou e tentou pôr à prova uma ampla variedade de possíveis influências ambientais. Examinou pinturas medievais e renascentistas para verificar se Maria usualmente carregava o menino Jesus apoiado no braço direito. Se assim fosse, o menino passaria o braço esquerdo em torno do pescoço da mãe, deixando a mão direita livre para realizar movimentos mais destros (literalmente, da mão direita). Outra hipótese considerada por Burt para explicar o uso preferencial da mão direita era a necessidade de proteção imposta pelos nossos hábitos e pela assimetria dos nossos órgãos internos. Se o coração e o estômago estão do lado esquerdo, então a tendência de um guerreiro ou trabalhador seria naturalmente afastar o lado esquerdo do perigo potencial e "valer-se do apoio mais sólido proporcionado pelo lado direito do tronco e usar a mão e o braço direitos para brandir armas e instrumentos pesados" (1937, p. 270). Por fim, Burt opta pela cautela e conclui que não pode oferecer uma conclusão definitiva:

> Eu diria, em última instância, que provavelmente todas as formas de canhotismo são apenas indiretamente hereditárias: a influência pósnatal parece ser um elemento constante em tal condição... Devo repe-

A FALSA MEDIDA DO HOMEM

tir, portanto, que, neste como em qualquer outro aspecto da psicologia, nosso conhecimento atual é demasiado escasso para permitir que estabeleçamos com certo grau de certeza o que é inato e o que não é (1937, pp. 303-304).

Bastaria substituir "canhotismo" por "inteligência" para que a afirmação fosse um modelo de inferência prudente. Na verdade, o canhotismo configura-se como entidade de modo bem mais inequívoco que a inteligência, e é, provavelmente, uma condição sujeita a influências hereditárias definidas e especificáveis. Contudo, nesse caso, onde seria muito mais fácil defender o inatismo, Burt considerou todas as influências ambientais — algumas muito rebuscadas — que conseguiu imaginar, e finalmente declarou que o tema era demasiado complexo para permitir uma explicação conclusiva.

BURT E O USO POLÍTICO DO INATISMO

Burt aplicou a crença no inatismo da inteligência individual a um único aspecto das diferenças médias entre os grupos. Não acreditava (1912) que a diferença de inteligência herdada entre as raças variasse muito, e afirmou (1921, p. 197) que a conduta diferente de meninos e meninas dependia em grande parte do tratamento recebido dos pais. Mas, por outro lado, as diferenças de classe social, o talento das pessoas de êxito e a torpeza dos pobres, dependeriam da capacidade herdada. Se a raça é o problema social primordial nos Estados Unidos, a classe sempre foi a principal preocupação na Inglaterra.

No artigo sobre "Aptidão e renda" (1943), que marcou sua mudança de postura[9], Burt concluía que "a ampla desigualdade da renda pessoal é em grande parte, embora não totalmente, efeito indireto da ampla desigualdade da inteligência inata". Os dados "não dão respaldo à opinião (ainda sustentada por muitos reformadores sociais e educacionais) de que a evidente desigualdade da inteligência de crianças e adultos é essencialmente uma conseqüência indireta da desigualdade das condições econômicas" (1943, p. 141).

Burt negou várias vezes que, ao considerar os testes como medidas da inteligência inata, seu objetivo fosse limitar as oportunidades de êxito. Afirmava, pelo contrário, que os testes permitiam identi-

_____

9. Hearnshaw (1979) suspeita que esse foi o primeiro artigo em que Burt se valeu de dados fraudulentos.

300

O VERDADEIRO ERRO DE CYRIL BURT

ficar os poucos indivíduos das classes baixas cuja elevada inteligência inata passaria desapercebida debaixo da camuflagem da desvantagem social. Porque, "entre as nações, o êxito na luta pela sobrevivência está destinado a depender cada vez mais das realizações de um punhado de indivíduos dotados pela natureza de excepcionais dons de caráter e aptidão" (1959, p. 31). Essas pessoas devem ser identificadas e educadas para compensar "a comparativa inépcia do público em geral" (1951, p. 31). Elas devem ser incentivadas e recompensadas, pois a ascensão e a queda de uma nação não dependem de genes peculiares a toda uma raça, mas a "mudanças na fertilidade relativa de seus membros ou de suas classes dirigentes" (1962, p. 49).

Talvez os testes tenham sido o veículo para que umas poucas crianças escapassem ao rígido condicionamento de uma estrutura de classes bastante inflexível. Mas qual foi seu efeito sobre a vasta maioria de crianças de classe baixa, que Burt injustamente rotulou como hereditariamente incapazes de desenvolverem uma grande inteligência, e que, portanto, não mereceriam ocupar uma condição social mais elevada?

Todas as recentes tentativas de fundamentar nossa futura política educacional sobre o pressuposto de que não existem diferenças reais ou, pelo menos, importantes entre a inteligência média das diferentes classes sociais não só estão condenadas ao fracasso como também é provável que provoquem desastrosas conseqüências para o bem-estar da nação em sua totalidade e frustrações desnecessárias aos alunos envolvidos. Não podemos negar os fatos que demonstram a desigualdade genética, embora não correspondam a nossos desejos e ideais pessoais (1959, p. 28)... As limitações da capacidade inata das crianças fixam inexoravelmente um limite definido para o seu desempenho (1969).

Burt e a ampliação da teoria de Spearman

Cyril Burt talvez seja mais famoso pela sua condição de hereditarista no campo dos testes mentais; contudo, sua reputação como psicólogo teórico deve-se principalmente aos seus trabalhos de análise fatorial. Ele não inventou a técnica, como mais tarde afirmou, mas foi o sucessor de Spearman, literal e figurativamente, e o maior especialista inglês em análise fatorial de sua geração.

Suas realizações autênticas nesse campo foram substanciais. O livro complexo e denso que escreveu a respeito do tema (1940) foi

A FALSA MEDIDA DO HOMEM

o coroamento da escola de Spearman. Burt escreveu que a obra "talvez ofereça à psicologia uma contribuição mais duradoura que a proporcionada por qualquer outro de meus escritos anteriores" (carta à irmã, *in* Hearnshaw, 1979, p. 154). Burt também foi pioneiro (embora não as tenha inventado) de duas importantes extensões do enfoque de Spearman — uma técnica invertida (discutida nas pp. 309-310) que Burt chamou de "correlação entre pessoas" (hoje conhecida pelos aficcionados como "análise fatorial do modo Q"), e uma aplicação da teoria bifatorial de Spearman que introduz os "fatores de grupo" num nível intermediário entre *g* e *s*.

Burt seguiu estritamente o caminho de Spearman em seu primeiro trabalho de 1909. Spearman enfatizara que cada teste devia registrar somente duas propriedades da mente, um fator geral comum a todos os testes e um fator específico próprio apenas de cada teste, negando que um conglomerado de testes pudesse exibir alguma tendência significativa para a constituição de "fatores de grupo" entre os dois níveis. Em outras palavras, não via dado algum que sugerisse a existência das "faculdades" da velha psicologia, nenhum conglomerado que representasse, por exemplo, aptidão verbal, espacial ou aritmética. Em seu artigo de 1909, Burt observou uma tendência "discernível, embora pequena" para o agrupamento de testes correlatos, mas considerou-a suficientemente débil para ser ignorada ("tão diminuta que mal se percebe", segundo suas próprias palavras), e afirmou que seus resultados "confirmavam a ampliavam" a teoria de Spearman.

Mas Burt, ao contrário de Spearman, era um trabalhador prático no campo dos testes (era responsável por todas as escolas de Londres). Os estudos posteriores sobre a análise fatorial confirmaram a presença de fatores de grupo, embora sempre acessórios com relação a *g*. Burt compreendeu que não podia ignorar esses fatores de grupo, que constituíam uma ajuda prática para a orientação dos alunos. O que se podia dizer a um aluno, atendo-se ao enfoque de Spearman, senão que era inteligente ou obtuso? Era necessário orientá-lo para as diferentes profissões identificando forças e debilidades em áreas mais específicas.

Quando Burt escreveu sua obra fundamental sobre a análise fatorial, o trabalhoso método das diferenças tetrádicas de Spearman já fora substituído pela técnica dos componentes principais (ver pp. 259-264). Burt identificou os fatores de grupo estudando a projeção dos testes individuais sobre o segundo componente principal e os seguintes. Consideremos a Fig. 6.6: numa matriz de coeficientes de correlação positivos, os vetores que representam cada teste agru-

O VERDADEIRO ERRO DE CYRIL BURT

pam-se num conglomerado. O primeiro componente principal, o fator *g* de Spearman, passa pelo centro do conglomerado e expressa mais informação que qualquer outro eixo. Burt reconheceu que não seria possível obter um padrão coerente nos eixos subseqüentes se a teoria bifatorial de Spearman estivesse correta; os vetores não formariam subconglomerados se a sua única variação comum já estivesse incluída em *g*. Mas, se os vetores formarem subconglomerados que representassem aptidões mais especializadas, então o primeiro componente principal deve passar *entre* os subconglomerados, para ser a melhor média para todos os vetores. Como o segundo componente principal é perpendicular ao primeiro, alguns subconglomerados devem se projetar positivamente sobre ele, e outros negativamente (como mostra a figura 6.6 com suas projeções negativas para os testes verbais e positivas para os testes aritméticos). Burt chamou esses eixos de *fatores bipolares* porque incluíam conglomerados de projeções positivas e negativas, e identificou como *fatores de grupo* os conglomerados de projeções positivas e negativas.

Superficialmente, a identificação dos fatores de grupo de Burt pode parecer um ataque à teoria de Spearman; na verdade, constituía uma extensão e uma melhora que seria acolhida posteriormente pelo próprio Spearman. A essência da teoria de Spearman é a primazia de *g*, assim como a subordinação a *g* de todos os demais determinantes da inteligência. A identificação dos fatores de grupo preservava e ampliava essa noção de hierarquia incorporando outro nível entre *g* e *s*. De fato, o tratamento outorgado por Burt aos fatores de grupo, como um nível hierárquico subordinado a *g*, salvou a teoria de Spearman dos dados que pareciam ameaçá-la. Inicialmente, Spearman negou os fatores de grupo, mas as provas de sua existência continuavam a se acumular. Muitos especialistas em análise fatorial começavam a considerar essas provas como uma refutação de *g* e como uma rachadura que ameaçava todo o edifício de Spearman. Burt fortaleceu esse edifício, preservou o papel primordial de *g* e ampliou a teoria de Spearman enumerando novos níveis subordinados a *g*. Os fatores, escreveu Burt (1949, p. 199) estão "organizados sobre o que poderíamos chamar de uma base hierárquica... Primeiro existe um fator geral abrangente, que corresponde a todas as atividades cognitivas; em seguida, uma quantidade comparativamente pequena de amplos fatores de grupos, que correspondem a diferentes aptidões, classificados de acordo com sua forma ou conteúdo... Toda a série parece estar organizada em níveis sucessivos; assim, os fatores do nível mais baixo são os mais específicos e os mais numerosos".

A FALSA MEDIDA DO HOMEM

Spearman havia proposto uma teoria bifatorial; Burt proclamava uma teoria de quatro fatores: o fator *geral*, ou *g* de Spearman, os fatores particulares ou *de grupo*, que ele havia identificado, os fatores específicos, o *s* de Spearman (vinculados a um caráter único, e medidos em todas as ocasiões), e o que Burt chamava de fatores *acidentais*, vinculados a um único traço, medido apenas em uma ocasião[10]. Burt havia sintetizado todas as perspectivas. Usando a terminologia de Spearman, sua teoria era monárquica porque reconhecia o domínio de *g*; oligárquica porque identificava os fatores de grupo, e anárquica porque levava em conta os fatores *s* de cada teste. Mas o modelo de Burt não era um recuo, mas a teoria hierárquica de Spearman com um novo nível subordinado a *g*.

Além disso, Burt aceitou e elaborou consideravelmente os pontos de vista de Spearman sobre o inatismo diferencial dos níveis. Spearman havia considerado que *g* era hereditário, e *s* uma função do adquirido. Burt pensava da mesma forma, mas incluía também a influência da educação entre os seus fatores de grupo e mantinha a distinção entre um fator *g*, herdado e inelutável, e um conjunto de aptidões mais especializadas, que era possível melhorar por meio da educação:

> Embora a deficiência em inteligência geral fixe um limite preciso ao progresso educacional, é raro que isso aconteça em casos de deficiência de aptidões intelectuais especiais (1937, p. 537).

Burt declarava também, com sua habitual energia e persistência, que a importância essencial da análise fatorial jazia em sua capacidade de identificar qualidades herdadas e permanentes:

> Desde o começo de minha tarefa educacional, pareceu-me essencial não apenas demonstrar que um fator geral é a base do grupo cognitivo de atividades mentais, mas também que esse fator geral (ou alguns de seus componentes importantes) é inato ou permanente (1940, p. 57).

---

10. Esta variação acidental, que corresponde aos aspectos específicos de cada situação em que se aplicam os testes, faz parte do que os estatísticos chamam de "erro de medida". É importante quantificá-lo porque pode constituir um nível de comparação básico para a identificação das causas numa família de técnicas denominada "análise da variância". Contudo, não representa uma qualidade do teste ou do sujeito a quem ele é aplicado, mas do aspecto específico das condições de aplicação.

O VERDADEIRO ERRO DE CYRIL BURT

Assim, a procura de fatores converte-se, em grande parte, na tentativa de descobrir as potencialidades congênitas que mais tarde limitarão ou favorecerão permanentemente a conduta do indivíduo (1940, p. 230).

Burt e a reificação dos fatores

O ponto de vista de Burt sobre a reificação — como deplorou Hearnshaw — é pouco claro e até mesmo contraditório (por vezes, dentro de uma mesma publicação)[11]. Com freqüência, Burt refere-se à reificação dos fatores como uma tentação que é preciso evitar:

> Sem dúvida, esta linguagem causal, que todos utilizamos de certa forma, procede em parte da incontrolável disposição da mente humana para reificar e até mesmo personificar tudo o que pode — para imaginar que as razões inferidas são realidades e dotar essas realidades de uma força ativa (1940, p. 66).

Falava com eloqüência sobre esse erro de pensamento:

> A mente comum compraz-se em reduzir os modelos a entidades isoladas, semelhantes a átomos, em tratar a memória como uma faculdade elementar alojada num órgão frenológico, em comprimir toda a consciência na glândula pineal, em chamar de reumáticos a uma dezena de sintomas diferentes e em achar que todos derivam de um germe específico, em declarar que a energia reside no sangue ou no cabelo, em tratar a beleza como uma qualidade elementar que pode ser aplicada como um verniz. Mas a tendência unânime da ciência atual é buscar seus princípios unificadores não em meras causas unitárias, mas no próprio sistema ou modelo estrutural (1940, p. 237).

---

11. Outros estudiosos queixaram-se várias vezes da tendência de Burt em confundir as questões, contemporizar e fazer concessões a ambos os lados de questões difíceis e controvertidas. D. F. Vincent, discorrendo sobre a correspondência que manteve com Burt a respeito da história da análise fatorial (*in* Hearnshaw, 1979, pp. 177-178), diz o seguinte: "Eu não conseguia obter uma resposta simples para uma pergunta simples. Recebia meia dúzia de folhas de tamanho ofício escritas a máquina, num estilo muito polido e cordial, levantando meia dúzia de questões subsidiárias que não me interessavam particularmente mas que, por razões de boa educação, via-me obrigado a responder... Posteriormente, recebia mais folhas datilografadas levantando questões ainda mais estranhas ao tema... . A partir da primeira carta, meu problema passou a ser como encerrar a correspondência sem parecer mal-educado."

A FALSA MEDIDA DO HOMEM

E negava explicitamente que os fatores fossem coisas situadas na cabeça (1937, p. 459):

> Em suma, os "fatores" devem ser considerados abstrações matemáticas cômodas, e não "faculdades" mentais concretas, alojadas em diferentes "órgãos" do cérebro.

Mais claro que isso, impossível.

Entretanto, em um comentário biográfico Burt (1961, p. 53), afirmava que sua discussão com Spearman não questionava a reificação dos fatores, mas a *forma* como devem ser reificados: "Spearman identificava o fator geral como uma 'energia cerebral'. Eu o identifiquei como sendo a estrutura geral do cérebro." No mesmo artigo, dava mais detalhes sobre a suposta localização física de entidades identificadas por fatores matemáticos. Os fatores de grupo, dizia ele, são zonas definidas do córtex cerebral (1961, p. 57), enquanto que o fator geral representa o conjunto e a complexidade do tecido cortical: "Parece-me que é este caráter geral do tecido cerebral do indivíduo — ou seja, o grau geral de complexidade sistemática da arquitetura dos neurônios — que representa o fator geral, e explica as altas correlações positivas obtidas em vários testes cognitivos" (1961, pp. 57-58; ver também 1959, p. 106)[12].

Para que estas afirmações tardias não sejam consideradas o reflexo de uma mudança de posição, da cautela do investigador de 1940 para o julgamento deficiente do homem atolado nas fraudes de seus últimos anos, saliento que em 1940 Burt apresentou os mesmos argumentos em defesa da reificação, lado a lado com as advertências contra ela:

> Ora, embora eu não identifique o fator geral *g* com nenhuma forma de energia, estaria disposto a outorgar-lhe tanta "existência real" quanto a que pode reivindicar legitimamente a energia física (1940, p. 214).

---

12. Talvez fosse possível resolver esta aparente contradição argumentando que Burt negou-se a reificar baseado apenas em provas matemáticas (em 1940) e que só o fez quando dados neurológicos independentes confirmaram a existência de estruturas cerebrais suscetíveis de serem identificadas com os fatores. É verdade que Burt aduziu alguns argumentos neurológicos (1961, p. 57, por exemplo) a propósito da comparação entre o cérebro dos indivíduos normais e o dos "deficientes leves". Mas trata-se de argumentos esporádicos, superficiais e marginais. Burt repetiu-os quase literalmente em sucessivas publicações, sem citar as fontes nem justificar de modo algum a associação de fatores matemáticos com propriedades corticais.

306

O VERDADEIRO ERRO DE CYRIL BURT

Na verdade, não entendo "inteligência" como designação de uma forma especial de energia, mas antes de diferenças individuais na estrutura do sistema nervoso central, diferenças cuja natureza concreta poderia ser descrita em termos histológicos (1940, pp. 216-217).

Burt chegou mesmo a sugerir que o caráter "tudo ou nada" da descarga neural "reforça a exigência de uma análise profunda dos fatores 'ortogonais' ou 'independentes'" (1940, p. 222).

Mas talvez a melhor indicação do que Burt esperava da reificação esteja no próprio título que escolheu para sua obra fundamental de 1940. Chamou-a *The Factors of the Mind* (Os Fatores da Mente).

Burt seguiu Spearman no intento de procurar uma localização física no cérebro dos fatores matemáticos extraídos da matriz de correlações dos testes mentais. Mas foi mais longe, e introduziu a reificação no domínio em que Spearman jamais se atrevera a penetrar. Burt não podia se dar por satisfeito com algo tão vulgar e material como um pedacinho de tecido neural, onde estariam localizados os fatores; ele tinha uma visão mais ampla que lembrava a do próprio Platão. Os objetos materiais, situados na terra, são representações imediatas e imperfeitas de essências superiores que vivem num mundo ideal situado além de nosso alcance.

Ao longo de sua extensa carreira, Burt submeteu muitos tipos de dados à análise fatorial. Suas interpretações dos fatores evidenciam uma crença platônica em uma realidade superior, imperfeitamente encarnada nos objetos materiais, mas discernível neles mediante a idealização de suas propriedades essenciais subjacentes na forma de fatores de componentes principais. Burt analisou uma série de traços emocionais (1940, pp. 406-408) e identificou seu primeiro componente principal com um fator de "sensibilidade geral". (Descreveu também dois fatores bipolares correspondentes a extrovertido-introvertido e a eufórico-deprimido.) Descreveu "um fator paranormal geral" em um estudo de dados de percepção extra-sensorial (*in* Hearnshaw, 1979, p. 222). Analisou a anatomia humana e interpretou o primeiro componente principal como um tipo ideal para a humanidade (1940, p. 113).

Não é necessário inferir a partir de tais exemplos que Burt acreditava literalmente em uma realidade superior; ele talvez considerasse esses fatores gerais idealizados como simples princípios de classificação úteis para o entendimento humano. Mas, em sua análise fatorial do julgamento estético, expressou explicitamente sua convicção de que existiam verdadeiras normas de beleza, independentemente da presença de seres humanos que as apreciem. Selecionou

A FALSA MEDIDA DO HOMEM

cinqüenta cartões-postais com ilustrações que variavam entre reproduções de pinturas dos grandes mestres e "os mais vulgares e insípidos cartões de aniversário que pude encontrar numa papelaria dos bairros pobres". Pediu a um grupo de sujeitos que classificassem os cartões pela ordem de beleza, e realizou a análise fatorial das correlações entre as diferentes séries. Novamente descobriu um fator geral subjacente no primeiro componente principal; declarou que se tratava de uma norma universal de beleza, e, ao identificar esta realidade superior, expressou seu repúdio pela estatuária cerimonial vitoriana:

> Vemos a beleza porque ela existe para ser vista... Sinto a tentação de afirmar que as relações estéticas, como as lógicas, possuem uma existência objetiva independente: a Vênus de Milo continuaria a ser mais formosa que a estátua da rainha Vitória no Mall, e o Taj Mahal valeria mais que o Albert Memorial, mesmo que os gases de um cometa destruíssem em sua passagem todos os homens e as mulheres do mundo.

Nas análises da inteligência, Burt afirmava com freqüência (por exemplo, 1939, 1940, 1949) que cada nível de sua teoria hierárquica de quatro fatores correspondia a uma categoria reconhecida na "lógica tradicional das classes" (1939, p. 85): o fator geral ao *genus*; os fatores de grupo, ao *species*; os fatores específicos, ao *proprium*; os fatores acidentais, ao *accidens*. Parecia considerar essas categorias como algo mais que instrumentos adequados ao ordenamento humano da complexidade do mundo — eram instrumentos necessários à análise de uma realidade hierarquicamente estruturada.

Burt sem dúvida acreditava em domínios de existência situados além da realidade material dos objetos quotidianos. Aceitava grande parte dos dados da parapsicologia e postulava uma super-alma ou *psychon*, "uma espécie de mente grupal formada pela interação telepática subconsciente entre as mentes de algumas pessoas que vivem na atualidade, juntamente, talvez, com o depósito psíquico a partir do qual se formaram as mentes de indivíduos agora mortos, e pelo qual foram reabsorvidas quando da morte de seus corpos" (Burt, citado *in* Hearnshaw, 1979, p. 225). Nesse domínio supremo da realidade psíquica, os "fatores da mente" podiam ter existência real como modos de um pensamento verdadeiramente universal.

Burt conseguiu amalgamar três pontos de vista contraditórios quanto à natureza dos fatores: abstrações matemáticas úteis para a razão humana; entidades reais alojadas em propriedades físicas do cérebro, e categorias reais de pensamento situadas em um reino superior da realidade psíquica, hierarquicamente organizado. Spear-

O VERDADEIRO ERRO DE CYRIL BURT

man não fora muito audaz em matéria de reificação; jamais se aventurou além da tendência aristotélica de localizar abstrações idealizadas dentro dos corpos físicos. Pelo menos em parte, Burt elevou-se até um reino platônico situado acima e além dos corpos físicos. Neste sentido, Burt foi quem reificou com mais audácia e, literalmente, com maior amplitude.

Burt e os empregos políticos do fator g

A análise fatorial geralmente é aplicada a uma matriz de correlação de testes. Burt foi o primeiro a propor uma forma "invertida" de análise fatorial, equivalente à usual em termos matemáticos, mas baseada na correlação entre as pessoas e não nos testes. Se cada vetor da forma corrente (tecnicamente chamada de análise de modo R) representa os resultados de várias pessoas em um só teste, cada vetor do estilo invertido de Burt (chamado de análise de modo Q) reflete os resultados de uma única pessoa em vários testes. Em outras palavras, cada vetor representa uma pessoa e não um teste; e as correlações entre vetores medem o grau de relação entre os indivíduos.

Por que Burt se esforçou tanto para criar uma técnica matematicamente equivalente à forma usual, e em geral mais complexa e mais difícil de aplicar (uma vez que um modelo experimental quase sempre inclui mais pessoas que testes)? A resposta está na singularidade do enfoque de Burt. Spearman e a maioria dos analistas queriam compreender a natureza do pensamento ou a estrutura da mente estudando correlações entre os testes que medissem aspectos distintos do funcionamento mental. Cyril Burt, psicólogo oficial do London County Council (1913-1932), estava interessado em classificar alunos. Burt escreveu em uma declaração autobiográfica (1961, p. 56): "[Sir Godfrey] Thomson interessava-se essencialmente pela descrição das *aptidões* examinadas pelos testes, e pelas diferenças entre essas aptidões; eu tinha maior interesse pelas *pessoas* submetidas a testes e pelas diferenças entre elas" (os itálicos são de Burt).

Para Burt, a comparação não era um assunto abstrato. Ele desejava avaliar os alunos de acordo com sua própria e característica maneira de proceder. baseado em dois princípios condutores: primeiro (o tema deste capítulo), a inteligência geral é uma entidade única e mensurável (o fator g de Spearman); segundo (idéia fixa de Burt), a inteligência geral de uma pessoa é quase inteiramente inata e imutável. Desse modo, Burt buscava a relação entre as pessoas em *uma escala unilinear de valor mental herdado*, usando a análise fatorial

A FALSA MEDIDA DO HOMEM

para validar essa escala única e para situar nela as pessoas. "O objeto da análise fatorial", escreveu ele (1940, p. 136), "é deduzir, a partir de um conjunto empírico de medidas de testes, a cifra única de cada indivíduo." Burt propunha-se a descobrir (1940, p. 176) "uma ordem ideal que se comportasse como um fator geral, comum ao examinador e ao examinado; um fator que predominasse sobre outras influências subsidiárias, ainda que, sem dúvida, estas pudessem perturbá-lo em certa medida".

A concepção de uma única classificação fundamentada na aptidão inata foi a base do maior triunfo político das teorias hereditaristas dos testes mentais na Inglaterra. Se o *Immigration Restriction Act* de 1924 marcou a maior vitória dos psicólogos hereditaristas americanos, o exame chamado de 11 + conferiu a seus colegas britânicos um triunfo de não menor repercussão. O exame 11 +, um sistema destinado a selecionar e distribuir os alunos pelos diversos tipos de escola secundária, era feito pelas crianças com idade de dez ou onze anos. Como resultado desses testes — destinados em grande parte a tentar estabelecer o valor do fator *g* de Spearman em cada criança —, 20% delas eram enviadas às *grammar schools* (escolas secundárias), onde podiam receber treinamento para entrar na universidade, enquanto que 80% eram relegadas a escolas técnicas ou "secundárias modernas" por serem consideradas incapazes de receber educação superior.

Cyril Burt justificou essa separação afirmando que se tratava de uma medida adequada para "evitar a decadência e colapso que sofreram todas as grandes civilizações do passado" (1959, p. 117):

> É essencial, tanto no interesse das próprias crianças quanto da nação inteira, que sejam identificados com a maior precisão possível os indivíduos que possuem aptidões superiores — os mais inteligentes entre os inteligentes. De todos os métodos tentados até o presente, o chamado exame 11 + demonstrou ser o de maior confiabilidade.

A única queixa de Burt (1959, p. 32) era que o teste e a subseqüente seleção eram aplicados em uma idade demasiadamente avançada.

O sistema de exame 11 + e a subseqüente separação escolar surgiram respaldados por relatórios oficiais elaborados por comissões do governo ao longo de vinte anos (os informes Hadow, de 1926 e 1931, Spens, de 1938, Norwood, de 1943, e o sobre a Reforma Educacional preparado pelo Ministério da Educação — culminando finalmente no *Butler Education Act* de 1944, em vigência até meados da década de 1960, quando o Partido Trabalhista se comprometeu a acabar com a seleção imposta pelo 11 +). Entre a saraivada de

O VERDADEIRO ERRO DE CYRIL BURT

críticas desencadeadas quando da revelação das práticas fraudulentas de Burt, estava a acusação de ter sido ele o artífice desse exame. Isso não é exato. Burt nem sequer foi membro das diversas comissões, embora tenha mantido contato freqüente com elas e redigido boa parte de seus informes[13]. Entretanto, pouco importa quem foi o autor dos informes — o fato é que eles exibem um enfoque da educação claramente identificado com a escola britânica de análise fatorial e evidentemente relacionado com a versão de Cyril Burt.

O exame 11 + era uma aplicação na teoria hierárquica da inteligência elaborada por Spearman, segundo a qual um fator geral inato está presente em todas as atividades cognitivas. Um crítico referiu-se à série de informes governamentais como "hinos de louvor ao fator *g*" (*in* Hearnshaw, 1979, p. 112). O primeiro informe Hadow definia a capacidade intelectual medida pelos testes valendo-se dos termos favoritos de Burt, ou seja, caracterizando-a como uma aptidão i.g.c. (inata, geral, cognitiva): "O desenvolvimento intelectual progride durante a infância como se dependesse em grande parte de um fator único e central, normalmente denominado 'inteligência geral', que, em termos gerais, pode ser definido como uma aptidão *inata, global* e *intelectual* [o grifo é meu]; um fator que parece intervir em tudo o que a criança pensa, diz ou faz; seu rendimento na escola parece depender fundamentalmente desse fator."

Foram os analistas fatoriais ingleses que estabeleceram a justificativa geral do exame 11 +; além disso, várias de suas características procedem da escola de Burt. Por exemplo, por que o exame e a separação ocorriam aos onze anos? Sem dúvida, existiam razões práticas e históricas para isso: aos onze anos ocorria a passagem da escola primária para a secundária. Mas os analistas fatoriais forneceram duas importantes bases teóricas. Primeiro, os estudos sobre o desenvolvimento das crianças mostravam que *g* variava amplamente nos primeiros anos para logo começar a estabilizar-se por volta dos onze anos. Em 1927, Spearman escreveu (p. 367): "Uma vez que se dispõe de uma medida bastante exata do valor relativo de

---

13. Hernshaw (1979) assinala a grande influência de Burt sobre o informe Spens de 1938, em que se recomendava a seleção dos alunos com base no exame 11 + e se rechaçava explicitamente um currículo comum às diferentes escolas a partir da realização do exame. Burt aborreceu-se com o informe Norwood porque nele eram desconsiderados os testes psicológicos; mas, como observa Hearnshaw, essa contrariedade "ocultava uma concordância fundamental com as recomendações, que em princípio não diferiam muito das propostas da comissão Spens, às quais Burt aprovara anteriormente".

311

A FALSA MEDIDA DO HOMEM

g em uma criança de onze anos, é inútil que seus pais e professores tenham ilusões quanto à sua possibilidade de alcançar posteriormente um nível superior." Segundo, os "fatores de grupo" de Burt, que (para efeito de separação por valor mental geral) só podiam ser considerados elementos de perturbação de *g*, não afetam realmente a criança até depois dos onze anos. Segundo o informe Hadow de 1931, "raras vezes as aptidões especiais se manifestam com força antes dos onze anos".

Em reiteradas ocasiões, Burt afirmou que sua defesa do 11 + tinha um intuito "liberal": permitir o acesso à educação superior às crianças das classes baixas cujo talento, de outra forma, passaria desapercebido. Admito que algumas crianças de elevada aptidão puderam se beneficiar com esse procedimento, mas o próprio Burt não acreditava que existissem muitos talentos ocultos nas classes inferiores. (Além disso, achava que essas classes iam-se empobrecendo intelectualmente à medida que os indivíduos inteligentes ascendiam na escala social — 1946, p. 15. Há poucos anos [1971], R. Herrnstein provocou um escândalo considerável ao voltar a utilizar uma forma reciclada desse mesmo argumento.)

Entretanto, o principal efeito do 11 + sobre as vidas e as esperanças dos seres humanos residia em seu principal resultado numérico: 80% das crianças tinham o seu acesso à educação superior vedado devido à sua baixa aptidão intelectual inata. Dois incidentes me vêem à mente, como lembranças dos dois anos que passei na Inglaterra quando ainda estava em vigência o 11 +: algumas crianças já suficientemente caracterizadas pela localização de sua escola, percorrendo a pé todos os dias as ruas de Leeds vestidas com uniformes escolares que permitiam identificá-las imediatamente como sendo os que haviam fracassado no 11 +; e uma amiga que, apesar de não ter passado no 11 +, havia entrado na universidade estudando latim por conta própria, uma vez que sua escola secundária não oferecia essa língua, exigida para o ingresso em certas carreiras universitárias. (Pergunto-me quantos adolescentes de classe operária contaram com os meios ou a motivação para repetir esse feito, quaisquer que fossem suas aptidões ou desejos.)

Devido a sua visão eugênica da salvação da Inglaterra, Burt estava empenhado em detectar e educar as poucas pessoas dotadas de grande inteligência. Quanto às demais, suponho que desejava seu bem e esperava que recebessem uma educação adequada às suas aptidões, tal como definidas por ele. Mas esses 80% estavam excluídos do seu plano para a preservação da grandeza britânica. A respeito dessas pessoas, Burt escreveu o seguinte (1959, p. 123):

O VERDADEIRO ERRO DE CYRIL BURT

Deveria constituir parte essencial da educação da criança ensiná-la a enfrentar um possível fracasso no 11 + (ou em qualquer outro exame), da mesma forma que se deve ensiná-la a enfrentar a derrota numa corrida de meia milha ou numa partida de futebol contra a equipe de uma escola rival.

Como podia Burt apreciar a dor das esperanças frustradas por um decreto biológico se era capaz de comparar seriamente um estigma indelével de inferioridade intelectual com a derrota em uma simples corrida?

L. L. Thurstone e os vetores da mente

A crítica e a reformulação de Thurstone

L. L. Thurstone nasceu (1887) e se educou em Chicago; obteve seu doutorado na Universidade de Chicago em 1917, onde foi professor de psicologia de 1924 até sua morte em 1955. Talvez não seja surpreendente que um homem que escreveu sua obra principal no coração dos Estados Unidos durante a Grande Depressão tenha sido um anjo exterminador do fator *g* de Spearman. Seria fácil imaginar uma fábula moral em estilo heróico: Thurstone, livre de dogmas e preconceitos de classe, denuncia o erro da reificação e das hipóteses hereditaristas e desmascara o fator *g*, revelando que ele é logicamente falso, cientificamente inútil e moralmente ambíguo. Mas nosso complexo mundo confirma poucas fábulas, e esta é tão falsa e vazia quanto quase todas as outras. Thurstone combateu o fator *g* por algumas das razões citadas, mas não porque reconheceu os profundos erros conceituais que o haviam engendrado. Na verdade, rechaçava o fator *g* porque achava que não era suficientemente real!

Thurstone não tinha dúvidas de que o principal objetivo da análise fatorial fosse a identificação de determinados aspectos reais da mente, suscetíveis de serem associados a causas definidas. Cyril Burt deu ao seu livro mais importante o título *The Factors of the Mind*; Thurstone (1935), que inventou a representação geométrica de testes e fatores mediante vetores (Figs. 6.6, 6.7), chamou sua principal obra *The Vectors of the Mind*. "O objetivo da análise fatorial", escreveu Thurstone (1935, p. 53), "consiste em descobrir as faculdades mentais."

Thurstone argumentava que o método dos componentes principais, proposto por Spearman e Burt, não conseguia identificar verdadeiros vetores da mente porque situava os eixos dos fatores nas posi-

A FALSA MEDIDA DO HOMEM

ções geométricas erradas. Rechaçava energicamente tanto o primeiro componente principal (que produzia o fator *g* de Spearman) quanto os componentes subseqüentes (que identificavam os "fatores de grupo" em conglomerados de projeções de testes positivas e negativas).

O primeiro componente principal, o fator *g* de Spearman, era uma média global de todos os testes numa matriz de coeficientes de correlação positivos, em que todos os fatores deviam ter a mesma direção geral (Fig. 6.4). Que sentido psicológico podia ter semelhante eixo — perguntava-se Thurstone — se sua posição dependia dos testes considerados, e variava drasticamente de uma bateria de testes para outra?

Consideremos a Fig. 6.10, da edição ampliada de *The Vectors of the Mind* (1947). As linhas curvas formam um triângulo esférico na superfície de uma esfera. Todos os vetores procedem do centro (não representado) da esfera e cortam a superfície da mesma num ponto representado por um dos doze pequenos círculos. Thurstone supõe que os doze vetores representam testes de três faculdades "reais" da mente, A, B e C (verbal, numérica e espacial, se assim se quiser). O conjunto de doze testes à esquerda inclui oito que medem basicamente a aptidão espacial e situam-se perto de C; dois

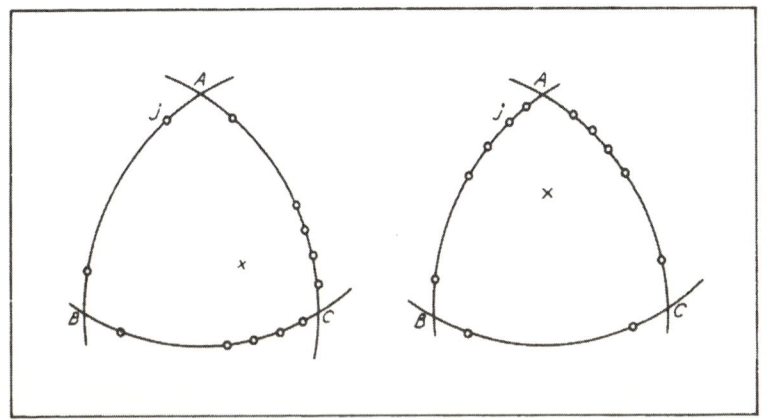

Fig. 6.10. Ilustração de Thurstone mostrando como os tipos de testes incluídos na bateria afetam a posição do primeiro componente principal (representado por x em ambas as figuras)*.

_____

* Extraído de *Factorial Studies of Intelligence*, de L. L. Thurstone e T. G. Thurstone, com permissão a University of Chicago Press.

O VERDADEIRO ERRO DE CYRIL BURT

testes situados perto de A medem a aptidão verbal, e outros dois, a aptidão numérica. Mas nem o número nem a distribuição de testes de uma bateria são coisas sacrossantas. Essas decisões são arbitrárias; na verdade, quem aplica os testes não pode tomar nenhuma decisão pois não sabe de antemão a que faculdades subjacentes correspondem os diferentes testes. Outra bateria de testes (à direita na Fig. 6.10) poderia incluir oito testes para a aptidão verbal e apenas dois para as aptidões numérica e espacial.

As três faculdades, segundo Thurstone, ocupam uma posição real e invariável independentemente de quantos testes as meçam em qualquer bateria dada. Mas o que ocorre com o fator g de Spearman? Ele é simplesmente a média de todos os testes; e sua posição — o x da Fig. 6.10 — desloca-se nitidamente por um motivo arbitrário: uma bateria inclui mais testes espaciais (deslocando o fator g para perto do pólo espacial C) e a outra mais testes verbais (aproximando g do pólo verbal A). Que significado psicológico pode ter o fator g se ele é apenas uma média empurrada para cá ou para lá quando muda a quantidade de testes para cada aptidão? Sobre o fator g, Thurstone escreveu o seguinte (1940, p. 208):

> Esse fator sempre pode ser extraído mecanicamente para qualquer conjunto de testes que apresente correlações positivas, e nada mais é que a média de todas as aptidões consideradas na bateria. Conseqüentemente, varia de uma bateria para outra e, psicologicamente, expressa uma coisa apenas: um conjunto arbitrário de testes que uma pessoa qualquer por acaso reuniu... Não nos pode interessar um fator geral que não é nada além da média de um conjunto de testes unido de forma aleatória.

Burt havia identificado os fatores de grupo buscando conglomerados de projeções positivas e negativas no segundo componente principal e nos subseqüentes. Thurstone opôs-se com veemência a esse método; não por motivos matemáticos, mas porque entendia que os testes não podiam ter projeções negativas sobre "coisas" reais. Se um fator representava um verdadeiro vetor da *mente*, então um teste individual podia medir parcialmente essa entidade e ter uma projeção sobre o fator, ou então não a medir de modo nenhum, e exibir uma projeção zero. O que não podia era ter uma projeção negativa sobre um vetor real da mente:

> Um valor negativo... teria de ser interpretado como a posse de uma aptidão que tem um efeito prejudicial sobre o desempenho em um teste. Pode-se compreender de imediato que a posse de certa apti-

A FALSA MEDIDA DO HOMEM

dão possa favorecer a realização de um teste, e é possível imaginar que outra aptidão pode não ter qualquer efeito sobre a realização de um teste; mas é difícil conceber aptidões que podem ora ser úteis ora prejudiciais. Sem dúvida, uma matriz fatorial correta para testes cognitivos não pode incluir muitos valores negativos; de preferência, não deve incluir nenhum (1940, pp. 193-194).

Portanto, Thurstone empreendeu a busca de uma "matriz fatorial correta", eliminando as projeções negativas dos testes sobre os eixos, e fazendo com que todas as projeções fossem positivas ou de valor zero. Os eixos dos principais componentes de Spearman e Burt não conseguiam obter isso porque, necessariamente, incluíam todas as projeções positivas no primeiro eixo (g) e as combinações de grupos negativos e positivos nos eixos "bipolares" subseqüentes.

A solução de Thurstone era engenhosa e mostrou ser, apesar de sua simplicidade, a mais assombrosamente original da história da análise fatorial. Em vez de fazer do primeiro eixo uma média global de todos os vetores e dos demais um receptáculo de quantidades progressivamente menores de informação nos vetores, por que não tentar situar todos os eixos perto de conglomerados de vetores? Os conglomerados podiam corresponder a verdadeiros "vetores da mente", imperfeitamente medidos por vários testes. Um eixo fatorial situado perto de um conglomerado desse tipo apresentará projeções positivas elevadas para os testes que medem aptidão primária[14], e projeções zero para todos os testes que medem outras aptidões primárias — contanto que as aptidões primárias sejam independentes e não correlacionadas. (Dois fatores independentes têm uma separação de 90° e uma projeção recíproca de zero, que representa seu coeficiente de correlação 0,0.)

Mas como situar matematicamente os eixos fatoriais perto dos conglomerados? Foi aqui que Thurstone teve sua grande inspiração. Os eixos dos componentes principais de Burt e Spearman (Fig. 6.6) não ocupam a única posição que podem adotar os eixos fatoriais: representam apenas uma das possíveis soluções, ditada pela convicção apriorística de Spearman de que existia uma única inteligência geral. Em outras palavras, não são matematicamente necessários e fundamentam-se numa teoria — uma teoria que pode estar errada. Thurstone decidiu conservar um elemento do modelo de Spearman-

---

14. Thurstone reificou seus fatores, chamando-os de "aptidões primárias" ou "vetores da mente". Todos esses termos referem-se ao mesmo objetivo matemático do sistema de Thurstone: eixos fatoriais situados perto de conglomerados de vetores de testes.

O VERDADEIRO ERRO DE CYRIL BURT

Burt: seus eixos fatoriais mantém-se perpendiculares e, portanto, matematicamente não correlacionados. Os verdadeiros vetores da mente, pensava Thurstone, deviam representar aptidões primárias *independentes*. Assim, ele calculou os componentes principais de Spearman-Burt e rotou-os para posições diferentes até que estivessem o mais perto possível (sem deixarem de ser perpendiculares entre si) de conglomerados reais de vetores. Em sua nova posição rotada, cada eixo fatorial recebia elevadas projeções positivas dos poucos vetores do conglomerado próximo a ele, e projeções zero ou próximas de zero de todos os demais vetores. Quando cada vetor tinha uma elevada projeção sobre um eixo fatorial, e projeções zero ou próximas de zero sobre todos os demais, Thurstone dizia tratar-se de uma *estrutura simples*. Desse modo, o problema dos fatores convertia-se em uma busca de estruturas simples por meio da rotação de eixos fatoriais, da orientação original de componentes principais até posições de máxima proximidade dos conglomerados de vetores.

As figuras 6.6 e 6.7 mostram esse processo geometricamente. Os vetores estão dispostos em dois conglomerados que representam testes verbais e matemáticos. Na figura 6.6, o primeiro componente principal (*g*) é uma média de todos os vetores, e o segundo é um fator bipolar em que os testes verbais se projetam negativamente, e os aritméticos positivamente. Mas os conglomerados verbais e aritméticos não estão bem definidos nesse fator bipolar porque a maior parte de sua informação já foi projetada sobre *g* e resta pouco a expressar no segundo eixo. Mas, se os eixos forem rotados até formarem a estrutura simples de Thurstone (Fig. 6.7), os dois conglomerados ficam bem definidos já que cada um se situa perto de um eixo fatorial. Os testes aritméticos apresentam projeções elevadas no primeiro eixo da estrutura simples, e baixas no segundo; os testes verbais apresentam projeções elevadas no segundo eixo, e baixas no primeiro.

O problema fatorial não se resolve graficamente, mas através de cálculos. Thurstone utilizou critérios matemáticos para descobrir a estrutura simples. Um deles, que ainda é habitualmente empregado, chama-se "varimax"; trata-se de um método para determinar a *variação máxima* em cada eixo fatorial rotado. A "variação" de um eixo é medida pela dispersão das projeções de testes sobre ele. A variação é baixa no primeiro componente principal porque todos os testes têm aproximadamente a mesma projeção positiva, enquanto que a dispersão é limitada. Mas a variação é elevada nos eixos rotados que se situam perto dos conglomerados, porque esses eixos têm pou-

A FALSA MEDIDA DO HOMEM

cas projeções muito elevadas e os demais mostram projeções zero, ou próximas de zero, o que determina uma dispersão máxima[15].

As duas soluções — os componentes principais e a estrutura simples — são matematicamente equivalentes; nenhuma é "melhor". Rotando os eixos não se ganha nem se perde informação: esta só é redistribuída. A escolha depende do significado que se atribui aos eixos fatoriais. A existência do primeiro componente principal pode ser demonstrada. Para Spearmam, seu valor consiste no fato de medir a inteligência geral inata. Para Thurstone, é uma média não significativa de uma bateria arbitrária de testes, carente de significado psicológico, e cujo cálculo é apenas um estágio intermediário da rotação até uma estrutura simples.

Nem todos os conjuntos de vetores possuem uma "estrutura simples" definível. Uma disposição aleatória sem conglomerados não admite um conjunto de fatores com poucas projeções elevadas e uma maior quantidade de projeções próximas de zero. A descoberta de uma estrutura simples implica o agrupamento dos vetores em conglomerados e a relativa independência destes entre si. Thurstone descobriu muitas estruturas simples de vetores de testes mentais e por isso afirmou que os testes mediam uma pequena quantidade de "aptidões mentais primárias", ou vetores da mente, independentes; isso, num certo sentido, representava um retorno à antiga "psicologia de faculdades", que considerava a mente como um amontoado de aptidões independentes.

Ora, com freqüência acontece que, quando se descobre uma matriz fatorial com grande quantidade de valores zero, ao mesmo tempo desaparecem os valores negativos. É pouco provável que isso se deva ao acaso. O motivo talvez seja o fato de cada tipo de tarefa envolver um processo mental diferente... São esses processos que denominei aptidões mentais primárias (1940, p. 194).

_____

15. Os leitores que já tenham estudado a análise fatorial em um curso de estatística ou metodologia das ciências biológicas ou sociais (muito freqüentes nesta época de computadores) talvez se lembrem da rotação dos eixos até posições varimax. Assim como eu, provavelmente aprenderam esse procedimento como se se tratasse de uma dedução matemática para fazer frente às dificuldades dos componentes principais na detecção de conglomerados. De fato, essa técnica surgiu historicamente no contexto de uma teoria concreta da inteligência (a crença de Thurstone na existência de aptidões mentais primárias independentes) e em oposição a outra (a da inteligência geral e a subordinação hierárquica dos fatores subsidiários), baseada nos componentes principais.

O VERDADEIRO ERRO DE CYRIL BURT

Thurstone acreditava que havia descoberto entidades mentais reais ou com posições geométricas fixas. As aptidões mentais primárias (ou PMA, *primary mental abilities*, como ele as denominava) não mudavam de posição ou de quantidade nas diferentes baterias de testes. A PMA verbal existe em seu lugar determinado, tenha ela sido medida apenas por três testes em uma bateria, ou por vinte e cinco testes diferentes em outra.

Os métodos fatoriais têm por objetivo isolar as aptidões primárias mediante procedimentos experimentais objetivos, de modo que seja possível estabelecer com segurança quantas aptidões estão representadas num conjunto de provas (1938, p.1).

Thurstone reificou seus eixos de estrutura simples dando-lhes o nome de aptidões mentais primárias, e tratou de especificar a sua quantidade. Sua opinião ia-se modificando à medida que ia descobrindo novas aptidões mentais primárias, ou condensando algumas; mas seu modelo fundamental compreendia sete PMAs: V, ou compreensão verbal; W, ou fluência verbal (*word fluency*); N, ou número (cálculo); S, ou visualização espacial (*spatial visualization*); M, ou memória associativa; P, ou velocidade perceptual; e R, ou raciocínio[16].

Mas o que aconteceu com o fator *g* — a inteligência geral, inata e inelutável de Spearman — depois de todas as rotações dos eixos? Ele simplesmente desaparecera, suprimido pela rotação; já não estava mais ali (Fig. 6.7). Thurstone estudou os mesmos dados que Spearman e Burt haviam empregado para descobrir *g*. Mas agora, em vez de uma hierarquia com uma inteligência geral dominante e inata, além de vários fatores de grupo subsidiários e modificáveis pela educação, os mesmos dados refletiam um conjunto de aptidões mentais primárias, independentes e de igual importância, sem uma hierarquia nem um fator geral dominante. A que significado psicológico podia aspirar o fator *g* se representava apenas uma versão possível de infor-

---

16. Como Burt, Thurstone submeteu outros conjuntos de dados à análise fatorial. Burt, preso a seu modelo hierárquico, sempre encontrou um fator geral dominante e eixos bipolares secundários, quer estudasse dados anatômicos, parapsicológicos ou estéticos. Thurstone, também apegado a seu modelo, sempre descobriu fatores primários independentes. Em 1950, por exemplo, submeteu à análise fatorial testes de temperamento, e descobriu fatores primários, também em número de sete. Chamou-os de atividade, impulsividade, estabilidade emocional, sociabilidade, interesse atlético, ascendência e capacidade de reflexão.

A FALSA MEDIDA DO HOMEM

mações sujeitas a interpretações matematicamente equivalentes, mas radicalmente diferentes? Thurstone comentou da seguinte forma seu estudo empírico mais famoso (1938, p. VII):

> Até o momento, em nosso trabalho, não detectamos o fator geral de Spearman... Pelo que podemos determinar atualmente, os testes que se supunham saturados pelo fator geral comum distribuem sua variação entre fatores primários que não estão presentes em todos os testes. Não conseguimos descobrir um único fator geral comum na bateria de 56 testes analisados no presente estudo.

A interpretação igualitária das PMAs

Os fatores de grupo para as aptidões especializadas conheceram uma interessante odisséia na história da análise fatorial. No sistema de Spearman, recebiam a denominação de "perturbadores" da equação tetrádica, e eram amiúde eliminados deliberadamente por meio da supressão de todos os testes de um conglomerado, exceto um — uma forma notável de tornar uma hipótese invulnerável à refutação. Em um famoso estudo, realizado com o propósito específico de determinar se os fatores de grupo existiam ou não, Brown e Stephenson (1933) aplicaram vinte e dois testes em trezentas crianças de dez anos. Calcularam algumas tétradas perturbadoramente elevadas, e eliminaram dois testes "uma vez que 20 é uma quantidade suficiente para nossos propósitos atuais". Em seguida, eliminaram outro porque produzia tétradas demasiadamente extensas, e desculparam-se afirmando: "na pior das hipóteses, não é pecado omitir um teste de uma bateria composta por tantos outros". O aparecimento de outros valores elevados determinou a exclusão de todas as tétradas que incluíam a correlação entre dois dos dezenove testes restantes, já que a "média de todas as tétradas envolvidas nesta correlação é mais de cinco vezes superior ao erro provável". Por fim, suprimida quase uma quarta parte das tétradas, as onze mil restantes formavam uma distribuição bastante semelhante à normal. O suficiente para que proclamassem que a "teoria dos dois fatores" de Spearman "havia passado com êxito pela prova da experiência". "Nesta demonstração estão os fundamentos e o desenvolvimento de uma psicologia científica experimental; e, neste sentido, constitui, sem jactância, uma 'revolução copernicana' (Brown e Stephenson, 1933, p. 353)."

Para Cyril Burt, os fatores de grupo, embora reais e importantes para a orientação vocacional, eram subsidiários de um fator g dominante e inato.

O VERDADEIRO ERRO DE CYRIL BURT

Para Thurstone, os antigos fatores de grupo haviam se convertido em aptidões mentais primárias. Estas eram as entidades mentais irredutíveis; o fator *g* era ilusório.

Pode-se considerar a teoria heliocêntrica de Copérnico como uma hipótese puramente matemática, que oferece uma representação mais simples a partir dos mesmos dados astronômicos que Ptolomeu aplicava ao colocar a Terra no centro do sistema. De fato, os defensores de Copérnico, inclusive o autor do prefácio de *De Revolutionibus*, propugnaram exatamente, com grande cautela e sentido prático, essa atitude pragmática em um mundo em que imperavam a Inquisição e o Index dos livros proibidos. Mas a teoria de Copérnico acabou por provocar uma onda de furor quando seus defensores, liderados por Galileu, insistiram em considerá-la como uma afirmação sobre a verdadeira organização do céu, e não apenas como uma representação numérica simplificada do movimento dos planetas.

O mesmo ocorreu com o conflito entre a escola de análise fatorial de Spearman-Burt e a de Thurstone. Suas representações matemáticas eram equivalentes e igualmente lícitas. Mas o debate foi tão renhido porque as duas escolas matemáticas propunham pontos de vista radicalmente diferentes a respeito da verdadeira natureza da inteligência; e a aceitação de um dos dois pareceres implicava um conjunto de conseqüências fundamentais para a prática da educação.

Com o fator *g* de Spearman, toda criança podia ser classificada numa escala única de inteligência inata; tudo o mais era subsidiário. Era possível medir a aptidão geral em uma tarefa e distribuir as crianças segundo suas respectivas possibilidades intelectuais (como no exame 11+).

Com as PMAs de Thurstone, já não existia uma aptidão geral a ser medida. Algumas crianças destacavam-se mais em alguns campos; outras destacavam-se em domínios mentais diferentes e independentes. Além disso, uma vez rompida a hegemonia do fator *g*, as aptidões mentais podiam se desenvolver como as flores na primavera. Thurstone reconhecia apenas umas poucas aptidões, mas outros modelos propunham 120 (Guilford, 1956), e talvez mais (Guilford, 1959, p. 477). (Os 120 fatores de Guilford não procediam de uma indução empírica, mas de uma previsão a partir de um modelo teórico representado por um cubo de dimensões $6 \times 5 \times 4 = 120$ designando fatores que poderiam ser descobertos mediante estudos empíricos.)

A classificação unilinear de alunos era inadmissível, mesmo no mundo de Thurstone, constituído por tão poucas PMAs. A essência de cada criança convertia-se assim na sua individualidade. Thurstone escreveu (1935, p. 53):

A FALSA MEDIDA DO HOMEM

Mesmo que todos possam ser descritos pelos dados referentes a um número limitado de aptidões independentes, cada pessoa pode ser diferente de todas as demais pessoas do mundo. Cada pessoa poderia ser descrita mediante o seu documento numa quantidade limitada de aptidões independentes. A quantidade de permutações desses dados provavelmente bastaria para assegurar a cada pessoa a retenção da sua individualidade.

Em meio a uma depressão econômica que reduziu à pobreza grande parte da sua elite intelectual, os Estados Unidos, essa nação de ideais igualitários (raras vezes postos em prática), desafiava a identificação entre a classe social e capacidade inata tradicionalmente defendida pelos britânicos. O fator g de Spearman fora eliminado pela rotação, e com ele o valor mental geral.

O debate entre Burt e Thurstone poderia ser interpretado como um discussão matemática sobre a localização de eixos fatoriais, uma interpretação tão míope quanto considerar a disputa entre Galileu e a Igreja como a discussão sobre dois modelos matemáticos equivalentes para descrever o movimento dos planetas. Burt, sem dúvida, estava perfeitamente consciente do alcance mais amplo do debate quando defendia o exame 11 + contra os ataques de Thurstone:

> Na prática educacional, a suposição precipitada de que o fator geral foi completamente refutado contribuiu muito para emprestar legitimidade à idéia impraticável de não mais se considerar o grau de aptidão geral no processo de determinação da capacidade dos alunos, e simplesmente distribuí-los entre os diferentes tipos de escolas segundo suas aptidões especiais; em suma, a idéia de que o exame 11 + deveria se basear no mesmo princípio que orienta aquela corrida de *Alice no País das Maravilhas*, em que todos vencem e recebem algum tipo de prêmio (1955, p. 165).

Thurstone, por seu lado, desenvolveu uma campanha intensa, apresentando argumentos (e novos testes) para fundamentar a crença de que as crianças não deveriam ser julgadas com base em uma única cifra. Em vez disso, queria avaliar cada pessoa como um indivíduo dotado de forças e fraquezas, baseando-se nos resultados obtidos nos testes relativos à uma série de aptidões mentais primárias (como prova do seu êxito na modificação do uso dos testes nos Estados Unidos, ver Guilford, 1959, e Tuddenham, 1962, p. 515).

> Em vez de tentar descrever os dotes mentais de cada indivíduo através de um único índice, como a idade mental ou o quociente de inteligência, é preferível descrevê-los nos termos de um perfil de todos

O VERDADEIRO ERRO DE CYRIL BURT

os fatores primários reconhecidamente significativos... Se alguém insistir em dispor de um único índice, como o QI, é possível obtê-lo tirando-se a média de todas as aptidões conhecidas. Mas esse índice tenderá a obscurecer a descrição de um homem porque todas suas potencialidades e limitações mentais ficarão ocultas sob esse índice único (1946, p. 110).

Duas páginas adiante, Thurstone vincula explicitamente sua teoria abstrata da inteligência às suas próprias opiniões sociais.

> Este trabalho é compatível não só com o objetivo científico da identificação das funções mentais que podem ser distinguidas, mas também, ao que parece, com o desejo de proporcionar tratamento diferenciado a todas as pessoas, reconhecendo em cada uma delas os valores mentais e físicos que fazem dela uma individualidade específica (1946, p. 112).

Thurstone produziu sua formulação fundamental sem atacar nenhum dos pressupostos básicos que haviam motivado Spearman e Burt: a reificação e o hereditarismo. Trabalhou dentro do quadro tradicional da análise fatorial e reelaborou os resultados e o seu significado, sem alterar as premissas.

Thurstone nunca duvidou de que as aptidões mentais primárias fossem entidades com causas identificáveis (ver seu trabalho inicial de 1924, pp. 146-147, que exibe os primeiros indícios de sua tendência para reificar conceitos abstratos — nesse caso, o caráter gregário —, de considerá-los como coisas situadas dentro de nós). Chegou mesmo a suspeitar que seus métodos matemáticos permitiriam identificar os atributos da mente antes que a biologia dispusesse dos instrumentos necessários à sua verificação. "É bastante provável que as aptidões mentais primárias sejam isoladas com satisfatória precisão pelos métodos fatoriais antes que possam ser verificadas através dos métodos da neurologia ou da genética. Por fim, os resultados dos diversos métodos de investigação dos mesmos fenômenos acabarão por coincidir" (1938, p. 2).

Os vetores da mente são reais, mas suas causas podem ser complexas e muito diversas. Thurstone admitia a forte influência potencial do ambiente, mas enfatizava a influência biológica congênita:

> Talvez se descubra que alguns dos vetores são definidos por efeitos endocrinológicos. Outros talvez por parâmetros bioquímicos ou biofísicos dos fluidos corporais ou do sistema nervoso central. Uns, por relações neurológicas ou vasculares anatomicamente localizadas; outros podem envolver parâmetros da dinâmica do sistema nervoso autônomo, e outros ainda podem ser definidos pela experiência e pela educação (1947, p. 57).

A FALSA MEDIDA DO HOMEM

Thurstone atacou a escola ambientalista baseando-se em estudos sobre a hereditariedade das aptidões mentais primárias em gêmeos univitelinos. Também sustentou que a educação tendia a reforçar as diferenças inatas, mesmo quando contribuía para melhorar o rendimento tanto das crianças deficientes quanto das bem-dotadas:

A hereditariedade determina em grande parte o funcionamento mental. Estou convencido de que os argumentos dos ambientalistas baseiam-se demais no sentimentalismo. Com freqüência, chegam ao fanatismo. Se os fatos apóiam a interpretação genética, não se deve acusar os biólogos de antidemocráticos. Se há alguém antidemocrático nesse aspecto, esse alguém é a Mãe Natureza. Quanto à possibilidade de educar as aptidões mentais, a única resposta sensata parece ser a afirmativa. Mas, por outro lado, se duas crianças com aptidões marcadamente distintas com relação à visualização, por exemplo, receberem ambas o mesmo tipo de treinamento, receio que, ao fim do período de formação, diferenciar-se-ão ainda mais que antes (1946, p. 111).

Como destaquei ao longo de todo esse livro, não é possível estabelecer nenhuma equação simples entre preferências sociais e posições biológicas. Não podemos contar uma história estereotipada com hereditaristas "malvados" relegando raças, classes e sexos a uma inferioridade biológica permanente, e ambientalistas "bonzinhos" louvando o valor irredutível dos seres humanos. Na verdade, trata-se de uma equação complexa cuja formulação requer a "fatoração" (peço perdão pela palavra) de outros preconceitos. O hereditarismo torna-se um instrumento para a inferiorização de grupos apenas quando associado à crença na hierarquia e no valor diferencial. A síntese hereditarista de Burt combinou as duas coisas. Thurstone foi mais além ao adotar uma forma ingênua de reificação, não se opondo ao hereditarismo (embora tampouco tenha aderido a ele com a obsessiva determinação de um Burt). Preferiu acreditar que as pessoas não deviam ser pesadas nem medidas com referência a uma única escala de mérito geral; e, ao destruir o principal intrumento de classificação de Burt — o fator *g* de Spearman — modificou o curso da história dos testes mentais.

A reação de Spearman e Burt

Quando Thurstone denunciou o caráter ilusório do fator *g*, Spearman ainda vivia e estava em plena forma, e Burt encontrava-se no auge de seu poder de influência. Spearman, que havia defendido

O VERDADEIRO ERRO DE CYRIL BURT

habilmente o fator *g* durante trinta anos incorporando as críticas ao seu sistema, compreendeu que a flexibilidade desse sistema era inútil no caso de Thurstone:

> Até agora, todos os ataques contra ele [o fator *g*] acabaram por se reduzir a meras tentativas de explicá-lo de maneira mais simples. Mas a crise que agora se apresenta é muito diferente: um estudo recente chegou à conclusão de que não há nada a explicar; o fator geral simplesmente desapareceu. Além disso, não se trata de um estudo comum. Tanto pela eminência do autor quanto pela seriedade do plano e a amplitude de seus objetivos, seria difícil encontrar algo que pudesse ser comparado ao recente trabalho de L. L. Thurstone sobre as Aptidões Mentais Primárias (Spearman, 1939, p. 78).

Spearman admitiu que o fator *g*, como média de vários testes, podia variar de posição de uma bateria para outra. Mas afirmava que o seu deslocamento possuía alcance mínimo e sempre assinalava a mesma direção, determinada pela onipresente correlação positiva entre os testes. Thurstone não havia eliminado o fator *g*; só o havia escamoteado mediante a artimanha matemática de distribuir seus componentes entre um conjunto de fatores de grupo: "A nova operação consiste essencialmente em distribuir *g* entre tantos fatores de grupo que o fragmento assinalado a cada fator torna-se pequeno demais para ser perceptível" (1939, p. 14).

Spearman então voltou contra Thurstone o seu argumento favorito. Reificador convicto, Thurstone acreditava que as aptidões mentais primárias estavam "em algum lugar", e ocupavam posições fixas no espaço fatorial. Sustentava que os fatores de Spearman e Burt não eram "reais" porque variavam em número e posição nas diferentes baterias de testes. Spearman retrucou que as aptidões mentais primárias de Thurstone também eram produtos dos testes escolhidos, e não vetores invariáveis da mente. Para criar uma aptidão mental primária bastava construir uma série de testes redundantes que pudessem medir várias vezes a mesma coisa, e assim obter um conglomerado compacto de vetores. De forma similar, qualquer aptidão mental primária podia ser dispersada mediante a redução ou eliminação dos testes que a mediam. As PMAs não era localizações invariáveis, presentes antes da invenção dos testes para identificá-las; eram resultado desses mesmos testes:

> Somos levados a considerar que os fatores de grupo, longe de constituírem um pequeno número de nítidas aptidões "primárias", são inumeráveis, possuem alcances indefinidamente variáveis e têm até mesmo

A FALSA MEDIDA DO HOMEM

uma existência instável. Todo elemento constitutivo de uma aptidão pode ser convertido em fator de grupo; qualquer um pode deixar de sê-lo (1939, p. 15).

Spearman tinha motivos para se queixar. Dois anos mais tarde, por exemplo, Thurstone detectou uma nova PMA que não conseguiu interpretar (*in* Thurstone and Thurstone, 1941). Chamou-a de X_1 e identificou-a através de fortes correlações entre três testes que envolviam a contagem de pontos. Chegou mesmo a admitir que X_1 ter-lhe-ia escapado por completo se sua bateria houvesse incluído um só teste desse tipo:

> Todos esses testes possuem um fator em comum; mas, como os três testes de contagem de pontos estão praticamente isolados do resto da bateria e não existe qualquer saturação no fator numérico, podemos afirmar muito pouco a respeito da natureza do fator. Sem dúvida, trata-se do tipo de função que comumente se teria perdido na variação específica dos testes se tivéssemos incluído na bateria um teste de contagem de pontos (Thurstone and Thurstone, 1941, p. 23-24).

O apego de Thurstone à reificação impediu-o de ver uma alternativa óbvia. Ele supôs que X_1 realmente existia e que não fora percebido até então porque ele nunca aplicara uma quantidade de testes suficiente para o seu reconhecimento. Mas por que não supor que X_1 era uma criação dos próprios testes, "descoberta" naquele momento apenas porque três medidas redundantes haviam produzido um conglomerado de vetores (e, potencialmente, uma PMA), enquanto que um único teste diferente só teria sido considerado uma excentricidade?

Há um erro geral na argumentação de Thurstone quando ele afirma que as aptidões mentais primárias não dependem dos testes, e que os mesmos fatores aparecerão em qualquer bateria corretamente elaborada. Thurstone afirmava que um teste individual sempre registraria a mesma PMA, mas só em estruturas simples "completas e superdeterminadas" (1947, p. 363); em outras palavras, somente quando todos os vetores da mente foram corretamente identificados e localizados. Se *realmente* existissem apenas uns poucos vetores da mente, e se pudéssemos afirmar em dado momento que todos foram identificados, qualquer teste adicional ocuparia a sua posição correta e imutável dentro da estrutura simples invariável. Mas não existe uma estrutura simples "superdeterminada", em que todos os possíveis eixos fatoriais tenham sido descobertos. Talvez os eixos fatoriais não tenham um número fixo, mas suscetível de aumentar à medida que

O VERDADEIRO ERRO DE CYRIL BURT

se acrescentam novos testes. Talvez sejam na verdade dependentes dos testes; talvez não sejam entidades subjacentes. A própria amplitude das estimativas quanto ao número das aptidões primárias, das 7 de Thurstone até as 120 ou mais de Guilford, indica que os vetores da mente podem muito bem ser apenas ficções mentais.

Enquanto Spearman atacava Thurstone defendendo seu amado fator *g*, Burt aparou o golpe defendendo uma teoria que lhe era igualmente cara: a identificação dos fatores de grupo por meio de conglomerados de projeções positivas e negativas sobre eixos bipolares. Thurstone havia atacado Spearman e Burt concordando que os fatores deviam ser reificados, mas rechaçando o método inglês de reificação; ele se opunha ao *g* de Spearman porque sua posição era por demais variável, e aos fatores bipolares de Burt porque era impossível que existissem "aptidões negativas". Burt replicou, com bastante razão, que Thurstone tinha uma concepção muito pouco sutil de reificação. Os fatores não são objetos materiais situados na cabeça, mas princípios de classificação que ordenam a realidade. (Burt defendeu com freqüência a posição contrária — ver pp. 305-309.) A classificação avança através da dicotomia lógica e da antítese (Burt, 1939.) Projeções negativas não significam que uma pessoa tenha menos que zero de uma coisa concreta. Elas apenas registram o contraste relativo entre duas qualidades abstratas do pensamento. O excesso de uma pode ser acompanhado pela falta de outra — como o trabalho administrativo e a produtividade acadêmica, por exemplo.

Como trunfo, Spearman e Burt afirmaram que Thurstone não havia feito uma revisão convincente de sua realidade, mas apenas uma formulação matemática alternativa para os mesmos dados.

> É claro que podemos inventar métodos de pesquisa fatorial que sempre produzam uma configuração de fatores que exiba certo grau de formação "hierárquica" daquilo que (se preferirmos) por vezes é denominado "estrutura simples". Mas os resultados pouco ou nada significarão; pelo primeiro método, quase sempre poderemos demonstrar que existe um fator geral; pelo segundo, quase sempre poderemos demonstrar, inclusive com o mesmo conjunto de dados, que esse fator não existe (Burt, 1940, pp. 27-28).

Mas Burt e Spearman não compreenderam que semelhante defesa não constituía apenas a ruína de Thurstone, mas também a deles próprios? Sem dúvida, eles tinham razão. Thurstone não havia demonstrado a existência de outra realidade. Havia partido de diferentes pressupóstos sobre a estrutura da mente, e inventado um modelo matemático mais ajustado às suas preferências. Mas a mesma crítica

A FALSA MEDIDA DO HOMEM

pode ser aplicada, com o mesmo rigor, a Spearman e Burt. Também eles haviam partido de um pressuposto quanto à natureza da inteligência e criado um sistema matemático para validá-lo. Se os mesmos dados podiam se ajustar a dois modelos matemáticos tão diferentes, como afirmar com segurança que um representa a realidade e o outro é uma falsificação? Talvez ambas as idéias da realidade estejam erradas e o seu fracasso tenha origem num erro comum: a crença na reificação dos fatores.

Copérnico estava certo, muito embora fosse possível obter com o sistema de Ptolomeu tabelas aceitáveis das posições planetárias. Burt e Spearman podiam estar certos, muito embora o procedimento matemático de Thurstone pudesse processar os mesmos dados com igual facilidade. Para justificar qualquer das teses, era preciso apelar para fatos externos à própria matemática abstrata. No caso em questão, era necessário descobrir alguma fundamentação biológica. Se os bioquímicos houvessem localizado a energia cerebral de Spearman, se os neurologistas houvessem localizado as PMAs de Thurstone num mapa definido do córtex cerebral, teria sido possível adotar uma opção legítima. Todos os contendores voltavam-se para a biologia e formulavam suposições tênues, mas jamais se encontrou uma ligação concreta entre um objeto neurológico e um eixo fatorial.

Resta-nos apenas a matemática, e, portanto, não podemos validar nenhum dos dois sistemas. Ambos são afetados pelo erro conceitual da reificação. A análise fatorial é um excelente instrumento descritivo; contudo, não acredito que permita que se descubram os ilusórios fatores, ou vetores, da mente. Thurstone destronou o fator *g*, não porque seu novo sistema fosse certo, mas porque era igualmente errôneo — pondo em evidência os erros metodológicos de toda a empresa[17].

_____

17. Escreve Tuddenham (1962, p. 516): "Os criadores dos testes continuarão a empregar os procedimentos da análise fatorial, desde que estes permitam melhorar a eficácia e o valor previsível de nossas baterias de testes, mas a esperança de que a análise fatorial possa fornecer uma breve lista de 'aptidões fundamentais' está em vias de desaparecimento. As contínuas dificuldades que envolveram a análise fatorial durante a primeira metade deste século parecem indicar que os modelos que estudam a inteligência com base em um número finito de dimensões lineares devem padecer de algum erro fundamental. À máxima do estatístico, de que tudo o que existe pode ser medido, os especialistas em análise fatorial acrescentaram o postulado de que tudo o que pode ser 'medido' deve existir. Mas essa relação pode não ser reversível, e, assim, o postulado pode ser falso."

O VERDADEIRO ERRO DE CYRIL BURT

Os eixos oblíquos e o fator g de segunda ordem

Como Thurstone foi o pioneiro da representação geométrica dos testes através de vetores, é surpreendente que não tenha percebido de imediato o defeito técnico de sua análise. Se os testes estão positivamente correlacionados, todos os vetores devem formar um conjunto em que nenhum par represente um ângulo superior a 90° (pois um ângulo reto corresponde a um coeficiente de correlação zero). Thurstone desejava situar os eixos de duas estruturas simples tão perto quanto possível dos conglomerados dentro do conjunto completo de vetores. Mas insistia que os eixos fossem perpendiculares entre si. Este critério impede que os eixos estejam verdadeiramente próximos dos conglomerados de vetores — como indica a figura 6.11 — pois a máxima separação dos vetores é menor que 90°, e dois eixos, forçados a serem perpendiculares, devem, portanto, estar fora dos conglomerados. Por que não abandonou esse critério, permitindo que os eixos se correlacionassem (separados por um ângulo inferior a 90°) e que se situassem diretamente dentro dos feixes de vetores?

Os eixos perpendiculares possuem uma grande vantagem conceitual. São matematicamente independentes (não correlacionados). Se quisermos identificar os eixos fatoriais como "aptidões mentais primárias", talvez seja melhor que não estejam correlacionados — pois, se os eixos fatoriais estiverem correlacionados entre si, a causa dessa correlação não será então mais "primária" que os próprios fatores? Mas os eixos correlacionados também têm uma vantagem conceitual de outro tipo: podem ser colocados mais perto dos conglomerados de vetores que podem representar "aptidões mentais". Não é possível conseguir as duas coisas com conjuntos de vetores extraídos de uma matriz de coeficientes de correlação positivos: os fatores podem ser independentes e apenas próximos dos conglomerados, ou correlacionados e situados dentro dos conglomerados. (Nenhum desses sistemas é "melhor"; cada um deles possui suas vantagens em determinadas circunstâncias. Os eixos correlacionados e não correlacionados ainda estão em uso, e a discussão continua, mesmo em nossos dias e apesar da sofisticação introduzida pelos computadores da análise fatorial.)

Thurstone inventou a rotação dos eixos e a estrutura simples em princípios da década de 1930. No final da mesma década, começou a fazer experiências com as chamadas estruturas simples oblíquas, ou sistemas de eixos correlacionados. (Os eixos não correlacionados são chamados de "ortogonais" ou mutuamente perpendicu-

A FALSA MEDIDA DO HOMEM

lares; os eixos correlacionados são "oblíquos" porque o ângulo existente entre eles é menor que 90°.) Assim como vários métodos podem ser utilizados na determinação de estruturas simples ortogonais, os eixos oblíquos podem ser calculados de muitas maneiras, embora o objetivo seja sempre situar os eixos dentro dos conglomerados de vetores. Segundo um método relativamente simples, mostrado na Fig. 6.11, utilizam-se como eixos fatoriais vetores reais que ocupam posições extremas dentro do conjunto. Observe-se, numa comparação entre as figuras 6.7 e 6.11, que os eixos fatoriais correspondentes às aptidões verbais e matemáticas se deslocaram do exterior dos conglomerados reais (na solução ortogonal) para os próprios conglomerados (na solução oblíqua).

A maioria dos analistas fatoriais parte do pressuposto de que as correlações podem ter causas e de que os eixos podem ajudar-nos a identificá-las. Se os eixos fatoriais estão correlacionados entre si, por que não aplicar o mesmo argumento e perguntar se essa correlação reflete alguma causa superior ou mais fundamental? Os eixos oblíquos de uma estrutura simples para testes mentais geralmente

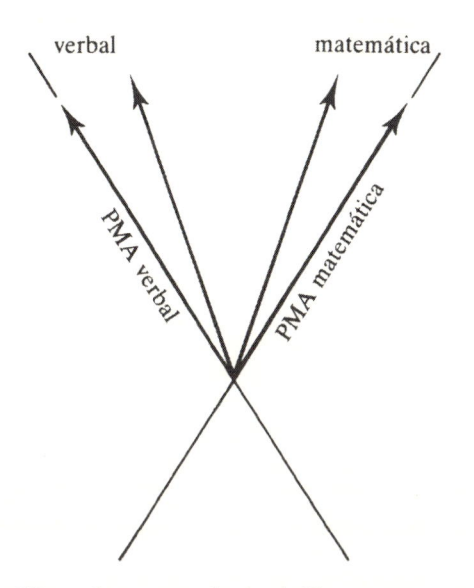

Fig. 6.11. Eixos oblíquos da estrutura simples de Thurstone para os mesmos quatro testes mentais descritos nas figuras 6.6 e 6.7. Os eixos fatoriais não são mais perpendiculares entre si. Neste exemplo, os eixos fatoriais coincidem com os vetores periféricos do conglomerado.

330

O VERDADEIRO ERRO DE CYRIL BURT

estão correlacionados positivamente (como na figura 6.11). Não se pode identificar a causa desta correlação com o fator *g* de Spearman? O velho fator geral é, apesar de tudo, inevitável? Thurstone contendeu ardorosamente com este — nas suas palavras — *g* "de segunda ordem". Confesso que não entendo por que se empenhou tanto nessa empresa. Talvez porque os muitos anos de trabalho com as soluções ortogonais houvessem tornado seu ânimo inflexível e convertido essa idéia em algo por demais incomum para ser aceito a princípio. Se alguém entendeu a representação geométrica dos vetores, esse alguém foi Thurstone. Tal representação garante a correlação positiva dos eixos oblíquos correlacionados e, portanto, a existência de um fator geral de segunda ordem. Um *g* de segunda ordem é apenas uma maneira mais caprichosa de reconhecer o que mostram os coeficientes de correlação brutos: que todos os coeficientes de correlação entre testes mentais são positivos.

Em todo caso, Thurstone finalmente se inclinou diante do inevitável e admitiu a existência de um fator geral de segunda ordem. Certa vez, chegou mesmo a descrevê-lo em termos quase que spearmanianos (1946, p. 110):

> Parece existir um grande número de aptidões especiais que podem ser identificadas como aptidões primárias mediante métodos de análise fatorial e, subjacente a essas aptidões especiais, parece existir um fator energético central que promove a atividade dessas aptidões especiais.

Pode parecer que todo o alarido e a fúria da discussão de Thurstone com os fatorialistas britânicos terminou numa espécie de acordo solene, mais favorável a Burt e Spearman, e que colocou o pobre Thurstone na posição pouco invejável de lutar para salvar as aparências. Se a correlação de eixos oblíquos implica um *g* de segunda ordem, então Spearman e Burt não tinham razão ao insistirem fundamentalmente na existência de um fator geral? Thurstone talvez tenha demonstrado que os fatores de grupo eram mais importantes do que qualquer analista fatorial britânico jamais reconhecera, mas a primazia do fator *g* não havia tornado a impor-se por si mesma?

Essa é a interpretação proposta por Arthur Jensen (1979), mas ela apresenta uma grave distorção da história daquele debate. O fator *g* de segunda ordem não uniu as escolas opostas de Thurstone e dos analistas fatoriais britânicos, nem houve um verdadeiro acordo entre as partes. Afinal de contas, os textos de Thurstone que citei a respeito da futilidade da hierarquização de indivíduos conforme o QI e a necessidade de perfis descritivos das aptidões mentais primárias de cada indivíduo foram escritos depois que ele admitiu a existên-

A FALSA MEDIDA DO HOMEM

cia de um fator geral de segunda ordem. As duas escolas não se uniram, e o fator *g* de Spearman não foi justificado por três razões fundamentais:

1. Para Spearman e Burt, o fator *g* não só devia existir, como também predominar. O ponto de vista *hierárquico* — um fator *g* inato e dominante, e fatores de grupo subsidiários sensíveis à educação — era fundamental para a escola britânica. Caso contrário, como se poderia manter a classificação unilinear? Como se poderia defender o exame 11 +? Pois esse exame supostamente media uma força mental controladora que definia o potencial geral da criança e condicionava todo o seu futuro intelectual.

Thurstone admitiu um fator *g* de segunda ordem, mas considerou-o de importância *secundária* em relação ao que continuava a chamar aptidões mentais *primárias*. À parte de toda especulação psicológica, a matemática básica certamente apóia o ponto de vista de Thurstone. O fator *g* de segunda ordem (a correlação de eixos oblíquos na estrutura simples) raramente explica mais que uma pequena porcentagem da informação total de uma matriz de testes. Por outro lado, o fator *g* de Spearman (o primeiro componente principal) com freqüência compreende mais da metade da informação. Todo o aparato psicológico — bem como todos os esquemas práticos — da escola britânica dependiam do predomínio do fator *g*, e não da sua simples presença. Quando Thurstone reviu *The Vectors of Mind* em 1947, depois de admitir o fator geral de segunda ordem, continuou a se diferenciar dos analistas britânicos ao sustentar que seu modelo considerava primários os fatores de grupo, e residual o fator geral de segunda ordem, enquanto os britânicos exaltavam o fator *g* e consideravam secundários os fatores de grupo.

2. A razão central para se sustentar que a tese de Thurstone refutava a necessidade do fator *g* de Spearman conserva toda a sua validade. Thurstone extraiu sua interpretação dos mesmos dados, simplesmente colocando eixos fatoriais em posições diferentes. Depois disso, já não era possível passar diretamente da matemática dos eixos fatoriais para os significados psicológicos.

Na falta de provas biológicas corroboradoras de um modelo ou de outro, como chegar a uma decisão? Em definitivo, por mais que os cientistas se neguem a admiti-lo, a decisão é questão de gosto, ou de preferência prévia baseada nos preconceitos pessoais ou culturais. Spearman e Burt, cidadãos privilegiados da Grã-Bretanha classista, defendiam o fator *g* e a sua classificação linear. Thurstone preferia os perfis individuais e as numerosas aptidões primárias. Numa

O VERDADEIRO ERRO DE CYRIL BURT

digressão involuntariamente divertida sobre as diferenças técnicas entre Burt e ele, Thurstone afirmou que a preferência do primeiro pelas representações algébricas dos fatores, em detrimento das geométricas, provinha de uma carência de aptidão mental primária espacial:

> É evidente que Burt é avesso às interpretações baseadas em configurações pois em seu texto não existe um só diagrama. Talvez isso indique a existência de diferenças individuais nos tipos de imaginação, o que explicaria as diferenças de interpretação e de método entre os cientistas (1947, p. IX).

3. Burt e Spearman baseavam sua interpretação psicológica dos fatores na crença de que o fator *g* era dominante *e* real: uma inteligência geral, inata, que indicava a natureza essencial de uma pessoa. A análise de Thurstone concedia-lhes, quando muito, um débil fator *g* de segunda ordem. Mas suponhamos que se houvessem imposto, estabelecendo a inevitabilidade de um fator *g* dominante? Sua argumentação teria sido igualmente falaz, por uma razão que, por ser tão básica, ninguém percebeu. O problema residia num erro lógico, em que haviam incorrido todos os grandes especialistas em análise fatorial discutidos aqui: o desejo de reificar os fatores e convertê-los em entidades. É curioso, mas em certo sentido toda a história que acabo de contar não tem importância. Se Burt e Thurstone nunca houvessem existido; se todos os profissionais se houvessem contentado com a teoria bifatorial de Spearman, entoando louvores ao seu fator *g* dominante durante três quartos de século a partir do momento em que ele o propôs, o erro continuaria sendo igualmente flagrante.

A onipresença da correlação positiva entre os testes mentais deve ser incluída entre as grandes descobertas menos surpreendentes da história da ciência. Pois a correlação positiva é uma previsão de quase todas as teorias, por mais que possam divergir quanto à sua eventual causa, e por mais opostos que sejam os seus pontos de vista: o hereditarismo puro (que Spearman e Burt estiveram a ponto de consagrar) e o ambientalismo puro (que nenhum pensador importante foi suficientemente tolo para propor). De acordo com o primeiro, os indivíduos saem-se bem ou mal em todos os tipos de teste porque nasceram inteligentes ou estúpidos. De acordo com o segundo, porque em sua infância leram, comeram, apreenderam e viveram na pobreza ou na riqueza. Uma vez que ambas as teorias predizem correlações positivas, a existência dessas correlações não permite confirmar nenhuma delas. Como o fator *g* só é uma forma elaborada de expressar essas correlações, sua presumível existência tampouco diz algo quanto às causas.

A FALSA MEDIDA DO HOMEM

Thurstone e os empregos da análise fatorial

Por vezes, Thurstone fazia afirmações bombásticas quanto ao alcance explicativo de sua obra. Mas também exibia rasgos de modéstia, algo nunca observado em Burt ou Spearman. Em seus momentos de reflexão, reconhecia que a escolha do método da análise fatorial reflete a deficiência de conhecimento num determinado campo. A análise fatorial é uma técnica brutalmente empírica, empregada quando uma disciplina não possui princípios firmemente estabelecidos, mas apenas uma massa de dados brutos, e com a esperança de que certos modelos de correlação possam sugerir outras orientações mais frutíferas na investigação. Thurstone escreveu (1935, p. XI):

> Ninguém pensaria em investigar as leis fundamentais da mecânica clássica através de métodos correlativos ou fatoriais, porque essas leis já são bem conhecidas. Se nada se soubesse sobre a lei da queda dos corpos, seria sensato analisar fatorialmente muitos atributos dos objetos que caem ou são lançados de um ponto elevado. Descobrir-se-ia então que um fator está elevadamente saturado quanto ao tempo de queda e a distância percorrida, e que, por outro lado esse fator tem uma saturação nula quanto ao peso do objeto. Assim, a utilidade dos métodos fatoriais situa-se nos limites da ciência.

Nada havia mudado quando ele reviu *The Vectors of Mind* (1947, p. 56):

> Com freqüência, o caráter exploratório da análise fatorial não é compreendido. A análise fatorial é útil sobretudo nos limites da ciência... A análise fatorial é particularmente útil naqueles domínios em que existe uma carência fundamental de conceitos básicos e frutíferos, e onde tem sido difícil conceber experiências decisivas. Os novos métodos têm um papel humilde. Apenas nos possibilitam traçar um primeiro mapa rudimentar de um novo domínio.

Observe-se a expressão reiterada: útil "nos limites da ciência". Segundo Thurstone, a decisão de se usar a análise fatorial como método primário implica uma profunda ignorância dos princípios e das causas. O fato de os três maiores especialistas em análise fatorial da psicologia não terem ido além desses métodos, apesar de todas as suas referências à neurologia, à endocrinologia e a qualquer outro método potencial de se detectar uma determinação biológica inata, mostra como Thurstone estava certo. A tragédia desta história é que os hereditaristas britânicos impuseram, não obstante, sua interpretação inatista do fator *g* dominante, frustando assim as esperanças de milhões de seres humanos.

O VERDADEIRO ERRO DE CYRIL BURT

**Epílogo: Arthur Jensen e a ressurreição
do *g* de Spearman**

Em 1979, quando eu fazia pesquisas para este capítulo, sabia
que o fantasma do fator *g* de Spearman continuava a assombrar as
modernas teorias da inteligência. Mas achava que sua imagem estava
velada, e que sua influência havia-se desvanecido em grande parte.
Esperava que a análise histórica dos erros conceituais de sua formulação e de seu emprego exporiam as falácias ocultas de algumas concepções contemporâneas da inteligência e do QI. Nunca pensei que
encontraria uma defesa moderna do QI feita a partir de uma perspectiva explicitamente spearmaniana. Foi quando Arthur Jensen, o mais
famoso hereditarista americano, revelou-se um spearmaniano à antiga: as 800 páginas (1979) que dedicou à defesa do QI baseavam-se
na realidade do fator *g*. A história muitas vezes repete os seus erros.

Jensen realiza a maior parte de suas análises fatoriais adotando
a orientação dos componentes principais de Spearman e Burt (embora pareça disposto a aceitar o fator *g* da correlação de Thurstone
entre eixos oblíquos da estrutura simples). Ao longo de toda a obra,
nomeia e reifica os fatores apelando exclusiva e abusivamente para
o modelo matemático. Assim, encontramos fatores *g* para a inteligência geral, da mesma forma que fatores *g* para a aptidão atlética
geral (junto com fatores de grupo subsidiários para o fortalecimento
da mão e do braço, a coordenação entre a mão e o olho, e o equilíbrio
do corpo).

Jensen define explicitamente a inteligência como "o fator *g* de
uma bateria de testes mentais indefinidamente ampla e variada" (p.
249). "Nós identificamos a inteligência como *g*", diz ele. "Um teste
que classifica indivíduos com base em *g* pode ser considerado um
teste de inteligência" (p. 224). O QI é nosso teste de inteligência
mais eficaz porque se projeta fortemente sobre o primeiro componente principal (*g*) nas análises fatoriais dos testes mentais. Jensen
diz (p. 219) que o QI global da escala de Wechsler para adultos
apresenta uma correlação aproximada de 0,9 com o fator *g*, enquanto
que a Stanford-Binet de 1937 projeta uma correlação aproximada
de 0,8 sobre um fator *g* que se mantém "elevadamente estável nos
níveis de idade sucessivos" (enquanto que os poucos e pequenos
fatores de grupo não estão sempre presentes e de qualquer forma,
tendem a ser instáveis).

Jensen proclama a "ubiqüidade" do fator *g*, ampliando seu alcance até limites que teriam deixado perplexo o próprio Spearman.
Jensen não se limita a classificar os seres humanos: acredita que

335

A FALSA MEDIDA DO HOMEM

todas as criaturas de Deus podem ser ordenadas ao longo de uma escala *g*, desde as amebas, no extremo inferior (p. 175), até as inteligências extraterrestres, no superior (p. 248). Eu não havia encontrado uma versão tão explícita da grande cadeia do ser desde a minha última leitura das especulações de Kant quanto aos seres superiores que habitariam Júpiter e constituiriam uma ponte entre Deus e o homem.

Jensen combinou dois dos mais antigos preconceitos culturais do pensamento ocidental: a escala do progresso como um modelo de organização da vida, e a reificação de uma qualidade abstrata como critério para a classificação. Jensen escolhe a "inteligência" e afirma realmente que o desempenho dos invertebrados, dos peixes e das tartarugas em testes simples de comportamento representa, de forma diminuída, a mesma essência que está presente em maior escala nos seres humanos, ou seja, o fator *g*, reificado como um objeto mensurável. A evolução converte-se assim numa ascenção por reinos sucessivos que possuem um fator *g* cada vez maior.

Como paleontólogo, estou completamente perplexo. A evolução é uma árvore que se ramifica copiosamente, não uma seqüência linear progressiva. Jensen fala de "diferentes níveis da escala filética, ou seja, minhocas, caranguejos, peixes, tartarugas, pombos, ratos e macacos". Ele não percebe que os atuais caranguejos e minhocas são produtos de linhagens evolutivas separadas dos vertebrados provavelmente há mais de um bilhão de anos? Não são nossos antepassados; não devem sequer ser considerados "inferiores" ou menos complicados que os seres humanos em nenhum sentido significativo. Representam boas soluções para seu próprio modo de vida; não devem ser julgados segundo a idéia arrogante de que determinado primata constitui a norma para todas as formas de vida. Quanto aos vertebrados, "a tartaruga" não é, como afirma Jensen, "filogeneticamente superior ao peixe". As tartarugas evoluíram muito antes que a maioria dos peixes modernos, e existem centenas de espécies delas, enquanto que os atuais peixes dotados de espinhas compreendem quase mil classes diferentes. Então, o que são "*o* peixe" e "*a* tartaruga"? Será que Jensen acredita realmente que pombo-rato-macaco-homem é uma seqüência evolutiva nos vertebrados de sangue quente?

A caricatura da evolução de Jensen põe em evidência sua preferência por uma classificação linear baseada em um valor implícito. De tal perspectiva, o fator *g* torna-se quase irresistível, e Jensen aplica-o como critério universal de classificação:

336

O VERDADEIRO ERRO DE CYRIL BURT

As características comuns dos testes experimentais elaborados por especialistas em psicologia comparada, que distinguem com maior clareza, digamos, as galinhas dos cães, os cães dos macacos, e os macacos dos chimpanzés, sugerem que é possível classificá-los, em termos gerais, ao longo de uma dimensão *g*... O fator *g* pode ser considerado um conceito aplicável a todas as espécies, com uma ampla base biológica que culmina nos primatas (p. 251).

Não satisfeito em outorgar ao fator *g* a posição real de guardião das classificações terrestres, Jensen estende-o a todo o universo ao afirmar que toda inteligência concebível deve ser medida por ele:

A onipresença do conceito de inteligência aparece claramente nos estudos sobre aqueles seres cuja diferença cultural é maior que o que podemos imaginar: os seres extraterrestres do universo... Podemos imaginar seres "inteligentes" para quem não existe o fator *g*, ou cujo fator *g* seja qualitativa, e não apenas quantitativamente, diferente do que conhecemos? (p. 248).

Jensen analisa o trabalho de Thurstone, mas descarta-o como crítica, já que Thurstone acaba por reconhecer um fator *g* de segunda ordem. Mas Jensen não reconhece que, se o fator *g* é apenas um efeito de segunda ordem, numericamente débil, não pode respaldar a idéia da inteligência como uma entidade unitária e dominante do funcionamento mental. Acho que Jensen percebe esta dificuldade porque, em uma tabela (p. 220), calcula primeiro o fator *g* clássico como componente principal e, em seguida, rota todos os fatores (inclusive *g*) para obter um conjunto de eixos de estrutura simples. Desse modo, registra duas vezes a mesma coisa para cada teste: o fator *g* como primeiro componente principal e a mesma informação dispersa pelos eixos de estrutura simples; assim, atribui a alguns testes uma informação total superior a 100%. Como na mesma tabela aparecem grandes fatores *g* e fortes saturações nos eixos de estrutura simples, poder-se-ia inferir falsamente que o fator *g* mantém-se elevado inclusive nas soluções de estrutura simples.

Jensen despreza a estrutura simples ortogonal de Thurstone, que considera "totalmente equivocada" (p. 675) e "um erro egrégio em termos científicos" (p. 258). Uma vez que reconhece que a estrutura simples é matematicamente equivalente aos componentes principais, por que a despreza com tanta contundência? É falsa, afirma, "não em termos matemáticos, mas psicológicos e científicos" (p. 675), porque "oculta ou submerge artificialmente o amplo fator geral" (p. 258) ao eliminá-lo através da rotação. Jensen caiu em um círculo vicioso. Supõe *a priori* que o fator *g* existe e que a estrutura

A FALSA MEDIDA DO HOMEM

simples é errônea porque dispersa o fator *g*. Mas Thurstone havia elaborado o conceito da estrutura simples em grande parte para demonstrar que o fator *g* era uma ficção matemática. Thurstone desejava suprimir o fator *g* e conseguiu fazê-lo; reiterar que o tenha feito não é exatamente refutar a sua posição.

Jensen também utiliza o fator *g* mais especificamente para sustentar a tese de que a diferença média de QI entre brancos e negros corresponde à deficiência inata dos negros em matéria de inteligência. A propósito da passagem (ver p. 286) em que se afirma que os negros obtêm resultados inferiores nos testes cujas correlações com o fator *g* são mais elevadas, comenta que se trata de uma "interessante hipótese de Spearman":

> Essa hipótese é importante para o estudo da influência dos preconceitos nos testes porque, se for verdadeira, significará que as diferenças entre negros e brancos nos resultados dos testes não podem ser atribuídas às idiossincrasias culturais deste ou daquele teste, mas a um fator geral que é medido por todos os testes de aptidão. Aparentemente, seria mais fácil explicar em termos de peculiaridades culturais uma diferença média entre populações evidenciada por um ou mais fatores de grupo pequenos que uma diferença média entre grupos intimamente ligada a um amplo fator geral comum a uma grande variedade de testes (p. 535).

Aqui, estamos diante de uma reencarnação do argumento mais antigo da tradição spearmaniana: o contraste entre um fator *g*, dominante e inato, e os fatores de grupos, sensíveis à educação. Mas, como demonstrei, não está claro que o fator *g* seja uma coisa, e, se o fosse, tampouco teria por que ser inato. Mesmo que existissem dados que comprovassem a "interessante hipótese" de Spearman, esses resultados tampouco dariam respaldo à tese de Jensen no sentido de uma diferença inata e inevitável.

Devo ser grato a Jensen por uma coisa: ele demonstrou através de exemplos que o fator *g* reificado de Spearman ainda é a única justificação promissora das teorias hereditaristas das diferenças médias de QI entre os grupos humanos. Os erros conceituais da reificação solaparam o fator *g* desde o início, e a crítica de Thurstone é hoje tão válida quanto na década de 1930. O fator *g* de Spearman não é uma entidade inevitável; é uma solução matemática entre muitas alternativas equivalentes. A natureza quimérica do fator *g* é a estrutura podre do edifício de Jensen e de toda a escola hereditarista.

Uma reflexão final

Sempre foi forte a tendência a se acreditar que qualquer coisa dotada de um nome deve constituir uma entidade ou um ser dotado de uma existência própria independente. E, quando não se conseguiu detectar uma entidade real que correspondesse ao nome, nem por isso os homens acharam que essa entidade não existia; em vez disso, imaginaram que se tratava de algo particularmente abstruso e misterioso.

JOHN STUART MILL

7

Uma conclusão positiva

Walt Whitman, esse grande homem de cérebro pequeno (ver p. 83), aconselha-nos a "dar grande importância às coisas negativas", e este livro obedece às suas palavras com um rigor que a alguns poderá parecer excessivo. Quase todos nós podemos apreciar uma boa limpeza; contudo, trata-se de uma operação que raramente desperta um grande afeto e que, com certeza, não favorece a integração. Mas não considero este livro como um exercício negativo de desmitificação, que nada oferece em troca depois de desmascarar o preconceito social que gera os erros do determinismo biológico. Acredito que podemos aprender muito sobre nós mesmos partindo do fato inegável de que somos animais evoluídos — uma idéia que não consegue penetrar nos enraizados hábitos mentais que nos incitam a reificar e classificar; esses hábitos surgem em determinados contextos sociais e contribuem para consolidá-los. Minha mensagem, pelo menos tal como espero poder transmiti-la, é francamente positiva por três razões principais.

A desmitificação como ciência positiva

A impressão popular de que a refutação representa um aspecto negativo da ciência procede de uma concepção corrente, mas errônea, da história. A idéia do progresso unilinear não é apenas o fundamento das classificações radicais que, como mostrei ao longo de todo este livro, expressam determinados preconceitos sociais; ela também sugere uma percepção incorreta da forma como se desenvolve a ciência. Segundo tal perspectiva, toda ciência começa pela total ignorância e avança em direção à verdade recolhendo mais e mais informações, construindo teorias à medida que se acumulam os fatos. Em tal mundo, a desmitificação seria essencialmente negativa porque se limitaria a remover algumas maçãs podres do barril em que se acumula o conhecimento. Mas o barril da teoria está sempre cheio; desde o princípio, para explicar os fatos, as ciências utilizam complexos contextos conceituais. A biologia criacionista estava profundamente equivocada a respeito da origem das espécies; mas o criacionismo de Cuvier não era uma visão do mundo mais pobre ou menos desenvolvida que a de Darwin. A ciência avança principalmente atra-

A FALSA MEDIDA DO HOMEM

vés da substituição, e não pela adição. Se o barril está sempre cheio, é preciso eliminar as maçãs podres antes de acrescentar outras melhores.

Os cientistas não desmitificam apenas para limpar e purificar: refutam as idéias mais antigas *à luz* de uma visão diferente da natureza das coisas.

A aprendizagem pela desmitificação

Para que possa ter um valor duradouro, uma boa desmitificação deve fazer mais que substituir um preconceito social por outro: deve utilizar uma concepção biológica mais adequada para expulsar as idéias errôneas. (Embora os preconceitos sociais possam ser difíceis de erradicar, pelo menos é possível desmantelar as bases biológicas sobre as quais se apóiam.)

Rejeitamos muitas teorias específicas do determinismo biológico porque nosso conhecimento da biologia, da evolução e da genética humanas aumentou. Por exemplo, os cientistas modernos não poderiam repetir com a mesma desfaçatez os estupendos erros de Morton porque são obrigados a seguir cânones de procedimento estatístico. O antídoto contra a tese de Goddard de que um único gene produz a debilidade mental não foi principalmente uma mudança nas preferências sociais, mas um importante progresso da teoria genética: a idéia da herança poligênica. Por mais absurdo que hoje pareça, os primeiros mendelianos tentaram realmente associar a ação de genes específicos às peculiaridades mais complexas e sutis (tanto do caráter quanto da apolítica anatomia). A herança poligênica postula a participação de muitos genes — e de um exército de efeitos interativos e ambientais — em características como a cor da pele humana.

Uma questão mais importante, que justifica a necessidade do conhecimento biológico, é a notável falta de diferenciação genética entre os grupos humanos (argumento biológico fundamental para desmitificar o determinismo). Essa falta de diferenciação é um resultado contingente da evolução, não uma verdade necessária e *a priori*. O mundo poderia ter sido ordenado de maneira diferente. Suponhamos, por exemplo, que houvessem sobrevivido uma ou várias espécies de *Australopithecus*, nosso *gênero* ancestral — situação, em teoria, perfeitamente plausível, porque as novas espécies surgem por despreendimento das antigas (com os ancestrais normalmente sobrevivendo, pelo menos durante certo tempo), e não mediante a transformação global de toda a população. Em tal caso, nós — ou seja, o *Homo sapiens* — teríamos sido obrigados a enfrentar todos os

UMA CONCLUSÃO POSITIVA

dilemas morais implícitos no trato com uma espécie humana de capacidade mental notoriamente inferior. Que destino teríamos reservado a ela? Escravidão? Exterminação? Coexistência? Trabalho braçal? Confinamento em reservas ou zoológicos?

Da mesma forma, nossa própria espécie, o *Homo sapiens*, poderia incluir um conjunto de subespécies (raças) dotadas de capacidades genéticas significativamente diferentes. Se a nossa espécie tivesse milhões de anos de antigüidade (como é o caso de muitas), e se, durante a maior parte desse tempo, houvessem prevalecido a separação geográfica e a ausência de intercâmbio genético significativo entre as raças, poderiam ter se acumulado lentamente grandes diferenças genéticas entre os grupos. Mas o *Homo sapiens* só tem dezenas de milhares ou, quando muito, umas poucas centenas de milhares de anos de idade, e provavelmente todas as raças modernas despreenderam-se de uma linhagem ancestral comum há apenas umas dezenas de milhares de anos. Uns poucos caracteres ostensivos da aparência externa levam-nos a considerar subjetivamente que se trata de diferenças importantes. Mas os biólogos afirmaram recentemente, se bem que o suspeitassem havia muito tempo, que as diferenças genéticas globais entre as raças humanas são assombrosamente pequenas. Embora a freqüência dos diferentes estados de um gene varie entre as raças, não encontramos "genes raciais", ou seja, estados estabelecidos em certas raças e ausentes em todas as demais. Lewontin (1972) estudou a variação de dezessete genes que codificam diferenças do sangue e comprovou que apenas 6,3% da variação podia ser considerada própria de determinada raça. Nada menos que 85,4% da variação ocorria dentro de populações locais (os 8,3% restantes correspondiam às diferenças entre populações locais dentro de uma mesma raça). Como observava Lewontin (comunicação pessoal), se o holocausto acontecesse, e os únicos sobreviventes fossem os membros de uma pequena tribo vivendo nas profundezas das florestas da Nova Guiné, seriam conservadas quase todas as variações genéticas atualmente presentes nos inúmeros grupos de nossa população de quatro bilhões de pessoas.

Esta informação a respeito das limitadas diferenças genéticas entre os grupos humanos é tão útil quanto interessante, inclusive no sentido mais profundo de salvar vidas humanas. Quando os eugenistas americanos atribuíram as doenças da pobreza à constituição genética inferior das pessoas pobres, não conseguiram propor outro remédio sistemático que não fosse a esterilização. Quando Joseph Goldberger demonstrou que a pelagra não era um distúrbio genético, mas uma conseqüência da avitaminose, conseguiu curá-la.

A FALSA MEDIDA DO HOMEM

A Biologia e a natureza humana

Se as pessoas são tão semelhantes geneticamente, e se todas as tentativas anteriores de elaborar uma explicação biológica para os fatos humanos só refletiram os preconceitos culturais e não a natureza, então a biologia nada tem a oferecer para o conhecimento de nós mesmos? Afinal de contas, no momento do nascimento, somos nós aquela *tabula rasa*, ou quadro em branco, imaginada por alguns filósofos empiristas do século XVIII? Como biólogo evolucionista, não posso aceitar uma posição tão niilista sem renegar a descoberta fundamental de minha disciplina. A mensagem principal da revolução darwiniana à espécie mais arrogante da natureza é a unidade entre a evolução humana e a de todos os demais organismos.

Somos parte inextricável da natureza, o que não nega o caráter único do homem. "Nada mais que um animal" é uma afirmação tão errônea quanto "criado à imagem e semelhança de Deus". Não é mero orgulho afirmar que o *Homo sapiens* é especial em certo sentido, uma vez que, à seu modo, cada espécie é única. Como escolher entre a dança das abelhas, o canto da baleia-jubarte e a inteligência?

O caráter único do homem teve como conseqüência fundamental a introdução de um novo tipo de evolução que permite transmitir o conhecimento e o comportamento adquiridos pela aprendizagem através de gerações. O caráter único do homem reside essencialmente em nosso cérebro e encontra expressão na cultura constituída a partir de nossa inteligência e no poder que ela nos conferiu, o poder de manipular o mundo. As sociedades humanas mudam por evolução cultural, e não como resultado de alterações biológicas. Não temos provas de mudanças biológicas referentes ao tamanho ou à estrutura do cérebro desde que o *Homo sapiens* apareceu nos registros fósseis há uns cinqüenta mil anos. (Broca estava certo quando afirmava que a capacidade craniana do homem de Cro-Magnon era igual ou superior à nossa.) Tudo o que fizemos desde então — a maior transformação que experimentou nosso planeta, e em menor tempo, desde que a crosta terrestre se solidificou há aproximadamente quatro bilhões de anos — é produto da evolução cultural. A evolução biológica (darwiniana) continua em nossa espécie; mas seu ritmo, comparado com o da evolução cultural, é tão desmesuradamente lento que sua influência sobre a história do *Homo sapiens* foi muito pequena. Enquanto o gene da anemia falciforme diminuía de freqüência entre os negros norte-americanos, inventamos a ferrovia, o automóvel,

UMA CONCLUSÃO POSITIVA

o rádio, a televisão, a bomba atômica, o computador, o avião e a nave espacial. A evolução cultural pode avançar com tanta rapidez porque opera, contrariamente à evolução biológica — de maneira "lamarckiana", através de herança de caracteres adquiridos. O que uma geração aprende é transmitido à seguinte através da escrita, da instrução, do ritual, da tradição e de um sem número de métodos que os seres humanos desenvolveram para assegurar a continuidade da cultura. Por outro lado, a evolução darwiniana é um processo indireto: uma característica vantajosa só pode surgir depois de uma variação genética, e, para ser preservada faz-se necessária a seleção natural. Como a variação genética ocorre ao acaso, não estando preferencialmente voltada para a aquisição de características vantajosas, o processo darwiniano avança com lentidão. A evolução cultural não é apenas rápida; é também facilmente reversível pois seus produtos não estão codificados em nossos genes.

Os argumentos clássicos do determinismo biológico fracassam porque os caracteres que invocam para estabelecer diferenças entre grupos são, em geral, produtos da evolução cultural. Os deterministas procuraram provas em caracteres anatômicos criados pela evolução biológica. Mas tentaram usar a anatomia para fazer inferências acerca de capacidades e condutas que vinculavam à anatomia, e que nós consideramos como sendo de origem cultural. Para Morton e Broca, a capacidade craniana em si tinha tão pouco interesse quanto as variações de comprimento do dedo médio do pé; só lhes interessavam as características mentais supostamente associadas às diferenças do tamanho cerebral médio dos diferentes grupos. Agora acreditamos que as diferentes atitudes e os diferentes estilos de pensamento entre os grupos humanos são, em geral, produtos não genéticos da evolução cultural. Em suma, a base *biológica* do caráter único do homem leva-nos a rechaçar o determinismo biológico. Nosso cérebro grande é o fundamento biológico da inteligência; a inteligência é a base da cultura; e a transmissão cultural cria uma nova forma de evolução, mais eficaz em seu terreno específico que os processos darwinianos: a "herança" e a modificação do comportamento aprendido. Como afirmou o filósofo Stephen Toulmin (1977, p. 4): "A cultura tem o poder de impor-se à natureza a partir de dentro."

Contudo, se a biologia humana engendrou a cultura, também é certo que a cultura, uma vez desenvolvida, evoluiu com pouca ou nenhuma relação com a *variação* genética entre os grupos humanos. Então, a biologia não desempenha nenhum outro papel válido na análise do comportamento humano? Não passa de uma base sem

A FALSA MEDIDA DO HOMEM

nada a oferecer além do reconhecimento pouco esclarecedor por certo, de que o desenvolvimento de uma cultura complexa requer certo nível de inteligência?

A maior parte dos biólogos concorda comigo quando nego a existência de uma base genética para a maior parte das *diferenças* de comportamento entre os grupos humanos e para a *mudança* na complexidade das sociedades humanas no curso da história recente de nossa espécie. Mas o que dizer das supostas constâncias de personalidade e comportamento, das características mentais compartilhadas pelos seres humanos de todas as culturas? O que dizer, em suma, de uma "natureza humana" geral? Alguns biólogos estão dispostos a atribuir aos processos darwinianos um papel fundamental não apenas no aparecimento, num passado remoto, mas também na manutenção de um conjunto de comportamentos adaptativos específicos que constituem uma "natureza humana" biologicamente condicionada. Creio que os argumentos dessa velha tradição — que encontrou sua mais recente expressão na "sociobiologia humana" — é incorreta, não porque a biologia não tenha nada a dizer, nem porque o comportamento humano só reflita uma cultura desencarnada, mas porque a *biologia* humana sugere que a genética desempenha um papel distinto e menos determinante na análise da natureza humana.

A sociobiologia começa com uma moderna leitura da seleção natural: as diferenças no êxito reprodutivo dos indivíduos. De acordo com o imperativo darwiniano, os indivíduos são selecionados para maximizar a contribuição de seus próprios genes às futuras gerações; e isso é tudo. (O darwinismo não é apenas uma teoria do progresso, da crescente complexidade, nem da harmonia desenvolvida para o bem das espécies ou dos ecossistemas.) Paradoxalmente (como pensam muitos), segundo esse critério é possível selecionar tanto o altruísmo quanto o egoísmo; os atos altruístas podem beneficiar os indivíduos porque estabelecem laços de obrigação recíproca, ou também porque ajudam um parente que possui genes similares aos do altruísta.

Os sociobiólogos então examinam nossos comportamentos aplicando esse critério. Quando identificam um comportamento que parece adaptativo porque favorece a transmissão dos genes de um indivíduo, explicam sua origem pela seleção natural que teria atuado sobre a variação genética influenciando o próprio ato específico. (Estas reconstruções raras vêzes têm o respaldo de outra prova que não seja a da mera inferência baseada na adaptação.) A sociobiologia humana é uma teoria da origem e da conservação dos *comporta-*

UMA CONCLUSÃO POSITIVA

mentos adaptativos por *seleção natural*[1]; esses comportamentos devem ter, portanto, uma *base genética* porque a seleção natural não pode funcionar se não existe variação genética. Por exemplo, os sociobiólogos tentaram descobrir os fundamentos adaptativos e genéticos da agressividade, do ódio, da xenofobia, do conformismo, do homossexualismo[2], e talvez até mesmo da mobilidade social (Wilson, 1975).

Creio que a biologia moderna proporciona um modelo eqüidistante entre a desalentadora tese de que a biologia não nos ensina nada sobre o comportamento humano e a teoria determinista de

---

1. O alvoroço que nos últimos anos suscitou a sociobiologia procede desta versão radical do argumento, que tenta explicar geneticamente (baseada na inferência de uma adaptação) determinados comportamentos dos seres humanos. Outros estudiosos da evolução denominam-se "sociobiólogos" mas rechaçam esse tipo de conjecturas sobre aspectos específicos. Se sociobiólogo é aquele que considera que a evolução biológica influencia de algum modo o comportamento humano, então me parece que todo o mundo (salvo os criacionistas) é sociobiólogo. Neste caso, contudo, o termo perde o seu significado e podemos prescindir dele. A sociobiologia humana foi apresentada pelas publicações técnicas e de divulgação como uma teoria definida sobre a base genética e adaptativa de determinadas características específicas do comportamento humano. Se não conseguiu esse objetivo — como acredito que tenha acontecido —, então o estudo das relações válidas entre a base biológica e o comportamento humano deveria receber outro nome. Em um mundo inundado pelo jargão, não vejo por que esse campo de estudo não poderia ser incluído na "biologia comportamental".

2. Embora os homossexuais exclusivos não tenham filhos, E. O. Wilson (1975, 1978) justifica da seguinte maneira a atribuição de um caráter adaptativo ao homossexualismo: a sociedade humana ancestral era organizada em unidades familiares rivais. Algumas unidades eram exclusivamente heterossexuais; por outro lado, o patrimônio genético de outras unidades continha fatores ligados à homossexualidade. A função dos homossexuais era ajudar a criar os filhos de seus parentes heterossexuais. Tal comportamento favorecia seus genes porque quanto maior a quantidade de parentes que ajudassem a criar, maior a probabilidade de transmissão de genes semelhantes aos seus, maior até do que se houvessem eles mesmos tido filhos (caso fossem heterossexuais). Os grupos que contavam com ajudantes homossexuais podiam criar mais filhos porque, graças aos maiores cuidados e à taxa de sobrevivência mais alta, conseguiam contrabalançar folgadamente a perda potencial decorrente da infecundidade dos homossexuais. Assim, os grupos que incluíam homossexuais acabaram prevalecendo sobre os que eram exclusivamente heterossexuais, e isto explica a sobrevivência dos genes da homossexualidade.

A FALSA MEDIDA DO HOMEM

que a seleção natural programa geneticamente os comportamentos específicos. De minha parte, considero que a biologia pode contribuir em dois aspectos fundamentais:

1. As analogias fecundas. Grande parte do comportamento humano é, sem dúvida, adaptativa; se não o fosse, já não estaríamos aqui. Mas a adaptação, entre os humanos, não é um argumento apropriado e nem sequer bom em favor da influência genética. Pois nos seres humanos, como afirmei antes (ver p. 346), a adaptação pode-se dar pela via alternativa da evolução cultural, não genética. Como a evolução cultural é muito mais rápida que a darwiniana, sua influência deve prevalecer na diversidade de comportamentos exibida pelos grupos humanos. Mas, ainda que um comportamento adaptativo não seja genético, a analogia biológica poderia ser útil para interpretar seu significado. Com freqüência, as exigências adaptativas são fortes, e certas funções vêem-se às vezes obrigadas a seguir caminhos fixos, seja qual for o seu impulso subjacente, a aprendizagem ou a programação genética.

Por exemplo, os ecologistas desenvolveram uma vigorosa teoria quantitativa denominada estratégia do forrageamento ótimo* para estudar modelos de aproveitamento na natureza (das plantas pelos herbívoros, dos herbívoros pelos carnívoros). O antropólogo Bruce Winterhalder, da Cornell University, demonstrou que uma comunidade de povos de língua *cree* no norte de Ontário cumprem algumas previsões dessa teoria ao caçar e instalar armadilhas. Embora Winterhalder tenha utilizado uma teoria biológica para interpretar certos aspectos da caça, ele não crê que os povos estudados tenham sido geneticamente selecionados para caçar do modo previsto pela teoria ecológica. Escreve ele (comunicação pessoal, julho de 1978):

> É desnecessário dizer... que as causas da variabilidade humana nos comportamentos de caça e forrageamento residem no terreno sócio-cultural. Por essa razão, os modelos que utilizei foram adaptados, e não adotados, e estão aplicados a um campo de análise muito circunscrito... Por exemplo, os modelos ajudam a analisar que espécie o caçador perseguirá entre as existentes, *ao tomar a decisão de sair para a*

---

* Do inglês "Optimal forraging theory". Não existe uma tradução adequada para *forraging* em português. Os ecologistas comportamentais usam forrageamento, o que significa algo como recolhimento, estocagem ou provisionamento. (N. R.)

UMA CONCLUSÃO POSITIVA

caça [o grifo é de Winterhalder]. Contudo, são inúteis para analisar por que os *cree* ainda caçam (não precisam fazê-lo), como decidem qual é o dia de caçar e qual é o dia de juntar-se a uma equipe de construtores, qual o significado da caça para um *cree*, além de toda uma série de perguntas importantes.

Nesse campo, os sociólogos incorreram com freqüência em um dos erros de raciocínio mais comuns: descobrir uma analogia de inferir uma semelhança genética (neste caso, literalmente). As analogias são úteis, mas têm suas limitações; podem refletir condicionamentos comuns, mas não causas comuns.

2. Potencialidade biológica *versus* determinismo biológico. Os seres humanos são animais, e, em certo sentido, tudo o que fazemos é regido por nossa biologia. Algumas limitações biológicas estão a tal ponto integradas em nosso ser que raras vezes as reconhecemos, pois jamais imaginamos que a vida pudesse ser de outro modo. Pensemos na limitada variabilidade do tamanho médio do adulto, e nas conseqüências de vivermos no mundo gravitacional dos grandes organismos, e não no mundo de forças superficiais habitado pelos insetos (Went, 1968; Gould, 1977). Ou no fato de nascermos indefesos (o mesmo não ocorre com muitos animais); de amadurecermos lentamente; de termos de dormir boa parte do dia; de não realizarmos a fotossíntese; de podermos digerir tanto carne quanto vegetais; de envelhecermos e morrermos. Todas essas características são resultado de nossa constituição genética, e todas exercem enorme influência sobre a natureza e a sociedade humanas.

Esse limites biológicos são tão evidentes que jamais provocaram controvérsia. Os temas controvertidos são comportamentos específicos que nos angustiam e que nos esforçamos penosamente por mudar (ou que nos proporcionam prazer e temos medo de abandonar); a agressividade, a xenofobia, a predominância masculina, por exemplo. Os sociobiólogos não são deterministas genéticos no velho sentido eugênico de postular a existência de genes únicos para condutas tão complexas. Todos os biólogos sabem que não existe um gene que "determina" a agressividade ou a posição do dente do ciso inferior esquerdo. Todos reconhecemos que a influência genética pode estar distribuída entre muitos genes, e que os genes fixam limites às possibilidades de variação; eles não estabelecem planos para a construção de réplicas exatas. Em certo sentido, o debate entre os sociobiólogos e seus críticos é uma polêmica sobre a amplitude da gama de variação possível. Para os sociobiólogos, a gama é suficientemente restrita para que seja possível prever a manifestação de um comportamento específico a partir da presença de certos genes. Os

A FALSA MEDIDA DO HOMEM

críticos respondem que a gama de variação desses fatores genéticos é suficientemente ampla para incluir todos os comportamentos que os sociobiólogos atomizam em diferentes características codificadas por genes separados.

Mas, em outro sentido, minha diferença com os sociobiólogos não se reduz a uma discussão quantitativa a respeito da amplitude das gamas. Ela não será resolvida amistosamente em algum ponto intermediário ideal, quando uma das partes admitirá mais restrição e a outra maior flexibilidade. Os defensores das gamas amplas ou estreitas não ocupam apenas posições distintas de um *continuum*: apóiam duas teorias qualitativamente distintas sobre a natureza biológica do comportamento humano. Se as gamas são estreitas, então os genes codificam características específicas e a seleção natural pode criar e manter elementos individuais de conduta isoladamente. Se as gamas são amplas, então a seleção pode estabelecer algumas normas profundamente arraigadas; mas os comportamentos específicos são epifenômenos dessas normas, e não objetos de estudo darwiniano propriamente ditos.

Creio que os sociobiólogos cometeram um erro fundamental de categorias. Eles procuram a base genética do comportamento humano no nível errado. Procuram-na entre os produtos específicos das leis geradoras — a homossexualidade de Joe, o medo de estranhos de Marta —, quando as mesmas leis são as estruturas genéticas profundas do comportamento humano. Por exemplo, E. O. Wilson (1978, p. 99) escreve: "A agressividade dos seres humanos é inata? Essa pergunta, freqüente nos seminários universitários e nas conversas mundanas, desperta paixões em todos os ideólogos políticos. A resposta a ela é afirmativa." Como prova, Wilson cita a constância das guerras na história, e descarta qualquer exemplo de pouca inclinação para a luta: "As tribos mais pacíficas de hoje foram com freqüência as mais destrutivas de ontem, e provavelmente voltarão a produzir soldados e assassinos no futuro." Mas, se alguns povos são hoje pacíficos, então a própria agressividade não pode estar codificada em seus genes: só a sua potencialidade. Se inato significa apenas possível, ou mesmo provável em determinadas circunstâncias, então tudo o que fazemos é inato e a palavra carece de sentido. A agressividade é uma manifestação de uma lei geradora que, em outras circunstâncias, favorece a paz. A gama de amplitude dos comportamentos específicos engendrados por essa lei é enorme e constitui um magnífico exemplo da flexibilidade típica do comportamento humano. Essa flexibilidade não deveria permanecer velada pelo erro terminológico que consiste em qualificar de "inatas" algumas manifestações da lei cujo aparecimento podemos predizer em determinadas circunstâncias.

UMA CONCLUSÃO POSITIVA

Os sociobiólogos atuam como se Galileu houvesse subido ao alto da Torre Inclinada (aparentemente, não o fez), para lançar um conjunto de objetos diferentes em busca de uma explicação em separado para cada comportamento: a violenta queda da bala de canhão como resultado da "baladecanhonidade"; a suave descida de uma pluma como algo intrínseco à "plumidade'. Mas sabemos que a ampla gama de comportamentos dos corpos que caem é explicada pela interação entre duas leis físicas: a gravidade e o atrito. Esta interação pode gerar mil formas diferentes de queda. Se nos concentramos em cada objeto, e procuramos uma explicação específica de seu comportamento, estamos perdidos. A busca da base genética da natureza humana nos comportamentos específicos é um exemplo de *determinismo biológico*. A procura de leis geradoras subjacentes expressa o conceito de *potencialidade biológica*. O problema não se coloca em termos de natureza biológica contra o adquirido não biológico. Tanto o determinismo quanto a potencialidade são teorias *biológicas*; mas buscam a base genética da natureza humana em níveis essencialmente diferentes.

Prosseguindo com a analogia galileana: se a atividade das balas de canhão é determinada pela "baladecanhonidade", e a das plumas pela "plumidade", então pouco podemos fazer além de engendrar uma história sobre o significado adaptativo de ambas as características. Nunca nos ocorrerá realizar a experiência histórica decisiva: igualar o ambiente colocando a bala e a pluma no vácuo, e observar um comportamento idêntico em ambas as quedas. Este exemplo hipotético ilustra o papel social do determinismo biológico que é, fundamentalmente, uma teoria dos limites. Interpreta a gama habitual no ambiente moderno como a expressão de uma programação genética direta, e não como a manifestação limitada de um potencial muito mais amplo. Se a pluma atua por "plumidade", não poderemos mudar seu comportamento enquanto continuar sendo uma pluma. Se seu comportamento é a expressão de leis amplas vinculadas a circunstâncias específicas, podemos prever uma ampla gama de comportamentos em ambientes distintos.

Por que são tão amplas as gamas do comportamento, quando são tão restritas as anatômicas? Nossa defesa da flexibilidade do comportamento é apenas uma esperança social, ou está respaldada pela biologia? Dois argumentos distintos levam-me a concluir que as gamas amplas de comportamento deveriam ser conseqüência da evolução e da organização estrutural de nosso cérebro. Pensemos, primeiramente, nas prováveis razões adaptativas que determinaram a evolução de um cérebro tão grande. O caráter único do homem está na

A FALSA MEDIDA DO HOMEM

flexibilidade com que pode atuar nosso cérebro. O que é a inteligência senão a aptidão de resolver problemas de um modo não programado ou, como se costuma dizer, criativo? Se a inteligência nos outorga um lugar especial entre os organismos, parece-me provável que a seleção natural tenha atuado para maximizar a flexibilidade de nosso comportamento. O que seria melhor, do ponto de vista da adaptação, para um animal que pensa e aprende: a seleção de genes específicos da agressividade, do ódio e da xenofobia, ou de leis de aprendizagem capazes de gerar um comportamento agressivo em determinadas circunstâncias e um comportamento pacífico em outras?

Em segundo lugar, devemos ser cautelosos quando outorgamos demasiado poder à seleção natural e interpretamos todas as capacidades básicas de nosso cérebro como adaptações diretas. Não tenho dúvidas de que a seleção natural tenha exercido sua ação no que se refere à construção de nossos cérebros de grande tamanho; confio igualmente em que nossos cérebros se avolumaram para se adaptarem a determinadas funções (provavelmente um conjunto complexo de funções interatuantes). Mas estas suposições não levam à noção — muitas vezes defendida dogmaticamente pelos darwinistas estritos — de que todas as capacidades principais do cérebro devem ser produtos diretos da seleção natural. Nossos cérebros são computadores imensamente complexos. Se instalo um computador muito mais simples para realizar a contabilidade de uma fábrica, esse computador também pode realizar muitas outras tarefas, muito mais complexas, não relacionadas com a função original. Essas capacidades adicionais são conseqüências inevitáveis do seu projeto estrutural, e não adaptações diretas. Nossos computadores orgânicos, muitíssimo mais complexos, foram também construídos para fins específicos, mas possuem uma tremenda reserva de capacidades adicionais, entre as quais está. suspeito, a maior parte das que nos caracterizam seres humanos. Nossos antepassados não liam nem escreviam, nem se perguntavam por que a maioria das estrelas não muda de posição relativa enquanto que cinco pontos luminosos erráticos e dois discos maiores deslocam-se ao longo de uma zona que hoje denominamos Zodíaco. Não é necessário que vejamos Bach como um afortunado efeito secundário do papel da música como elemento favorável à coesão tribal, nem Shakespeare como uma afortunada conseqüência do papel do mito e da narrativa épica na manutenção dos grupos de caçadores. A maioria das "características" do comportamento que os sociobiólogos tentam explicar talvez nunca tenha sido submetida à ação direta da seleção natural; pode exibir, portanto, uma flexibilidade que as características indispensáveis para a sobrevivência nunca apresentam. Podem mesmo ser chamadas de "características" essas complexas conseqüências do nosso projeto estrutural? Esta tendência a atomizar um repertório de comportamentos, a convertê-lo em um conjunto de "coisas", não é mais um exemplo da mesma falácia de reificação que infestou os estudos sobre a inteligência durante todo o nosso século?

A flexibilidade é a marca da evolução humana. Se os seres humanos evoluíram, como acredito, por neotenia (ver capítulo IV e Gould, 1977, pp. 352-404), então somos, num sentido pouco mais que metafórico, crianças que não crescem. (Na neotenia, o ritmo de desenvolvimento mostra-se mais lento, e as etapas juvenis dos antepassados convertem-se nos traços adultos dos descendentes.) Muitas características essenciais de nossa anatomia vinculam-nos às etapas fetais e juvenis dos primatas: o rosto pequeno, o crânio abobadado, o cérebro grande em relação ao tamanho do corpo, o dedo grande do pé não rotado, o *foramen magnum* na base do crânio, determinando a orientação correta da cabeça na postura ereta, a concentração de pelos na cabeça, nas axilas e na zona pubiana. Se uma imagem vale por mil palavras, observe-se a figura 7.1. Em outros mamíferos, a exploração, o jogo e o comportamento flexível são qualidades dos jovens, e só raramente dos adultos. Não só conservamos a marca anatômica da infância, como também a sua flexibilidade mental. A idéia de que a seleção natural tenha-se dirigido para a flexibilidade na evolução humana não é uma noção *ad hoc* nascida da esperança, mas uma implicação lógica da neotenia enquanto processo fundamental na nossa evolução. Os humanos são animais que aprendem.

No romance de T. H. White, *The Once and Future King*, um texugo conta uma parábola sobre a origem dos animais. Deus, diz ele, criou todos os animais em forma de embriões e chamou-os diante de seu trono, oferecendo-lhes quaisquer adições a sua anatomia que desejassem. Todos optaram por traços adultos especializados: o leão pediu garras e dentes afiados, o cervo chifres e cascos. Por último, veio o embrião humano e disse:

"Senhor, creio que me fizestes na forma que agora ostento por razões que conheceis melhor que ninguém; portanto, mudá-la seria descortês. Se posso escolher, prefiro manter-me como estou. Não alterarei nenhuma das partes que me destes... Continuarei a ser por toda a minha vida um embrião indefeso, fazendo o possível para construir alguns instrumentos com a madeira, o ferro, e os demais materiais que julgastes conveniente pôr ao meu alcance... "Muito bem", exclamou o Criador em tom jubiloso. "Vinde aqui todos vós,

A FALSA MEDIDA DO HOMEM

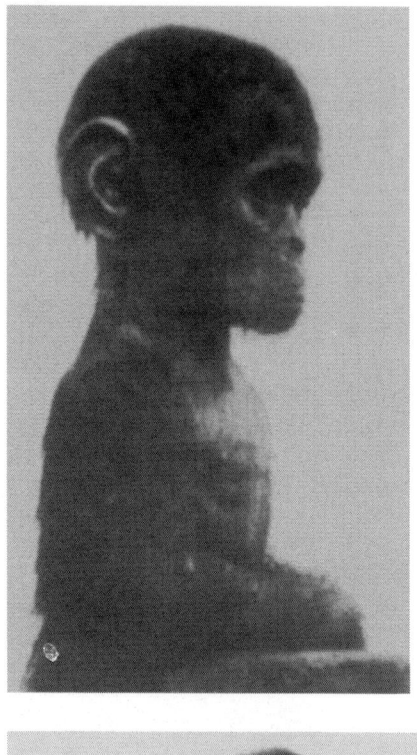

Fig. 7.1 Chimpanzé jovem e chimpanzé adulto. A semelhança entre o primeiro e os seres humanos ilustra o princípio da neotenia na evolução humana.

UMA CONCLUSÃO POSITIVA

embriões, com vossos bicos e outras características, e olhai Nosso primeiro Homem. Ele é o único que adivinhou o Nosso enigma... Quanto a ti, Homem... terás a aparência de um embrião até que te enterrem; mas todos os demais serão embriões diante de teu poder. Eternamente imaturo, sempre conservarás em potencial a Nossa imagem; poderás conhecer algumas de Nossas aflições e sentir algumas de Nossas alegrias. Sentimos pena de ti, Homem, mas também esperança. Agora vai e faze o melhor que puderes."

Epílogo

Em 1927, Oliver Wendell Holmes Jr. pronunciou a sentença da Suprema Corte que confirmava a lei de esterilização do Estado de Virgínia no caso *Buck contra Bell*. Carrie Buck, uma jovem que tinha uma filha supostamente débil mental, havia alcançado uma idade mental de nove anos na escala de Stanford-Binet. A mãe de Carrie Buck, então com cinqüenta e dois anos, havia alcançado no mesmo teste a idade mental de sete anos. Holmes escreveu uma das declarações mais famosas e sinistras de nosso século:

> Mais de uma vez, vimos que o bem-estar público pode reclamar a vida dos melhores cidadãos. Seria estranho que não pudesse pedir um sacrifício menor aos que já solapam as forças do Estado... Três gerações de imbecis já são suficientes.

(Com freqüência, cita-se erroneamente a última frase como sendo "três gerações de idiotas"; mas Holmes conhecia bem o jargão técnico de sua época, e os Buck, embora não fossem "normais" segundo a escala Stanford-Binet, estavam um grau acima dos idiotas.)

Buck contra Bell é um marco histórico, e, na minha mente um acontecimento associado a um passado remoto. 1927 foi o ano em que Babe conseguiu seus sessenta *home runs**, e as lendas são ainda mais maravilhosas porque parecem tão distantes. Assim, fiquei chocado com um artigo do *Washington Post* de 23 de fevereiro de 1980 — poucas coisas podem ser mais desconcertantes que a justaposição de fatos cuidadosamente ordenados e separados no tempo. "Mais de 7.500 pessoas esterilizadas na Virgínia", dizia a manchete. A lei que, ratificada por Holmes, fora aplicada durante quarenta e oito anos, de 1924 a 1972. As operações foram realizadas em hospitais psiquiátricos, principalmente em homens e mulheres brancos considerados débeis mentais e anti-sociais, incluindo "mães solteiras, prostitutas, delinqüentes comuns e crianças com problemas disciplinares".

Carrie Buck, agora com setenta e dois anos, vive perto de Charlottesville. Nem ela nem sua irmã Doris seriam consideradas deficientes mentais pelas normas atuais. Doris Buck foi esterilizada em virtu-

---

* No jogo de beisebol, *home run* é o golpe que permite ao batedor completar o circuito das bases. (N. R.)

A FALSA MEDIDA DO HOMEM

de da mesma lei em 1928. Casou-se posteriormente com um encanador chamado Matthew Figgins. Mas jamais contaram a ela o que lhe haviam feito. "Disseram-me", lembra-se Doris, "que era uma operação de hérnia e apendicite." Doris tentou conceber um filho de Matthew Figgins. Consultaram médicos de três hospitais durante seus anos férteis; nenhum deles percebeu que as trompas de Falópio haviam sido cortadas. No ano passado, Doris Buck Figgins finalmente descobriu a causa da tristeza de toda a sua vida.

Seria possível fazer um cálculo frio e dizer que a decepção de Doris Buck nada significa em comparação com os milhões que foram mortos nas guerras para justificar desígnios de dementes, ou a arrogância dos governantes. Mas, será possível medir a dor de um único sonho não realizado, a esperança de uma mulher indefesa, frustrada pelo poder público em nome de uma ideologia que se propõe a purificar uma raça? Que o testemunho simples e eloqüente de Doris Buck possa servir como o símbolo de milhões de mortes e frustrações, e que nos ajude a lembrar que o *Sabbath* foi feito para o homem, e não o homem para o *Sabbath*: "Comecei a chorar. Meu marido e eu desejávamos desesperadamente ter filhos. Éramos loucos por eles. Eu não sabia que haviam feito isso comigo."

360

Bibliografia

Agassiz, E. C., 1895, *Louis Agassis: his life and correspondence*, Bonton, Houghton, Mifflin, 794 pp.

Agassiz, L., 1850. The diversity of origin of the human races. *Christian Examiner* 49, 110-145.

Ashley Montagu, M. F. 1945. Intelligence of northern Negroes and southern whites in the First World War. *American Journal of Psychology* 58, 161-188.

————. 1962. Time, morphology and neoteny in the evolution of man. In *Culture and the evolution of man*, org. M. F. A. Montagu. New York: Oxford University Press, pp. 324-342.

Bean, Robert Bennett. 1906. Some racial peculiarities of the Negro brain. *American Journal of Anatomy* 5, 353-432.

Binet, A. 1898. Historique des recherches sur les rapports de l'intelligence avec la grandeur et la forme de la tête. *L'Année psychologique* 5, 245-298.

————. 1900. Recherches sur la technique de la mensuration de la tête vivante, mais outras 4 dissertações sobre a cefalometria, *L'Année psychologique* 7, 314/429.

————. 1909 (edição de 1973). *Les idées modernes sur les enfants* (com prefácio de Jean Piaget). Paris: Flammarion, 232 pp.

Binet, A. e Simon, Th. 1911. *A method of measuring the development of the intelligence of young children*. Lincoln, Illinois, Courier Company, 83 pp., 1912.

————. 1916. The development of intelligence in the children (The Binet-Simon scale) traduzido de artigos in *L'Année psychologique* de 1905, 1908 e 1911 por Elizabeth S. Kite. Baltimore, Williams and Wilkins, 336 pp.

Block, N. J. e Dworkin, G. 1976. *The IQ controversy*. New York, Pantheon.

Blumenbach, J. F. 1825. *A manual of the elements of natural history*. London, W. Simpkin and R. Marshall, 415 pp.

Boas, F. 1899. The cephalic index. *American Anthropology* 1, 448-461.

————. 1911. Changes in the bodily form of descendants of immigrants. Documento do Senado 208, 61º Congresso, 2ª Sessão.

Bolk, L. 1926. *Das Problem der Menschwerdung*. Jena, Gustav Fischer, 44 pp.

————. 1929. Origin of racial characteristics in man. *American Journal Physical Anthropology* 13, 1-28.

Borgaonkar, D., e Shah, S. 1974. The XYY chromosome, male — or syndrome. *Progress in Medical Genetics* 10, 135-222.

Bordier, A. 1879. Étude anthropologique sur une série de crânes d'assassins. *Revue d'Anthropologie*, 2ª série, vol. 2, pp. 265-300.

A FALSA MEDIDA DO HOMEM

Brigham, C. C. 1923. *A study of American intelligence.* Princeton, N.J., Princeton University Press, 210 pp.

————. 1930. Intelligence tests of immigrant groups. *Psychological Review* 37, 158-165.

Brinton, D. G. 1890. *Races and peoples.* New York, N.D.C. Hodges, 313 pp.

Broca, P. 1861. Sur le volume et la forme du cerveau suivant les individus et suivant les races. *Bulletin Société d'Anthropologie Paris* 2, 139-207, 301-321, 441-446.

————. 1862a. Sur les proportions relatives du bras, de l'avant bras et de la clavicule chez les nègres et les européens. *Bulletin Société d'Anthropologie Paris*, vol. 3, parte 2, 13 pp.

————. 1852b. Sur la capacité des crânes parisiens des diverses époques. *Bulletin Société d'Antrhopologie Paris* 3, 102-116.

————. 1862c. Sur les projection de la tête et sur un noveau procédé de céphalométrie. *Bulletin Société d'Anthropologie Paris* 3, 32 pp.

————. 1866. Anthropologie. In *Dictionnaire encyclopédique des sciences médicales*, org. A. Dechambre. Paris, Masson, pp. 276-300.

————. 1868. *Mémoire sur les crânes des Basques.* Paris, Masson, 79 pp.

————. 1873a. Sur les crânes de la caverne de l'Homme-Mort (Lozère). *Revue d'Anthropologie* 2, 1-53.

————. 1873b. Sur la mensuration de la capacité du crâne. *Memoire Société d'Anthropologie*, 2ª série, vol. 1, 92 pp.

————. 1876. *Le programme de l'anthropologie.* Paris Cusset, 22 pp.

Brown, W., e Stephenson, W.A. 1933. A test of the theory of two factors. *British Journal of Psychology* 23, 352-370.

Burt, C. 1909. Experimental tests of general intelligence. *British Journal of Psychology* 3, 94-177.

————. 1912. The inheritance of mental characters. *Eugenics Review* 4, 168-200.

————. 1914. The measurement of intelligence by the Binet tests. *Eugenics Review* 6, 36-50, 140-152.

————. 1921. Mental and scholastic tests. *London County Council*, 432 pp.

————. 1937. *The backward child.* New York, D. Appleton, 694 pp.

————. 1939. Lines of possible reconcilement. *British Journal of Psychology* 30, 84-93.

————. 1940. *The factors of the mind.* London, University of London Press, 509 pp.

————. 1943. Ability and income. *British Journal of Educational Psychology* 13, 83-98.

————. 1946. *Intelligence and fertility.* Londres, Eugenics Society, 43 pp.

————. 1949. The structure of the mind. *British Journal of Educational Psychology* 19: 111, 176-199.

————. 1955. The evidence for the concept of intelligence. *British Journal of Educational Psychology* 25, 158-177.

BIBLIOGRAFIA

————. 1959. Class differences in general intelligence: III. *British Journal of Statistical Studies* 12, 15-33.

————. The examination at eleven plus *British Journal of Educational Studies* 7, 99-117.

————. 1961. Factor analysis and its neurological basis. *British Journal of Statistical Psychology* 14, 53-71.

————. 1962. Francis Galton and his contributions to psychology. *British Journal of Statistical Psychology* 15, 1-49.

————. 1972. The inheritance of general intelligence. *American Psychology* 27, 175-190.

Bury, J. B. 1920. *The idea of progress.* London, Macmillan, 377 pp. Chase, A. 1977. *The legacy of Malthus.* New York, A. Knopf, 686 pp.

Chorover, S. L. 1979. *From genesis to genocide.* Cambridge, MA, Massachusetts Institute of Technology Press.

Combe, G. e Coates, B. H. 1840. Review of *Crania Americana. American Journal of Science* 38, 341-375.

Conway, J. (possivelmente um pseudônimo de Cyril Burt). 1959. Class differences in general intelligence: II. *British Journal of Statistical Psychology* 12, 5-14.

Cope, E.D. 1887. The origin of the fittest. New York, Macmillan, 467 pp.

————. 1890. Two perils of the Indo-European. *The Open Court* 3, 2052-2054 e 2070-2071.

Count, E.W., 1950. *This is race.* New York, Henry Schuman, 747 pp.

Cox, Catherine M. 1926. The early mental traits of three hundred geniuses. Vol. II de L. M. Terman (org.) *Genetic studies of genius.* Stanford, CA, Stanford University Press, 842 pp.

Cravens, H. 1978. *The triumph of evolution: American scientists and the heredity-environment controversy, 1900-1941.* Filadélfia, University of Pennsylvania Press, 351 pp.

Cuvier, G. 1812. *Recherches sur les ossements fossiles.* Vol. 1. Paris, Deterville.

Darwin, C. 1871. *The descent of man.* London, John Murray.

Davenport, C. B. 1928. Crime, heredity and environment. *Journal of Heredity* 19, 307-313.

Dorfman, D. D. 1978. The Cyril Burt question: new findinges. *Science* 201, 1177-1186.

Down, J. L. H. 1866. *Observations on an ethnic classification of idiots.* London Hospital Reports, pp. 259-262.

Ellis, Havelock, 1894. *Man and woman.* New York, Charles Scribner's Sons, 561 pp.

————. 1910. *The Criminal.* New York, Charles Scribner's Sons, 440 pp.

Epstein, H. T. 1978. Growth spurts during brain development: implications for educational policy and practice. In *Education and the brain.* pp. 343-370, org. J. S. Chall e A. F. Mirsky. 77th Yearbook, National Society for the Study of Education. Chicago, University of Chicago Press.

Eysenck, H. J. 1953. The logical basis of factor analysis. *American Psychologist* 8, 105-114.

A FALSA MEDIDA DO HOMEM

————. 1971. *The IQ argument. Race, intelligence and education*. New York, Library Press, 155 pp.

Ferri, E. 1897. Criminal sociology. New York, D. Appleton and Company, 284 pp.

————. 1911. Various short contributions to criminal sociology. *Bericht 7. Internationaler Kongress der Kriminalanthropologie*, pp. 49-55, 138-139.

Galton, F. 1884. *Hereditary genius*. New York, D. Appleton, 390 pp.

————. 1909. *Memories of my life*. London, Methuen.

Goddard, H. H. 1912. *The Kallikak family, a study in the heredity of feeble-mindedness*. New York, Macmillan, 121 pp.

————. 1913. The Binet tests in relation to immigration. *Journal of Psycho-Asthenics* 18, 105-107.

————. 1914. *Feeble-mindedness: its causes and consequences*. New York, MacMillan, 599 pp.

————. 1917. Mental tests and the immigrant. *Journal of Delinquency* 2, 243-277.

————. 1917. Review of L. M. Terman, *The Measurement of Intelligence*. *Journal of Delinquency* 2, 30-32.

————. 1919. *Psychology of the normal and subnormal*. New York, Dodd, Mead and Company, 349 pp.

————. 1928. Feeblemindedness: a question of definition. *Journal of Psycho-Asthenics* 33, 219-227.

Gossett, T. F. 1965. *Race: the history of an idea in America*. New York, Schocken Books, 510 pp.

Gould, S. J. 1977 *Ever since Darwin*. New York, W. W. Norton.

————. 1977. *Ontogeny and phylogeny*. Cambridge, MA Harvard University Press.

————. 1978. Morton's ranking of races by cranial capacity. *Science* 200, 503-509.

Guilford, J. P. 1956. The structure of intellect. *Psychological Bulletin* 53, 267-293.

————. 1959. Three faces of intellect. *American Psychology* 14, 469-479.

Hall, G. S. 1904. *Adolescence. Its psychology and its relations to physiology, anthropology, sociology, sex, crime, religion, and education*. 2 vol. New York, D. Appleton and Company, 589 e 748 pp. Haller, J. S., Jr. 1971. *Outcasts from evolution: scientific attitudes of racial inferiority, 1859-1900*. Urbana, III., University of Illinois Press, 228 pp.

Hearnshaw. L. S. 1979. *Ciryl Burt psychologist*. London, Hodder and Stoughton, 370 pp.

Herrnstein, R. 1971. IQ. *Atlantic Monthly*, September, pp. 43-64.

Hervé, G. 1881. Du poids de l'encéphale. *Révue d'Anthropologie*, 2ª série, vol. 4, pp. 681-698.

Humboldt, A. von 1849. *Cosmos*, London, H. G. Bohn.

Jarvik, L. F.; Klodin, V.; and Matsuyama, S. A. 1973. Human agression and the extra Y chromosome: fact or fantasy? *American Psychologist* 28, 674-682.

BIBLIOGRAFIA

Jensen, A. R. 1969. How much can we boost IQ and scholastic achievement? *Harvard Educational Review* 33, 1-123.

―――. 1979. *Bias in mental testing*. New York, Free Press.

Jerison, J. J. 1973. *The evolution of the brain and intelligence*. New York, Academic Press.

Jouvencel, M. de. 1861. Discussion sur le cerveau. *Bulletin Société d'Anthropologie Paris* 2, 464-474.

Kamin, L. J. 1974. *The science and politics of IQ*. Potomac, MD., Lawrence Erlbaum Associates.

Kevles, D. J. 1968. Testing the army's intelligence: psychologists and the military in World War I. *Journal of American History* 55, 565-581.

Kidd, B. 1898. *The control of the tropics*. New York, Macmillan, 101 pp.

LeBon, G, 1879. Recherches anatomiques et mathématiques sur les lois des variations du volume du cerveau et sur leurs relations avec l'intelligence. *Revue d'Anthropologie*, 2ª série, vol. 2, pp. 27-104.

Linnaeus, C. 1758. *Systema naturae*.

Lippmann, Walter. 1922. The Lippmann-Terman debate. In *The IQ controversy*, org. N. J. Block and G. Dworkin. New York, Pantheon Books, 1976, pp. 4-44.

Lomax, A., e Berkowitz, N. 1972. The evolutionary taxonomy of culture. *Science* 177, 228-239.

Lombroso, C. 1887. *L'homme criminel*. Paris, F. Alcan, 682 pp.

―――. 1895. Criminal anthropology applied to pedagogy. *Monist* 6, 50-59.

―――. 1896. Histoire des progrès de l'Anthropologie et de la Sociologie criminelles pendant les années 1895-1896. Trav. 4ª Cong. Int. d'Anthrop. Crim. Genebra, pp. 187-199.

―――. 1911. *Crime: its causes and remedies*. Boston, Little, Brown, 471pp.

Lombroso-Ferrero, G. 1911. Applications de la nouvelle école au Nord de l'Amérique, Bericht 7. Internationaler Kongress der Kriminal-anthropologie, pp. 130-137.

Lovejoy, A. O. 1936. *The great chain of being*. Cambridge, MA, Harvard University Press.

Ludmerer, K.M. 1972. *Genetics and American Society*. Baltimore, MD, Johns Hopkins University Press.

Mall, F. P. 1909. On several anatomical characters of the human brain, said to vary according to race and sex, with especial reference to weight of the frontal lobe. American Journal of Anatomy 9, 1-32.

Manouvrier, L. 1903. Conclusions générales sur l'anthropologie des sexes et applications sociales. *Revue de l'École d'Anthropologie* 13, 405-423.

Mark, V., e Ervin, F. 1970. *Violence and the brain*. New York, Harper and Row.

McKim, W.D. 1900. *Heredity and human progress*. New York, G.P. Putnam's, Sons, 279 pp.

Medawar, P.B. 1977. Unnatural science. *New York Review of Books*, 3 Fevereiro, pp. 13-18.

Meigs, C.D. 1851. *A memoir of Samuel George Morton, M.D.* Fidalélfia, T.K. and P.G. Collins, 48 pp.

A FALSA MEDIDA DO HOMEM

Montessori, M. 1913. *Pedagogical anthropology*. New York, F.A. Stokes Company, 508 pp.

Morton, S.G. 1839. *Crania Americana* or, a comparative view of the skulls of various aboriginal nations of North and South America. Filadélfia, John Pennington, 294 pp.

————. 1844. Observations of Egyptian ethnography, derived from anatomy, history, and the monuments [depois publicado separadamente como *Crania Aegyptiaca*, com o título acima usado como subtítulo]. *Transactions of the American Philosophical Society* 9, 93-159.

————. 1847. Hybridithy in animals, considered in reference to the question of the unity of the human species. *American Journal of Science* 3, 39-50, 203-212.

————. 1849. Observations on the size of the brain in various races and families of man. *Proceedings of the Academy of Natural Sciences Philadelphia* 4, 221-224.

————. 1850. On the value of the word *species* in zoology. *Proceedings of the Academy of Natural Sciences Philadelphia* 5, 81-82.

————. 1851. On the infrequency of mixed offspring betweem European and Australian races. *Proceedings of the Academy Natural Sciences Philadelphia* 5, 173-175.

Myrdal, G. 1944. An American dilemma: the Negro problem and modern democracy. New York, Harper and Brothers, 2 vols. 1483 pp.

Newby, I.A. 1969. *Challenge to the court. Social cientists and the segregation, 1954-1966*. Baton Rouge, Louisiana State University Press, 381 pp.

Nisbet, R. 1980. *History of the ideal of progress*. New York, Basic Books, 370 pp.

Nott, J.C., e Gliddon, G.R. 1854. *Types of Mankind*. Filadélfia, Grambo and Company.

————. 1868. *Indigenous races of the earth*. Filadélfia, J.B. Lippincott.

Parmelee, M. 1918. *Criminology*. New York, Macmillan, 522 pp.

Pearl, R. 1905. Biometrical studies on man. I. Variation and correlation in brain weight. *Biometrika* 4, 13-104.

————. 1906. On the correlation between intelligence and the size of the head. *Journal of Comparative Neurology and Psychology* 16, 189-199.

Pearl, R., e Fuller, W.N. 1905. Variation and correlation in the earthworm. *Biometrika* 4, 213-229.

————. Popkin, R. H. 1974. The philosophical basis of modern racism. In *Philosophy and the civilizing arts*, org. C. Walton and J.P. Anton, pp. 126-165.

Provine, W.B. 1973. Geneticists and the biology of race crossing. *Science* 182, 790-796.

Pyeritz, R.; Schreier, H.; Madansky, C.; Miller, L.; e Beckwith, J. 1977. The XYY male: the making of a myth. In *Biology as a social weapon*, pp. 86-100. Minneapolis: Burgess Publishing Co.

Schreider, E. 1966. Brain weight correlations calculated from original results of Paul Broca. *American Journal of Physical Anthropology* 25, 153-158.

BIBLIOGRAFIA

Serres, E. 1860. Principes d'embryogénie, de zoogénie et de teratogénie, *Mémoire de l'Académie des Sciences* 25, 1-943.

Sinkler, G. 1972. *The racial attitudes of American presidents from Abraham Lincoln to Theodore Roosevelt*, New York, Doubleday Anchor Books, 500 pp.

Spearman, C. 1904. General Intelligence objectively determined and measured. *American Journal of Phychology* 15, 201-293.

———. 1914. The heredity of abilities. *Eugenics Review* 6, 219-237.

———. 1914. The measurement of intelligence. *Eugenics Review* 6, 312-313.

———. 1923. *The nature of "intelligence" and the principles of cognition.* Londres, MacMillan, 358 pp.

———. 1927. *The abilities of man.* New York, MacMilan, 415 pp.

———. 1931. Our need of some science in place of the word "intelligence". *Journal of Educational Phychology* 22, 401-410.

———. 1937. *Psychology down the ages.* Londres, MacMillan, 2 vols. 454 e 355 pp.

———. 1939. Determination of factors. *British Journal of Psychology* 30, 78-83.

———. 1939. Thurstone's work re-worked. *Journal of Educational Psychology* 30, 1-16.

Spearman, C., e Wyn Jones, L1. 1950. *Human ability.* Londres, MacMillan, 198 pp.

Spencer, H. 1895. *The principles of sociology.* 3ª ed. New York, D. Appleton and Company.

Spitzka, E.A. 1903. A study of the brain of the late Major J. W. Powell. *American Anthropology* 5, 585-643.

———. 1907. A study of the brains of six eminent scientists and scholars belonging to the American Anthropometric Society, togethet with a escription of the skull of Professor E.D. Cope. *Transactions of the American Philosophical Society* 21, 175-308.

Stanton, W. 1960. *The leopard's spots: scientific attitudes towards race in America 1815-1859.* Chicago, University of Chicago Press, 245 pp.

Stocking, G. 1973. *From chronology to ethnology. James Cowles Prichard and British Anthropology 1800-1850.* In facsimile of 1813 ed. of J. C. Prichard, Researches into the physical history of man. Chicago, University of Chicago Press, pp. IX-CXVII.

Strong. J. 1900. Expansion under new world-conditions. New York, Baker and Taylor, 310 pp.

Sully, James. 1895. Studies of childhood. XIV. The Child as artist. *Popular Science* 48, 385-395.

Taylor, I., Walton, P.; e Young, J. 1973. *The new criminology: for a social theory of deviance.* Londres, Routledge and Kegan Paul, 325 pp.

Terman, L.M. 1906. Genius and stupidity. A study of some of the intellectual processes of seven "bright" and seven "stupid" boys. *Pedagogical Seminary* 13, 307-373.

A FALSA MEDIDA DO HOMEM

————. 1916. *The measurement of intelligence.* Boston, Houghton Mifflin, 362 pp.

Terman, L.M. e 12 outros. 1917. *The Stanford Revision extension of the Binet-Simon scale for measuring intelligence.* Baltimore, Warwick and York, 179 pp.

Terman, L.M. 1919. *The intelligence of school children.* Boston, Houghton, Mifflin, 317 pp.

Terman, L.M. e 5 outros. 1923. *Intelligence tests and schoool reorganization.* Yonkerson-Hudson, N.Y., World Book Company, 111 pp.

Terman, L.M., e Merrill, Maud A. 1937. *Measuring intelligence. A guide to the administration of the new revised Stanford-Binet tests of intelligence.* Boston, Houghton Mifflin, 461 pp.

Thomson, G.H. 1939. *The factorial analysis of human ability.* Boston, Houghton Mifflin.

Thorndike, E.L. 1940. *Human nature and the social order.* New York, Mac-Millan, 1019 pp.

Thurstone, L.L. 1924. *The nature of intelligence.* Londres, Kegan Paul, Trench, Trubner and Company, 167 pp.

————. 1935. *The vectors of mind.* Chicago, University of Chicago Press, 266 pp.

————. 1938. *Primary mental abilities.* Chicago, University of Chicago Press, Psychometric Monographs, n? 1, 121 pp.

————. 1940. Current issues in factor analysis. *Psychological Bulletin* 37, 189-236.

————. 1946. Theories of intelligence. *Scientific Monthly,* Fevereiro, pp 101-112.

————. 1947. *Multiple factors analysis.* Chicago, University of Chicago Press, 535 pp.

————. 1950. The factorial description of temperament. *Science* 111, 454-455.

Thurstone, L.L., e Thurstone, T.G. 1941. *Factorial studies of intelligence.* Chicago, University of Chicago Press, Psychometric Monographs, n? 2, 94 pp.

Tobias, P.V. 1970. Brain-size, grey matter, and race — fact or fiction? *American Journal of Physical Anthropology* 32, 3-26.

Todd, T.W., e Lyon, D.W., Jr. 1924. Endocranial suture closure. Its progress and age relationship. Part 1. Adult males of white stock. *American Journal of Physical Anthropology* 7, 325-384.

————. 1925a. Cranial suture closure. II. Ectocranial closure in adult males of white stock. *American Journal of Physical Anthropology* 8, 23-4c.

————. 1925b. Cranial suture closure. III. Endocranial closure in adult males of Negro stock. *American Journal of Physical Anthropology* 8, 47-71 Topinard, P. 1878. *Anthropology.* Londres, Chapman and Hall, 548 pp.

————. 1887. L'anthropolpogie criminelle. *Revue d'Anthropologie,* 3? série, vol. 2, 658-691.

BIBLIOGRAFIA

———. 1888. Les poids de l'encéphale d'après les registres de Paul Broca. *Mémoires Société d'Anthropologie Paris*, 2ª série, vol. 3, pp. 1-41.

Toulmin, S. 1977. Back to nature. *New York Review of Books*, 9 Junho, pp. 3-6.

Tuddenham, R. D. 1962. The nature and measurement of intelligence. In *Psychology in the making*. org. L. Postman, pp. 469-525. New York, Alfred A. Knopf.

Vogt, Carl. 1864. *Lectures on man*. Londres, Longman, Green, Longman, and Roberts, 475 pp.

Voisin, F. 1843. *De l'idiotie chez les enfants*. Paris. J. — B. Ballière.

Washington, B. T. 1904. *Working with the hands*. New York, Doubleday, Page and Company, 246 pp.

Went, F. W. 1968. The size of man. *American Scientist* 56, 400-413.

Weston, R. F. 1972. *Racism in U. S. imperialism: the influence of racial assumptions on American foreign policy 1893-1946*. Columbia, University of South Carolina Press, 291 pp.

Wilson, E. O. 1975. *Sociobiology*. Cambridge, MA, Harvard University Press.

———. 1978. *On human nature*. Cambridge, MA, Harvard University Press.

Wilson, L. G. 1970. *Sir Charles Lyell's scientific journals on the species question*. New Haven, Yale University Press, 572 pp.

Wolfle, Dael. 1940. *Factor analysis to 1940*. Psychometric Monographs nº 3, Psychometric Society. Chicago, University of Chicago Press, 69 pp.

Yerkes, R. M. 1917a. The Binet version versus the point scale method of measuring intelligence. *Journal of Applied Psychology* 1, 111-122.

———. 1917b. How may we discover the children who need special care. *Mental Hygiene* 1, 252-259.

Yerkes, R. M. (org.) 1921. Psychological examining in the United States army. *Memoirs of the National Academy of Sciences*, vol. 15, 890 pp.

Yerkes, R. M. 1941. Man power and military effectiveness: the case for human engineering. *Journal of Consulting Psychology* 5, 205-209.

Zimmern, H. 1898. Criminal anthropology in Italy. *Popular Science Monthly* 52, 743-760c.